中国科学技术大学研究生教育创新计划项目经费支持

研究生系列教材
工程类

计算热物理引论

INTRODUCTION TO COMPUTATIONAL THERMOPHYSICS

第2版

吴清松　胡茂彬　编著

中国科学技术大学出版社

内 容 简 介

本书较为系统地介绍了求解热物理问题的三种数值方法，即有限容积法、有限差分法和有限元法，着重于热物理中用得较多的有限容积法。近几年，由于“动力工程与工程热物理”学科在航空发动机、燃气轮机、“新能源及储能”等新兴领域的科学研究和应用蓬勃发展，“计算热物理”课程需在湍流流动等方面扩充教学内容。第2版主要针对上一版的疏漏进行修订，并增加数值模拟编程实践方面实例示范内容。

本书可以作为理工院校能源与动力工程专业高年级本科生和研究生教材，也可供相近专业师生以及工程技术人员和科研人员参考。

图书在版编目(CIP)数据

计算热物理引论/吴清松，胡茂彬编著．—2版．—合肥：中国科学技术大学出版社，2022.8
中国科学技术大学一流规划教材
ISBN 978-7-312-03585-2

Ⅰ．计…　Ⅱ．①吴…　②胡…　Ⅲ．热学—计算方法　Ⅳ．O551

中国版本图书馆CIP数据核字(2022)第088347号

计算热物理引论
JISUAN RE WULI YINLUN

出版　中国科学技术大学出版社
安徽省合肥市金寨路96号，230026
http://press.ustc.edu.cn
https://zgkxjsdxcbs.tmall.com
印刷　合肥市宏基印刷有限公司
发行　中国科学技术大学出版社
开本　787 mm×1092 mm　1/16
印张　18.5
字数　470千
版次　2009年9月第1版　2022年8月第2版
印次　2022年8月第2次印刷
定价　52.00元

第 2 版前言

《计算热物理引论》第 1 版自 2009 年出版发行以来，在中国科学技术大学工程科学学院作为本科生和研究生学位课程教材连续使用了 12 年。对于学习过高等数学、计算方法、流体力学、传热学等基础课程的读者，本书的内容可以帮助他们较好地掌握流动与传热的主要数值计算方法。针对 10 余年来教学过程中的反馈意见，在中国科学技术大学研究生院的支持下，笔者对《计算热物理引论》进行了修订。

在修订时，笔者仍将它定位为本科生和研究生学习流动与传热计算的一本入门性教材，着重介绍相对发展成熟的有限容积法、有限差分法和有限元法的基本概念、理论和方法；对离散格式定性性质方面的讨论，主要基于有限差分法进行介绍。在保留第 1 版特色、修正第 1 版中存在的一些错漏的基础上，根据教学情况，本次还对部分章节增加了一些有益的内容。各章的主要修订如下：在绪论中，增加了计算热物理的研究意义。第 2 章增加了控制方程的守恒型与非守恒型。作为教学的有益补充，第 3,4,6 章中，增加了几个典型问题的 MATLAB 编程示范，以及相关典型算法的程序设计流程图。第 7 章增加了商用软件中所采用的湍流模型的简介。第 9 章增加了求解线性椭圆型方程的贴体网格生成方法。上述增加的内容由胡茂彬同志完成。

本书得到中国科学技术大学 2019 年度研究生教育创新计划研究生核心课程项目、2020 年度研究生教育创新计划优秀教材出版项目的支持，笔者在此深表谢意！

由于笔者水平有限，加上时间仓促，书中不足和错误之处在所难免，敬请读者批评指正。

吴清松　胡茂彬

2022 年 1 月

前　　言

描述热物理过程(流动、传热传质、燃烧)的数学物理方程基本上都是非线性偏微分方程组。除非极为简单的特殊情况,一般都不能通过解析分析的数学方法得到理论解。电子计算机的出现和蓬勃发展,为人们提供了用离散的数值模拟方法来解决问题的途径。计算热物理作为热物理、数值数学和计算机科学相结合的产物,已发展成热科学研究中独立于理论研究和实验研究的一种重要研究手段。

学习、掌握离散数值方法的基本理论及其在热物理学中的应用,已经成为全面提高热物理专业学生素质、增强学生适应能力的一项重要内容。为此,中国科学技术大学从20世纪80年代起就在热物理专业的本科生和研究生中开设了相应的数值方法必修课程。本书根据作者多年来讲授这类课程的讲稿整理而成,目的在于为理工院校相近专业提供一本专业基础课教材,为未曾接触过数值计算的高年级本科生和研究生,有选择地介绍几种离散数值方法的基础理论及其在热科学中的应用。通过学习,使读者理解数值计算的基本原理,掌握数值计算的一些主要方法,能够理论联系实际,初步具有对热物理问题进行数值计算的能力,为进一步用数值方法从事热科学研究奠定基础。

热物理数值方法的内容很多,本书选择了发展相对成熟的有限容积法、有限差分法和有限元法,讲述了这些方法的基本概念、基本理论和基本方法。在应用于实际物理问题时,主要采用热物理中用得最为广泛的有限容积法。作为一本入门教材,所介绍的内容都是一些最基础的知识和方法。但有了这些基础,读者就可以很容易地学习和掌握尚未列入本书的高深一些的相关内容和方法。

全书内容分为10章。第1章为绪论,介绍了学科背景。第2～3章,作为本书的基础,首先介绍了热物理过程的控制方程,偏微分方程的物理分类和数学分类;进而针对有限差分法和有限容积法,讲述了离散方法基础——解域离散、微分方程离散的基本方法,并对离散格式的有效性进行了分析,阐明了离散方程一系列数值特性的基本概念及分析方法。有了这些基本理论知识,原则上读者就可以对一个有确定数学模型的物理问题进行数值求解了。但还不够,随后的第4～7章,作为基础理论在热物理中的应用,侧重于应用有限容积法,对热物理问题中的扩散、对流扩散、湍流等问题的数值计算进行了讨论。作为基础理论和方法的补充和提高部分，第 8～9 章分别介绍了代数解法和网格生成技术。鉴于有限元法在热物理中的应用也日渐广泛，第 10 章简要介绍了有限元法的基本理论及其在热物理中的应用。

本书内容在中国科学技术大学热科学和能源工程系的本科生和研究生中作为学位课程讲授多次。对于具有高等数学、计算方法、流体力学、传热学等基础的读者，阅读本书不会有困难。根据学生的实际基础状况和教学学时数，讲授内容可做不同取舍。

在撰写本书过程中，作者参考了每章后面所附的文献。在此，作者对这些文献的著者表示深深的谢意。由于作者水平有限，成书时间仓促，书中的不足和错误之处在所难免，敬请读者批评指正。作者的邮箱为：qswu@ustc.edu.cn。

吴清松

2008 年 9 月

目　　录

第1章　绪　　论

随着计算机和计算方法的飞速发展，几乎所有学科都走向定量化和精确化，从而产生了一系列计算性的学科分支，如计算物理学、计算化学、计算生物学、计算材料学等，计算方法已应用到科学技术和社会生活的各个领域中。计算热物理，则是以计算机为工具、采用数值计算方法、研究复杂热物理问题数值计算的一门学问。

计算热物理的求解对象是热物理中涉及的偏微分方程，包括连续方程、动量方程、能量方程、组分方程等。求解方法包括有限差分法、有限容积法、有限元法等。本书在“流体力学”“传热学”“数值分析方法”等相应课程初步学习基础上，进一步系统讲授有限差分法和有限容积法在求解热物理问题中的应用，数值模拟热物理学科中的实际问题。

1.1　计算热物理的研究意义

在自然界和工业、工程问题中，存在大量的传热问题和传热现象。在实际中，从航天飞机重返大气层时的壳体保护到现代楼宇的暖通空调，从自然界中的风霜雨雪的形成到汽车流线外形的确定，从手机电脑等微电子器件的有效冷却到工业换热器的翅片和通风管道形状的选取，无不与流动和传热过程紧密相关。此外，现代各种生产电力的方法几乎都以流体流动及传热作为其基本过程。这些工程问题的设计、优化和控制都涉及流动和传热过程的分析。

随着电子计算机的高速发展，热物理问题的数值解法很快发展为解决实际问题的重要工具。数值解法是一种离散近似的计算方法，它不像解析解那样研究区域中未知量的连续函数，而只研究某些代表性节点上的近似值。热物理过程包含传热、流动、传质和燃烧相关的物理问题，受质量守恒、动量守恒及能量守恒定律的控制。然而，热物理过程的控制方程基本上是非线性的，有的还具有复杂的边界条件，解析求解通常不可能。采用有限差分法、有限容积法、有限元法，可以将连续函数的偏微分方程转化为离散节点上的代数方程，求解代数方程，即可得到这些方程的近似解。而大量离散节点上的代数方程组的求解工作，应用电子计算机来进行就特别方便快捷。因此，热物理问题的数值研究从计算机问世以来，就得到蓬勃的发展。

1.2 计算热物理研究的起源和发展

早在20世纪初，就有数学家提出可以利用差分离散方法和代数方程的迭代解法来求解偏微分方程，并从理论上提出了差分方法的收敛性等问题。但当时计算工具落后，即使对一些简单的流动和换热问题，数值求解也需很长时间，且难以达到满意的精度。

电子计算机的出现和快速发展，使这种数值计算的需求变成可能，带来了计算热物理理论和应用的蓬勃发展。计算热物理的发展大体上经历了以下三个阶段[1]：

1. 初创奠基期(1946～1974年)

计算机问世后，大量数值算法，如算术平均格式、交替方向隐式格式、多维分裂格式等相继提出。数值格式的相容性、收敛性和稳定性分析，都取得了重要进展。世界上第一种大量介绍计算流体和计算传热学的杂志——《Journal of Computational Physics》于1966年创办。1965年，美国科学家Harlow和Welch提出了交错网格的思想，有效解决了速度、压力存放在同一网格计算时可能出现的两者失耦问题，促进了原始变量法求解流场方法的发展；1972年，英国学者Spalding等提出了不可压流体速度-压力耦合问题顺序求解的SIMPLE算法，解决了压力没有独立计算方程的困难；人们认识到对流项采用迎风差分格式离散，可以克服数值振荡；1974年美国学者Thompson等提出了用微分方程方法生成贴体坐标网格的方法。这些都为计算热物理的发展奠定了基础。

2. 蓬勃发展期(1975～1984年)

随着计算机软硬件飞快发展，计算速度和容量迅速提高。学者们在进一步探讨新的数值算法和理论的同时，把研究投向工程应用，解决复杂工程问题。1977年，Spalding等开发的求解二维边界层输运现象的GENMIX程序公开发表，其设计思想对以后的热科学通用软件开发有积极影响；1979年，《Numerical Heat Transfer》杂志创办，用于流动传热计算的大型通用软件PHOENICS问世，具有三阶计算精度的对流迎风性差分格式——QUICK格式发表，并得到广泛应用；1980年，Patankar教授写的名著《Numerical Heat Transfer and Fluid Flow》出版；1981年，PHOENICS软件正式投入市场。随后，流体和传热的其他商用软件，如FLUENT和FIDAP等也相继推出，各种改进的SIMPLE系列算法先后提出，正交曲线坐标下的同位网格方法计算也得到成功应用，有助于求解复杂边界问题。除了有限容积法、有限差分法之外，还发展了有限元法、边界元法及有限分析法。数值方法解决问题的范围越来越广，处理的问题越来越复杂。

3. 深入发展期(1985年至今)

最近几十年，计算热物理的研究内容已涉及气、液、固多相并存的流动和换热，包括化学反应的大型煤粉锅炉燃烧，航空发动机、燃气轮机中的复杂流动和燃烧，湍流直接模拟和大涡模拟等。并行算法、网格生成技术(前处理)、计算结果的绘图和可视化技术(后处理)受到重视，开发了许多供前、后处理的专用软件。新的计算热物理大型商用软件如STAR-CD(1987)和CFX(1991)等也相继投入市场；国际杂志《International Journal of Numerical Method in Heat and Fluid Flow》于1991年创办；数值计算方法正向精度更高、区域适应性更好、求解更健壮的方向发展。

1.3 热物理数值研究与理论研究、实验研究的关系

数值方法作为热物理研究的一种新手段，与传统的理论研究、实验研究间既不可分割，又互有区别。理论研究、实验研究和数值研究都是要探讨热科学中流体流动、传热传质和燃烧的基本规律，三者的目标是一致的，但所使用的手段不一样，所发挥的功能也不同[2-5]。

实验研究无疑是热物理问题最基本的研究方法，始终是研究热科学各类物理过程最现实、最直接的途径，任何一种传热现象都需要通过实验来加以测定，实验又是检验理论和数值结果好坏的标准。任何理论模型和数学模型的建立都依赖对物理现象的观测和分析，而理论和数值结果是否准确又必须通过与实验结果比较才能确认。

理论研究着重于对热物理过程进行机理分析和数学求解，处理的问题多为线性的或可线性化的，几何形体多是规则的，使用方法主要是解析的、渐近的或局部化的。虽然许多复杂的问题难以得到解析解，但解析解一般具有较强的普遍性，各种影响因素的作用都很清晰。解析解可为检验数值解提供依据：对一个有解析解的问题，通过将数值解与解析解比较，可以对数值方法的准确性给出评价。此外，数值结果的准确度，首先取决于所提的理论模型的准确性。如果对具有强烈回流的问题采用边界层方程，对一个非稳态问题采用稳态控制方程，那么无论如何努力，数值计算都不能得到有意义的结果。

数值研究采用离散方法模拟，可处理非线性、非规则几何形体问题，不受解析方法能力的限制，可以处理一般的复杂问题。但离散求解是一种近似方法，不可避免会引入一些数值误差，需要加以分析和识别。数值研究的优势首先是经济。数值计算方法具有成本低、能模拟较复杂或较理想工况等优点。一旦建立实际问题的合理的数学模型，数值计算就可以发挥很大的作用，可拓宽实验研究范围，减少实验工作量。实验常常受到一定的限制，例如设备与运行的费用很高，实验参数测定本身也有测量误差。数值研究没有实验研究所存在的测量误差和系统误差，也不存在测试手段的干扰问题，其流动参数和物性参数可以任意选取，能突破实验无法达到的环境和条件，数值研究比实验研究灵活、适应性强。

因此，理论研究、实验研究和数值研究各有特色，各具功能，三方面巧妙结合起来，可以起到互相补充、相得益彰的作用。把实验测定、理论分析与数值计算有机而协调地结合起来，是研究传热问题的理想而有效的手段。

1.4 计算热物理研究的基本任务

计算热物理旨在为热科学中的复杂非线性问题提供定量分析,解决理论研究不能解析、实验研究难于观测等实际问题,并为热科学开拓新的研究方向。为了达到这些目的,计算热物理的基本任务包含以下几个方面[2-3]:

1.4.1 数学模型研究

数值求解一个热物理问题的前提是先要有一个能合理刻画该物理过程的数学模型。因此,建立能确切描述物理过程本质特性的数学模型,并对该模型进行深入理论分析,使在求解之前就对解的基本性质有定性认识,这是计算热物理研究最基础的工作和任务。目前人们已经针对各种实际的热物理问题,建立了许多有效的模型,如叶轮机械三维黏性流模型、换热器壳侧流动传热模型、湍流流动和燃烧模型等。但还有许多特殊的问题,如分离流、沸腾、多相反应流等,需要进一步的创新工作。限于篇幅和教材的基础性质,本书只采用已有的热物理数学模型,不把建立新的数学模型作为主要内容。

1.4.2 数值方法研究

这是本书的核心内容,包括数学模型的离散方法和离散方程的数值算法,以及这两者的可靠性和有效性研究。目前,热物理离散化方法主要有有限容积法、有限差分法、有限元法、有限分析法和边界元法等,其中用得最多的是有限容积法。尽管已经有了许多有效算法,但对于非线性方程耦合求解、移动边界、计算稳定性和收敛性等问题,都有待深入研究。离散方法和数值格式的可靠性、有效性问题,一直受到众多学者的关注,他们发展了许多理论分析方法,但主要都限于线化方法,局限性大,且主要针对有限差分法和有限容积法进行讨论,而对于有限元和其他离散方法的可靠性、有效性的理论分析困难大,有待更多的研究工作。

1.4.3 软件开发研究

编制开发计算热物理软件,包括计算程序和前、后处理程序,是计算热物理的又一项基本任务。核心计算程序实施离散方程的代数求解,它需要综合体现数学模型、离散方法、数值算法、物性参数、几何特征和边界条件等因素。计算热物理软件大致分为三类:① 专供解决某一个热物理问题的专用程序软件;② 求解某一类型方程的类型程序软件;③ 适用于多种类型方程、多种热物理问题的大型通用程序软件。例如,求解椭圆问题的TEAM程序属类型程序,而PHEONICS,ANSYS FLUENT,COMSOL Multiphysics都是大型通用程序。前处理程序主要为计算网格生成程序;而后处理程序包括绘图和可视化程序,用来生成可供分析的图形或动态图画。本书提供了一些算法的流程图，并要求学习者编制、调试一些相对简单的计算程序。

1.5　本书的主要内容

计算热物理是一门交叉性前沿学科，所涉及的研究内容相当丰富。本书作为一门专业基础课教材，为高年级本科生和硕士研究生介绍几种离散数值方法的基础理论。通过学习，读者理解数值计算的基本原理，掌握数值计算的一些主要方法，具有对热物理问题进行数值计算的初步能力，为其从事相关工作和科学研究奠定一定的基础。

全书内容包含以下10章：

第1章为“绪论”，介绍计算热物理的学科背景。

第2章，首先概述热物理问题的控制方程，然后介绍一般偏微分方程的物理分类和数学分类，阐述不同类型方程具有的不同的数学物理特征，它们对数值求解具有不同的要求。

第3章，选择有限差分和有限容积两种方法，介绍解域离散、微分方程离散的方法。在此基础上，对离散格式的有效性进行分析，重点讨论离散格式的误差与精度、相容性、稳定性、耗散性、色散性、守恒性以及迁移性。

第4章，以导热问题为背景，介绍扩散方程数值解法的一些技巧。这类方程没有一阶导数，离散方法比较简单。离散求解中所涉及的非均质交界面物性参数处理、源项线化处理、边界条件处理、代数方程求解等，也适用于包含流动在内的对流扩散问题。

第5章，讨论具有流动的对流扩散问题，在流场给定的前提下，进行对流项的离散。先介绍五种三点离散格式，再介绍高阶迎风格式。此外，还对相应的虚假扩散问题和对流不稳定性问题做简要介绍。

第6章，介绍回流问题的两种数值求解方法：一种是原始变量顺序求解的压力修正法——SIMPLE系列算法；另一种是非原始变量顺序求解的涡流函数法。

第7章，介绍湍流的数值方法，讲述湍流时均运动方程和使时均方程封闭的湍流模型：湍流系数法和Reynolds应力方程法。重点介绍两方程 k-ε 模型下的湍流数值方法。

第8章，讲述代数方程组解法。在第4～6章相关内容基础上，展开补充了几种直接解法以及几种迭代解法，包括迭代解法的收敛特性和加速收敛的方法。

第9章，在扼要介绍网格生成技术后，讲述代数方法和微分方程方法生成贴体网格的技术，并对自适应网格及其生成方法做简要介绍。

第10章，讲述有限元方法概要。从变分原理与Ritz方法、加权残余与Galerkin方法入手，介绍有限元法的基本原理、实施步骤、单元与插值函数，举例说明有限元法在稳态导热问题、非稳态导热问题以及非线性对流扩散问题计算中的应用。

参 考 文 献

[1] 陶文铨.数值传热学的近代进展[M].北京:科学出版社,2000:6-11.

[2] 忻孝康,刘儒勋,蒋伯诚.计算流体动力学[M].长沙:国防科技大学出版社,1989:4-10.

[3] 陶文铨.数值传热学[M].2版.西安:西安交通大学出版社,2001:18-21.

[4] Anderson D A,Tannehill J C,Pletcher R H. Computational fluid mechanics and heat transfer[M]. New York: McGraw-Hill,1986:5-9.

[5] 帕坦卡.传热与流体流动的数值计算[M].张政,译.北京:科学出版社,1984:4-9.

第 2 章　热物理问题的数学描述与偏微分方程的分类

热物理问题的控制方程是数值计算方法的理论基础。本章首先扼要给出热物理多年研究总结出来的这类方程的数学表达形式。由于不同类型的物理问题对应不同类型的数学物理方程，而不同类型的数学物理方程具有不同的数学特征，需要采用不同形式的离散方法进行数值计算，因此，本章对一般偏微分方程的物理分类和数学分类进行详细介绍。这样才能正确分析热物理控制方程的特征，合理选择有效的数值离散方法，这也是为发展、建立新的数学物理模型打基础。

2.1　热物理过程的控制方程

流动、传热、传质、燃烧等与热科学相关的物理过程，通称为热物理过程。这类物理过程遵循质量守恒、动量守恒和能量守恒三个基本守恒规律，通过建立守恒量的平衡关系，可以得到如下一些控制微分方程[1-3]。

2.1.1　连续方程

对研究的任一控制体，单位时间、单位体积内质量的变化率等于同一时间外界流入体系和体系流出的净质量流率。它表达了质量守恒原理。令 ρ 代表流体密度，$\boldsymbol{U}$ 代表流体速度矢量，t 为时间变量，则连续方程可以写为

$$\frac{\partial \rho}{\partial t} + \nabla \cdot (\rho \boldsymbol{U}) = 0 \tag{2.1}$$

2.1.2　动量方程

对研究的任一控制体，单位时间、单位体积内动量的变化率等于同一时间外界流入体系和体系流出的净动量流率与作用于该体系所有外力之和。这是牛顿第二定律的应用。设研究对象为牛顿流体，令 μ 为动力黏度，p 为压力，三个空间方向 x,y,z 上的速度分量分别为 u,v,w，体积力分量分别为 B_x,B_y,B_z，分子黏性作用项中除了$\nabla \cdot (\mu \nabla u)$，$\nabla \cdot (\mu \nabla v)$，

$\nabla \cdot (\mu \nabla w)$以外的黏性力项分别为 S_x, S_y, S_z，则空间三个方向的动量方程形式分别为

$$\frac{\partial(\rho u)}{\partial t} + \nabla \cdot (\rho u \boldsymbol{U}) = \nabla \cdot (\mu \nabla u) - \frac{\partial p}{\partial x} + S_x + B_x \tag{2.2}$$

$$\frac{\partial(\rho v)}{\partial t} + \nabla \cdot (\rho v \boldsymbol{U}) = \nabla \cdot (\mu \nabla v) - \frac{\partial p}{\partial y} + S_y + B_y \tag{2.3}$$

$$\frac{\partial(\rho w)}{\partial t} + \nabla \cdot (\rho w \boldsymbol{U}) = \nabla \cdot (\mu \nabla w) - \frac{\partial p}{\partial z} + S_z + B_z \tag{2.4}$$

其中动量方程的三个广义源项 S_x, S_y, S_z 分别为

$$S_x = \frac{\partial}{\partial x}\left(\mu \frac{\partial u}{\partial x}\right) + \frac{\partial}{\partial y}\left(\mu \frac{\partial v}{\partial x}\right) + \frac{\partial}{\partial z}\left(\mu \frac{\partial w}{\partial x}\right) - \frac{2}{3}\frac{\partial}{\partial x}\nabla \cdot (\mu \boldsymbol{U}) \tag{2.5a}$$

$$S_y = \frac{\partial}{\partial x}\left(\mu \frac{\partial u}{\partial y}\right) + \frac{\partial}{\partial y}\left(\mu \frac{\partial v}{\partial y}\right) + \frac{\partial}{\partial z}\left(\mu \frac{\partial w}{\partial y}\right) - \frac{2}{3}\frac{\partial}{\partial y}\nabla \cdot (\mu \boldsymbol{U}) \tag{2.5b}$$

$$S_z = \frac{\partial}{\partial x}\left(\mu \frac{\partial u}{\partial z}\right) + \frac{\partial}{\partial y}\left(\mu \frac{\partial v}{\partial z}\right) + \frac{\partial}{\partial z}\left(\mu \frac{\partial w}{\partial z}\right) - \frac{2}{3}\frac{\partial}{\partial z}\nabla \cdot (\mu \boldsymbol{U}) \tag{2.5c}$$

2.1.3 能量方程

对研究的任一控制体，单位时间、单位体积内总能量的变化率等于同一时间外界流入体系和体系流出的净能量流率与作用于该体系所有表面力和体积力做功之和。令 e，h 和 T 分别为流体的比内能、比热焓和温度，λ 为流体导热系数，Φ 为黏性耗散函数，S_{in}为体系的内热源（单位体积的热产生率）。不计热辐射和体积力功，引入 Fourier 导热定律，可以推得用内能表示的能量方程为

$$\frac{\partial(\rho e)}{\partial t} + \nabla \cdot (\rho \boldsymbol{U} e) + p \nabla \cdot \boldsymbol{U} = \nabla \cdot (\lambda \nabla T) + \Phi + S_{\text{in}} \tag{2.6}$$

其中

$$\Phi = 2\mu\left[\left(\frac{\partial u}{\partial x}\right)^2 + \left(\frac{\partial v}{\partial y}\right)^2 + \left(\frac{\partial w}{\partial z}\right)^2 + \frac{1}{2}\left(\frac{\partial u}{\partial y} + \frac{\partial v}{\partial x}\right)^2 + \frac{1}{2}\left(\frac{\partial v}{\partial z} + \frac{\partial w}{\partial y}\right)^2 + \frac{1}{2}\left(\frac{\partial w}{\partial x} + \frac{\partial u}{\partial z}\right)^2\right] - \frac{2}{3}\mu(\nabla \cdot \boldsymbol{U})^2 \tag{2.7}$$

应用比热焓的定义

$$h = e + \frac{p}{\rho} \tag{2.8}$$

和连续方程，由内能写出的能量方程(2.6)可改写为比热焓 h 的表达式

$$\frac{\partial(\rho h)}{\partial t} + \nabla \cdot (\rho \boldsymbol{U} h) = \frac{\mathrm{D}p}{\mathrm{D}t} + \nabla \cdot (\lambda \nabla T) + \Phi + S_h \tag{2.9}$$

其中$\frac{\mathrm{D}}{\mathrm{D}t}$代表物质导数，

$$\frac{\mathrm{D}(\cdot)}{\mathrm{D}t} = \frac{\partial(\cdot)}{\partial t} + \boldsymbol{U} \cdot \nabla(\cdot) \tag{2.10}$$

对于理想气体，$h = c_p T$，其中 c_p 为定压比热，且有 $c_p = c_V + R$。这里 c_V 为定容比热，R 为气体常数。取 c_p 为常数，令 $S_T = S_{\text{in}} + \Phi$，则用温度表示的能量方程为

$$\frac{\partial(\rho T)}{\partial t}+\nabla\cdot(\rho \boldsymbol{U} T)=\frac{1}{c_p}\frac{\mathrm{D}p}{\mathrm{D}t}+\nabla\cdot\left(\frac{\lambda}{c_p}\nabla T\right)+S_T \tag{2.11}$$

对于固体和不可压缩流体，ρ 为常数，$c_p=c_V=c=\text{const}$，且 $\operatorname{div}(\boldsymbol{U})=0$，于是由式(2.6)，可得用 T 表示的能量方程是

$$\frac{\partial T}{\partial t}+\nabla\cdot(\boldsymbol{U}T)=\nabla\left(\frac{\lambda}{\rho c}\nabla T\right)+\frac{S_T}{\rho} \tag{2.12}$$

2.1.4　化学组分方程

对研究的任一控制体，单位时间、单位体积内某种化学组分质量的变化率等于由对流和扩散引起的流入体系和流出体系的净流率与化学反应产生率之和。令 m_l 为组分 l 的质量分数，$\boldsymbol{R}_l$ 和 Γ_l 分别为该组分单位体积的生成率和扩散率，按照质量扩散的 Fick 定律，可得组分方程为

$$\frac{\partial(\rho m_l)}{\partial t}+\nabla(\rho m_l\boldsymbol{U})=\nabla(\Gamma_l\nabla m_l)+\boldsymbol{R}_l \tag{2.13}$$

$\boldsymbol{R}_l$的值可正可负，取决于化学反应是产生还是湮灭。对于不参与化学反应的组分，$\boldsymbol{R}_l$为零。组分方程中各量满足以下约束方程：

$$\sum_l m_l=1 \tag{2.14}$$

$$\sum_l \Gamma_l\nabla m_l=0 \tag{2.15}$$

$$\sum_l \boldsymbol{R}_l=0 \tag{2.16}$$

2.1.5　控制方程的通用形式

从上述所列的基本方程可以看出，主要待求函数都遵从一般的守恒原理。令 ϕ 表示某一待求函数，则控制方程可以写成如下通用形式：

$$\frac{\partial(\rho\phi)}{\partial t}+\nabla(\rho\boldsymbol{U}\phi)=\nabla(\Gamma_\phi\nabla\phi)+S \tag{2.17}$$

其中 Γ_ϕ 为广义扩散系数，S 为广义源项。根据不同的通用求解函数 ϕ，它们代表不同的意义。ϕ 可为速度 u,v,w，比热焓 h 或温度 T，化学组分质量分数 m_l 等。当 $\phi=1$ 时，通用方程即为连续方程。

可以看到，上述通用形式的控制方程中，含有以下四种不同类型的项：非稳态项(即时间导数项)、对流项(即一阶导数项)、扩散项(即二阶导数项)以及广义源项。

2.1.6　控制方程的守恒型与非守恒型

热物理问题的控制方程可以分成守恒型与非守恒型两种。凡是描写某个物理量的控制方程能够使该物理量的总通量(含对流与扩散作用导致的总转移量)在任何有限大小的容积中都守恒，则称该控制方程为守恒型的，否则就是非守恒型的。从微元体的角度看，

控制方程的守恒型和非守恒型是等价的,而从计算体(控制容积)的角度看,两者有所不同。

在本书第 3 章中可以看到,控制容积积分方法要求从守恒型的控制方程出发进行离散,从而导出的方程具有守恒性。而有限差分方法不要求从守恒型控制方程出发,因而,非守恒型方程所导出离散方程可能不具有守恒性。

对直角坐标系中的常物性问题,方程的守恒型与非守恒型主要取决于对流项的表达形式。如果控制方程的对流项部分以散度的方式表示,则该方程是守恒型的。而在其他正交曲线坐标系中,由于扩散项的表达形式也可能出现非守恒型的情况,因此这种情况较为复杂。读者可以参考相关文献。

2.2 偏微分方程的物理分类和数学分类

热物理过程的控制方程通常耦合有多个求解变量,包含一阶和二阶的偏导数、拟线性。不同实际问题对应不同物理和数学类型的方程,只有正确对它们分类,才能有的放矢,采用合适的数值方法求解。本节结合热物理控制方程,阐述偏微分方程的分类方法和不同类型方程的数学特征[4-6]。

2.2.1 偏微分方程的物理分类

1. 平衡问题

所谓平衡问题,是指一类单一的边值问题。其对应偏微分方程的定义域是一个封闭区域;定义域中每一点的解,依赖于封闭边界每一点上的边界条件。如图 2.1 所示,偏微分方程在封闭边界 B 所围成的区域 D 内有定义,欲求 D 内任意点的解,必须规定 B 上完整的边界条件。也就是说,区域内各点的解通过与边界条件关联而相互耦合,彼此相依,因而此类问题又称为边值问题。这就决定平衡问题对应的偏微分方程在离散求解时,不可能单独求出区域内某一点的解。定常无黏不可压缩流动和稳态导热问题的温度分布都是平衡问题。

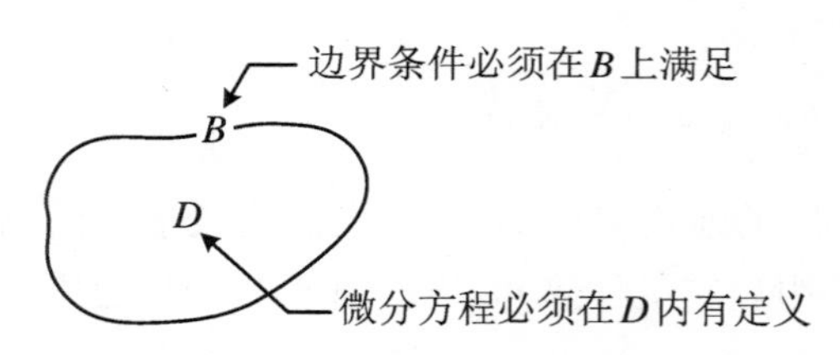

图 2.1 平衡问题的定义域和边界

数学上,平衡问题由椭圆型偏微分方程控制。椭圆型方程中,任意一点 P 的依赖区是整个封闭边界,而其影响区是整个定义域。因为求解区域内各点的值是互相影响的,所以其离散方程求解时,各个代数方程必须联立求解,而不能先求解得某一部分区域的值,然后去确定其他区域上的值。

例 2.1 试求边长为 1 的正方形热导体维持三条边的温度为 0、另一边的温度为 T_0 的稳态导热温度分布。

解　物理上，这是一个二维稳态导热问题，控制微分方程为椭圆型 Laplace 方程。边界是封闭的，且给定了完整的边界条件，如图 2.2 所示，可以建立以下定解模型：

$$\begin{cases}\nabla^2 T = \dfrac{\partial^2 T}{\partial x^2} + \dfrac{\partial^2 T}{\partial y^2} = 0, \quad 0 \leqslant x \leqslant 1, 0 \leqslant y \leqslant 1 \\ T(0,y) = T(1,y) = T(x,1) = 0, \quad T(x,0) = T_0\end{cases} \tag{2.18}$$

对于线性 Laplace 方程，可以采用标准的分离变量法求解。令

$$T(x,y) = X(x)Y(y) \tag{2.19}$$

代入方程(2.18)，并利用其三个零值边界条件，得

$$T(x,y) = \sum_{n=1}^{\infty} A_n \sin(n\pi x)\mathrm{sh}[n\pi(y-1)] \tag{2.20}$$

再利用非零值边界条件 $T(x,0)=T_0$，可以定出

$$A_n = \frac{2T_0}{n\pi}\frac{(-1)^n - 1}{\mathrm{sh}(n\pi)} \tag{2.21}$$

对于该类问题，如果所给的边界条件有任何的不完整，就不可能得到符合物理要求的适定解。

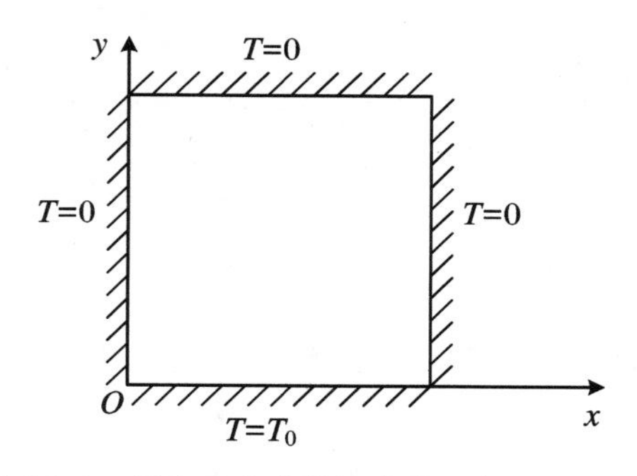

图 2.2　具有确定边界温度的正方形导热体

2. 行进问题

行进问题亦称传播问题(propagation problem)，是一类瞬时问题(transient problem)或类瞬时问题(transient-like problem)。这类问题对应的偏微分方程定义在开区域上，具有时间变量或类时间变量，满足初始条件或者初始-边界条件，称之为初值问题或者初边值问题。如图 2.3 所示，偏微分方程在开区域 D 上定义，若 D 为无界区域，则只需规定初值条件($t=0$ 或 $y=0$ 时的条件)；若 D 为有界区域，则除了要规定初值条件外，还要对边界 B 上的条件提一定的要求。

数学上，行进问题对应双曲型或者抛物型偏微分方程。在流体力学和热物理问题中，这类问题通常包括对流问题、扩散问题和对流-扩散问题。对行进问题计算时，不必像平衡问题那样，需要对整个区域内各个节点值同时求解，而可采用层层推进的方法，从已知的初值出发，逐步向前推进，一直计算到所需时刻或地点为止，以获得满足给定边界条件的解。这种求解方式称为步进法。例如，对于一个二维稳态边界层流动换热问题，只要给出了上游某一位置垂直于主流方向各个节点的变量值及导数值边界条件，就可以逐步得出主流方向后各节点处的解。这样，虽然所计算的问题是二维的，但求解代数方程时所需要的数组是一维

的,可以大大加快计算。

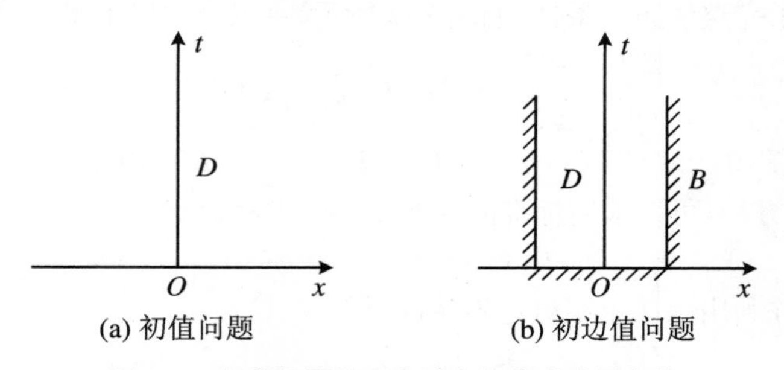

(a) 初值问题　　(b) 初边值问题

图 2.3　行进问题的定义域和初始或边界条件

(1) 对流问题

双向传播的一维声波传播、平面定常超声速流动和一维非定常等熵流动都是对流问题的实例。它们都对应双曲型偏微分方程。

例 2.2　试确定一维无界线性声波传播的物理特征。

解　一维无界线性声波传播遵从波动方程,它是一个没有边界条件的纯初值问题,只需提初值条件,其定解模型如下:

$$\begin{cases}\dfrac{\partial^2 u}{\partial t^2} = a^2\dfrac{\partial^2 u}{\partial x^2}, \quad a\text{ 为常数}, -\infty \leqslant x \leqslant \infty \\ u(x,0) = f(x) \\ \dfrac{\partial u}{\partial t}(x,0) = g(x)\end{cases} \tag{2.22}$$

此波动方程可用 d'Alembert 方法求解。引入坐标转换

$$\begin{cases}\xi = x - at \\ \eta = x + at\end{cases} \tag{2.23}$$

方程(2.22)转化为方程

$$u_{\xi\eta} = 0 \tag{2.24}$$

积分得

$$u(x,t) = F_1(x + at) + F_2(x - at) \tag{2.25}$$

代入初始条件,定出函数 F_1 和 F_2,得到该方程的解为

$$u(x,y) = \frac{f(x + at) + f(x - at)}{2} + \frac{1}{2a}\int_{x-at}^{x+at} g(\tau)\mathrm{d}\tau \tag{2.26}$$

考察一下所得的解,可以看出,解由初值函数确定,当 $x + at = c_1 = \text{const}$, $x - at = c_2 = \text{const}$ 时,方程的解具有相同的值。也就是说,在物理平面 xt 上,存在两族称为特征线的方向线

$$\begin{cases}\dfrac{\mathrm{d}t}{\mathrm{d}x} = \dfrac{1}{a} = \lambda_1 \\ \dfrac{\mathrm{d}t}{\mathrm{d}x} = \dfrac{-1}{a} = \lambda_2\end{cases} \tag{2.27}$$

在时间行进过程中,初始解沿着这些特征线从起始位置向解域传播。过定义域内任意点 $P(x_0,t_0)$,如图 2.4(a)所示,两条线构成两个特征区域,下游区称为 P 点的影响区,上游区称为 P 点的依赖区。P 点的解依赖于依赖区的初始条件,不受依赖区以外的区域解的影响;

P 点的解沿着前向特征线传播，影响着影响区，影响区之外的区域不受 P 点解的影响。上述问题中，P 点的依赖区和影响区处于通过该点的两条特征线构成的三角形（楔形或锥形）区域内，依赖区位于运动方向的上游，而影响区位于运动方向的下游。

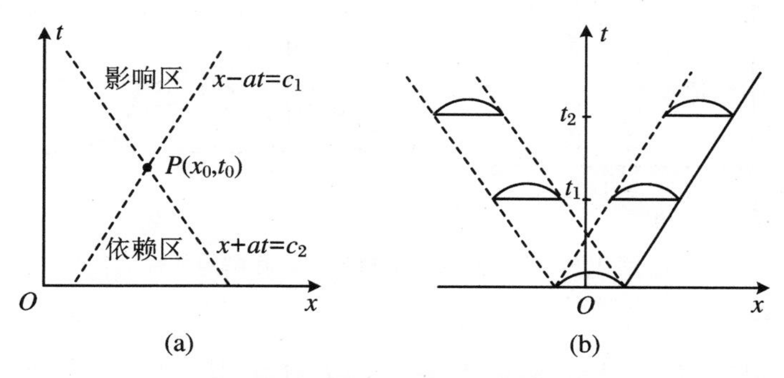

图 2.4　行进问题中对流问题方程解的特性

图 2.4(b)显示了初始位置 $x=0$ 处一个扰动波在时间发展过程中，在时空平面 xt 上的传播图像：扰动波沿着特征线方向从扰动点起始位置向下游传去。对线性波的情况（$a=\text{const}$），波形不变。但对于非线性波问题，波在传播中会变形。若为压缩波，还可能逐渐发展成解间断的激波。

（2）扩散问题

非稳态导热和黏性流体中一个突然启动的做匀速运动的平板所引起的旋涡扩散，都是最简单的纯扩散问题。此问题中，特征线与步进方向相垂直，其依赖区与影响区以特征线为界截然分开。它们的控制方程对应数学上的抛物型方程。例如，非稳态导热问题中，某一瞬时的温度分布取决于该瞬时以前的情况及边界条件，而与该瞬时之后将要发生的现象无关。

例 2.3　试确定两端温度为 0、长度为 1、热扩散系数为 α、初始温度为一正弦分布的一维导热杆的瞬态温度分布。

解　这是一个定义在开区域（无时间尺度限制）上而空间有确定范围的初边值问题。它由热传导方程控制。根据所给条件，如图 2.5 所示，求解数学模型如下：

$$\begin{cases}\dfrac{\partial T}{\partial t}=\alpha\dfrac{\partial^2 T}{\partial x^2}, & \alpha\text{ 为常数},0\leqslant x\leqslant 1\\ T(x,0)=\sin(\pi x)\\ T(0,t)=T(1,t)=0\end{cases}\tag{2.28}$$

采用分离变量法，利用初始边界条件，可得如下精确解：

$$T(x,t)=\sin(\pi x)\exp(-\pi^2 t)\tag{2.29}$$

由此解可知，在时间行进过程中，导热体温度分布随着时间呈指数衰减，表明这类物理问题的控制方程具有耗散特性，如图 2.5(b)所示。在任意时刻 t_i，解域被 $t_i=\text{const}$、垂直于行进方向 t 轴的直线区分为两个区域。此线称为该抛物型方程的特征线。以此线为分界线，它的整个上游区域都是依赖区，整个下游区域均为影响区。空间任意点 P 在 t_i 时刻的解依赖于此时刻由特征线区分开的依赖区里整个解的情况及其边界条件，与此时刻之后将要发生什么无关；而空间任意点 P 在 t_i 时刻的解都将影响它的整个下游影响区的解。换言之，抛物型方程行进方向下游的解取决于上游的解，而上游的解不受下游解的影响，见图 2.5(a)。

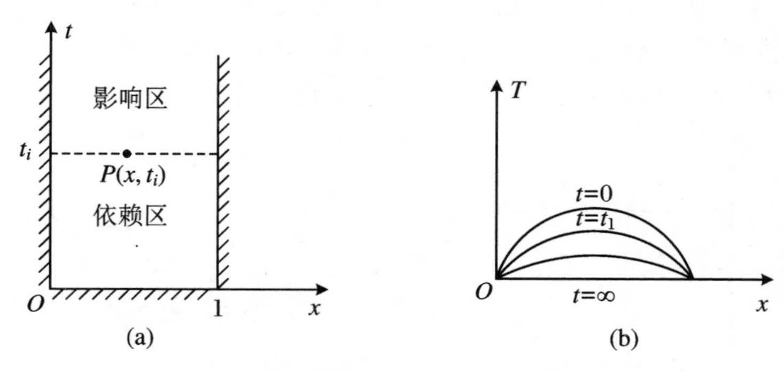

图 2.5 行进问题中扩散问题方程解的特性

(3) 对流-扩散问题

当实际物理问题既包含对流,又有扩散时,则为对流-扩散问题。它对应的偏微分方程除了含有一阶的时间或类时间坐标导数外,还含有一阶、二阶的空间坐标导数项。时间或类时间导数代表物理过程是一个行进过程,一阶空间导数代表对流,二阶空间导数代表扩散。最简单的这类问题,如具有常流动速度 a、常热扩散系数 α、无热源的一维非稳态对流换热问题,其控制方程为

$$\frac{\partial T}{\partial t} + a\frac{\partial T}{\partial x} = \alpha\frac{\partial^2 T}{\partial x^2} \tag{2.30}$$

数学上,该方程是抛物型方程。在给定一定的初始或初始边界条件下,可以得到唯一的确定解。其解除了具有前述的纯扩散方程(2.28)的耗散特性外,还具有由对流项引起的传输特性,它是扩散和对流两种效应的叠加,如图 2.6 所示。

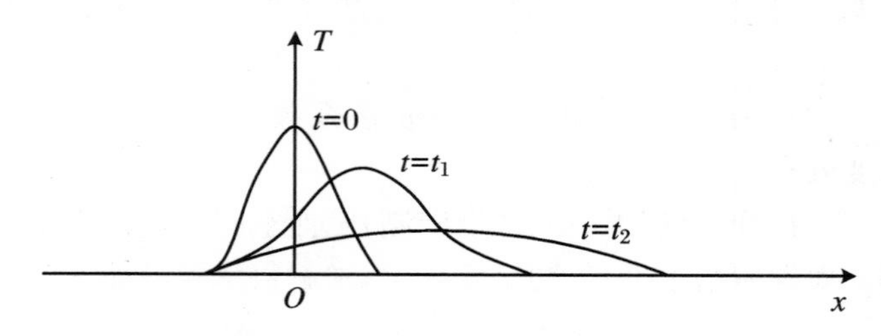

图 2.6 对流扩散问题解的特性

2.2.2 偏微分方程的数学分类

偏微分方程的数学分类是一个非常重要但又十分复杂的问题,尤其是混合型的偏微分方程。一般情况下,如果空间各点之间的影响是相互的,是椭圆型问题;如果只是上游影响下游,则是抛物型问题;如果上游影响下游的一个锥形或者楔形区域,则是双曲型问题。以下就比较成熟的理论做简要介绍,但多数不做严格推演,读者能应用其基本结论即可。

1. 两个自变量的二阶偏微分方程

一般的两个自变量的二阶偏微分方程可以写成如下形式:

$$a\phi_{xx} + b\phi_{xy} + c\phi_{yy} + d\phi_x + e\phi_y + f\phi = g(x, y) \tag{2.31}$$

其中函数 ϕ 的下标 x、y 分别表示对自变量 x、y 的偏导数，方程中含二阶导数的部分称为方程的主部。当系数 a,b,c,d,e,f 均为常数或只是 x,y 的函数时，方程是线性的。当系数 a,b,c,d,e,f 仅为 x,y,ϕ,ϕ_x,ϕ_y 的函数时，方程是拟线性的。当系数 a,b,c,d,e,f 是 $\phi_{xx},\phi_{xy},\phi_{yy}$ 的函数时，方程是非线性的。热物理过程的控制方程多数是拟线性的。为简单起见，我们把拟线性和非线性方程通称为非线性方程。

以下讨论的分类方法严格讲仅限于线性方程，但是相关理论在冻结方程的系数时，可以推广应用于拟线性和非线性方程的情况。因此，我们仅讨论线性偏微分方程的分类方法。

为了从本质上认清用一般形式写出的方程(2.31)的特征，并尽可能简化方程的表达形式，我们通过引入非奇异的坐标转换(转换 Jacobi 矩阵行列式 $J\neq 0$)，将方程化为标准型。引入新坐标

$$\begin{cases}\xi = \xi(x,y)\\ \eta = \eta(x,y)\end{cases} \tag{2.32}$$

其转换 Jacobi 矩阵的行列式

$$J = \left|\frac{\partial(\xi,\eta)}{\partial(x,y)}\right| = \begin{vmatrix}\xi_x & \xi_y\\ \eta_x & \eta_y\end{vmatrix} = \xi_x\eta_y - \xi_y\eta_x \tag{2.33}$$

利用求导的链式规则，可将 x,y 坐标下写出的方程(2.31)转化为 ξ,η 坐标下的对应方程

$$A\phi_{\xi\xi} + B\phi_{\xi\eta} + C\phi_{\eta\eta} + D\phi_{\xi} + E\phi_{\eta} + F\phi = G(\xi,\eta) \tag{2.34}$$

其中

$$\begin{aligned}
A &= a\xi_x^2 + b\xi_x\xi_y + c\xi_y^2\\
B &= 2a\xi_x\eta_x + b(\xi_x\eta_y + \xi_y\eta_x) + 2c\xi_y\eta_y\\
C &= a\eta_x^2 + b\eta_x\eta_y + c\eta_y^2\\
D &= a\xi_{xx} + b\xi_{xy} + c\xi_{yy} + d\xi_x + e\xi_y\\
E &= a\eta_{xx} + b\eta_{xy} + c\eta_{yy} + d\eta_x + e\eta_y\\
F &= f
\end{aligned} \tag{2.35}$$

由以上系数表达式，可以得到

$$B^2 - 4AC = (b^2 - 4ac)(\xi_x\eta_y - \xi_y\eta_x)^2 = J^2(b^2 - 4ac) \tag{2.36}$$

以上表明，任何非奇异的坐标转换、方程的表达形式及其方程主部的系数组合 b^2-4ac 的符号不变。这种变换下保持不变的性质为我们提供了对方程进行数学分类和简化方程主部的基础。按照系数组合 b^2-4ac 的符号不同，二阶线性偏微分方程(2.31)区分为以下三种类型：

$$\begin{cases}b^2 - 4ac > 0\\ b^2 - 4ac = 0\\ b^2 - 4ac < 0\end{cases} \tag{2.37}$$

由于 b^2-4ac 的符号在任何非奇异的坐标转换下都不变，所以坐标转换不会改变偏微分方程的类型。即表象变了，方程类型不变，这是物理上所必需的。如果系数为常数，则方程类型在定义域内都一样；但当系数是自变量(x,y)的函数时，则在定义域内不同区域，系数组合 b^2-4ac 可能具有不同的符号，其方程所属类型随区域不同而不同。

以下讨论方程形式的简化。方程简化的目的是通过非奇异的坐标转换，使转换后的方程中二阶导数及交叉导数项的系数 A,B,C 中有一个或者两个变成零，从而使方程的表达形式得到简化。

从式(2.35)可以看到，系数 A, C 具有类似的形式。若取一阶偏微分方程

$$az_x^2 + bz_x z_y + cz_y^2 = 0 \tag{2.38}$$

的一个特解作为新自变量 ξ，则 $a\xi_x^2 + b\xi_x\xi_y + c\xi_y^2 = 0$，从而使新坐标下方程的主部系数 $A = 0$。同理，若取方程 (2.38)的另一特解作为新的自变量 η，则新坐标下方程的主部系数 $C = 0$。这样，转换坐标下的方程(2.34)就能得到简化：$A = C = 0, B \neq 0$。

一阶偏微分方程(2.38)的求解可以转换为常微分方程的求解。将方程(2.38)改写成

$$a\left(-\frac{z_x}{z_y}\right)^2 - b\left(-\frac{z_x}{z_y}\right) + c = 0 \tag{2.39}$$

如果把

$$z(x, y) = \text{const} \tag{2.40}$$

作为定义隐函数 $y(x)$ 的方程，则由 $\mathrm{d}z = z_x\mathrm{d}x + z_y\mathrm{d}y = 0$，得 $\mathrm{d}y/\mathrm{d}x = -z_x/z_y$，于是方程(2.39)转化为下面的常微分方程：

$$a\left(\frac{\mathrm{d}y}{\mathrm{d}x}\right)^2 - b\frac{\mathrm{d}y}{\mathrm{d}x} + c = 0 \tag{2.41}$$

由以上分析可知，为了简化一般表示下的二阶线性偏微分方程(2.31)，可以先求解常微分方程(2.41)。常微分方程(2.41)称作二阶线性偏微分方程(2.31)的特征方程，特征方程的一般积分曲线称作方程(2.31)的特征线。

将常微分方程(2.41)的通积分常数取为新的自变量，则新坐标下的转换方程的主部系数就有一部分为零，方程得以简化。下面逐一进行讨论：

(1) 当 $b^2 - 4ac > 0$ 时，方程为双曲型。

此时，特征方程(2.41)分解为以下两个方程：

$$\frac{\mathrm{d}y}{\mathrm{d}x} = \frac{b + \sqrt{b^2 - 4ac}}{2a} \tag{2.42a}$$

$$\frac{\mathrm{d}y}{\mathrm{d}x} = \frac{b - \sqrt{b^2 - 4ac}}{2a} \tag{2.42b}$$

积分这两个方程，各给出一族实的特征线：

$$\xi(x, y) = c_1 = \text{const} \tag{2.43a}$$

$$\eta(x, y) = c_2 = \text{const} \tag{2.43b}$$

取 $\xi = \xi(x, y)$ 和 $\eta = \eta(x, y)$ 作为新的坐标(特征坐标)，则 $A = C = 0$，新坐标下的方程(2.34)简化为

$$\phi_{\xi\eta} = -\frac{1}{B}(D\phi_\xi + E\phi_\eta + F\phi - g) = h_4(\phi_\xi, \phi_\eta, \phi, \xi, \eta) \tag{2.44}$$

特征坐标并不唯一，引入新的变换：

$$\begin{cases} \xi = \alpha + \beta \\ \eta = \alpha - \beta \end{cases} \quad \text{即} \quad \begin{cases} \alpha = (\xi + \eta)/2 \\ \beta = (\xi - \eta)/2 \end{cases}$$

则方程 (2.44)化为

$$\begin{aligned} \phi_{\alpha\alpha} - \phi_{\beta\beta} &= -\frac{2}{B}[(D + E)\phi_\alpha + (D - E)\phi_\beta + 2F\phi - 2g] \\ &= h_1(\phi_\alpha, \phi_\beta, \phi, \alpha, \beta) \end{aligned} \tag{2.45}$$

称式(2.45)为双曲型方程的第一种标准形式，或简称为标准形式，称式(2.44)为双曲型方程

的第二种标准形式。

联系物理实际，数学上的双曲型方程对应物理上的对流传播问题；二阶双曲型方程，过定义域内任意点，都有两条实特征线构成两个特定区域——下游（前向）是影响区，上游（后向）为依赖区；特征线是物理量沿其传播的方向线，也是方程高阶法向导数的弱间断线；对非线性双曲型方程，物理量在传播过程中可能形成间断。

（2）当 $b^2-4ac=0$ 时，方程为抛物型。

此时，特征方程（2.41）变为

$$\frac{\mathrm{d}y}{\mathrm{d}x}=\frac{b}{2a}=\sqrt{\frac{c}{a}} \tag{2.46}$$

积分只能得到一族实特征线 $\sqrt{a}y-\sqrt{c}x=\xi(x,y)=\text{const}$。取 $\xi=\xi(x,y)=\sqrt{a}y-\sqrt{c}x$ 作为一个新的转换坐标，则有 $A=0$。此时，将 ξ 的表达式代入式（2.35）中 B 的表达式，可得 $B=0$。另一坐标 η 应选取不同于 ξ 的任意光滑函数，以保证使 (x,y) 至 (ξ,η) 的转换 Jacobi 行列式 $J=\dfrac{\partial(\xi,\eta)}{\partial(x,y)}\neq0$，如可取 $\eta=\eta(x,y)=\sqrt{a}y+\sqrt{c}x$，此时 $C\neq0$。于是转换坐标下的方程简化为

$$\phi_{\eta\eta}=-\frac{1}{C}(D\phi_{\xi}+E\phi_{\eta}+F\phi-g)=h_2(\phi_{\xi},\phi_{\eta},\phi,\xi,\eta) \tag{2.47}$$

此为抛物型方程的标准形式。

联系物理实际，数学上的抛物型方程对应物理上的扩散问题；过定义域内任意点，只有一条实特征线将整个求解域区分为两个区域——下游（前向）是影响区，上游（后向）为依赖区；物理量垂直于特征线的方向向前传播，并在瞬时到达整个影响区，但受扰动的影响大小随传播距离迅速衰减，表明抛物型方程具有耗散性；穿过特征线，函数及其他的法向导数连续；对非线性抛物型方程，物理量在传播过程中也不会形成间断，这由方程本身具有耗散特性所致。

（3）当 $b^2-4ac<0$ 时，方程为椭圆型。

此时，特征方程（2.41）为

$$\frac{\mathrm{d}y}{\mathrm{d}x}=\frac{b\pm\mathrm{i}\sqrt{4ac-b^2}}{2a}=\lambda_1,\lambda_2 \tag{2.48}$$

其中 λ_1 和 λ_2 为共轭复数。积分得到两族复数形式的特征线：

$$y-\lambda_1x=\xi=\text{复常数}$$

$$y-\lambda_2x=\eta=\text{复常数}$$

这表明椭圆型方程无实的特征方向，不能在实的计算域里显示。取 $\xi=\xi(x,y)$ 和 $\eta=\eta(x,y)$ 作为新的自变量，由式（2.35），显然 $A=C=0$。所以新坐标下的方程（2.34）简化为

$$\phi_{\xi\eta}=-\frac{1}{B}(D\phi_{\xi}+E\phi_{\eta}+F\phi-g) \tag{2.49}$$

注意，此方程虽在形式上与双曲型方程（2.44）完全一样，但此处的 ξ 和 η 是复变量，使用起来通常是不方便的。为此，可以引入新的转换：

$$\begin{cases}\xi=y-\lambda_1x=\alpha+\mathrm{i}\beta\\ \eta=y-\lambda_2x=\alpha-\mathrm{i}\beta\end{cases} \tag{2.50a}$$

也就是

$$\begin{cases} \alpha = y - \dfrac{b}{2a}x \\ \beta = -\dfrac{\sqrt{4ac - b^2}}{2a}x \end{cases} \tag{2.50b}$$

则方程(2.49)化为

$$\begin{aligned} \phi_{\alpha\alpha} + \phi_{\beta\beta} &= -\frac{2}{B}[(D+E)\phi_\alpha + \mathrm{i}(D-E)\phi_\beta + 2F\phi - 2g] \\ &= h_3(\phi_\alpha, \phi_\beta, \phi, \alpha, \beta) \end{aligned} \tag{2.51}$$

这是椭圆型方程的标准形式。

联系物理实际，数学上的椭圆型方程对应物理上的平衡问题，这类物理问题需要在空间的一个封闭区域内求解。定义域里任意一点 P 的解，完整依赖于包围该点的整个封闭边界上的条件，而 P 点的影响区则是整个求解区域，各点的解相互耦合。因此，椭圆型方程的依赖区是整个封闭边界，而影响区是整个定义域。

2．多个自变量的二阶偏微分方程特征分类法

有 N 个独立自变量的二阶偏微分方程可以简写为

$$\sum_{j=1}^{N}\sum_{k=1}^{N} a_{jk}\frac{\partial^2 u}{\partial x_j \partial x_k} + H = 0 \tag{2.52}$$

其中求和项为该方程的二阶导数和交错导数构成的方程主部，H 为除了主部之外的 1 阶、0 阶导数项和非齐次项，方程的类型由主部决定。令主部项的系数 a_{ij} 构成非奇异的 $N\times N$ 矩阵 $\boldsymbol{A}$，则可通过寻找矩阵 $\boldsymbol{A}$ 的特征值 λ 来对方程分类，故确定方程分类的特征方程为

$$|\boldsymbol{A} - \lambda\boldsymbol{I}| = 0 \tag{2.53}$$

Chester 给出了以下分类方法[7]：

(1) $\boldsymbol{A}$ 的特征值 λ 全部为零，则方程为抛物型；

(2) $\boldsymbol{A}$ 的特征值 λ 全部非零并且同号，则方程为椭圆型；

(3) $\boldsymbol{A}$ 的特征值 λ 全部非零，并且除了一个之外其余同号，则方程为双曲型。

3．偏微分方程组的特征分类方法

流体力学和热物理问题中，更多的控制方程是以偏微分方程组的形式出现的。因此，了解偏微分方程组的分类方法尤为重要。

(1) 两个自变量的一阶方程组

最简单的两个自变量的一阶方程组只有两个函数，可以写成

$$a_{11}\frac{\partial u}{\partial x} + a_{12}\frac{\partial v}{\partial x} + b_{11}\frac{\partial u}{\partial y} + b_{12}\frac{\partial v}{\partial y} = e_1 \tag{2.54a}$$

$$a_{21}\frac{\partial u}{\partial x} + a_{22}\frac{\partial v}{\partial x} + b_{21}\frac{\partial u}{\partial y} + b_{22}\frac{\partial v}{\partial y} = e_2 \tag{2.54b}$$

令

$$\boldsymbol{U} = \begin{pmatrix} u \\ v \end{pmatrix}, \quad \boldsymbol{A} = \begin{bmatrix} a_{11} & a_{12} \\ a_{21} & a_{22} \end{bmatrix}, \quad \boldsymbol{B} = \begin{bmatrix} b_{11} & b_{12} \\ b_{21} & b_{22} \end{bmatrix}, \quad \boldsymbol{E} = \begin{bmatrix} e_1 \\ e_2 \end{bmatrix} \tag{2.55}$$

则方程组(2.54)可改写成以矢量写出的简化形式

$$\boldsymbol{A}\frac{\partial \boldsymbol{U}}{\partial x}+\boldsymbol{B}\frac{\partial \boldsymbol{U}}{\partial y}=\boldsymbol{E} \tag{2.56}$$

按照特征分类方法，过定义域内一点 $P(x,y)$，寻求是否存在实的特征方向 $\mathrm{d}y/\mathrm{d}x$，在有多个实特征方向时，其是否为互异的实特征方向。若有且互异，则方程是双曲型的；若不存在实的特征方向，则方程是椭圆型的；若实的特征方向有相同的，则方程为抛物型的。对双曲型方程，实的特征方向就是扰动的传播方向，函数在特征方向上的变化就是该函数全部的变化，即该函数的全微分。由函数的全微分与偏导数之间关系

$$\begin{cases}\mathrm{d}u=\dfrac{\partial u}{\partial x}\mathrm{d}x+\dfrac{\partial u}{\partial y}\mathrm{d}y\\[2mm] \mathrm{d}v=\dfrac{\partial v}{\partial x}\mathrm{d}x+\dfrac{\partial v}{\partial y}\mathrm{d}y\end{cases} \tag{2.57}$$

对于考察的方程组(2.54)，如果能够找到只出现全微分的两个互异的实特征方向，则方程是双曲型的，否则另当别论。这就等价于寻求两个乘子 L_1 和 L_2，分别乘以式(2.54)中的两个方程，线性组合后，看它是否能变为两个求解函数 u 和 v 的全微分 $\mathrm{d}u$ 和 $\mathrm{d}v$ 的线性组合，即

$$L_1\times(2.54\mathrm{a})+L_2\times(2.54\mathrm{b})=L_1\times e_1+L_2\times e_2=m_1\mathrm{d}u+m_2\mathrm{d}v \tag{2.58}$$

将式(2.54a)、式(2.54b)及式(2.57)代入式(2.58)，比较等式两边偏导数的系数，得

$$\begin{cases}L_1a_{11}+L_2a_{21}=m_1\mathrm{d}x\\ L_1a_{12}+L_2a_{22}=m_2\mathrm{d}x\\ L_1b_{11}+L_2b_{21}=m_1\mathrm{d}y\\ L_1b_{12}+L_2b_{22}=m_2\mathrm{d}y\end{cases} \tag{2.59}$$

联立四式，消除 m_1 和 m_2，整理得以下关于 L_1 和 L_2 的方程：

$$\begin{pmatrix}a_{11}\mathrm{d}y-b_{11}\mathrm{d}x & a_{21}\mathrm{d}y-b_{21}\mathrm{d}x\\ a_{12}\mathrm{d}y-b_{12}\mathrm{d}x & a_{22}\mathrm{d}y-b_{22}\mathrm{d}x\end{pmatrix}\begin{pmatrix}L_1\\ L_2\end{pmatrix}=\begin{pmatrix}0\\ 0\end{pmatrix} \tag{2.60}$$

这是一个关于 L_1，L_2 的齐次方程，要有非平凡解，其对应的系数矩阵行列式必须为零。再利用矩阵 $\boldsymbol{A}$ 和 $\boldsymbol{B}$ 的定义式(2.55)，有

$$|\boldsymbol{A}\mathrm{d}y-\boldsymbol{B}\mathrm{d}x|=0 \tag{2.61a}$$

即

$$\left|\boldsymbol{A}\frac{\mathrm{d}y}{\mathrm{d}x}-\boldsymbol{B}\right|=0 \tag{2.61b}$$

这就是方程组(2.56)的特征方程。其特征值 $\lambda=\mathrm{d}y/\mathrm{d}x$ 由一阶偏导数的系数构成的两个矩阵 $\boldsymbol{A}$ 和 $\boldsymbol{B}$ 来确定：

① 若特征值 λ 为两个互异的实根，则方程组为双曲型；

② 若特征值 λ 为一个实根，则方程组为抛物型；

③ 若特征值 λ 为两个共轭复根，则方程组为椭圆型。

以上结果可以推广至有 n 个函数的两个自变量的一阶方程组。矩阵形式写出的方程组同式(2.56)，但其中的矢量函数包含 n 个分量 $u_1,u_2,\cdots,u_n$，矩阵 $\boldsymbol{A}$ 和 $\boldsymbol{B}$ 均为 $n\times n$ 矩阵。对应的特征方程亦是方程(2.61)，但特征值 $\lambda=\mathrm{d}y/\mathrm{d}x$ 将有 n 个。按照特征值的取值，n 个函数的两个自变量的一阶偏微分方程组分类如下[8]：

① 若特征值 λ 为 n 个互异的实根，则方程组为双曲型；

② 若特征值 λ 有 m 个互异的实根，无复根，且 $1\leqslant m\leqslant n-1$，则方程组为抛物型；

③ 若特征值 λ 无实根,则方程组为椭圆型;

④ 若特征值 λ 一部分为实根,一部分为复根,则方程组为混合型。

(2) 多个自变量的一阶方程组

实际的流体力学和热物理问题中,自变量通常包含时间坐标和空间坐标。具有时间坐标的物理问题明显为行进问题。对这类问题对应的偏微分方程组分类,可以通过分别考察时间坐标和某一空间坐标所在平面的方程特征来确定方程在该平面上的类别。而只有空间坐标的物理问题中,某个空间坐标才有可能是类时间坐标,情况较为复杂。为了对它们对应的方程分类,可以将两个自变量的方程组分类方法做一定的推广。

以下给出相关的结论,不做具体证明。

① 包含时间、空间自变量的一阶方程组

对于这类物理问题,控制方程通常可写成

$$\frac{\partial \boldsymbol{U}}{\partial t}+\boldsymbol{A}\frac{\partial \boldsymbol{U}}{\partial x}+\boldsymbol{B}\frac{\partial \boldsymbol{U}}{\partial y}+\boldsymbol{C}\frac{\partial \boldsymbol{U}}{\partial z}+\boldsymbol{R}=\boldsymbol{0} \tag{2.62}$$

其中 $\boldsymbol{U}$ 和 $\boldsymbol{R}$ 为由多个分量构成的矢量函数,$\boldsymbol{A},\boldsymbol{B},\boldsymbol{C}$ 分别对应函数 $\boldsymbol{U}$ 对三个空间变量 x,y,z 的偏导数的系数组成的系数矩阵。为对该方程组分类,按照文献[9],可以分别考察方程在 xt,yt,zt 平面某点上方程的性质。如在 xt 平面,可以考察方程

$$\frac{\partial \boldsymbol{U}}{\partial t}+\boldsymbol{A}\frac{\partial \boldsymbol{U}}{\partial x}=\boldsymbol{0} \tag{2.63}$$

的性质。按照两个自变量方程特征分类法,其特征方程为

$$\left|\boldsymbol{A}-\frac{\mathrm{d}x}{\mathrm{d}t}\boldsymbol{I}\right|=0 \tag{2.64}$$

求出特征值 $\lambda=\mathrm{d}x/\mathrm{d}t$,如果特征值在 xt 平面某点上全是实数且互异,则方程组在该点是双曲型的;如果特征值全是实数但有重根,则方程组在该点是抛物型的;如果特征值全为复根,则方程组在该点是椭圆型。

同样可考察 yt,zt 平面内任意点上方程组的分类。

② 只有空间自变量的一阶方程组

对于这类物理问题,控制方程一般为

$$\boldsymbol{A}\frac{\partial \boldsymbol{U}}{\partial x}+\boldsymbol{B}\frac{\partial \boldsymbol{U}}{\partial y}+\boldsymbol{C}\frac{\partial \boldsymbol{U}}{\partial z}+\boldsymbol{R}=\boldsymbol{0} \tag{2.65}$$

令 λ_x,λ_y,λ_z 代表空间任意面上某点(x,y,z)的法线方向,按照文献[7],该方程组对应如下特征方程:

$$|\boldsymbol{A}\lambda_x+\boldsymbol{B}\lambda_y+\boldsymbol{C}\lambda_z|=0 \tag{2.66}$$

显然,一个实的特征面必须具有实的互异的特征根。如果从特征方程得到的解都是互异的实根,则方程组是双曲型的,否则就不是。由于一个方程不可能同时解出三个未知数,通常采用固定某两个坐标的法向方向数为一非零常值,轮换顺序,分别考察方程组相对某一空间坐标的性质,计算该方向的法线方向取值范围,确定在该方向的方程分类。如固定 $\lambda_x=\lambda_z=1$,按照特征方程计算 λ_y。若 λ_y 全为复根,则方程组相对 y 方向是椭圆型的。轮换顺序,再考察 x,z 方向,若它们的法向方向数也都是复根,则方程组在整个定义域内是椭圆型的。若某个方向的法向方向数是互异的非零实根,则方程组在该方向是双曲型的;若某个方向的法向方向数为非复根,但有相同的实根,则方程组在该方向是抛物型的。

③ 含有部分二阶以上导数的偏微分方程组

对于含有高阶导数的偏微分方程组，总可以通过引入中间变量函数，将它们化为包含更多函数的一阶偏微分方程组(2.70)，然后按照前述的一阶偏微分方程组的特征分类方法进行分类。但需特别注意的是，一阶方程组的系数矩阵 $\boldsymbol{A},\boldsymbol{B},\boldsymbol{C}$ 不能等同而使方程组奇异。

例 2.4　试确定无量纲化的二维稳态不可压 Navier-Stokes 方程的类型。

解　该方程为以下包含一阶、二阶导数形式的方程组：

$$u_x + v_y = 0 \tag{2.67a}$$

$$uu_x + vu_y + p_x - \frac{1}{Re}(u_{xx} + u_{yy}) = 0 \tag{2.67b}$$

$$uv_x + vv_y + p_y - \frac{1}{Re}(v_{xx} + v_{yy}) = 0 \tag{2.67c}$$

其中 Re 为 Reynolds 数。方程组独立因变量为速度 u,v 和压力 p，部分导数为二阶的。通过引入辅助因变量，将方程组化为多于三个方程的一阶方程组。对于四个二阶导数，本可引入四个一阶导数变量；但连续方程(2.67a)将使四个引入的变量中的两个等同，能独立的只有三个辅助变量。令

$$R = v_x,\quad S = v_y,\quad T = u_y \tag{2.68}$$

则原方程变为六个因变量 u,v,p,R,S,T 的一阶方程组

$$\begin{cases} u_y = T \\ u_x + v_y = 0 \\ -R_y + S_x = 0 \\ S_y + T_x = 0 \\ p_x + S_x/Re - T_y/Re = uS - vT \\ p_y - R_x/Re - S_y/Re = -uR - vS \end{cases} \tag{2.69}$$

写成矢量形式：

$$\boldsymbol{A}\frac{\partial \boldsymbol{U}}{\partial x} + \boldsymbol{B}\frac{\partial \boldsymbol{U}}{\partial y} = \boldsymbol{H} \tag{2.70}$$

其中

$$\boldsymbol{U} = \begin{pmatrix} u \\ v \\ p \\ R \\ S \\ T \end{pmatrix},\quad \boldsymbol{A} = \begin{pmatrix} 0 & 0 & 0 & 0 & 0 & 0 \\ 1 & 0 & 0 & 0 & 0 & 0 \\ 0 & 0 & 0 & 0 & 1 & 0 \\ 0 & 0 & 0 & 0 & 0 & 1 \\ 0 & 0 & 1 & 0 & 1/Re & 0 \\ 0 & 0 & 0 & -1/Re & 0 & 0 \end{pmatrix}$$

$$\boldsymbol{B} = \begin{pmatrix} 1 & 0 & 0 & 0 & 0 & 0 \\ 0 & 1 & 0 & 0 & 0 & 0 \\ 0 & 0 & 0 & -1 & 0 & 0 \\ 0 & 0 & 0 & 0 & 1 & 0 \\ 0 & 0 & 0 & 0 & 0 & -1/Re \\ 0 & 0 & 1 & 0 & -1/Re & 0 \end{pmatrix}$$

用 λ_x 替代$\frac{\partial}{\partial x}$,用 λ_y 替代$\frac{\partial}{\partial y}$,代入特征方程 $|\boldsymbol{A}\lambda_x+\boldsymbol{B}\lambda_y|=0$,得

$$|\boldsymbol{A}\lambda_x+\boldsymbol{B}\lambda_y|=\begin{vmatrix}\lambda_y & 0 & 0 & 0 & 0 & 0\\ \lambda_x & \lambda_y & 0 & 0 & 0 & 0\\ 0 & 0 & 0 & -\lambda_y & \lambda_x & 0\\ 0 & 0 & 0 & 0 & \lambda_y & \lambda_x\\ 0 & 0 & \lambda_x & 0 & \lambda_x/Re & -\lambda_y/Re\\ 0 & 0 & \lambda_y & -\lambda_x/Re & -\lambda_y/Re & 0\end{vmatrix}=0 \tag{2.71}$$

即

$$\lambda_y^2(\lambda_x^2+\lambda_y^2)=0 \tag{2.72}$$

取 $\lambda_x=1$,则 λ_y 为虚数;取 $\lambda_y=1$,则 λ_x 为虚数。可见方程组在 x 和 y 方向都是椭圆性质的,方程组是椭圆型的。

4. 偏微分方程分类的 Fourier 分析方法[5]

前面所述的采用特征性质的偏微分方程分类方法,均导致一个特征多项式的求根问题。类似性质的特征多项式其实亦可以从偏微分方程的 Fourier 分析方法得到。采用此方法,尽管此类多项式的根具有不同的数学表征;但用这些根的取值范围来对偏微分方程进行分类,得到的最终结果是一样的。这种 Fourier 分析方法既可应用于单个方程,也可应用于方程组,且应用于含高阶导数的方程或方程组时,不需要引入任何辅助变量,这避免了由于方程数量的增加给分析带来不便的问题。以下,就 Fourier 分析方法的基本思想及其应用做简要介绍。

(1) Fourier 分析方法应用于单个方程

设一齐次线性二阶标量方程为

$$a\frac{\partial^2 u}{\partial x^2}+b\frac{\partial^2 u}{\partial x\partial y}+c\frac{\partial^2 u}{\partial y^2}=0 \tag{2.73}$$

令此方程用 Fourier 级数或 Fourier 积分表达的解为

$$u(x,y)=\frac{1}{4\pi^2}\sum_{j=-\infty}^{\infty}\sum_{k=-\infty}^{\infty}\hat{u}_{jk}\exp[\mathrm{i}(\sigma_x)_j x]\exp[\mathrm{i}(\sigma_y)_k y] \tag{2.74}$$

或者

$$u(x,y)=\frac{1}{4\pi^2}\int_{-\infty}^{\infty}\int_{-\infty}^{\infty}\hat{u}(\sigma_x,\sigma_y)\exp(\mathrm{i}\sigma_x x)\exp(\mathrm{i}\sigma_y y)\mathrm{d}\sigma_x\mathrm{d}\sigma_y \tag{2.75}$$

其中级数的系数 $\hat{u}_{jk}$ 或积分函数 $\hat{u}(\sigma_x,\sigma_y)$ 由下面的 Fourier 转换确定:

$$\hat{u}(\sigma_x,\sigma_y)=\int_{-\infty}^{\infty}\int_{-\infty}^{\infty}u(x,y)\exp(-\mathrm{i}\sigma_x x)\exp(-\mathrm{i}\sigma_y y)\mathrm{d}x\mathrm{d}y \tag{2.76}$$

记函数 u 的 Fourier 转换 $\hat{u}$ 为

$$\hat{u}=Fu \tag{2.77}$$

由方程(2.75),分别对 x 和 y 求导,对照方程(2.76),可以看出,函数相应导数的 Fourier 转换为

$$
\begin{aligned}
&\mathrm{i}\sigma_x\hat{u} = F\left(\frac{\partial u}{\partial x}\right),\quad \mathrm{i}\sigma_y\hat{u} = F\left(\frac{\partial u}{\partial y}\right),\quad (\mathrm{i}\sigma_x)(\mathrm{i}\sigma_x)\hat{u} = F\left(\frac{\partial^2 u}{\partial x^2}\right)\\
&(\mathrm{i}\sigma_x)(\mathrm{i}\sigma_y)\hat{u} = F\left(\frac{\partial^2 u}{\partial x\partial y}\right),\quad (\mathrm{i}\sigma_y)(\mathrm{i}\sigma_y)\hat{u} = F\left(\frac{\partial^2 u}{\partial y^2}\right)
\end{aligned}
\tag{2.78}
$$

即函数每对某个自变量 x 或 y 做一次偏导数，偏导数的 Fourier 转换就等于函数的 Fourier 转换乘以因子 $\mathrm{i}\sigma_x$ 或 $\mathrm{i}\sigma_y$。此性质称为 Fourier 转换的微分关系。

因此，应用微分关系，方程(2.73)可以转换为

$$
-a\sigma_x^2 - b\sigma_x\sigma_y - c\sigma_y^2 = 0
$$

即

$$
a(-\sigma_x/\sigma_y)^2 - b(-\sigma_x/\sigma_y) + c = 0 \tag{2.79}
$$

对照方程(2.41)，这个相关$(-\sigma_x/\sigma_y)$的二次特征多项式与关于 $\mathrm{d}y/\mathrm{d}x$ 的特征多项式等同。特征根$(-\sigma_x/\sigma_y)$的值和方程类别应由方程主部系数的组合 b^2-4ac 的符号来确定。

(2) Fourier 分析方法应用于方程组

将 Fourier 转换方法用于前面讨论的方程组(2.67)，冻结导数项的系数 u，v，对 u，v，p 做 Fourier 转换，可得转换函数$(\hat{u}\quad \hat{v}\quad \hat{p})^{\mathrm{T}}$的如下齐次方程组：

$$
\begin{bmatrix}
\mathrm{i}\sigma_x & \mathrm{i}\sigma_y & 0\\
\mathrm{i}(u\sigma_x + v\sigma_y) + \dfrac{1}{Re}(\sigma_x^2 + \sigma_y^2) & 0 & \mathrm{i}\sigma_x\\
0 & \mathrm{i}(u\sigma_x + v\sigma_y) + \dfrac{1}{Re}(\sigma_x^2 + \sigma_y^2) & \mathrm{i}\sigma_y
\end{bmatrix}
\begin{pmatrix}\hat{u}\\ \hat{v}\\ \hat{p}\end{pmatrix} = 0 \tag{2.80}
$$

为使方程有非平凡解，系数矩阵的行列式应为零，由此得到该方程组的特征多项式为

$$
(\sigma_x^2 + \sigma_y^2)\left[\mathrm{i}(u\sigma_x + v\sigma_y) + (\sigma_x^2 + \sigma_y^2)/Re\right] = 0 \tag{2.81}
$$

其中的组合项 $\mathrm{i}(u\sigma_x + v\sigma_y)$是由方程组中 u，v 的一阶导数项演化而来的。但是方程的特征是由它的主部项决定的，排除非主部的一阶导数项，特征多项式变为

$$
(\sigma_x^2 + \sigma_y^2)(\sigma_x^2 + \sigma_y^2) = 0 \tag{2.82}
$$

此特征表达式的形式虽然与用特征分类法得到的特征方程(2.72)有差异，但轮换考察 σ_x，σ_y 取值时，它们都只能为虚数，这表明方程组是椭圆型的，与特征分类法得到的结果一致。

2.2.3 解的适定和定解条件

物理过程千差万别，并非完全由于控制方程不同，而是由于它们的定解条件，即初始、边界条件有差异。因此，定解条件的讨论很重要，它关系具体方程是否有解，其解是否可靠。

所谓偏微分方程的适定性，是指偏微分方程的定解条件，能使方程的解存在、唯一、连续地依赖它的初始或边界条件(即解稳定)。当定解条件不能满足这些要求时，则称所提问题不适定。

例 2.5 求解以下给定边界条件下的二维 Laplace 方程的解：

$$
\begin{cases}
u_{xx} + u_{yy} = 0, & -\infty < x < \infty, y \geqslant 0\\
u(x,0) = 0\\
u_y(x,0) = \dfrac{1}{n}\sin(nx), & n > 0
\end{cases}
\tag{2.83}
$$

解 用分离变量法求解。令

$$u(x,y) = f(x)g(y)$$

代入方程,利用定解条件可以得到方程的解为

$$u = \frac{1}{n^2}\sin(nx)\mathrm{sh}(ny) \tag{2.84}$$

该问题的解存在,且唯一,但是其解并不可靠。因为当 n 增大时,解函数 u 将以 e^{ny}/n^2 的速率增大,在 $n\to\infty$ 时,即使很小很小的 y,解 u 也趋于∞。但按边界条件,$u(x,0)=0$。这表明,在 $y\to0$ 时,方程的解不连续,即解不能连续地依赖边界条件,所提的问题不适定。

出现这种情况的原因在于,控制方程是椭圆型的,必须给定封闭边界上完整的边界条件,问题才能适定。现在给定的边界条件只给了上半平面 $y=0$ 上的条件,对上半平面 $(x^2+y^2)^{1/2}\to\infty$ 的条件并未给定,实际给定的是一个开边界条件,不符合求解方程的物理本质和数学特征。

对一给定的偏微分方程,如何才能提出适定的定解条件呢? 首先,需对方程进行正确的物理分类和数学分类。如果是物理上的平衡问题,它对应数学上的椭圆型偏微分方程,则无需提初始条件,但边界条件必须在整个封闭边界上完整提出,不得遗漏,要特别小心无穷定义域上在无穷远处的条件。如果是物理上的行进问题,它对应数学上的双曲型或抛物型偏微分方程,自变量有时间坐标或类时间坐标,必须提初始条件,即给出整个系统的初始状态,而不仅仅是系统中部分点的初始状态;边界条件则视物理问题的实际情况和对应方程类型来确定是否一定要提,通常对空间无界定义域问题,有的可以不提边界条件,但对有界定义域问题,一般需要规定一定的边界条件。

初始条件的确定相对比较简单。当方程对时间或类时间的导数为一阶时,只要给出函数在全域的初始值即可;当方程对时间或类时间的导数为二阶时,除了要给出函数在全域的初始值,还要给出函数在全域对时间或类时间变量的一阶导数值。

边界条件的规定则相对复杂。从数学上看,一般可分为三类边界条件:

① 直接规定函数在边界上的数值(可以随时间或类时间变化),称为第一类边界条件,亦称 Dirichlet 条件。如导热问题直接给出边界上的温度值,边界条件可写成

$$T(x,y,z,t)\big|_{\mathrm{w}} = T_{\mathrm{w}}(t) \tag{2.85}$$

② 直接规定函数在边界上的法向或切向导数值,称为第二类边界条件,亦称 Neumann 条件。如导热问题直接给出边界上的热流率,若定义热流值 q_{w} 在流入边界内部时为正,导热体导热系数为 λ,则边界条件可写成

$$\lambda\frac{\partial T(x,y,z,t)}{\partial n}\bigg|_{\mathrm{w}} = q_{\mathrm{w}}(t) \tag{2.86}$$

③ 规定边界上的函数值与它的法向导数之间的某个关系,称为第三类边界条件,亦称混合条件或 Robin 条件。如与某种介质接触的自由冷却问题,令介质温度为 T_{f},物体与介质之间的换热系数为 h,则边界条件可写成

$$\lambda\frac{\partial T(x,y,z,t)}{\partial n}\bigg|_{\mathrm{w}} = h[T_{\mathrm{f}} - T_{\mathrm{w}}(t)] \tag{2.87}$$

如果从求解函数的物理意义区分,边界条件包含:

① 运动学条件。如无黏流体在固壁上满足滑移条件,则沿固壁切向速度不变;而黏性流体在固壁上满足黏附条件,静止壁上流体速度为零。

② 动力学条件。如对流换热问题中，有的边界需要规定压力或它的导数条件。

③ 热力学条件。如规定温度、热流率或它们两者间的关系，都是从热力学和能量守恒的关系所提的边界条件。

按照边界自身在求解区域的特定位置和几何特征，边界包含来流、出流、壁面、自由面、对称面、移动界面、间断面、角点等。规定它们的边界条件时，需要结合求解方程类型和它们的数学物理特征，具体分析，区别对待。

参考文献

[1] White F R. Viscous fluid flow[M]. New York: McGraw-Hill, 1974: 61-78.

[2] 陶文铨. 数值传热学[M]. 2版. 西安：西安交通大学出版社，2001：1-10.

[3] 范维澄，万跃鹏. 流动及燃烧的模型与计算[M]. 合肥：中国科学技术大学出版社，1992：14-35.

[4] Anderson D A, Tannehill J C, Pletcher R H. Computational fluid mechanics and heat transfer[M]. New York: McGraw-Hill, 1986: 13-35.

[5] Fletcher C A J. Computational techniques for fluid dynamics: 1[M]. Berlin: Springer-Verlag, 1988: 17-38.

[6] 梁昆淼. 数学物理方法[M]. 2版. 北京：人民教育出版社，1978：180-187.

[7] Chester C R. Techniques in partial differential equations[M]. New York: McGraw-Hill, 1971: 134, 272.

[8] Helliwig G. Partial differential equations: An introduction[M]. New York: Blasisdell, 1964: 70.

[9] Zachmanoglou E C, Thoe D W. Introduction to partial differential equations with applications[M]. Baltimore: Williams & Wilkins, 1974.

习　　题

2.1 请用一两句话概括偏微分方程数值解法的本质。

2.2 通过网络和文献调研，列举两三种偏微分方程的数值解法。

2.3 请写出热物理问题控制方程的通用形式，并说明每一项的物理意义。

2.4 采用特征分类方法，将下列PDE进行数学分类，并说明其对应哪种类型的物理问题：

(1) $\dfrac{\partial^2 u}{\partial t^2}+\dfrac{\partial^2 u}{\partial x^2}+\dfrac{\partial u}{\partial x}=-\mathrm{e}^{-kt}$；

(2) $\dfrac{\partial^2 u}{\partial x^2}-\dfrac{\partial^2 u}{\partial x\partial y}+\dfrac{\partial u}{\partial y}=4$；

(3) $\dfrac{\partial^2 u}{\partial x^2}-\dfrac{\partial^2 u}{\partial x\partial y}+3\dfrac{\partial^2 u}{\partial y^2}+\dfrac{\partial u}{\partial x}=4$。

2.5 确定下列方程的特征方程、特征值以及方程的数学类型，并说明各方程分别对应哪种类型的物理问题：

(1) $u_{xx}+3u_{xy}+2u_{yy}=0$；

(2) $u_{xx}-2u_{xy}+u_{yy}=0$；

(3) $u_{tt}+5u_{tx}-3u_{xx}=0$。

2.6 在(t,x)和(t,y)空间区分下列方程组的特性：

$$\begin{cases}\dfrac{\partial u}{\partial t}+3\dfrac{\partial v}{\partial x}-2\dfrac{\partial u}{\partial y}=0\\[2ex]\dfrac{\partial v}{\partial t}-3\dfrac{\partial u}{\partial x}+2\dfrac{\partial v}{\partial y}=0\end{cases}$$

2.7　用特征分析法和 Fourier 分析法，证明下列方程是椭圆型的：

$$\begin{cases} u\dfrac{\partial u}{\partial x} + v\dfrac{\partial u}{\partial y} - \alpha\left(\dfrac{\partial^2 u}{\partial x^2} + \dfrac{\partial^2 u}{\partial x^2}\right) = 0 \\ u\dfrac{\partial v}{\partial x} + v\dfrac{\partial v}{\partial y} - \alpha\left(\dfrac{\partial^2 v}{\partial x^2} + \dfrac{\partial^2 v}{\partial x^2}\right) = 0 \end{cases}$$

其中 α 是常数。提示：微分号外的 u 和 v 看成上时层的已知值。

2.8　确定下列一维非定常等熵流的控制方程组的类型：

$$\begin{cases} \rho_t + u\rho_x + \rho u_x = 0 \\ u_t + uu_x + p_x/\rho = 0 \\ s_t + us_x = 0 \end{cases}$$

提示：利用声速方程 $a^2 = \left(\dfrac{\partial p}{\partial \rho}\right)_s \xrightarrow{\text{等熵下沿流}} a^2 = \dfrac{\mathrm{d}p}{\mathrm{d}\rho}$，将四个函数（$\rho, u, p, s$）含偏导数的方程组化为只有三个函数（（$\rho, u, p$）或（$p, u, s$））的方程组来分析。

第3章　离散方法基础

在建立了物理过程的控制方程，对方程的物理、数学分类做了正确分析，并提出了满足方程类型要求的适定性条件之后，即可对它们数值求解。偏微分方程的数值解法，是指将定义在某一区域上的连续偏微分方程问题，采用不同的离散方法，使其独立变量看成仅仅在有限个离散点上存在，而最终将连续域上的偏微分方程变成在有限个离散点上定义的代数方程，通过求解代数方程得到偏微分方程的近似解。因此，**离散化**、**代数化**就是微分方程数值方法的本质。

热物理问题对应的偏微分方程的数值求解方法很多，本章先介绍研究最多、探讨最深、用途最广的有限差分方法和有限容积方法的基本概念、离散格式构成方法及其离散格式的可靠性问题，从而可以更深入地研究具体热物理问题数值解法。

3.1　解域离散

3.1.1　解域离散的概念

离散求解方程，先将方程的定义区域离散，即把方程的定义区域用平行于坐标轴方向的称为网格线的曲线分割成许多小的互不重叠的子区域，即格子(格块)；再确定每个子区域中称为节点或格点的有限个离散点的位置及其每个离散点所代表的能够应用控制方程的称为控制容积的小几何单元。这样，就将原来定义在连续区域上的物理问题变成在有限个离散的节点(格点)上定义的物理问题。各节点(格点)对应的控制容积彼此相接，相邻两节点控制容积的衔接面称为界面。解域离散过程就是网格或者节点生成的过程[1-2]。

由此可以看出，解域离散需要四种几何要素：节点、控制容积、界面以及网格线。

3.1.2　网格节点的设置方式和标示

1. 确定节点的两种方式

(1) 点中心法(又叫外节点法、A法，或单元顶点法)

此方法中，节点位于格子(格块)的角点上。此种节点，格子(格块)不是节点的控制体，其控制体需要在相邻两节点的中间位置做界面线，由界面线围成的区域构成，它是先节点后界面的方法，如图 3.1(a)所示。

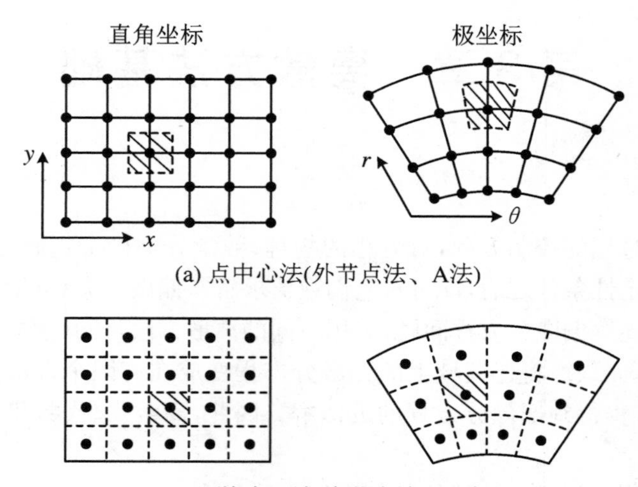

图 3.1　两种坐标下的区域离散方法

(2) 块中心法(又叫内节点法、B 法，或单元中心法)

此方法中，节点位于格子(格块)的几何中心上。此种节点，格子(格块)就是节点的控制体，它是先界面后节点的方法，如图 3.1(b)所示。

节点看作它所对应的控制容积的代表，节点上的值代表该控制容积的平均值。

2. 节点和离散函数的标识

节点选定后，要对节点及其相应的界面做标识。本书采用两种标识方法：

(1) i-j-k-n 表示法

研究的空间节点位置记作(i,j,k)，时间或类时间坐标离散节点记为 n，两相邻节点间界面分别对应 $i\pm1/2, j\pm1/2, k\pm1/2, n\pm1/2$。用有限差分方法进行离散和定性分析时，采用此种标识；而在有限容积法中，此种标识用于离散方程的定性分析。

(2) 节点方位(P-$WENSTB$)表示法

这种标识方法是使用大写字母 P 表示所研究的节点，E, W, N, S, T, B 分别表示节点 P 周围在三个坐标方向上相邻的六个节点，而用小写字母 e, w, n, s, t, b 分别表示节点 P 与六个相邻节点间的界面。相邻节点之间和相邻界面之间的距离，以 x 方向为例，分别用 δx 和 Δx 表示。相邻节点间的距离称为网格间距。对于均分网格系统，即等距网格系统，$\delta x=\Delta x$，不强调两者间的差异，通常也用 Δx 表示网格间距。一维情况下的两种标识方法如图 3.2 所示。

有了节点及其相应界面的标识之后，函数 ϕ 在离散节点(i,j,k)(或 P 点)，第 n 个时层上的值可以写成 $\phi_{i,j,k}^{n}$(或 ϕ_{P}^{n})；在界面上，如节点(i,j,k)(或 P 点)的东界面 e 上的值写成 $\phi_{i+\frac{1}{2},j,k}^{n}$(或 ϕ_{e}^{n})，其余类推。

由上述两种网格节点生成方法，给出了一个节点的编号，即可得到其相邻节点的编号，生成方法十分简单,但对非规则计算区域的适应性较差。这种网格称为**结构化网格**。近年来,为适应非规则区域计算需要,发展了另一种称为**非结构化网格**的节点生成方法,其适应性强,但生成过程相当复杂。本书只对结构化网格进行讨论。

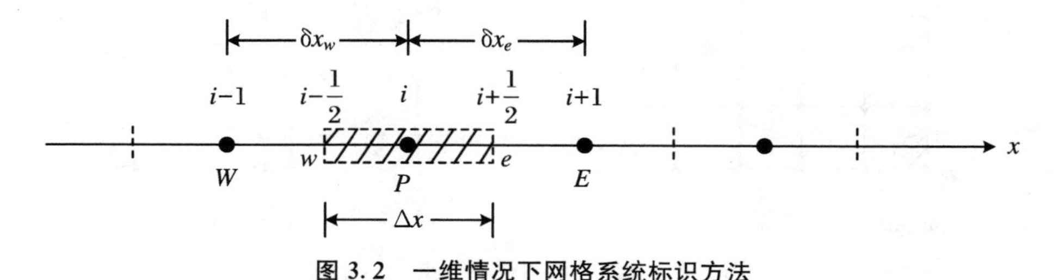

图 3.2　一维情况下网格系统标识方法

3. 两类网格系统的差异

对比两类节点的设置方法,可以看出它们的主要差别有以下几个方面:

(1) 对于非均匀网格,点中心法(外节点)的节点偏离控制容积中心(图 3.3(a)),而块中心法(内节点法)的节点永远位于控制容积的几何中心(图 3.3(b))。

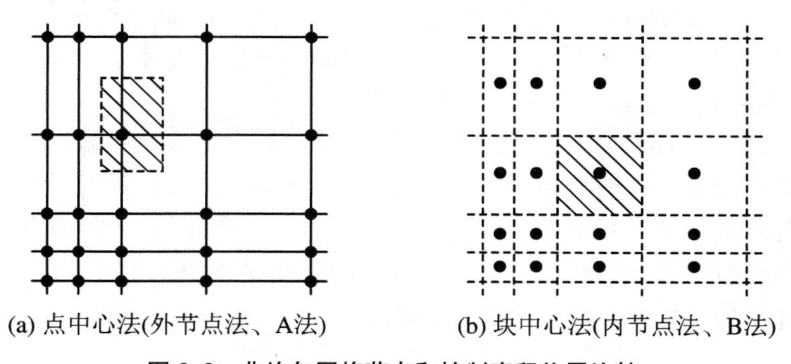

(a) 点中心法(外节点法、A法)　　(b) 块中心法(内节点法、B法)

图 3.3　非均匀网格节点和控制容积位置比较

(2) 对于非均匀网格,点中心法的界面永远位于两邻点的中间位置(图 3.3(a)),而块中心法的界面偏离两邻点的中间位置(图 3.3(b))。若界面导数用一步中心差分逼近而表示为

$$\left(\frac{\partial \phi}{\partial x}\right)_e \approx \frac{\phi_E - \phi_P}{(\delta x)_e}$$

则块中心法计算出的实际精度比点中心法要略低一些。

(3) 边界节点代表的控制容积不同(图 3.4)。点中心非角点边界节点,代表的是 1/2 控制容积,角点处节点代表的为 1/4 控制容积;而块中心边界节点,应看作厚度为零的控制体代表。

(4) 当解域中有物性阶跃性突变时,块中心法能方便将其阶跃变化面作为界面,以避免在同一控制容积内部出现物性突变;点中心法则实现起来困难。

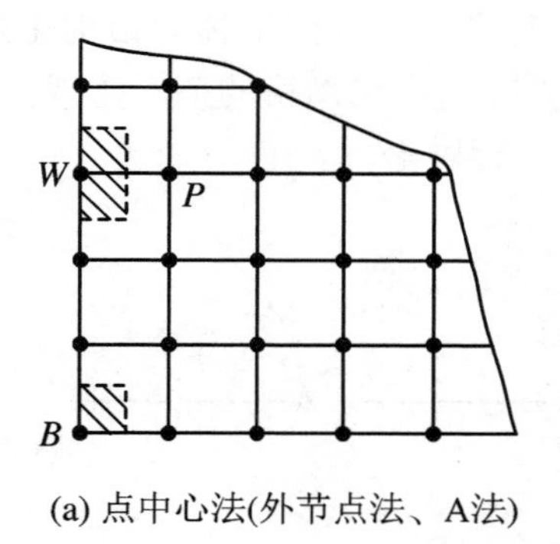

(a) 点中心法(外节点法、A法)

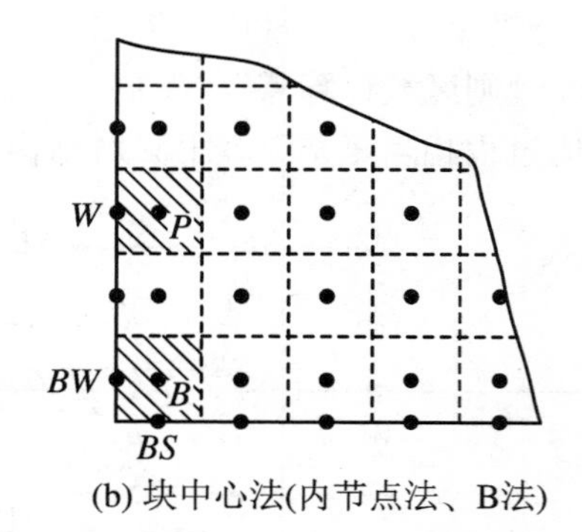

(b) 块中心法(内节点法、B法)

图 3.4 非均匀网格边界节点间的比较

3.1.3 网格生成过程中需注意的问题

(1) 为了保证物理上的行进问题计算的稳定性，有些离散格式需要时间(类时间)-空间的步长之间满足一定的制约关系。

(2) 网格的数量需要在计算过程中适时调整，一般在程序调试阶段，多采用粗网格；程序大体调试好后，应把网格逐步加密到节点数对数值解的结果基本上没有影响，即要能得到与网格个数基本无关而称为网格独立的解。

(3) 根据物理量在求解域中变化快慢的情况，调整网格的疏密布置，在变化快的区域取密网格，反之取粗网格。这种非均匀网格中，相邻两节点的控制容积的厚度变化不宜过大。对于同一控制体，不同坐标方向上的宽度差异应有一个合理比例，一般情况下不宜过大，仅在某些抛物型问题，如边界层问题以及一个方向的变化率明显大于另一个方向的变化率的椭圆型问题，才采用步长差异很大的狭长控制体。

3.2 微分方程的有限差分法离散

3.2.1 有限差分法

在有限时、空步长下离散求解区域，在离散节点用差分或差商来逼近微分或微商，将连续偏微分方程和定解条件转化为在离散点上定义的代数方程，通过求解代数方程而得到偏微分方程的近似解，这种方法称为有限差分法。

从微商的概念引入可知，微商是极限条件下的差商，即

$$\frac{\mathrm{d}u}{\mathrm{d}x} \Leftarrow \lim_{\Delta x \to 0} \frac{\Delta u}{\Delta x}, \quad \left.\frac{\partial u}{\partial x}\right|_{y} \Leftarrow \lim_{\substack{\Delta x \to 0 \\ y = \text{常值}}} \frac{\Delta u}{\Delta x} \tag{3.1}$$

反过来，差商是离散化处理后在有限小尺度下的微商：

$$\frac{\Delta u}{\Delta x} = \frac{u(x+\Delta x) - u(x)}{\Delta x} \underset{\Delta x充分小}{\overset{离散x}{\Longleftarrow}} \frac{\mathrm{d}u}{\mathrm{d}x} \tag{3.2a}$$

$$\left.\frac{\Delta u}{\Delta x}\right|_{y=常值} = \left.\frac{u(x+\Delta x, y) - u(x, y)}{\Delta x}\right|_{y=常值} \underset{\substack{\Delta x充分小\\ y=常值}}{\overset{离散x}{\Longleftarrow}} \left.\frac{\partial u}{\partial x}\right|_{y} \tag{3.2b}$$

按一定规则构造的微分方程的离散形式称为差分格式。由不同的差分格式可以得到不同形式的离散方程，它们有不同的定性性质。这些不同的性质决定了离散求解的可靠性及精度。本节将讨论差分格式的构成方法。为便于简化表述，先介绍差分算子和微分算子。

3.2.2　差分算子和微分算子

为了书写方便，以及构造一些差分格式，引入如下的差分算子符号[3]：

(1) 移位算子 E，定义为

$$\mathrm{E}_x u_j^n = u_{j+1}^n, \quad \mathrm{E}_t^{-1} u_j^n = u_j^{n-1} \tag{3.3}$$

(2) 前差算子 Δ，定义为

$$\Delta_x u_j^n = u_{j+1}^n - u_j^n, \quad \Delta_t u_j^n = u_j^{n+1} - u_j^n \tag{3.4}$$

(3) 后差算子 ∇，定义为

$$\nabla_x u_j^n = u_j^n - u_{j-1}^n, \quad \nabla_t u_j^{n+1} = u_j^{n+1} - u_j^n \tag{3.5}$$

(4) 一步中心差算子 δ，定义为

$$\delta_x u_j^n = u_{j+\frac{1}{2}}^n - u_{j-\frac{1}{2}}^n \tag{3.6}$$

(5) 二阶中心差算子 δ^2，定义为

$$\delta_x^2 u_j^n = \delta_x(\delta_x u_j^n) = \delta_x(u_{j+\frac{1}{2}}^n - u_{j-\frac{1}{2}}^n) = u_{j+1}^n - 2u_j^n + u_{j-1}^n \tag{3.7}$$

(6) 平均算子 μ，定义为

$$\mu_x u_j^n = \frac{1}{2}(u_{j+\frac{1}{2}}^n + u_{j-\frac{1}{2}}^n), \quad \mu_{2x} u_j^n = \frac{1}{2}(u_{j+1}^n + u_{j-1}^n) \tag{3.8}$$

(7) 两步中心差算子 $\mu\delta$，定义为

$$(\mu\delta)_x u_j^n = \mu_x(\delta_x u_j^n) = \mu_x(u_{j+\frac{1}{2}}^n - u_{j-\frac{1}{2}}^n) = \frac{1}{2}(u_{j+1}^n - u_{j-1}^n) \tag{3.9}$$

按照以上定义，可得算子间的某些换算关系，如：

$$\Delta = \mathrm{E} - 1, \quad \nabla = 1 - \mathrm{E}^{-1}, \quad \delta = \mathrm{E}^{1/2} - \mathrm{E}^{-1/2} \tag{3.10a}$$

$$\delta^2 = \mathrm{E} - 2 + \mathrm{E}^{-1} = \Delta - \nabla = \Delta\nabla \tag{3.10b}$$

$$\mu = \frac{1}{2}(\mathrm{E}^{1/2} + \mathrm{E}^{-1/2}), \quad \mu_2 = \frac{1}{2}(\mathrm{E} + \mathrm{E}^{-1}) \tag{3.10c}$$

$$\mu\delta = \frac{1}{2}(\mathrm{E} - \mathrm{E}^{-1}) \tag{3.10d}$$

通过移位算子能使不同算子间彼此转换，各种算子之间的相互转换关系示于表 3.1。

再定义微分算子 D：

$$\mathrm{D}_x = \frac{\partial}{\partial x} = \frac{\partial}{h_x}, \quad \mathrm{D}_t = \frac{\partial}{\partial t} = \frac{\partial}{h_t} \tag{3.11}$$

由

$$\mathrm{E}_x u_j^n = u_{j+1}^n = u_j^n + h_x \left(\frac{\partial u}{\partial x}\right)_j^n + \frac{h_x^2}{2}\left(\frac{\partial^2 u}{\partial x^2}\right)_j^n + \frac{h_x^3}{3!}\left(\frac{\partial^3 u}{\partial x^3}\right)_j^n + \cdots$$

$$= \left(I + h_x \mathrm{D}_x + \frac{h_x^2}{2}\mathrm{D}_x^2 + \frac{h_x^3}{3!}\mathrm{D}_x^3 + \cdots\right) u_j^n$$

$$= [\exp(h_x D_x)]\ u_j^n$$

对比等式两边，可以得到微分算子和差分算子间的关系：

$$\mathrm{D} = \frac{1}{h}\ln(\mathrm{E}) = \frac{1}{h}\ln(1+\Delta) = -\frac{1}{h}\ln(1-\nabla)$$

$$= \frac{1}{h}\ln\left[1 + \frac{\delta^2}{2} + \delta\sqrt{1+\frac{\delta^2}{4}}\right] \tag{3.12}$$

再用对数形式的 Taylor 展开，并运用微分算子间的一些关系，还可得

$$\mathrm{D} = \frac{1}{h}\left(\Delta - \frac{\Delta^2}{2} + \frac{\Delta^3}{3} - \cdots\right) = \frac{1}{h}\left(\nabla + \frac{\nabla^2}{2} + \frac{\nabla^3}{3} + \cdots\right)$$

$$= \frac{\mu}{h}\left(\delta - \frac{\delta^3}{6} + \frac{\delta^5}{30}\cdots\right) \tag{3.13}$$

按照这些关系式，可以直接对控制方程进行离散化而构造差分格式。

表 3.1　差分算子间的换算关系

	E	Δ	∇	δ
E	1	$1+\Delta$	$(1-\nabla)^{-1}$	$1+\frac{\delta^2}{2}+\delta\sqrt{1+\frac{\delta^2}{4}}$
Δ	$\mathrm{E}-1$	1	$(1-\nabla)^{-1}\nabla$	$\frac{\delta^2}{2}+\delta\sqrt{1+\frac{\delta^2}{4}}$
∇	$1-\mathrm{E}^{-1}$	$(1+\Delta)^{-1}\Delta$	1	$-\frac{\delta^2}{2}+\delta\sqrt{1+\frac{\delta^2}{4}}$
δ	$\mathrm{E}^{\frac{1}{2}}-\mathrm{E}^{-\frac{1}{2}}$	$(1+\Delta)^{-\frac{1}{2}}\Delta$	$(1-\nabla)^{-\frac{1}{2}}\nabla$	1
μ	$(\mathrm{E}^{\frac{1}{2}}+\mathrm{E}^{-\frac{1}{2}})/2$	$(1+\Delta)^{-\frac{1}{2}}(2+\Delta)/2$	$(1-\nabla)^{-\frac{1}{2}}(2-\nabla)/2$	$\sqrt{1+\frac{\delta^2}{4}}$

3.2.3　基于 Taylor 展开的有限差分离散

有限差分方法采用离散点上的差分来逼近微分，从而构造离散方程。而离散点上各阶导数的差分表达式都可通过在离散点的 Taylor 级数展开得到，因此，构造差分格式的基本方法可归结为基于 Taylor 展开法。如要求在(j,n)点上离散偏导数$\left(\frac{\partial u}{\partial x}\right)_j^n$，可以围绕$(j,n)$点，选另一离散点$(j+1,n)$，将该点的函数值 u_{j+1}^n在离散点(j,n)处展开，有

$$u_{j+1}^n = u_j^n + \left(\frac{\partial u}{\partial x}\right)_j^n \Delta x + \left(\frac{\partial^2 u}{\partial x^2}\right)_j^n \frac{\Delta x^2}{2!} + \left(\frac{\partial^3 u}{\partial x^3}\right)_j^n \frac{\Delta x^3}{3!} + \cdots$$

由此可得

$$\begin{aligned}\left(\frac{\partial u}{\partial x}\right)_j^n &= \frac{u_{j+1}^n - u_j^n}{\Delta x} - \left(\frac{\partial^2 u}{\partial x^2}\right)_j^n \frac{\Delta x}{2!} - \left(\frac{\partial^3 u}{\partial x^3}\right)_j^n \frac{\Delta x^2}{3!} + \cdots \\ &= \frac{u_{j+1}^n - u_j^n}{\Delta x} + O(\Delta x)\end{aligned} \tag{3.14}$$

这里的 $O(\Delta x)$是由 Taylor 展开式得到的离散点上导数的差分表达式所舍去部分的小量量级，称为离散截断误差(Truncation Error，TE)，简称截差，是偏导数和它的有限差分表达式的差。以上差分近似相当于前差算子 Δ 作用于函数 u_j^n，称为**前差差分格式**，其截差是一阶小量。

如果选择的离散点是$(j-1,n)$，将该点的函数值 u_{j-1}^n 在离散点(j,n)处展开，有

$$u_{j-1}^n = u_j^n - \left(\frac{\partial u}{\partial x}\right)_j^n \Delta x + \left(\frac{\partial^2 u}{\partial x^2}\right)_j^n \frac{\Delta x^2}{2!} - \left(\frac{\partial^3 u}{\partial x^3}\right)_j^n \frac{\Delta x^3}{3!} + \cdots$$

由此可得

$$\begin{aligned}\left(\frac{\partial u}{\partial x}\right)_j^n &= \frac{u_j^n - u_{j-1}^n}{\Delta x} + \left(\frac{\partial^2 u}{\partial x^2}\right)_j^n \frac{\Delta x}{2!} - \left(\frac{\partial^3 u}{\partial x^3}\right)_j^n \frac{\Delta x^2}{3!} + \cdots \\ &= \frac{u_j^n - u_{j-1}^n}{\Delta x} + O(\Delta x)\end{aligned} \tag{3.15}$$

以上差分近似相当后差算子 ∇ 作用于函数 u_j^n，称为**后差差分格式**，其截差是一阶小量。

式(3.14)与式(3.15)相减，再合并整理，可得

$$\left(\frac{\partial^2 u}{\partial x^2}\right)_j^n = \frac{u_{j+1}^n - 2u_j^n + u_{j-1}^n}{\Delta x^2} + O(\Delta x^2) \tag{3.16}$$

这是二阶导数在离散点(j,n)上的差分表达式，相当于二阶中心差分算子 δ^2 作用于函数 u_j^n，称为**二阶中心差分格式**，其截差是二阶小量。

如果在离散点(j,n)的左侧、右侧分别选取$(j-1/2,n)$和$(j+1/2,n)$两点，做 Taylor 展开，所得两式相减，再合并整理，可得

$$\left(\frac{\partial u}{\partial x}\right)_j^n = \frac{u_{j+1/2}^n - u_{j-1/2}^n}{\Delta x} + O(\Delta x^2) \tag{3.17}$$

以上差分近似相当于一步中心差算子 δ 作用于函数 u_j^n，称为**一步中心差分格式**，其截差是二阶小量。类似地，如果在离散点(j,n)的左侧、右侧分别选取$(j-1,n)$和$(j+1,n)$两点，做 Taylor 展开，所得两式相减，再合并整理，将得到

$$\left(\frac{\partial u}{\partial x}\right)_j^n = \frac{u_{j+1}^n - u_{j-1}^n}{2\Delta x} + O(\Delta x^2) \tag{3.18}$$

以上差分近似相当于两步中心差算子 $\mu\delta$ 作用于函数 u_j^n，称为**两步中心差分格式**，其截差也是二阶小量。

基于 Taylor 展开方法，可以在离散点上构成围绕该离散点由任意多个离散点组合起来的离散格式，截差量级视离散格式形式不同而不同。两点离散格式中，前差、后差均为一阶截差，中心差分为二阶截差。绝大多数流动和热物理问题对应的偏微分方程为一阶和二阶导数，基于(j,n)点离散的常用空间导数差分表达式及其相应的截差量级列入表 3.2 和表 3.3。

表 3.2　一阶、二阶导数常用的几种差分表达式

导数	有限差分表达式	示意图	截差量级
$\left(\frac{\partial u}{\partial x}\right)_j^n$	$\frac{u_{j+1}^n - u_j^n}{\Delta x}$	j　$j+1$　x	$O(\Delta x)$
	$\frac{u_j^n - u_{j-1}^n}{\Delta x}$	$j-1$　j　x	$O(\Delta x)$
	$\frac{u_{j+1/2}^n - u_{j-1/2}^n}{\Delta x}$	$j-\frac{1}{2}$　j　$j+\frac{1}{2}$　x	$O(\Delta x^2)$
	$\frac{u_{j+1}^n - u_{j-1}^n}{2\Delta x}$	$j-1$　j　$j+1$　x	$O(\Delta x^2)$
	$\frac{3u_j^n - 4u_{j-1}^n + u_{j-2}^n}{2\Delta x}$	$j-2$　$j-1$　j　x	$O(\Delta x^2)$
	$\frac{-3u_j^n + 4u_{j+1}^n - u_{j+2}^n}{2\Delta x}$	j　$j+1$　$j+2$　x	$O(\Delta x^2)$
	$\frac{2u_{j-2}^n - 12u_{j-1}^n + 6u_j^n + 4u_{j+1}^n}{12\Delta x}$	$j-2$　$j-1$　j　$j+1$　x	$O(\Delta x^3)$
	$\frac{-2u_{j+2}^n + 12u_{j+1}^n - 6u_j^n - 4u_{j-1}^n}{12\Delta x}$	$j-1$　j　$j+1$　$j+2$　x	$O(\Delta x^3)$
	$\frac{u_{j-2}^n - 8u_{j-1}^n + 8u_{j+1}^n - u_{j+2}^n}{12\Delta x}$	$j-2$　$j-1$　j　$j+1$　$j+2$　x	$O(\Delta x^4)$
$\left(\frac{\partial^2 u}{\partial x^2}\right)_j^n$	$\frac{u_{j+1}^n - 2u_j^n + u_{j-1}^n}{\Delta x^2}$	$j-1$　j　$j+1$　x	$O(\Delta x^2)$
	$\frac{u_{j+2}^n - 2u_{j+1}^n + u_j^n}{\Delta x^2}$	j　$j+1$　$j+2$　x	$O(\Delta x)$
	$\frac{u_{j-2}^n - 2u_{j-1}^n + u_j^n}{\Delta x^2}$	$j-2$　$j-1$　j　x	$O(\Delta x)$
	$\frac{-u_{j-2}^n + 16u_{j-1}^n - 30u_j^n + 16u_{j+1}^n - u_{j+2}^n}{12\Delta x^2}$	$j-2$　$j-1$　j　$j+1$　$j+2$　x	$O(\Delta x^4)$

表 3.3　二阶交错导数常用的几种差分表达式[4]

导数	有限差分表达式	示意图	截差量级
$\left(\frac{\partial^2 u}{\partial x \partial y}\right)_{i,j}^n$	$\frac{1}{\Delta x}\left(\frac{u_{i+1,j}^n-u_{i+1,j-1}^n}{\Delta y}-\frac{u_{i,j}^n-u_{i,j-1}^n}{\Delta y}\right)$	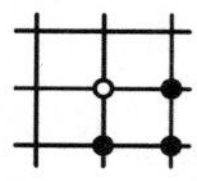	$O(\Delta x, \Delta y)$
	$\frac{1}{\Delta x}\left(\frac{u_{i,j+1}^n-u_{i,j}^n}{\Delta y}-\frac{u_{i-1,j+1}^n-u_{i-1,j}^n}{\Delta y}\right)$	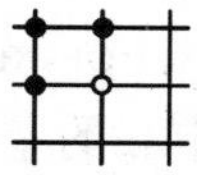	$O(\Delta x, \Delta y)$
	$\frac{1}{\Delta x}\left(\frac{u_{i,j}^n-u_{i,j-1}^n}{\Delta y}-\frac{u_{i-1,j}^n-u_{i-1,j-1}^n}{\Delta y}\right)$	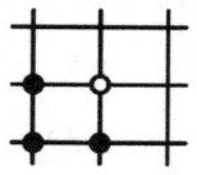	$O(\Delta x, \Delta y)$
	$\frac{1}{\Delta x}\left(\frac{u_{i+1,j+1}^n-u_{i+1,j}^n}{\Delta y}-\frac{u_{i,j+1}^n-u_{i,j}^n}{\Delta y}\right)$	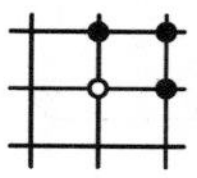	$O(\Delta x, \Delta y)$
	$\frac{1}{\Delta x}\left(\frac{u_{i+1,j+1}^n-u_{i+1,j-1}^n}{2\Delta y}-\frac{u_{i,j+1}^n-u_{i,j-1}^n}{2\Delta y}\right)$	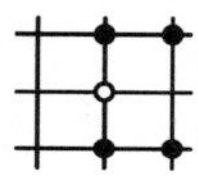	$O(\Delta x, \Delta y^2)$
	$\frac{1}{\Delta x}\left(\frac{u_{i,j+1}^n-u_{i,j-1}^n}{2\Delta y}-\frac{u_{i-1,j+1}^n-u_{i-1,j-1}^n}{2\Delta y}\right)$	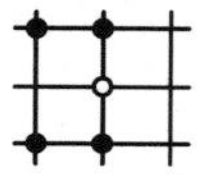	$O(\Delta x, \Delta y^2)$
	$\frac{1}{2\Delta x}\left(\frac{u_{i+1,j+1}^n-u_{i+1,j}^n}{\Delta y}-\frac{u_{i-1,j+1}^n-u_{i-1,j}^n}{\Delta y}\right)$	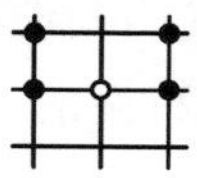	$O(\Delta x^2, \Delta y)$
	$\frac{1}{2\Delta x}\left(\frac{u_{i+1,j}^n-u_{i+1,j+1}^n}{\Delta y}-\frac{u_{i-1,j}^n-u_{i-1,j-1}^n}{\Delta y}\right)$	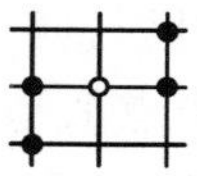	$O(\Delta x^2, \Delta y)$
	$\frac{1}{2\Delta x}\left(\frac{u_{i+1,j+1}^n-u_{i+1,j-1}^n}{2\Delta y}-\frac{u_{i-1,j+1}^n-u_{i-1,j-1}^n}{2\Delta y}\right)$	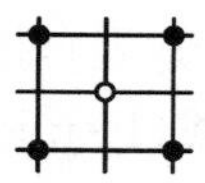	$O(\Delta x^2, \Delta y^2)$

对于平衡物理问题，时间或类时间坐标也有前差、后差和中心差分等格式，表达式类似于表 3.1 中的相应格式，变动的是离散标识中的上标，而下标保持不变。

把微分方程中各导数项分别离散，组合起来就构成了离散的代数方程。

截断误差的量级称为离散格式的精度。表 3.2 中的离散格式精度从一阶至四阶。表 3.3 中，第 1～4 式对 x，y 都是一阶精度，称全一阶精度；第 5～6 式对 x 为一阶精度，对 y 为二阶精度，第 7～8 式对 x 为二阶精度，对 y 为一阶精度，它们是离散精度不一致的格式；第 9 式对 x，y 都是二阶精度，称全二阶精度。

以下通过举例，对流动和热物理问题中的一些简单模型方程设计差分格式，阐明上面两表中不同离散形式是如何得到的，并引入一些重要的相关概念。

1. 基于 Taylor 展开,结合应用差分算子符号直接构造差分格式的方法

例 3.1 对具有均匀速度流动的一维对流方程(匀流方程)

$$\frac{\partial u}{\partial t}+a\frac{\partial u}{\partial x}=0,\quad a=\text{常数} \tag{3.19}$$

设计几种差分离散格式。

解 (1) FTCS(Forward Time and Central Space)格式:即在离散参考点(j,n),取时间向前、空间两步中心的差分格式。显然,用 Taylor 展开分析,离散格式的截差对时间为一阶的,对空间为二阶的。用差分算子可表示为

$$\frac{\Delta_t u_j^n}{\Delta t}+a\frac{(\mu\delta)_x u_j^n}{\Delta x}=0,\quad TE=O(\Delta t,\Delta x^2) \tag{3.20}$$

展开得离散方程

$$\frac{u_j^{n+1}-u_j^n}{\Delta t}+a\frac{u_{j+1}^n-u_{j-1}^n}{2\Delta x}=0,\quad TE=O(\Delta t,\Delta x^2)$$

即

$$u_j^{n+1}=u_j^n-\frac{c}{2}(u_{j+1}^n-u_{j-1}^n),\quad TE=O(\Delta t,\Delta x^2) \tag{3.21}$$

其中

$$c=\frac{a\Delta t}{\Delta x} \tag{3.22}$$

称为 **Courant 数**,又叫**对流数**,由流速与时、空步长综合确定,对双曲型偏微分方程,它的取值范围是衡量格式特性的一个很重要的参数。

离散方程含有 n 和 $n+1$ 两个时间层次,包含(j,n),$(j\pm1,n)$,$(j,n+1)$四个时空离散节点,是一个两时层、四点的离散格式。计算从第 n 个时层开始,离散方程中待求时层 $n+1$ 上只有一个节点值是未知数,可由已知时层上三个节点值直接求出,不需联立其他离散点离散的代数方程耦合求解。该格式的精度对时间为一阶的,对空间为二阶的。

这种一个代数方程直接求解一个未知数,不需要与其他节点上的方程联立求解的离散格式,叫作**显式格式**(Explicit Scheme)。

(2) FTFS(Forward Time and Forward Space)格式:即在离散参考点(j,n),取时间、空间都向前的差分格式。此格式截差对时间和空间均为一阶的,用差分算子可写成

$$\frac{\Delta_t u_j^n}{\Delta t}+a\frac{\Delta_x u_j^n}{\Delta x}=0,\quad TE=O(\Delta t,\Delta x) \tag{3.23}$$

展开得离散方程

$$u_j^{n+1}=u_j^n-c(u_{j+1}^n-u_j^n),\quad TE=O(\Delta t,\Delta x) \tag{3.24}$$

这是一个两时层、三点的显式格式,具有一阶精度。

在 $a>0$ 时,即流动自左向右,流速为正的,$c>0$,节点 $j+1$ 在节点 j 的下游,FTFS 格式的离散方程(3.24)表明,节点 j 在下一时刻 $n+1$ 的值由该节点及它的下游节点 $j+1$ 在前一时刻 n 的值来决定。这是不合双曲型方程的物理意义和数学特征的,因为此类方程解的依赖区在求解点的上游,而与下游的点无关。此种情况下的 FTFS 格式称为**逆风格式**(Upwind Scheme),逆风格式数值上是不稳定的,因此不可用。

反之，如果 $a<0$，流动自右向左，流速为负的，$c<0$，节点 $j+1$ 在节点 j 的上游，在求解点的依赖区范围，格式符合方程的物理意义和数学特征，称为**迎风格式**（Windward Scheme）。

迎风格式符合双曲型方程的物理性质，是可用的格式；而逆风格式不符合双曲型方程的物理性质，在数值上不稳定，因此是不可用的。

(3) FTBS(Forward Time and Backward Space)格式：即在离散参考点(j,n)，取时间向前、空间向后的差分格式。此格式截差对时间和空间也均为一阶的，用差分算子可写成

$$\frac{\Delta_t u_j^n}{\Delta t}+a\frac{\nabla_x u_j^n}{\Delta x}=0,\quad TE=O(\Delta t,\Delta x) \tag{3.25}$$

展开得离散方程

$$u_j^{n+1}=u_j^n-c(u_j^n-u_{j-1}^n),\quad TE=O(\Delta t,\Delta x) \tag{3.26}$$

这也是一个两时层、三点的显式格式，具有一阶精度。在 $a>0$，即 $c>0$ 时，FTBS 格式是迎风格式，可用；而在 $a<0$，即 $c<0$ 时，FTBS 格式是逆风格式，不可用。

例 3.2　对具有常扩散系数的一维扩散方程

$$\frac{\partial u}{\partial t}=\sigma\frac{\partial^2 u}{\partial x^2},\quad \sigma>0\ \text{常数} \tag{3.27}$$

设计几种差分离散格式。

解　(1) FTCS 格式：即在离散参考点(j,n)，取时间向前、空间二阶中心的差分格式。此格式截差对时间为一阶的，对空间为二阶的。用差分算子可写成

$$\frac{\Delta_t u_j^n}{\Delta t}=\sigma\frac{\delta_x^2 u_j^n}{\Delta x^2},\quad TE=O(\Delta t,\Delta x^2) \tag{3.28}$$

展开得离散方程

$$u_j^{n+1}=u_j^n+\frac{\sigma\Delta t}{\Delta x^2}(u_{j+1}^n-2u_j^n+u_{j-1}^n),\quad TE=O(\Delta t,\Delta x^2)$$

即

$$u_j^{n+1}=u_j^n+\alpha(u_{j+1}^n-2u_j^n+u_{j-1}^n),\quad TE=O(\Delta t,\Delta x^2) \tag{3.29}$$

其中

$$\alpha=\frac{\sigma\Delta t}{\Delta x^2} \tag{3.30}$$

称为扩散数，由扩散系数与时、空步长综合确定，对纯扩散抛物型偏微分方程，它的取值范围是衡量格式特性的一个很重要的参数。

这是一个两时层、四点的显式格式，对时间为一阶的，对空间为二阶的。

(2) CTCS 格式：即在离散参考点(j,n)，取时间两步中心、空间二阶中心的差分格式。此格式截差对时间、空间为二阶的。用差分算子可写成

$$\frac{(\mu\delta)_t u_j^n}{\Delta t}=\sigma\frac{\delta_x^2 u_j^n}{\Delta x^2},\quad TE=O(\Delta t^2,\Delta x^2) \tag{3.31}$$

展开得离散方程

$$u_j^{n+1}=u_j^{n-1}+2\alpha(u_{j+1}^n-2u_j^n+u_{j-1}^n),\quad TE=O(\Delta t^2,\Delta x^2) \tag{3.32}$$

这是一个三时层、五点的显式格式，时间、空间全为二阶精度。该格式精度较高，但由于有三个时层，起步需特别处理。

(3) BTCS 格式：即在离散参考点$(j,n+1)$，取时间向后、空间二阶中心的差分格式。此格式截差对时间为一阶的，对空间为二阶的。用差分算子可写成

$$\frac{\nabla_t u_j^{n+1}}{\Delta t} = \sigma \frac{\delta_x^2 u_j^{n+1}}{\Delta x^2}, \quad TE = O(\Delta t, \Delta x^2) \tag{3.33}$$

展开得离散方程

$$u_j^{n+1} = u_j^n + \alpha(u_{j+1}^{n+1} - 2u_j^{n+1} + u_{j-1}^{n+1}), \quad TE = O(\Delta t, \Delta x^2)$$

将求解层各节点待求函数移至左边，合并整理，离散方程变为

$$-\alpha u_{j-1}^{n+1} + (2\alpha + 1)u_j^{n+1} - \alpha u_{j+1}^{n+1} = u_j^n, \quad TE = O(\Delta t, \Delta x^2) \tag{3.34}$$

这是一个两时层、四点的格式，时间为一阶精度，空间为二阶精度。该格式中，一个离散代数方程包含多个待求量，不能单独求解，必须联立其他节点的离散方程才能解出。

像方程(3.34)这种需要耦合求解代数方程的离散格式叫作**隐式格式**(Implicit Scheme)。

(4) Crank-Nicolson 格式[5]：可看成在离散参考点$(j+1/2,n+1/2)$，对时间导数取一步中心差分、对空间导数先取对时间的一步平均再取其二阶中心差分的差分格式，简称 C-N 格式，又称算术平均格式。此格式截差对时间、空间均为二阶的。用差分算子可写成

$$\frac{\delta_t u_j^{n+1/2}}{\Delta t} = \sigma \frac{\delta_x^2(\mu_t u_j^{n+1/2})}{\Delta x^2} = \sigma \frac{\delta_x^2(u_j^{n+1} + u_j^n)}{2\Delta x^2}, \quad TE = O(\Delta t^2, \Delta x^2) \tag{3.35}$$

展开得离散方程

$$u_j^{n+1} - u_j^n = \frac{\alpha}{2}(u_{j+1}^{n+1} - 2u_j^{n+1} + u_{j-1}^{n+1}) + \frac{\alpha}{2}(u_{j+1}^n - 2u_j^n + u_{j-1}^n), \quad TE = O(\Delta t^2, \Delta x^2)$$

将求解层各节点待求函数移至左边，合并整理，得离散方程

$$-\frac{\alpha}{2}u_{j-1}^{n+1} + (\alpha + 1)u_j^{n+1} - \frac{\alpha}{2}u_{j+1}^{n+1} = \frac{\alpha}{2}u_{j-1}^n + (1-\alpha)u_j^n + \frac{\alpha}{2}u_{j+1}^n, \quad TE = O(\Delta t^2, \Delta x^2) \tag{3.36}$$

这是一个两时层、六点的隐式格式，时间、空间为二阶精度。若用 a_j, b_j, c_j 分别表示求解节点函数值的系数，用 d_j 表示右端的已知值，则方程变为

$$a_j u_{j-1}^{n+1} + b_j u_j^{n+1} + c_j u_{j+1}^{n+1} = d_j, \quad TE = O(\Delta t^2, \Delta x^2) \tag{3.37}$$

该方程在每个节点上都有三个未知数，在利用边界条件之后，联立求解的代数方程组系数矩阵化为三对角阵，可以用追赶法直接求解。

一维扩散方程的上述四种离散格式如图 3.5 所示。

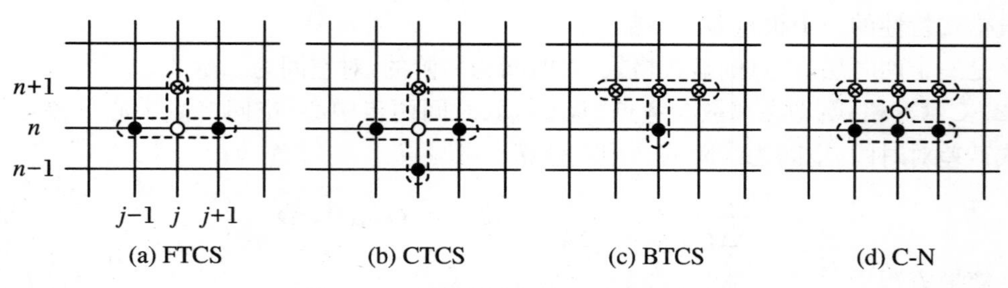

图 3.5 一维扩散方程的四种离散格式

2. 基于 Taylor 展开构成差分格式的待定系数方法

这是构成差分离散格式最一般的方法。用选定的离散点上函数的线性组合逼近离散出发点处的导数，再将各离散点函数值围绕离散出发点做 Taylor 展开，组合后比较 Taylor 展开式各阶导数项的系数，从而确定线性组合中各离散点上的系数值。

例 3.3　用待定系数法对匀流方程

$$\frac{\partial u}{\partial t} + a\frac{\partial u}{\partial x} = 0, \quad a = 常数$$

设计时间向前、空间为二阶精度的迎风格式。

解　当 $a>0$ 时，迎风格式要求在(j,n)的上游方向找依赖区，因此$\left(\frac{\partial u}{\partial x}\right)_j^n$ 的空间导数离散点应选为(j,n)，$(j-1,n)$，$(j-2,n)$等。现要求空间离散为二阶精度，各离散点上 Taylor 展开应至少保留到二阶小量，这些展开的组合项至少有三个系数，因此需选三个离散点(j,n)，$(j-1,n)$，$(j-2,n)$进行离散。令

$$\left(\frac{\partial u}{\partial x}\right)_j^n = a_j u_j^n + b_j u_{j-1}^n + c_j u_{j-2}^n \tag{3.38}$$

将 $u_{j-2}^n, u_{j-1}^n, u_j^n$ 在(j,n)点做 Taylor 展开

$$\begin{cases} u_{j-2}^n = u_j^n - 2\Delta x(u_x)_j^n + 2\Delta x^2(u_{xx})_j^n + O(\Delta x^3) \\ u_{j-1}^n = u_j^n - \Delta(u_x)_j^n + \dfrac{\Delta x^2}{2}(u_{xx})_j^n + O(\Delta x^3) \\ u_j^n = u_j^n \end{cases} \tag{3.39}$$

代入式(3.38)，得

$$(u_x)_j^n = a_j u_j^n + b_j u_j^n - b_j\Delta x(u_x)_j^n + \frac{b_j\Delta x^2}{2}(u_{xx})_j^n + c_j u_j^n - 2c_j\Delta x(u_x)_j^n + 2c_j\Delta x^2(u_{xx})_j^n + O(\Delta x^3) \tag{3.40}$$

比较等式两边 u_j^n 和 u_j^n 的各阶导数的系数，有

$$\begin{cases} u_j^n: a_j + b_j + c_j = 0 \\ (u_x)_j^n: -b_j - 2c_j = 1/\Delta x \\ (u_{xx})_j^n: b_j/2 + 2c_j = 0 \end{cases} \tag{3.41}$$

联立求解关于系数 a_j, b_j, c_j 的上述方程，得

$$a_j = \frac{3}{2\Delta x}, \quad b_j = -\frac{2}{\Delta x}, \quad c_j = \frac{1}{2\Delta x} \tag{3.42}$$

于是

$$\left(\frac{\partial u}{\partial x}\right)_j^n = \frac{1}{2\Delta x}(u_{j-2}^n - 4u_{j-1}^n + 3u_j^n), \quad TE = O(\Delta x^2) \tag{3.43}$$

同理，当 $a<0$ 时，迎风格式要求在(j,n)，$(j+1,n)$，$(j+2,n)$三点离散成二阶精度，可类似得到离散式

$$\left(\frac{\partial u}{\partial x}\right)_j^n = \frac{1}{2\Delta x}(-u_{j+2}^n + 4u_{j+1}^n - 3u_j^n), \quad TE = O(\Delta x^2) \tag{3.44}$$

对时间导数项$\left(\frac{\partial u}{\partial t}\right)_j^n$，要求做前差，精度为一阶，故取两个离散点$(j,n)$，$(j,n+1)$即可。仿前面方法，可以得到

$$\left(\frac{\partial u}{\partial t}\right)_j^n = \frac{u_j^{n+1} - u_j^n}{\Delta t}, \quad TE = O(\Delta t) \tag{3.45}$$

联立式(3.43)与式(3.45)，得到$a>0$时的迎风格式

$$u_j^{n+1} = u_j^n - \frac{c}{2}(u_{j-2}^n - 4u_{j-1}^n + 3u_j^n), \quad TE = O(\Delta t, \Delta x^2) \tag{3.46a}$$

联立式(3.44)与式(3.45)，得到$a<0$时的迎风格式

$$u_j^{n+1} = u_j^n - \frac{c}{2}(-3u_j^n + 4u_{j+1}^n - u_{j+2}^n), \quad TE = O(\Delta t, \Delta x^2) \tag{3.46b}$$

3.2.4 其他构成导数有限差分离散的方法

除了基于 Taylor 展开直接构造函数导数的有限差分格式外，还有其他的一些变换方法。

1. 多项式拟合求解函数构造函数导数的差分格式

此法用关于求解函数的自变量的拟合多项式来逼近函数。通过选定足够离散点数来确定拟合多项式的待定系数，利用函数导数与拟合多项式系数间的关系，可以完整得到函数导数的有限差分表达式。它特别适合处理边界条件和在边界处设计高阶精度的差分格式。

设求解函数u在时间t不变时对空间x的变化可以近似成线性，即

$$u(x, t_n) = a + bx \tag{3.47}$$

不失一般性，令节点(j,n)的空间坐标$x_0=0$，则节点(j,n)及邻近节点$(j-1,n)$，$(j+1,n)$的函数值分别为

$$u_j^n = a, \quad u_{j-1}^n = a - b\Delta x, \quad u_{j+1}^n = a + b\Delta x$$

由此可以得到

$$b = \frac{u_j^n - u_{j-1}^n}{\Delta x} \quad 或 \quad b = \frac{u_{j+1}^n - u_j^n}{\Delta x}$$

而按式(3.47)，函数在时层n的偏导数$\partial u(x, t_n)/\partial x = b$，故在$(j,n)$点有

$$\left(\frac{\partial u}{\partial x}\right)_j^n = \frac{u_j^n - u_{j-1}^n}{\Delta x} \quad 或 \quad \left(\frac{\partial u}{\partial x}\right)_j^n = \frac{u_{j+1}^n - u_j^n}{\Delta x} \tag{3.48}$$

前者与向后差分的结果一致，后者与向前差分的结果一致。通过 Taylor 展开做截断误差分析，显然，离散精度为一阶。

如果用二次多项式拟合函数逼近，则

$$u(x, t_n) \approx a + bx + cx^2 \tag{3.49}$$

此时有

$$u_j^n = a, \quad u_{j-1}^n = a - b\Delta x + c\Delta x^2, \quad u_{j+1}^n = a + b\Delta x + c\Delta x^2$$

联立以上三式，解得

$$b = \frac{u_{j+1}^n - u_{j-1}^n}{2\Delta x}, \quad c = \frac{u_{j+1}^n - 2u_j^n + u_{j-1}^n}{2\Delta x^2}$$

而按函数的二次多项式表达式(3.49)，函数在时层 n 的偏导数

$$\frac{\partial u(x,t_n)}{\partial x} = b, \quad \frac{\partial^2 u(x,t_n)}{\partial x^2} = 2c$$

故在(j,n)点有

$$\left(\frac{\partial u}{\partial x}\right)_j^n = \frac{u_{j+1}^n - u_{j-1}^n}{2\Delta x}, \quad \left(\frac{\partial^2 u}{\partial x^2}\right)_j^n = \frac{u_{j+1}^n - 2u_j^n + u_{j-1}^n}{\Delta x^2} \tag{3.50}$$

这与用基于 Taylor 展开方法，在节点(j,n)对 x 做两步中心差分和二阶中心差分所得到的离散形式完全一样。其截差同样通过将 u_{j+1}^n, u_{j-1}^n 对点(j,n)做 Taylor 展开分析得到，即 $TE=O(\Delta x^2)$。事实上，函数 $u(x,t_n)$的精确解在 $x=0$ 做 Taylor 展开的表达式为

$$\begin{aligned} u(x,t_n) &= u(0,t_n) \pm \frac{\partial u(0,t_n)}{\partial x}\Delta x + \frac{\partial^2 u(0,t_n)}{\partial x^2}\frac{\Delta x^2}{2} \pm \frac{\partial^3 u(0,t_n)}{\partial x^3}\frac{\Delta x^3}{3!} + \frac{\partial^4 u(0,t_n)}{\partial x^4}\frac{\Delta x^4}{4!} + \cdots \\ &= u(0,t_n) + \frac{\partial u(0,t_n)}{\partial x}x + \frac{\partial^2 u(0,t_n)}{\partial x^2}\frac{x^2}{2} + \frac{\partial^3 u(0,t_n)}{\partial x^3}\frac{x^3}{3!} + \frac{\partial^4 u(0,t_n)}{\partial x^4}\frac{x^4}{4!} + \cdots \end{aligned} \tag{3.51}$$

其中 $\Delta x>0$，而

$$\begin{cases} x = \Delta x, & x > 0 \\ x = -\Delta x, & x < 0 \end{cases} \tag{3.52}$$

式(3.51)表明，函数在 $x=0$ 附近所做的二次多项式分布假设等同于该函数精确解的Taylor展开式的前三项(截断级数)，截差为 $O(\Delta x^3)$。当由数个点的展开表达式进行组合来求解$\left(\frac{\partial u}{\partial x}\right)_j^n$和$\left(\frac{\partial^2 u}{\partial x^2}\right)_j^n$时，组合式总截差的量级可能因为 $O(\Delta x^3)$的项消失而变得更高。本例中计算$\left(\frac{\partial u}{\partial x}\right)_j^n$的组合式总截差仍是$O(\Delta x^3)$，计算$\left(\frac{\partial^2 u}{\partial x^2}\right)_j^n$的组合式总截差变为$O(\Delta x^4)$，在分别除以导数项的乘积系数 Δx 和 Δx^2 之后，两个导数表达式的截差都降至 $O(\Delta x^2)$。也就是说，用二次多项式拟合函数方法得到的一阶和二阶导数离散式都具有二阶精度。

对同一个拟合多项式，当取不同的离散点来确定它的系数时，所得系数与离散点上函数值之间的关系不同，从而得到导数有不同的表达形式。但是离散点的个数总是等于拟合多项式待定系数的个数(多项式的次数加1)。

以下举例说明多项式拟合方法在处理边界条件中的应用。

例 3.4　已知二维导热区域固壁边界 $y=0$ 上的热流密度 q_w(定义输入壁面热流为正的)以及区域内部的温度，确定边界 $y=0$ 上的温度分布。

解　如图3.6所示，设在 x_i 处壁面附近温度分布近似为二次多项式

$$T(x_i,y) \approx a + by + cy^2$$

令壁面 $y=0$，对应的离散节点为$(i,1)$，依次向上的节点为$(i,2)$，$(i,3)$，…，且为等距分割，于是有

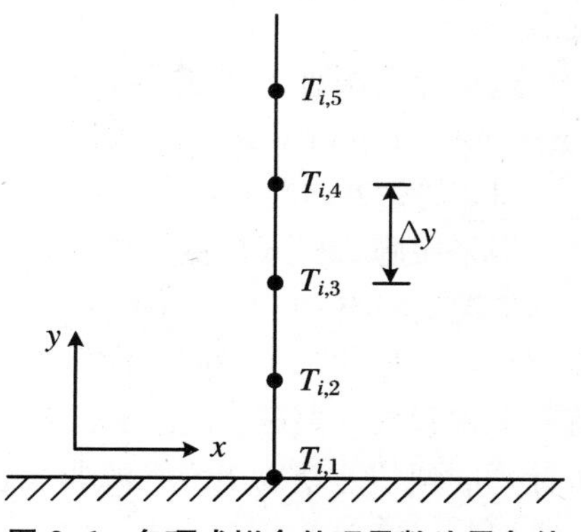

图 3.6　多项式拟合处理导数边界条件

$$\begin{cases} T_{i,1} = a \\ T_{i,2} = a + b\Delta y + c\Delta y^2 \\ T_{i,3} = a + 2b\Delta y + 4c\Delta y^2 \end{cases}$$

由此得

$$a = T_{i,1}, \quad b = \frac{-3T_{i,1} + 4T_{i,2} - T_{i,3}}{2\Delta y}, \quad c = \frac{T_{i,1} - 2T_{i,2} + T_{i,3}}{2\Delta y^2}$$

而二维空间(x, y)解域边界 $y=0$ 上的壁面热流 q_w 为

$$q_w = \lambda \frac{\partial T}{\partial y}\bigg|_{y=0} = \lambda b = \frac{-\lambda}{2\Delta y}(3T_{i,1} - 4T_{i,2} + T_{i,3})$$

于是壁面温度分布是

$$T_{i,1} = \frac{1}{3}\left(4T_{i,2} - T_{i,3} - \frac{2\Delta y q_w}{\lambda}\right)$$

通过将温度 $T_{i,2}$，$T_{i,3}$在点$(i,1)$做 Taylor 展开分析或者将拟合多项式等价于一个截断级数，可知壁面热流表达式的截差为 $O(\Delta y^2)$，而温度表达式的截差为 $O(\Delta y^3)$。

对于上述问题，如果给定的是壁面和区域内部的温度分布，要求壁面的热流率，也可用同样的办法来解。设在 x_i 处壁面附近温度分布近似为三次多项式

$$T(x_i, y) \approx a + by + cy^2 + dy^3$$

为确定多项式的系数，连同壁面点共需选择四个离散点 $T_{i,1}$，$T_{i,2}$，$T_{i,3}$，$T_{i,4}$，令壁面点$(i,1)$的 $y=0$，则其他三点的 y 分别为 Δy，$2\Delta y$，$3\Delta y$，代入拟合多项式，可以得到关于四个拟合系数 a，b，c，d 的联立代数方程，解之，再由 $q_w = \lambda \frac{\partial T}{\partial y}\Big|_{y=0} = \lambda b$，即可得到

$$q_w = \frac{\lambda(-11T_{i,1} + 18T_{i,2} - 9T_{i,3} + 2T_{i,4})}{6\Delta y}$$

通过同样的方法分析，所得热流表达式的截差为 $O(\Delta y^3)$。

2. 预估-校正多步法构成差分格式

此法离散，分成多步进行，前一步称为预估步，其后各步称为校正步；每步都是从同一个方程出发，但所用离散格式不同；前后两步必须续接，前一步的计算结果是后一步计算的出发点。

这里介绍两种不同的预估-校正多步法：用于多维问题的交替方向隐式(Alternative Direction Implicit，ADI)离散格式和用于对流项高阶离散的 MacCormack 格式。

(1) 交替方向隐式离散格式

当采用隐式格式离散多维非稳态问题的方程时，必然形成单个离散方程未知数多于三个的情况，所构成的方程组不便直接求解。为此，可把方程的离散求解分成多步进行，每一步都只对方程的单个空间方向做隐式处理，而对其他方向做显式处理，构造出便于求解的只有三个未知数的离散方程组。这样交替方向使用隐式，通过多步完成计算，前一步看作后一步计算的预估。现以二维无源非稳态线性导热方程为例：

$$\frac{\partial T}{\partial t} = \sigma\left(\frac{\partial^2 T}{\partial x^2} + \frac{\partial^2 T}{\partial y^2}\right), \quad \sigma > 0 \tag{3.53}$$

按 Peaceman-Rachford 方法设计 ADI 离散格式[6]。格式分为两步，都从原始方程出发，每

步推进 1/2 时间间隔($\Delta t/2$)。第一步,空间导数均取二阶中心差,但对 x 取隐式,对 y 取显式;第二步,续接前一步的计算结果,空间导数也取二阶中心差,但对 y 取隐式,对 x 取显式:

$$\begin{aligned}\frac{T_{i,j}^{*}-T_{i,j}^{n}}{\Delta t/2}&=\sigma\left(\frac{\delta_x^2T_{i,j}^{*}}{\Delta x^2}+\frac{\delta_y^2T_{i,j}^{n}}{\Delta y^2}\right)\\&=\sigma\left(\frac{T_{i+1,j}^{*}-2T_{i,j}^{*}+T_{i-1,j}^{*}}{\Delta x^2}+\frac{T_{i,j+1}^{n}-2T_{i,j}^{n}+T_{i,j-1}^{n}}{\Delta y^2}\right)\end{aligned}\tag{3.54a}$$

$$\begin{aligned}\frac{T_{i,j}^{n+1}-T_{i,j}^{*}}{\Delta t/2}&=\sigma\left(\frac{\delta_x^2T_{i,j}^{*}}{\Delta x^2}+\frac{\delta_y^2T_{i,j}^{n+1}}{\Delta y^2}\right)\\&=\sigma\left(\frac{T_{i+1,j}^{*}-2T_{i,j}^{*}+T_{i-1,j}^{*}}{\Delta x^2}+\frac{T_{i,j+1}^{n+1}-2T_{i,j}^{n+1}+T_{i,j-1}^{n+1}}{\Delta y^2}\right)\end{aligned}\tag{3.54b}$$

上述二维导热问题的 ADI 离散格式恒稳定,对时间步长没有限制。但把这种二维 ADI 方法直接推广至三维,每个方向计算前进 1/3 时间间隔($\Delta t/3$),所得到的相应格式只能是有条件稳定的。

为使三维问题的 ADI 离散格式也像二维一样,Brain 提出了如下恒稳定的 ADI 格式[7]:

$$\frac{T_{i,j,k}^{*}-T_{i,j,k}^{n}}{\Delta t/2}=\sigma\left(\frac{\delta_x^2T_{i,j,k}^{*}}{\Delta x^2}+\frac{\delta_y^2T_{i,j,k}^{n}}{\Delta y^2}+\frac{\delta_z^2T_{i,j,k}^{n}}{\Delta z^2}\right)\tag{3.55a}$$

$$\frac{T_{i,j,k}^{**}-T_{i,j,k}^{n}}{\Delta t/2}=\sigma\left(\frac{\delta_x^2T_{i,j,k}^{*}}{\Delta x^2}+\frac{\delta_y^2T_{i,j,k}^{**}}{\Delta y^2}+\frac{\delta_z^2T_{i,j,k}^{n}}{\Delta z^2}\right)\tag{3.55b}$$

$$\frac{T_{i,j,k}^{n+1}-T_{i,j,k}^{**}}{\Delta t/2}=\sigma\left(\frac{\delta_x^2T_{i,j,k}^{*}}{\Delta x^2}+\frac{\delta_y^2T_{i,j,k}^{**}}{\Delta y^2}+\frac{\delta_z^2T_{i,j,k}^{n+1}}{\Delta z^2}\right)\tag{3.55c}$$

Douglas 提出另一种恒稳定的格式[8]:

$$\frac{T_{i,j,k}^{*}-T_{i,j,k}^{n}}{\Delta t}=\sigma\left[\frac{\delta_x^2(T_{i,j,k}^{*}+T_{i,j,k}^{n})}{2\Delta x^2}+\frac{\delta_y^2T_{i,j,k}^{n}}{\Delta y^2}+\frac{\delta_z^2T_{i,j,k}^{n}}{\Delta z^2}\right]\tag{3.56a}$$

$$\frac{T_{i,j,k}^{**}-T_{i,j,k}^{n}}{\Delta t}=\sigma\left[\frac{\delta_x^2(T_{i,j,k}^{*}+T_{i,j,k}^{n})}{2\Delta x^2}+\frac{\delta_y^2(T_{i,j,k}^{**}+T_{i,j,k}^{n})}{2\Delta y^2}+\frac{\delta_z^2T_{i,j,k}^{n}}{\Delta z^2}\right]\tag{3.56b}$$

$$\frac{T_{i,j,k}^{n+1}-T_{i,j,k}^{n}}{\Delta t}=\sigma\left[\frac{\delta_x^2(T_{i,j,k}^{*}+T_{i,j,k}^{n})}{2\Delta x^2}+\frac{\delta_y^2(T_{i,j,k}^{**}+T_{i,j,k}^{n})}{2\Delta y^2}+\frac{\delta_z^2(T_{i,j,k}^{n+1}+T_{i,j,k}^{n})}{2\Delta z^2}\right]\tag{3.56c}$$

(2) MacCormack 格式

该格式被广泛应用于流动和传热不同类型方程的对流项导数离散,其构造方法基于多步法[9]。现针对最简单的双曲型对流方程(3.19)说明它的基本思想。

设 $a<0$。

预估步　取时间向前、空间向前的 FTFS 格式

$$u_j^{\overline{n+1}}=u_j^n-c(u_{j+1}^n-u_j^n)\tag{3.57}$$

校正步　先以预估步计算值做起始值,取时间向前、空间向后的 FTBS 格式,计算出来结果再与预估步前的原始值做平均,得到最终值

$$u_j^{n+1}=\frac{1}{2}\left[u_j^n+u_j^{\overline{n+1}}-c(u_j^{\overline{n+1}}-u_{j-1}^{\overline{n+1}})\right]\tag{3.58}$$

通过 Taylor 展开分析,尽管两步中每一步的离散截差为 $O(\Delta t,\Delta x)$,但两步合起来的

最终截差为二阶的,即 $O(\Delta t^2,\Delta x^2)$。该格式通过调整空间导数的差分方向进行校正,并将校正结果与前一时层结果取平均,来确定新时层上的值,不仅使离散精度提高,而且格式具有良好的定性性质。使用本格式,预估步空间差分方向应体现迎风性。

3. 分裂差分离散方法

当方程的微分算子能够做和分裂或积分裂时,可以采用分裂差分离散方法构成格式[3,10]。此法将原始方程分裂为数个方程,根据每个方程的物理和数学特征,各自独立设计差分格式,各方程的解彼此续接。以下简要介绍和分裂法。

设一维线性对流扩散方程为

$$\frac{\partial u}{\partial t}+a\frac{\partial u}{\partial x}=\sigma\frac{\partial^2 u}{\partial x^2},\quad a,\sigma \text{ 均为大于零的常数} \tag{3.59}$$

按照方程各项的物理意义,对流项选择格式应尽可能体现迎风特性,而扩散项应取中心差分。因此可以将空间导数部分分裂为两部分处理,构造两个分裂方程:

$$\begin{cases}\dfrac{\partial u}{\partial t}=\sigma\dfrac{\partial^2 u}{\partial x^2}\\[2mm] \dfrac{\partial u}{\partial t}+a\dfrac{\partial u}{\partial x}=0\end{cases}\quad \text{或} \quad \begin{cases}\dfrac{1}{2}\dfrac{\partial u}{\partial t}=\sigma\dfrac{\partial^2 u}{\partial x^2}\\[2mm] \dfrac{1}{2}\dfrac{\partial u}{\partial t}+a\dfrac{\partial u}{\partial x}=0\end{cases} \tag{3.60}$$

因为各分裂方程计算中必须续接,故以上两种分裂形式离散后最终的计算结果完全一致。若要求离散格式精度对时间为一阶、对空间为二阶的显式,则分裂方程中扩散方程取时间向前、空间二阶中心差分,对流方程取时间向前、空间单边三点的迎风差分的离散形式

$$\begin{cases}\dfrac{u_j^*-u_j^n}{\Delta t}=\sigma\cdot\dfrac{u_{j+1}^n-2u_j^n+u_{j-1}^n}{\Delta x^2}\\[2mm] \dfrac{u_j^{n+1}-u_j^*}{\Delta t}=-a\cdot\dfrac{u_{j-2}^*-4u_{j-1}^*+3u_j^*}{2\Delta x}\end{cases} \tag{3.61a}$$

或写为

$$\begin{cases}\dfrac{1}{2}\dfrac{u_j^{n+\frac{1}{2}}-u_j^n}{\Delta t/2}=\sigma\cdot\dfrac{u_{j+1}^n-2u_j^n+u_{j-1}^n}{\Delta x^2}\\[2mm] \dfrac{1}{2}\dfrac{u_j^{n+1}-u_j^{n+\frac{1}{2}}}{\Delta t/2}=-a\cdot\dfrac{u_{j-2}^{n+\frac{1}{2}}-4u_{j-1}^{n+\frac{1}{2}}+3u_j^{n+\frac{1}{2}}}{2\Delta x}\end{cases} \tag{3.61b}$$

对比上式左右两组离散形式,可知两者完全等价。式(3.60)右边那种分裂写法,相当于计算过程中插入了一个半时层($n+1/2$),每个方程计算时向前推进 $\Delta t/2$ 时间间隔,两步合起来完成一个时步的推进计算。而左边那种分裂写法相当于对每个分裂方程计算都是推进一个时步,但前一个方程推进的时步是用于做过渡计算的虚拟时步。由于它们的等价性,通常采用式(3.60)左边的简写形式。整理离散式,得

$$\begin{cases}u_j^*=u_j^n+\alpha(u_{j+1}^n-2u_j^n+u_{j-1}^n)\\[2mm] u_j^{n+1}=u_j^*-\dfrac{c}{2}(u_{j-2}^*-4u_{j-1}^*+3u_j^*)\end{cases} \tag{3.62}$$

其中 c,α 分别为式(3.22)和式(3.30)定义的对流数和扩散数。

和分裂法更多用于处理多维隐式格式的设计,因为它能将多维问题变为多个一维问题处理,所得到的离散方程易于求解。例如,要将二维非定常线性热传导方程(3.53)做和分裂

隐式离散，先将方程分裂为

$$\begin{cases} T_t = \sigma T_{xx} \\ T_t = \sigma T_{yy} \end{cases} \tag{3.63}$$

再分别对分裂方程设计 BTCS 格式，两者续接

$$\begin{cases} T_{i,j}^{*} = T_{i,j}^{n} + \alpha_x (T_{i+1,j}^{*} - 2T_{i,j}^{*} + T_{i-1,j}^{*}) \\ T_{i,j}^{n+1} = T_{i,j}^{*} + \alpha_y (T_{i,j+1}^{n+1} - 2T_{i,j}^{n+1} + T_{i,j+1}^{n+1}) \end{cases} \tag{3.64}$$

其中 $\alpha_x = \sigma \Delta t / \Delta x^2$ 和 $\alpha_y = \sigma \Delta t / \Delta y^2$ 分别为 x 和 y 方向的扩散数。

4. 半离散化方法

对于某些对时间计算精度要求比较高的实际物理问题，采用常用的前差、后差格式不能满足要求，而应用中心差分格式，常会导致三个甚至更多个时层的离散方程，使计算起步困难。为此，对方程中的时间导数项不离散，暂时保留其连续形式，而只离散空间导数项，从而得到空间离散点上对于时间导数的常微分方程，这种离散方法称为半离散化方法[11]。如线性对流方程(3.19)，仅对空间导数项离散，在 $a>0$ 时，取迎风格式，可得对 j 点离散的如下半离散格式：

$$\frac{\mathrm{d}u_j(t)}{\mathrm{d}t} = -\frac{a}{\Delta x_i}[u_j(t) - u_{j-1}(t)] \tag{3.65}$$

在原始方程对应的 xt 平面上，沿每条 $x = x_j$ 直线，构成了关于自变量 t 的常微分方程组。对本例，在给定了左边界（上游边界）条件之后，通过求解常微分方程，得到偏微分方程的解。根据时间变量的精度要求，常微分方程可以采用不同精度的数值求解格式，如常用的二阶、三阶、四阶的 Runge-Kutta 方法。

3.3 微分方程的有限容积法离散

微分方程的有限容积法离散是处理热物理问题用得最多的一种离散方法[1,4,12-13]。其基本思想是在离散节点所代表的控制容积区域上对守恒型控制方程进行积分，或者在控制容积区域上直接利用物质运动的守恒定律建立物理量的平衡关系，在一定近似假设下，推演得到离散代数方程。由积分得到离散的方法称为控制容积积分法，由物理量平衡关系得到离散的方法称为控制容积平衡法。后者可视为前者的一种变形和补充。

3.3.1 控制容积积分法离散

1. 导出离散方程的实施步骤

(1) 首次积分

将守恒性控制微分方程在任意选定的控制容积及其时间间隔内做空间和时间积分，能够积分的先积出来。

(2) 型线假设

根据离散精度要求，选择未知函数及其导数对时间、空间的分布曲线(型线)，或者说，对求解函数及其导数的局部分布形式做出假定，从而可以确定控制容积界面上求解函数的插值方式。

(3) 完成积分

按照选择的型线对积分式各项做定积分，并整理成关于节点上求解函数值的离散代数方程。

2. 常用型线的选择

实施控制容积积分，型线决定离散格式的基本特性。离散精度在二阶范围内，采用两种型线，即阶梯(台阶)式分布和分段线性分布。若高于二阶精度，则需选择不同幂次的分段抛物线分布。本书仅讨论阶梯式分布和分段线性分布。函数 ϕ 随空间坐标 x 和时间坐标 t 变化的两种型线分别示于图 3.7(a)和(b)中。一般地，空间方向进行的积分采用阶梯式分布，而时间方向进行的积分有三种型线假设选项：隐式、显式和 C-N 格式。此外，界面上的导数值一般采用分段线性分布假设。

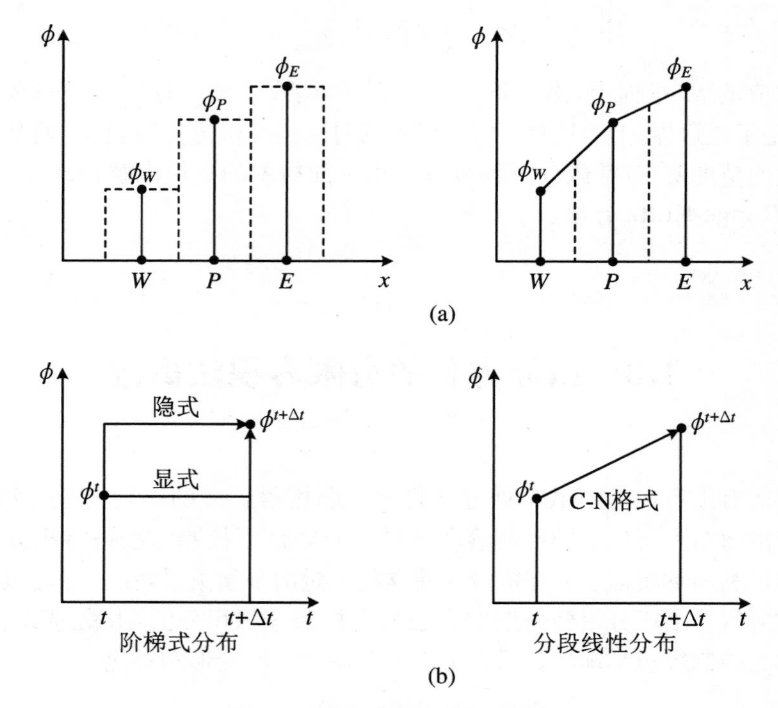

图 3.7　有限容积法的型线选择

3. 热物理问题一维模型方程的控制容积积分离散

热物理问题通用形式的守恒型微分方程(2.17)在一维情况下为

$$\frac{\partial(\rho\phi)}{\partial t}+\frac{\partial(\rho u\phi)}{\partial x}=\frac{\partial}{\partial x}\left(\Gamma_{\phi}\frac{\partial\phi}{\partial x}\right)+S \tag{3.66}$$

将以上方程对图 3.2 所示的节点 P 相应的控制容积区域 $w\rightarrow e$(亦称控制体 P)，在 Δt 时间

间隔内做积分，有

$$\int_t^{t+\Delta t}\int_w^e \frac{\partial(\rho\phi)}{\partial t}\mathrm{d}x\mathrm{d}t + \int_t^{t+\Delta t}\int_w^e \frac{\partial(\rho u\phi)}{\partial x}\mathrm{d}x\mathrm{d}t = \int_t^{t+\Delta t}\int_w^e \frac{\partial}{\partial x}\left(\Gamma_\phi \frac{\partial \phi}{\partial x}\right)\mathrm{d}x\mathrm{d}t + \int_t^{t+\Delta t}\int_w^e S\mathrm{d}x\mathrm{d}t \tag{3.67}$$

将可积出来的部分先积出来，得

$$\int_w^e [(\rho\phi)^{t+\Delta t} - (\rho\phi)^t]\mathrm{d}x + \int_t^{t+\Delta t}[(\rho u\phi)_e - (\rho u\phi)_w]\,\mathrm{d}t$$
$$= \int_t^{t+\Delta t}\left[\left(\Gamma_\phi \frac{\partial\phi}{\partial x}\right)_e - \left(\Gamma_\phi \frac{\partial\phi}{\partial x}\right)_w\right]\mathrm{d}t + \int_t^{t+\Delta t}\int_w^e S\mathrm{d}x\mathrm{d}t$$

为了能最终完成各项积分，需对各项中的积分函数及其导数的型线做选择，从而对积分计算和对整个求解近似处理。

(1) 非稳态项

取 ϕ 随 x 做阶梯变化，即同一控制体内函数值相同，有

$$\int_w^e [(\rho\phi)^{t+\Delta t} - (\rho\phi)^t]\mathrm{d}x = [(\rho\phi)_P^{t+\Delta t} - (\rho\phi)_P^t](\Delta x)_P$$

(2) 对流项

(a) 若取 $\rho u\phi$ 随 t 做阶梯显式变化，即在积分时间间隔 Δt 内，用积分函数下限值替代积分函数值，则有

$$\int_t^{t+\Delta t}[(\rho u\phi)_e - (\rho u\phi)_w]\,\mathrm{d}t = [(\rho u\phi)_e^t - (\rho u\phi)_w^t]\Delta t$$

(b) 若取 $\rho u\phi$ 随 t 做阶梯全隐式变化，即在积分时间间隔 Δt 内，用积分函数上限值替代积分函数值，则有

$$\int_t^{t+\Delta t}[(\rho u\phi)_e - (\rho u\phi)_w]\,\mathrm{d}t = [(\rho u\phi)_e^{t+\Delta t} - (\rho u\phi)_w^{t+\Delta t}]\Delta t$$

(c) 若取 $\rho u\phi$ 随 t 做分段线性变化，即在积分时间间隔 Δt 内，用积分函数上限值与下限值的平均值替代积分函数值，则有算术平均格式(C-N 格式)

$$\int_t^{t+\Delta t}[(\rho u\phi)_e - (\rho u\phi)_w]\mathrm{d}t = \frac{1}{2}[(\rho u\phi)_e^{t+\Delta t} - (\rho u\phi)_w^{t+\Delta t} + (\rho u\phi)_e^t - (\rho u\phi)_w^t]\Delta t$$

(3) 扩散项

需对函数 ϕ 对空间的导数在时间间隔 Δt 内的分布做选择。类似对流项的三种选择方式，有：

阶梯显式

$$\int_t^{t+\Delta t}\left[\left(\Gamma_\phi \frac{\partial\phi}{\partial x}\right)_e - \left(\Gamma_\phi \frac{\partial\phi}{\partial x}\right)_w\right]\mathrm{d}t = \left[\left(\Gamma_\phi \frac{\partial\phi}{\partial x}\right)_e^t - \left(\Gamma_\phi \frac{\partial\phi}{\partial x}\right)_w^t\right]\Delta t$$

阶梯全隐式

$$\int_t^{t+\Delta t}\left[\left(\Gamma_\phi \frac{\partial\phi}{\partial x}\right)_e - \left(\Gamma_\phi \frac{\partial\phi}{\partial x}\right)_w\right]\mathrm{d}t = \left[\left(\Gamma_\phi \frac{\partial\phi}{\partial x}\right)_e^{t+\Delta t} - \left(\Gamma_\phi \frac{\partial\phi}{\partial x}\right)_w^{t+\Delta t}\right]\Delta t$$

C-N 格式

$$\int_t^{t+\Delta t}\left[\left(\Gamma_\phi \frac{\partial\phi}{\partial x}\right)_e - \left(\Gamma_\phi \frac{\partial\phi}{\partial x}\right)_w\right]\mathrm{d}t = \frac{1}{2}\left[\left(\Gamma_\phi \frac{\partial\phi}{\partial x}\right)_e^{t+\Delta t} - \left(\Gamma_\phi \frac{\partial\phi}{\partial x}\right)_w^{t+\Delta t}\right]\Delta t$$
$$+ \frac{1}{2}\left[\left(\Gamma_\phi \frac{\partial\phi}{\partial x}\right)_e^t - \left(\Gamma_\phi \frac{\partial\phi}{\partial x}\right)_w^t\right]\Delta t$$

对流项和扩散项积分后得到的是求解函数 ϕ 及其导数在控制容积界面上的值，需化为在离散节点上的表示。为此，要进一步选择函数 ϕ 随 x 变化的分布型线。如果都取分段线性分布，则有

$$(\rho u\phi)_e = \frac{\rho_e u_e(\phi_P + \phi_E)}{2},\quad (\rho u\phi)_w = \frac{\rho_w u_w(\phi_W + \phi_P)}{2}$$

$$\left(\Gamma_\phi \frac{\partial\phi}{\partial x}\right)_e = (\Gamma_\phi)_e \frac{\phi_E - \phi_P}{(\delta x)_e},\quad \left(\Gamma_\phi \frac{\partial\phi}{\partial x}\right)_w = (\Gamma_\phi)_w \frac{\phi_P - \phi_W}{(\delta x)_w}$$

相应的时间上标就是不同格式中的时间上标，这里省略。界面速度值需要特别计算，保留其现在的写法。

(4) 源项

选 S 随 x 做阶梯变化，随 t 做阶梯或分段线性变化，则类似有：

阶梯显式

$$\int_t^{t+\Delta t}\int_w^e S\mathrm{d}x\mathrm{d}t = \bar{S}^t(\Delta x)_P\Delta t$$

阶梯全隐式

$$\int_t^{t+\Delta t}\int_w^e S\mathrm{d}x\mathrm{d}t = \bar{S}^{t+\Delta t}(\Delta x)_P\Delta t$$

C-N 格式

$$\int_t^{t+\Delta t}\int_w^e S\mathrm{d}x\mathrm{d}t = \frac{\bar{S}^{t+\Delta t} + \bar{S}^t}{2}(\Delta x)_P\Delta t$$

这里 $\bar{S}^{t+\Delta t}$和$\bar{S}^t$ 分别表示 $t+\Delta t$ 和 t 时刻源项在积分控制体内的平均值。

将以上各项积分表达式按对应的三种不同格式分别组合，并去掉时间积分上限标志 $t+\Delta t$，而把积分下限 t 记为 0，则可得由控制容积积分法得到的方程离散形式：

阶梯显式

$$\frac{(\rho\phi)_P - (\rho\phi)_P^0}{\Delta t} + \frac{[(\rho u)_e^0(\phi_P^0 + \phi_E^0) - (\rho u)_w^0(\phi_W^0 + \phi_P^0)]}{2(\Delta x)_P}$$
$$= \frac{(\Gamma_\phi)_e^0(\phi_E^0 - \phi_P^0)}{(\Delta x)_P(\delta x)_e} - \frac{(\Gamma_\phi)_w^0(\phi_P^0 - \phi_W^0)}{(\Delta x)_P(\delta x)_w} + \bar{S}^0 \tag{3.68}$$

阶梯全隐式

$$\frac{(\rho\phi)_P - (\rho\phi)_P^0}{\Delta t} + \frac{[(\rho u)_e(\phi_P + \phi_E) - (\rho u)_w(\phi_W + \phi_P)]}{2(\Delta x)_P}$$
$$= \frac{(\Gamma_\phi)_e(\phi_E - \phi_P)}{(\Delta x)_P(\delta x)_e} - \frac{(\Gamma_\phi)_w(\phi_P - \phi_W)}{(\Delta x)_P(\delta x)_w} + \bar{S} \tag{3.69}$$

C-N 格式

$$\frac{(\rho\phi)_P - (\rho\phi)_P^0}{\Delta t} + \frac{[(\rho u)_e(\phi_P + \phi_E) - (\rho u)_w(\phi_W + \phi_P)]}{4(\Delta x)_P}$$
$$+ \frac{[(\rho u)_e^0(\phi_P^0 + \phi_E^0) - (\rho u)_w^0(\phi_W^0 + \phi_P^0)]}{4(\Delta x)_P}$$
$$= \frac{(\Gamma_\phi)_e(\phi_E - \phi_P) + (\Gamma_\phi)_e^0(\phi_E^0 - \phi_P^0)}{2(\Delta x)_P(\delta x)_e}$$

$$-\frac{(\Gamma_\phi)_w(\phi_P-\phi_W)+(\Gamma_\phi)_w^0(\phi_P^0-\phi_W^0)}{2(\Delta x)_P(\delta x)_w}+\frac{\bar{S}+\bar{S}^0}{2} \tag{3.70}$$

如果网格为均分的，即$(\Delta x)_P=(\delta x)_e=(\delta x)_w=\Delta x$，并假设

$$\rho=\text{const},\quad \Gamma_\phi=\text{const}$$

$$(u\phi)_e=\frac{(u\phi)_P+(u\phi)_E}{2},\quad (u\phi)_w=\frac{(u\phi)_W+(u\phi)_P}{2}$$

则上述三种离散形式可简化为

$$\rho\frac{\phi_P-\phi_P^0}{\Delta t}+\rho\frac{(u\phi)_E^0-(u\phi)_W^0}{2\Delta x}=\Gamma_\phi\frac{\phi_E^0-2\phi_P^0+\phi_W^0}{\Delta x^2}+\bar{S}^0 \tag{3.71}$$

$$\rho\frac{\phi_P-\phi_P^0}{\Delta t}+\rho\frac{(u\phi)_E-(u\phi)_W}{2\Delta x}=\Gamma_\phi\frac{\phi_E-2\phi_P+\phi_W}{\Delta x^2}+\bar{S} \tag{3.72}$$

$$\rho\frac{\phi_P-\phi_P^0}{\Delta t}+\rho\frac{(u\phi)_E-(u\phi)_W+(u\phi)_E^0-(u\phi)_W^0}{4\Delta x}$$
$$=\Gamma_\phi\frac{(\phi_E-2\phi_P+\phi_W)+(\phi_E^0-2\phi_P^0+\phi_W^0)}{2\Delta x^2}+\frac{\bar{S}+\bar{S}^0}{2} \tag{3.73}$$

这与在相同假设条件下，用有限差分法从(j,n)点出发做FTCS，BTCS及C-N格式离散所得到的三种格式的形式完全一样。

从以上推演过程，可以看出型线选择对完成积分离散过程的重要作用。

对于型线选择，需要强调以下几点：

(a) 只有选择适当型线，才能最终导出离散方程；一旦离散方程建立，型线使命就完成，不再有其他任何作用。

(b) 型线选择依据对离散方程数值特性如精度、稳定性等的要求，以及实施积分的方便而定，不必苛求其一致性。即对同一方程、不同物理量可选不同的型线；对同一物理量、不同坐标也可选不同的型线；对同一物理量、同一坐标在方程不同项中也可选不同型线。

(c) 由型线选择的多样性，可得离散方程的多样性。

3.3.2　控制容积平衡法离散

由于节点是控制容积的代表，直接将物理上的守恒定律应用于所研究的控制容积，建立其上物理量的平衡关系，由此导出的未知量间的代数关系式就是节点上的离散方程，所以控制容积平衡法可以不从微分方程出发，而是根据控制容积的物理量平衡关系直接得到代数离散方程。

例如一个有源的一维对流扩散问题，如图3.2所示，对任意节点P对应的控制容积空间区域$w\to e$(控制体P)，在Δt时间间隔内函数ϕ值的增加或减少，应等于同一时间间隔内由对流和扩散作用进入或流出该控制体的净值以及源项所生成或消失的值的总和。在流体不可压缩(常密度为ρ)及扩散系数Γ_ϕ也为常值的简化条件下，以上论述的数学表示就是

$$\rho(\phi_P^{t+\Delta t}-\phi_P^t)\Delta x_P=\rho[(u\phi)_w-(u\phi)_e]\Delta t+\Gamma_\phi\left[\left(\frac{\partial\phi}{\partial x}\right)_e-\left(\frac{\partial\phi}{\partial x}\right)_w\right]\Delta t+\bar{S}\Delta x_P\Delta t \tag{3.74}$$

为将求解函数在界面上的值及其导数值在节点上表示，并确定它们在哪个时层上定义，

与控制容积积分法一样,需要选择函数的分布形式(型线)。

如果选函数 ϕ 及其组合($u\phi$)在对流扩散项中均为分段线性分布,则对流各界面函数值均为两相邻节点值的平均,扩散项界面导数可按此种分布用一步中心差分计算。

等式右端各项的时间层次定位可采取三种不同方案,即 t 时刻、$t+\Delta t$ 时刻和 $t+\Delta t/2$ 时刻,分别对应显式、全隐式和 C-N 格式。这样,就可将式(3.74)化为与式(3.71)~式(3.73)完全等同的三种不同离散形式。

3.3.3 控制容积法离散方程需满足的四条基本要求

采用控制容积法离散,求解函数在空间和时间区间所选的分布型线不同,可以得到不同形式的离散方程。对于稳态问题或者非稳态问题的隐式格式,从某一节点 P 出发离散,最终所得到的离散方程总可以写成如下通用形式:

$$a_P\phi_P = \sum_{nb} a_{nb}\phi_{nb} + b \tag{3.75}$$

其中下标 nb 代表离散中用到的与 P 关联的相邻节点。一般情况下,对于一维问题,$nb=E,W$;对于二维问题,$nb=E,W,N,S$;对于三维问题,$nb=E,W,N,S,T,B$。当然也可以有其他的相邻节点。b 代表从方程源项、非定常项分离出来的不含求解函数的已知部分,即离散方程的非齐次项。

用这种通用形式写出的离散方程,由于必须满足物理上的真实性和研究系统总的平衡性或守恒性的原则,应该满足以下四条基本要求[12]:

(1) 控制容积界面上的相容性:控制体任意界面上各类通量(质量流量、动量流量、能量流量)都只能有一个值,这个值由界面的控制体共同确定。

(2) 离散方程求解函数的各系数都是正值:只有这样,才能保证解的物理真实性。

(3) 与求解函数相关的源项线化时需取负斜率:只有这样,才能保证正系数原则不致被破坏。这是因为当线化源项写成 $S=S_C+S_P\phi_P$,从方程右端移至左端联合构成 ϕ_P 的系数时,只有 $S_P<0$,对 a_P 才是正贡献;否则,有可能使 a_P 为负值。

(4) 源项为常数的稳态问题满足邻近系数求和,即 $a_P=\sum_{nb} a_{nb}$:此种情况下,方程除常数源项外的其余各项均为函数的导数项,如果 ϕ 为其解,则对任意常数 C,$\phi+C$ 也是其解。对于离散方程,离散式各节点函数同时加一常数 C,离散方程仍然成立,这就要求 a_P 必须等于 $\sum_{nb} a_{nb}$。

3.4 有限差分法离散和有限容积法离散比较

有限差分法,把控制偏微分方程中的各阶导数用相应的差分表达式来代替,偏重于从数学上进行推演,构成离散格式的方法灵活,形式变化多,无论对守恒型或非守恒型方程都适用,且易于对离散方程进行数学特性分析。但是这种方法在导出离散方程的过程中对物理概念深究不够，往往不能保证格式的守恒性。另外，在变步长网格下离散方程时，形式较为复杂。

有限容积法离散，从守恒型方程出发进行积分或基于控制容积上物理量演化的平衡关系，强调从物理观点加以分析，让每个节点上的离散方程能在它所代表的一个有限大小体积的控制体上满足物理量守恒。因此，这种方法推导过程物理概念清晰，守恒性可以得到保证，离散方程系数有一定的物理意义，离散方程容易写成统一的形式。但是这种方法不便于对离散方程进行数学特性分析。

两种离散方法各有其优劣。从应用角度看，有限容积法更具吸引力；因此目前国际上一些重要的流动和热物理计算商业工程软件，如 PHOENICS，FLUENT 等都以有限容积法为基础。但从离散数值方法的基础理论研究看，有限差分法有明显优势，应用得更多。本书综合使用两种方法，需要对离散方程进行数学特性分析时，应用有限差分法的一些分析手段；而在涉及热物理应用内容时，主要采用有限容积法离散。

3.5　离散格式的定性分析

前面讲解了如何采用不同离散方法构造形式多样的离散格式（即代数方程）。然而，是否所有的离散格式在求解实际物理问题时都有效呢？不是的。不同离散格式，有不同的数学特性，呈现不同的数值效应，在求解具体问题时，有的可以无条件使用；有的要受一定的条件约束，不能随意使用；有的则完全无效，根本不能使用。因此，应用离散格式之前，必须先对格式的数学性质和有效性进行定性分析。

离散格式数学性质的内容很多，本书介绍其中一些比较重要的相关概念和基本分析方法，严格的数学推演从略。

3.5.1　误差与精度

1. 离散方程的截断误差（*TE*）和离散精度

前面讲到函数的导数与它的某个差分表达式（差分格式）之间的差，称为该格式的截断误差。一个方程通常由多个导数项构成，那么何谓离散方程的截断误差呢？设有一个一维非稳态问题，其相应的微分方程为 $L(\phi(x_j,t_n))=0$，L 表示对连续函数 $\phi(x_j,t_n)$ 在点 (j,n) 做某些微分运算的算子；微分方程对应的某个差分方程（差分格式）为 $L_\Delta(\phi_j^n)=0$，L_Δ 表示对离散函数 ϕ_j^n 在点 (j,n) 做某些差分运算的算子。所谓离散方程的截断误差（*TE*），是指微分算子和差分算子之间的差，即

$$TE = L(\phi(x_j,t_n)) - L_\Delta(\phi_j^n) \tag{3.76}$$

离散方程的截差可以通过对离散方程（差分格式）围绕离散点做 Taylor 展开来导出。前节讲的各种离散格式的截断误差都是按照这样的方法得到的。事实上，离散方程的截差就是方程中各个导数项截差的组合。

离散方程的精度由它的截断误差的量级所决定。如前节例 3.2 所讲的一维非稳态扩散方程的 FTCS 格式，其截差为 $O(\Delta t, \Delta x^2)$，则该格式的离散精度对时间为一阶，对空间为二阶。

从前节诸多例子可以看出，离散格式不同，截断误差不同，精度不同。同一格式，步长越大，截断误差越大，离散精度越差。

2. 舍入误差(Round-off Error, RE)

计算过程中，由机器字长的有效位数限制所引入的误差，称为舍入误差。它取决于两个因素：机器的有效字长，字长越长，舍入误差越小；要求运算的次数，次数越多，舍入误差越大。当为了减少截断误差，而缩小网格步长时，会带来计算次数的增加，导致舍入误差变大。因此，在缩小计算步长时应兼顾导致两种误差的相反变化趋势，找出大小合适的步长。

3. 离散误差(Discretization Error, DE)

离散过程中，除了方程离散的截断误差，还有边界条件离散所产生的误差。这两种误差之和称为离散误差(DE)，即

$$DE = TE + BE \tag{3.77}$$

4. 计算误差(Calculation Error, CE)

方程精确求解结果与通过机器计算所得的结果之间的差，称为计算误差，也叫数值误差(Numerical Error, NE)。由上面各种误差定义分析，计算误差为离散误差和舍入误差之和，即

$$CE = NE = DE + RE \tag{3.78}$$

以下继续介绍离散格式的其他数学特性。在引入相关概念时，采用本小节开始引入截断误差时以一维非稳态问题为例所使用过的微分方程及其离散格式的表达形式。

为便于后续的讨论，这里先引入范数的概念。我们知道，实数大小用它的绝对值来度量，向量的大小用它的长度来度量。范数则是这些简单度量指标的推广和抽象，用来衡量函数空间中某个函数的大小，用双绝对值符号 $\|\cdot\|$ 表示，它是一个实数，又称作模。

最常用的函数范数为函数的平方积分范数，即 L_2 范数，也称作 Euclid 范数或空间模，定义为

$$\|\phi\|_2 = \left[\int_{-\infty}^{\infty} |\phi(x)|^2 \mathrm{d}x\right]^{\frac{1}{2}} \tag{3.79}$$

它表示函数 ϕ 的大小或尺度。如果是两个函数之差的范数，则代表它们间的距离。

3.5.2 离散格式的相容性

所谓离散格式的相容性，是指当离散网格步长趋于零($h \to 0$)时，离散格式(离散方程)趋于微分方程[1,4]。即

$$\lim_{h\to 0} L_\Delta(\phi_j^n) = L(\phi(x_j, t_n)) \quad 或 \quad \lim_{h\to 0} \| L(\phi(x_j, t_n)) - L_\Delta(\phi_j^n) \| = 0 \tag{3.80a}$$

根据离散方程的截断误差定义，显然，如果格式相容，则网格步长趋于零($h \to 0$)时离散方程的截断误差趋于零，即

$$\lim_{h\to 0}|TE| = 0 \tag{3.80b}$$

否则，格式不相容。

对于自变量为(x,t)的方程，当离散格式的截差形式为 $TE = O(\Delta t^m, \Delta x^n)$时，易从幂指数 m,n 值的符号判断格式的相容性。但对于截差形式为 $TE = O(\Delta t^m, \Delta x^n, \Delta t^p/\Delta x^q)$的格式，则要特别小心。现举例说明此问题。

例 3.5　分析一维线性扩散方程 $\dfrac{\partial\phi}{\partial t} = \sigma\dfrac{\partial^2\phi}{\partial x^2}(\sigma>0)$的 Dufort-Frankel 格式

$$\phi_j^{n+1} = \phi_j^{n-1} + 2\alpha[\phi_{j+1}^n - (\phi_j^{n+1} + \phi_j^{n-1}) + \phi_{j-1}^n],\quad \alpha = \sigma\Delta t/\Delta x^2$$

的相容性。

解　将格式各离散点的函数值 ϕ 在(j,n)点做 Taylor 展开，并将各展开式代入离散格式，整理合并，省略其离散节点标号，则离散方程变为

$$\frac{\partial\phi}{\partial t} = \sigma\frac{\partial^2\phi}{\partial x^2} + \frac{\sigma}{12}\frac{\partial^4\phi}{\partial x^4}\Delta x^2 - \frac{1}{6}\frac{\partial^3\phi}{\partial t^3}\Delta t^2 - \sigma\frac{\partial^2\phi}{\partial t^2}\left(\frac{\Delta t}{\Delta x}\right)^2 + \cdots$$

显而易见，离散方程的截差 $TE = O\left(\Delta t^2, \Delta x^2, \left(\dfrac{\Delta t}{\Delta x}\right)^2\right)$，截差中前两项在网格步长趋于零时均趋于零，但有步长相除的第三项则不一定。令 $\Delta t = O(\Delta x^m)$，则 TE 中包含 $\Delta t/\Delta x$ 项的量级为 $O\left(\left(\dfrac{\Delta t}{\Delta x}\right)^2\right) = O\left(\left(\dfrac{\Delta x^m}{\Delta x}\right)^2\right) = O(\Delta x^{2(m-1)})$，于是

当 $m>1$ 时，

$$O\left(\left(\frac{\Delta t}{\Delta x}\right)^2\right) = O(\Delta x^{2(m-1)}) \xrightarrow{\Delta x\to 0} 0 \quad\Rightarrow\quad \text{格式相容}$$

当 $m<1$ 时，

$$O\left(\left(\frac{\Delta t}{\Delta x}\right)^2\right) = O(\Delta x^{2(m-1)}) \xrightarrow{\Delta x\to 0} \infty \quad\Rightarrow\quad \text{格式不相容}$$

当 $m=1$ 时，

$$O\left(\left(\frac{\Delta t}{\Delta x}\right)^2\right) = O(\Delta x^{2(m-1)}) = O(1) = A > 0$$

格式的截差为

$$TE = -\sigma A\frac{\partial^2 u}{\partial t^2} + O(\Delta t^2, \Delta x^2)$$

当 $\Delta t\to 0, \Delta x\to 0$ 时，离散格式趋于如下方程：

$$\frac{\partial\phi}{\partial t} + \sigma_1\frac{\partial^2\phi}{\partial t^2} = \sigma\frac{\partial^2\phi}{\partial x^2},\quad \sigma>0, \sigma_1 = \sigma A > 0$$

它不能恢复成原始的方程，格式在此条件下也不相容。

分析以上方程的数学类型还可看出，它是一个双曲型方程，已把原始的抛物型方程变异为另一类型的偏微分方程。这两类方程的物理性质和数学特征有很大差异，方程类型变异，当然不能得到原来方程真实的解。故 Dufort-Frankel 格式仅在 Δt 较 Δx 为更高阶小时，格式才相容。它是一个有条件的相容格式。

格式相容，是格式是否有效可用的最基本条件。对于不相容的格式，不管它有多高的精度和其他良好的数学特性，都是不可用的。

3.5.3 离散格式的收敛性和稳定性

1. 离散格式的收敛性[1,3-4,14-15]

所谓离散格式的收敛性，是指当离散网格步长趋于零($h\to 0$)时，在相同定解条件下，离散方程 $L_{\Delta}(\phi_j^n)=0$ 在解域任意离散点上的解 ϕ_j^n 趋于原方程$L(\phi(x_j,t_n))=0$ 在该点的真解 $\phi(x_j,t_n)$，即

$$\lim_{\Delta t\to 0,\Delta x\to 0}\phi_j^n=\phi(x_j,t_n)\quad 或\quad \lim_{\Delta t\to 0,\Delta x\to 0}\|\phi(x_j,t_n)-\phi_j^n\|=0 \tag{3.81}$$

离散格式收敛性的证明较为困难，这里不再展开叙述。但对于线性初值问题，离散格式的收敛性可以通过 Lax 等价定理来判别。

Lax 等价定理 对于适定的线性偏微分方程初值问题所建立起来的相容离散格式，稳定性是收敛性的充分必要条件，即格式的稳定性等价于收敛性。

有了这个等价定理，在满足了基本假设条件下，通过对格式稳定性的分析，就可确定格式的收敛性。但这个假定条件是相当苛刻的。对于流动和热物理中大量的实际问题是非线性的，格式的稳定性和相容性只是获得收敛解的必要条件而非充分条件。此时，只要对实际问题所建立的物理数学模型合适，通常假定相容和稳定的离散格式可以得到收敛的解。相应收敛性的完善理论还有待人们深入研究。

2. 初值问题离散格式的稳定性

所谓初值问题离散格式的稳定性，是指某格式在时间或类时间的推进计算过程中，对在某个时层由于某种原因引入的误差都有抑制能力，即它能确保引入的各种误差不产生实质性增长，以至变得无界。

为了考察计算中误差的演化特性，O’Brien 等人提出了强稳定性、弱稳定性的定义[15]：如果计算中包含了舍入误差在内的全部误差是增长的，则格式是强不稳定的，反之是强稳定的；若只有舍入误差是增长的，则格式是弱不稳定的，反之是弱稳定的。弱稳定仅用舍入误差的增长和衰减来定义，这就为实际进行稳定性分析提供了方便，可以采用 Fourier 方法来解决，又称之为 von Neumann 方法。应用 von Neumann 方法时，还假定弱稳定就暗示强稳定。

3.5.4 初值问题离散格式稳定性分析方法

对于初值问题，或说物理上的行进问题，离散格式的稳定性是相容性格式是否有效的头等重要问题[1,3-4]。因为没有格式稳定，就没有解的收敛，对一个无界的解，其他无从说起。为此，多年来人们通过深入研究，对线性初值问题提出了许多种分析方法，包括小扰动离散稳定性试验、双曲型方程显式格式的 C-F-L 条件、von Neumann 方法（Fourier 方法）、矩阵分析法（谱分析法）、能量分析法、修正方程分析法等。受篇幅所限，本书主要介绍相对简单、应用广泛的 von Neumann 方法。但这种方法分析的只是离散节点的局部稳定性质，不能提供不同边界条件对格式稳定性影响的任何信息，无法处理初边值问题。为此，我们对适应性更广的全局分析方法——矩阵分析法亦做简单介绍。实际问题多是非线性的。对于非线性

问题离散格式的稳定性分析，目前只能采用对格式线化的方法处理，将所得结果根据经验打一定折扣使用。

1．von Neumann 方法（Fourier 方法）

（1）对格式的稳定性分析可以化为对满足同样格式的误差函数演化特性的分析

以一维非稳态导热问题为例，控制方程为

$$\frac{\partial T}{\partial t} = \sigma \frac{\partial^2 T}{\partial x^2}, \quad \sigma > 0$$

采用时间向前、空间二阶中心的显式 FTCS 差分格式离散，得离散方程

$$T_j^{n+1} = T_j^n + \alpha(T_{j+1}^n - 2T_j^n + T_{j-1}^n), \quad \alpha = \sigma\Delta t/\Delta x^2$$

设求解函数按以上离散格式的数值精确解为 D，由于某种原因在某个时刻引入的误差（如舍入误差）为 ε，引入误差后实际能够计算的数值解为 N，显然有 $N = D + \varepsilon$。实际数值解 N 是按照格式演化规律得到的，即

$$N_j^{n+1} = N_j^n + \alpha(N_{j+1}^n - 2N_j^n + N_{j-1}^n)$$

将 $N = D + \varepsilon$ 代入上式，有

$$D_j^{n+1} + \varepsilon_j^{n+1} = D_j^n + \varepsilon_j^n + \alpha[(D_{j+1}^n - 2D_j^n + D_{j-1}^n) + (\varepsilon_{j+1}^n - 2\varepsilon_j^n + \varepsilon_{j-1}^n)]$$

D 是离散方程的精确解，自然应该满足离散方程，即

$$D_j^{n+1} = D_j^n + \alpha(D_{j+1}^n - 2D_j^n + D_{j-1}^n) \tag{3.82}$$

以上两式合并，得到

$$\varepsilon_j^{n+1} = \varepsilon_j^n + \alpha(\varepsilon_{j+1}^n - 2\varepsilon_j^n + \varepsilon_{j-1}^n) \tag{3.83}$$

对照以上两式，显而易见，在时间发展过程中，误差函数 ε 和精确解 D 满足同样的离散方程，具有相同的演化特性。因此可以用离散方程来分析误差函数随时间发展的演化特性。通过分析，找到不同时层误差函数模的变化关系，以确定离散格式是否满足格式稳定性要求。

（2）von Neumann 稳定性分析的基本思想

von Neumann 方法是将一个时层上在网格点的误差函数分布展成由不同谐波组成的有限 Fourier 级数，再考察其在时间演化过程中这些谐波分量的变化。如果各谐波分量的振幅都衰减或保持有界，则误差也衰减或保持有界，求解函数不致因误差引入而无限制地增长，离散格式稳定；反之不稳定。

令误差函数 $\varepsilon(x,t)$ 可以在函数定义区域 $[-l,l]$ 上展成以下有限 Fourier 级数：

$$\varepsilon(x,t) = \sum_m b_m(t)\mathrm{e}^{\mathrm{i}k_m x} \tag{3.84}$$

其中 k_m 称为波数，表示三角正弦波或余弦波在一个周期区段 2π 里包含波长为 λ_m 的波数。如果将解域均分为 M 个子域，并设 M 为偶数，对应 $M+1$ 个网格节点，步长为 $\Delta x = 2l/M$，则波数 k_m 可以写成

$$k_m = \frac{2\pi}{\lambda_m} = \frac{2\pi}{2l/m} = \frac{m\pi}{l}, \quad m = 0,1,2,\cdots,M/2$$

m 表示解域 $[-l,l]$ 里含有三角正弦或余弦波的数目。$m=0$ 表示解域内无周期函数波，代表级数展开的常数项；而 $m=1, M/2$ 时，分别对应最小和最大的波数

$$k_{\min} = \frac{\pi}{l}, \quad k_{\max} = \frac{M\pi}{2l}$$

而相应的波长分别为最大和最小波长，最大波长(最小波数)对应的波称为基波，

$$\lambda_{\max} = 2l = M\Delta x, \quad \lambda_{\min} = 2\Delta x$$

因为考察的是线性微分方程问题，不同波数下的解满足叠加原理，故仅对级数解中一项的特性进行分析就可以了。取

$$\varepsilon_m(x,t) = b_m(t)\mathrm{e}^{\mathrm{i}k_m x}$$

考察下面形式的解：

$$\varepsilon_m(x,t) = g^n \mathrm{e}^{\mathrm{i}k_m x} \tag{3.85}$$

并令

$$g = \mathrm{e}^{a\Delta t} \tag{3.86}$$

则有

$$t = 0\ (n = 0),\quad \varepsilon_m(x,0) = g^0\mathrm{e}^{\mathrm{i}k_m x} = \mathrm{e}^{\mathrm{i}k_m x} = \varepsilon_m(x,0)$$

$$t = \Delta t\ (n = 1),\quad \varepsilon_m(x,\Delta t) = g\mathrm{e}^{\mathrm{i}k_m x} = \mathrm{e}^{a\Delta t}\mathrm{e}^{\mathrm{i}k_m x} = g\varepsilon_m(x,0)$$

…

$$t = n\Delta t\ (n = n),\quad \varepsilon_m(x,n\Delta t) = g^n\mathrm{e}^{\mathrm{i}k_m x} = \mathrm{e}^{at}\mathrm{e}^{\mathrm{i}k_m x} = g\varepsilon_m(x,(n-1)\Delta t)$$

易见

$$(\varepsilon_m)_j^{n+1} = g^{n+1}\mathrm{e}^{\mathrm{i}k_m x_j} = g(\varepsilon_m)_j^n = \mathrm{e}^{a\Delta t}(\varepsilon_m)_j^n$$

其中 k_m 为实数，而 a 可为复数。以上分析适用于任意 m 对应的谐波，也适用于这些谐波的叠加。为简单记，去掉下标 m，有

$$\varepsilon_j^{n+1} = g^{n+1}\mathrm{e}^{\mathrm{i}kx_j} = g\varepsilon_j^n = \mathrm{e}^{a\Delta t}\varepsilon_j^n \tag{3.87}$$

由此可以看出，$g=\mathrm{e}^{a\Delta t}$ 相当于每推进一个时间步 Δt，其周期函数 $\mathrm{e}^{\mathrm{i}kx}$ 的系数 $b(t)$ 的放大尺度，称为放大因子。按照稳定性概念，如果放大因子的模 $|g| = |\mathrm{e}^{a\Delta t}| \leqslant 1$，则误差在时间推进过程中不会增长，离散格式稳定，否则不稳定。

(3) von Neumann 方法格式稳定性实例

由于按照某一格式计算，误差函数演化是否有界的特性等价于求解函数演化是否有界的特性，为简单起见，在做误差函数分析时，我们就用求解函数的符号替代误差函数，不再单独写，以下各例也不再做特殊说明。

例 3.6 试用 von Neumann 方法分析一维非稳态导热方程 FTCS 格式的稳定性。

解 方程和初始条件为

$$\begin{cases} \dfrac{\partial T}{\partial t} = \sigma\dfrac{\partial^2 T}{\partial x^2}, \quad \sigma > 0 \\ T(x,0) = \mathrm{e}^{\mathrm{i}kx} \end{cases}$$

FTCS 格式：

$$T_j^{n+1} = T_j^n + \alpha(T_{j+1}^n - 2T_j^n + T_{j-1}^n),\quad \alpha = \sigma\Delta t/\Delta x^2$$

初始误差：

$$T_j^0 = \mathrm{e}^{\mathrm{i}kx_j}$$

误差函数演化

$$\begin{aligned} T_j^1 &= T_j^0 + \alpha(T_{j+1}^0 - 2T_j^0 + T_{j-1}^0) = \mathrm{e}^{\mathrm{i}kx_j} + \alpha[\mathrm{e}^{\mathrm{i}k(x_j+\Delta x)} - 2\mathrm{e}^{\mathrm{i}kx_j} + \mathrm{e}^{\mathrm{i}k(x_j-\Delta x)}] \\ &= \mathrm{e}^{\mathrm{i}kx_j}[1 + \alpha(\mathrm{e}^{\mathrm{i}k\Delta x} - 2 + \mathrm{e}^{-\mathrm{i}k\Delta x})] = \mathrm{e}^{\mathrm{i}kx_j}\{1 + 2\alpha[\cos(k\Delta x) - 1]\} \\ &= \{1 + 2\alpha[\cos(k\Delta x) - 1]\}T_j^0 \\ &= gT_j^0 \end{aligned}$$

$$T_j^2 = gT_j^1 = g^2 T_j^0$$
$$\cdots$$
$$T_j^{n+1} = gT_j^n = g^{n+1} T_j^0$$

可见放大因子为

$$g = 1 + 2\alpha[\cos(k\Delta x) - 1] = 1 - 4\alpha \sin^2 \frac{k\Delta x}{2}$$

稳定性要求$|g| \leqslant 1$,故有

$$-1 \leqslant 1 - 4\alpha \sin^2 \frac{k\Delta x}{2} \leqslant 1$$

此不等式右端恒成立;对于左端,对任意 $k\Delta x$,$\sin^2 \dfrac{k\Delta x}{2} \geqslant 0$,要使不等式成立,应有

$$-1 \leqslant 1 - 4\alpha \quad 即 \quad \alpha \leqslant 1/2$$

此格式是一个有条件的稳定格式。

例 3.7　试用 von Neumann 方法分析二维非稳态均质导热方程 FTCS 格式的稳定性。

解　方程和初始条件为

$$\begin{cases} \dfrac{\partial T}{\partial t} = \sigma\left(\dfrac{\partial^2 T}{\partial x^2} + \dfrac{\partial^2 T}{\partial y^2}\right), \quad \sigma > 0 \\ T(x, y, 0) = e^{ik_x x + ik_y y} \end{cases}$$

FTCS 格式:

$$T_{i,j}^{n+1} = T_{i,j}^n + \alpha_x (T_{i+1,j}^n - 2T_{i,j}^n + T_{i-1,j}^n) + \alpha_y (T_{i,j+1}^n - 2T_{i,j}^n + T_{i,j-1}^n)$$
$$\alpha_x = \sigma\Delta t/\Delta x^2, \quad \alpha_y = \sigma\Delta t/\Delta y^2$$

初始误差:

$$T_{i,j}^0 = e^{i(k_x x_i + k_y y_j)}$$

误差函数演化:

$$\begin{aligned} T_{i,j}^1 &= T_{i,j}^0 + \alpha_x (T_{i+1,j}^0 - 2T_{i,j}^0 + T_{i-1,j}^0) + \alpha_y (T_{i,j+1}^0 - 2T_{i,j}^0 + T_{i,j-1}^0) \\ &= [1 + \alpha_x (e^{ik_x\Delta x} - 2 + e^{-ik_x\Delta x}) + \alpha_y (e^{ik_y\Delta y} - 2 + e^{-ik_y\Delta y})]T_{i,j}^0 \\ &= \{1 + 2\alpha_x[\cos(k_x\Delta x) - 1] + 2\alpha_y[\cos(k_y\Delta y) - 1]\} T_j^0 \\ &= \left(1 - 4\alpha_x \sin^2 \frac{k_x\Delta x}{2} - 4\alpha_y \sin^2 \frac{k_y\Delta y}{2}\right) T_j^0 \\ &= gT_j^0 \end{aligned}$$

易见,放大因子为

$$g = 1 - 4\alpha_x \sin^2 \frac{k_x\Delta x}{2} - 4\alpha_y \sin^2 \frac{k_y\Delta y}{2}$$

稳定性要求$|g| \leqslant 1$,故有

$$-1 \leqslant 1 - 4\alpha_x \sin^2 \frac{k_x\Delta x}{2} - 4\alpha_y \sin^2 \frac{k_y\Delta y}{2} \leqslant 1$$

此不等式右端恒成立;要使不等式左端成立,应有

$$\alpha_x \sin^2 \frac{k_x\Delta x}{2} + \alpha_y \sin^2 \frac{k_y\Delta y}{2} \leqslant \frac{1}{2}$$

要使其对任意 $k_x\Delta x$,$k_y\Delta y$ 都成立,应有

$$\alpha_x + \alpha_y \leqslant 1/2$$

此格式也是一个有条件的稳定格式，且较一维更为苛刻。

例 3.8 试用 von Neumann 方法分析二维非稳态均质导热方程分裂的 C-N 格式的稳定性。

解 方程和初始条件同例 3.7。

分裂的 C-N 格式：将方程在两个空间方向上做和分裂，并给定函数初值

$$\begin{cases} T_t = \sigma T_{xx} \\ T_t = \sigma T_{yy} \\ T(x,y,0) = \mathrm{e}^{\mathrm{i}k_x x + \mathrm{i}k_y y} \end{cases}$$

分别对两个空间方向的一维导热问题构造 C-N 格式，且两步续接。为简单起见，空间导数离散式用微分算子符号写出，有

$$\frac{\overline{T}_{i,j}^{n+1} - T_{i,j}^{n}}{\Delta t} = \frac{\sigma}{2\Delta x^2}(\delta_x^2 \overline{T}_{i,j}^{n+1} + \delta_x^2 T_{i,j}^{n})$$

$$\frac{T_{i,j}^{n+1} - \overline{T}_{i,j}^{n+1}}{\Delta t} = \frac{\sigma}{2\Delta y^2}(\delta_y^2 \overline{T}_{i,j}^{n+1} + \delta_y^2 T_{i,j}^{n+1})$$

移项，改写为

$$\left(1 - \frac{\alpha_x}{2}\delta_x^2\right)\overline{T}_{i,j}^{n+1} = \left(1 + \frac{\alpha_x}{2}\delta_x^2\right)T_{i,j}^{n}, \quad \alpha_x = \sigma\Delta t/\Delta x^2 \tag{①}$$

$$\left(1 - \frac{\alpha_y}{2}\delta_y^2\right)T_{i,j}^{n+1} = \left(1 + \frac{\alpha_y}{2}\delta_y^2\right)\overline{T}_{i,j}^{n+1}, \quad \alpha_y = \sigma\Delta t/\Delta y^2 \tag{②}$$

为便于分析，把两式合并成一个两时层的综合格式。为此，需消除带横线"—"的过渡层。将式①和式②分别用算子 $1+\frac{\alpha_y}{2}\delta_y^2$ 和 $1-\frac{\alpha_x}{2}\delta_x^2$ 作用，再比较两式的新结果，有

$$\left(1 - \frac{\alpha_y}{2}\delta_y^2\right)\left(1 - \frac{\alpha_x}{2}\delta_x^2\right)T_{i,j}^{n+1} = \left(1 + \frac{\alpha_y}{2}\delta_y^2\right)\left(1 + \frac{\alpha_x}{2}\delta_x^2\right)T_{i,j}^{n} \tag{③}$$

初始误差：

$$T_{i,j}^{0} = \mathrm{e}^{\mathrm{i}(k_x x_i + k_y y_j)}$$

误差函数演化：

$$T_{i,j}^{n+1} = gT_{i,j}^{n} = g^{n+1}T_{i,j}^{0}$$

又

$$\delta_x^2 T_{i,j} = T_{i+1,j} - 2T_{i,j} + T_{i-1,j} = -2[1 - \cos(k_x\Delta x)]T_{i,j}$$

$$\delta_y^2 T_{i,j} = T_{i,j+1} - 2T_{i,j} + T_{i,j-1} = -2[1 - \cos(k_y\Delta y)]T_{i,j}$$

将以上各式代入式③，得

$$\begin{aligned} &\{1 + \alpha_y[1 - \cos(k_y\Delta y)]\}\{1 + \alpha_x[1 - \cos(k_x\Delta x)]\}g^{n+1}T_{i,j}^{0} \\ &= \{1 - \alpha_y[1 - \cos(k_y\Delta y)]\}\{1 - \alpha_x[1 - \cos(k_x\Delta x)]\}g^{n}T_{i,j}^{0} \end{aligned}$$

于是，放大因子为

$$g = \frac{[1 - 2\alpha_y \sin^2(k_y\Delta y/2)][1 - 2\alpha_x \sin^2(k_x\Delta x/2)]}{[1 + 2\alpha_y \sin^2(k_y\Delta y/2)][1 + 2\alpha_x \sin^2(k_x\Delta x/2)]}$$

易见，$|g| \leqslant 1$，所以该格式恒稳定。

例 3.9 试用 von Neumann 方法分析无源项、速度、密度、扩散系数均为常数的一维非

稳态对流换热通用方程的FTCS格式的稳定性。

解　按题目所给条件,方程简化为如下线化的对流-扩散方程:

$$\frac{\partial \phi}{\partial t} + a\frac{\partial \phi}{\partial x} = \sigma\frac{\partial^2 \phi}{\partial x^2}$$

其中 $a=u$, $\sigma=\Gamma_\phi/\rho$ 为常数。取FTCS格式,离散方程为

$$\phi_j^{n+1} = \phi_j^n - \frac{c}{2}(\phi_{j+1}^n - \phi_{j-1}^n) + \alpha(\phi_{j+1}^n - 2\phi_j^n + \phi_{j-1}^n)$$

这里

$$c = a\Delta t/\Delta x, \quad \alpha = \sigma\Delta t/\Delta x^2$$

分别为Courant数和扩散数。给定初始误差函数 $\phi_j^0 = \mathrm{e}^{ikx_j}$,则其演化规则为

$$\phi_j^{n+1} = g\phi_j^n = g(g^n\phi_j^0)$$

代入离散方程,有

$$\begin{aligned} g &= 1 - \frac{c}{2}(\mathrm{e}^{ik\Delta x} - \mathrm{e}^{-ik\Delta x}) + \alpha(\mathrm{e}^{ik\Delta x} - 2 + \mathrm{e}^{-ik\Delta x}) \\ &= 1 - 2\alpha[1-\cos(k\Delta x)] - \mathrm{i}c\sin(k\Delta x) \\ &= 1 - 4\alpha\sin^2(k\Delta x/2) - \mathrm{i}c\sin(k\Delta x) \end{aligned}$$

放大因子 g 的模

$$|g| = \{[1-4\alpha\sin^2(k\Delta x/2)]^2 + [c\sin(k\Delta x)]^2\}^{\frac{1}{2}}$$

稳定性要求 $|g|\leqslant 1$,也就是

$$\{[1-4\alpha\sin^2(k\Delta x/2)]^2 + [c\sin(k\Delta x)]^2\}^{\frac{1}{2}} \leqslant 1$$

两边平方,有

$$1 - 8\alpha\sin^2\frac{k\Delta x}{2} + 16\alpha^2\sin^4\frac{k\Delta x}{2} + 4c^2\sin^2\frac{k\Delta x}{2}\cos^2\frac{k\Delta x}{2} \leqslant 1$$

即

$$-2\alpha + 4\alpha^2\sin^2\frac{k\Delta x}{2} + c^2\cos^2\frac{k\Delta x}{2} \leqslant 0$$

判断左端部分极值点:令 $A=k\Delta x/2$,左端函数为 F,由 $\mathrm{d}F/\mathrm{d}A=0$,得极值点处有

$$\sin A = 0 \quad 或 \quad \cos A = 0$$

易见,$\sin A$ 极大,则 $\cos A$ 极小;$\cos A$ 极大,则 $\sin A$ 极小。于是有

$$\begin{cases} -2\alpha + 4\alpha^2 \leqslant 0 \\ -2\alpha + c^2 \leqslant 0 \end{cases}$$

联立求解,得格式的稳定性条件为

$$\alpha \leqslant 1/2, \quad c \leqslant \sqrt{2\alpha}$$

2. 矩阵分析方法(谱分析方法)

当要考虑不同边界条件对整个解域稳定性的影响时,需要对所有节点离散的方程所组合起来的方程组进行全局分析。全局分析通过分析方程组对应的系数矩阵特征而得到格式是否稳定,所以称为矩阵分析法。该方法以寻找矩阵特征值绝对值的最大值(谱半径)为目标,所以又叫谱分析方法。本书直接引用相关的数学理论,说明此法使用的基本思路。

考虑边界条件后,令需求解的全部离散节点个数为 $J-1$,对应的求解函数在时层 n 的

矢量表示为 $\boldsymbol{U}^n=(u_1^n,u_2^n,\cdots,u_{J-1}^n)^{\mathrm{T}}$，则一般的两时层离散格式可写成如下矢量形式：

$$\boldsymbol{B}\boldsymbol{U}^{n+1}=\boldsymbol{A}\boldsymbol{U}^n+\boldsymbol{F}\quad 或\quad \boldsymbol{U}^{n+1}=\boldsymbol{G}\boldsymbol{U}^n+\boldsymbol{D} \tag{3.88}$$

其中 $\boldsymbol{A},\boldsymbol{B}$ 和 $\boldsymbol{G}=\boldsymbol{B}^{-1}\boldsymbol{A}$ 均为 $(J-1)\times(J-1)$ 矩阵，$\boldsymbol{F}$ 和 $\boldsymbol{D}=\boldsymbol{B}^{-1}\boldsymbol{F}$ 为方程的非齐次项矢量。上述离散格式的全局稳定性分析等价于误差矢量函数 $\boldsymbol{\varepsilon}$ 的相应离散格式齐次方程的稳定性分析，也就是

$$\boldsymbol{B}\boldsymbol{\varepsilon}^{n+1}=\boldsymbol{A}\boldsymbol{\varepsilon}^n\quad 或\quad \boldsymbol{\varepsilon}^{n+1}=\boldsymbol{G}\boldsymbol{\varepsilon}^n \tag{3.89}$$

采用矩阵模的定义，要使矢量函数在推进演化中不至于因为误差的引入而变得无界，则要求

$$\|\boldsymbol{G}\|\leqslant 1\quad 或\quad \|\boldsymbol{G}^n\|\leqslant K(K\ 为常数) \tag{3.90}$$

$\boldsymbol{G}$ 称为放大矩阵。作为满足这个条件的必要条件，要求矩阵 $\boldsymbol{G}$ 的谱半径 $\rho(\boldsymbol{G})$——所有特征值绝对值的最大值小于或等于 1，即

$$\rho(\boldsymbol{G})=\max_{1\leqslant j\leqslant J-1}|\lambda_j(\boldsymbol{G})|\leqslant 1 \tag{3.91}$$

如果 $\boldsymbol{G}$ 是正规矩阵，即满足 $\boldsymbol{G}\boldsymbol{G}^*=\boldsymbol{G}^*\boldsymbol{G}$，其中 $\boldsymbol{G}^*$ 为 $\boldsymbol{G}$ 的转置共轭矩阵，或者存在一个非奇异矩阵 $\boldsymbol{P}$，能使 $\boldsymbol{G}$ 通过一相似变换 $\boldsymbol{P}^{-1}\boldsymbol{G}\boldsymbol{P}=\overline{\boldsymbol{G}}$ 而变成相似矩阵 $\overline{\boldsymbol{G}}$，则式(3.91)是格式稳定的充要条件。实际格式多数能满足这些要求。

例 3.10 用矩阵方法分析一维非稳定导热方程在第一类边界条件下 FTCS 格式的稳定性。

解 定解问题的数学表述如下：

$$\frac{\partial T}{\partial t}=\sigma\frac{\partial^2 T}{\partial x^2},\quad 0\leqslant x\leqslant 1,\sigma>0$$

$$T(x,0)=F(x)$$

$$T(0,t)=f_1(t),\quad T(1,t)=f_2(t)$$

取点中心网格，并对 x 和 t 坐标分别做等距分割，步长为 $\Delta x,\Delta t$，一般节点标记为 (j,n)，起始左、右边界节点分别为 $(0,0)$，$(J,0)$。采用 FTCS 差分格式离散，离散方程为

$$T_j^{n+1}=T_j^n+\alpha(T_{j+1}^n-2T_j^n+T_{j-1}^n)=\alpha T_{j-1}^n+(1-2\alpha)T_j^n+\alpha T_{j+1}^n,\quad \alpha=\sigma\Delta t/\Delta x^2$$

对邻近边界的节点 $j=1$ 和 $j=J-1$，离散方程分别为

$$T_1^{n+1}=(1-2\alpha)T_1^n+\alpha T_2^n+\alpha T_0^n,\quad T_{J-1}^{n+1}=\alpha T_{J-2}^n+(1-2\alpha)T_{J-1}^n+\alpha T_J^n$$

于是得离散方程组为

$$\begin{pmatrix}T_1^{n+1}\\T_2^{n+1}\\\vdots\\T_{J-2}^{n+1}\\T_{J-1}^{n+1}\end{pmatrix}=\begin{pmatrix}1-2\alpha&\alpha&&&\\\alpha&1-2\alpha&\alpha&&\mathbf{0}\\&\ddots&\ddots&\ddots&\\\mathbf{0}&&\alpha&1-2\alpha&\alpha\\&&&\alpha&1-2\alpha\end{pmatrix}\begin{pmatrix}T_1^n\\T_2^n\\\vdots\\T_{J-2}^n\\T_{J-1}^n\end{pmatrix}+\begin{pmatrix}\alpha f_1^n\\0\\\vdots\\0\\\alpha f_2^n\end{pmatrix}$$

简写为矢量方程

$$\boldsymbol{T}^{n+1}=\boldsymbol{G}\boldsymbol{T}^n+\boldsymbol{D}^n$$

分析格式稳定性的等价齐次方程是

$$\varepsilon^{n+1}=\boldsymbol{G}\varepsilon^n$$

易见，由离散方程系数构成的放大矩阵 $\boldsymbol{G}$ 是一个对称矩阵，格式稳定的充要条件是它的谱半径 $\rho(\boldsymbol{G})\leqslant 1$。对行元素分别为 $l_1,l_2,l_3(l_1,l_3\geqslant 0)$ 的 $(J-1)\times(J-1)$ 三对角对称矩

阵,其特征值为[3]

$$\lambda_j = l_2 + 2\sqrt{l_1 l_3}\cos\frac{j\pi}{J}, \quad j = 1,2,\cdots,J-1$$

对照 $\boldsymbol{G}$ 中各元素,$l_1 = l_3 = \alpha > 0$,$l_2 = 1-2\alpha$,得

$$\lambda_j(\boldsymbol{G}) = 1 - 2\alpha + 2\alpha\cos\frac{j\pi}{J} = 1 - 4\alpha\sin^2\frac{j\pi}{2J}, \quad j = 1,2,\cdots,J-1$$

格式稳定要求 $\boldsymbol{G}$ 的谱半径

$$\rho(\boldsymbol{G}) = \max_j|\lambda_j| = \max_j\left|1 - 4\alpha\sin^2\frac{j\pi}{2J}\right| \leqslant 1, \quad j = 1,2,\cdots,J-1$$

即要求

$$\left|1 - 4\alpha\sin^2\frac{j\pi}{2J}\right| \leqslant 1, \quad j = 1,2,\cdots,J-1$$

解此不等式,得 $\alpha \leqslant 1/2$。

矩阵分析法是一种通用的精确分析方法,对要考虑边界信息影响初边值的问题,必须采用此法。对不考虑边界效应的微分方程组的离散问题,也需用此法。由于在高维条件下矩阵特征值与谱半径的计算十分复杂,所以用此法做全局分析一般比较困难;但对微分方程组离散格式的局部分析,都用此法,它是 von Neumann 方法在微分方程组情况下的推广。

例 3.11 用矩阵方法分析以下一维对流方程组非一致离散格式(前一方程用 FTCS 格式,后一方程用 BTCS 格式)的稳定性:

$$\begin{cases} \dfrac{\partial v}{\partial t} = a\dfrac{\partial w}{\partial x} \\ \dfrac{\partial w}{\partial t} = a\dfrac{\partial v}{\partial x} \end{cases}$$

其中 a 为常数。

解 按要求格式离散,并按 von Neumann 方法给定函数初值

$$\begin{cases} v_j^{n+1} = v_j^n + c(w_{j+1}^n - w_{j-1}^n)/2 \\ w_j^{n+1} = w_j^n + c(v_{j+1}^{n+1} - v_{j-1}^{n+1})/2 \\ v_j^0 = v_0 e^{ikx_j}, \quad w_j^0 = w_0 e^{ikx_j} \end{cases}$$

其中 $c = a\dfrac{\Delta t}{\Delta x}$。

令 $\boldsymbol{U} = \begin{pmatrix} v \\ w \end{pmatrix}$,则 $\boldsymbol{U}_j^n = \begin{bmatrix} v_j^n \\ w_j^n \end{bmatrix}$。将以上离散方程整理,并写成矢量形式,有

$$\begin{bmatrix} 0 & 0 \\ -\dfrac{c}{2} & 0 \end{bmatrix}\boldsymbol{U}_{j+1}^{n+1} + \begin{pmatrix} 1 & 0 \\ 0 & 1 \end{pmatrix}\boldsymbol{U}_j^{n+1} + \begin{bmatrix} 0 & 0 \\ \dfrac{c}{2} & 0 \end{bmatrix}\boldsymbol{U}_{j-1}^{n+1}$$

$$= \begin{bmatrix} 0 & \dfrac{c}{2} \\ 0 & 0 \end{bmatrix}\boldsymbol{U}_{j+1}^n + \begin{pmatrix} 1 & 0 \\ 0 & 1 \end{pmatrix}\boldsymbol{U}_j^n + \begin{bmatrix} 0 & -\dfrac{c}{2} \\ 0 & 0 \end{bmatrix}\boldsymbol{U}_{j-1}^n$$

函数演化:

$$\boldsymbol{U}_j^n = \boldsymbol{G}^n\boldsymbol{U}_j^0 = \boldsymbol{G}^n\begin{bmatrix} v_j^0 \\ w_j^0 \end{bmatrix}, \quad \boldsymbol{U}_j^{n+1} = \boldsymbol{G}^{n+1}\boldsymbol{U}_j^0 = \boldsymbol{G}^{n+1}\begin{bmatrix} v_j^0 \\ w_j^0 \end{bmatrix}$$

代入离散方程

$$\left[\begin{pmatrix}0 & 0\\ -\dfrac{c}{2} & 0\end{pmatrix}e^{ik\Delta x}+\begin{pmatrix}1 & 0\\ 0 & 1\end{pmatrix}+\begin{pmatrix}0 & 0\\ \dfrac{c}{2} & 0\end{pmatrix}e^{-ik\Delta x}\right]\boldsymbol{G}=\begin{pmatrix}0 & \dfrac{c}{2}\\ 0 & 0\end{pmatrix}e^{ik\Delta x}+\begin{pmatrix}1 & 0\\ 0 & 1\end{pmatrix}+\begin{pmatrix}0 & -\dfrac{c}{2}\\ 0 & 0\end{pmatrix}e^{-ik\Delta x}$$

令 $\beta = c\sin(k\Delta x)$，上式合并，得

$$\begin{pmatrix}1 & 0\\ -i\beta & 1\end{pmatrix}\boldsymbol{G}=\begin{pmatrix}1\\ 0\end{pmatrix}$$

于是

$$\boldsymbol{G}=\begin{pmatrix}1 & 0\\ -i\beta & 1\end{pmatrix}^{-1}\begin{pmatrix}1 & i\beta\\ 0 & 1\end{pmatrix}=\begin{pmatrix}1 & 0\\ i\beta & 1\end{pmatrix}\begin{pmatrix}1 & i\beta\\ 0 & 1\end{pmatrix}=\begin{pmatrix}1 & i\beta\\ i\beta & 1-\beta^2\end{pmatrix}$$

格式稳定要求 $\rho(\boldsymbol{G})\leqslant 1$，即 $|\lambda(\boldsymbol{G})|_{\max}\leqslant 1$。对 $\boldsymbol{G}$ 的特征方程 $|\boldsymbol{G}-\lambda\boldsymbol{I}|=0$，也就是 $\lambda^2-\lambda(2-\beta^2)+1=0$ 做分析，知其两根之积为1，故有：

(a) 当 $\beta^2-4>0$ 时，两根互异，且 $\lambda_1\lambda_2=1$，必有一根的模大于1，格式不稳定；

(b) 当 $\beta^2-4=0$ 时，两根相同，$\lambda_1=\lambda_2=\lambda=-1$，两根的模均为1，格式稳定；

(c) 当 $\beta^2-4<0$ 时，两根为共轭复根，$\lambda=\left[2-\beta^2\pm i\sqrt{\beta^2(4-\beta^2)}\right]/2$，两根的模均为1，格式稳定。

综上，当 $\beta^2-4\leqslant 0$，即 $-2\leqslant\beta\leqslant 2$ 时，格式是稳定的。代入 β 的表达式，得

$$-2\leqslant c\leqslant 2,\quad c=a\Delta t/\Delta x$$

3.5.5 离散格式的耗散性和色散性

离散格式在保证相容性和稳定性的前提下，虽能收敛于原方程的解，但解可能会在局部区域发生一些变形和失真。一种是由于格式里引入了数值扩散项而使准确解呈现光滑现象，称之为耗散效应；另一种是由于格式里引入了数值频散项而使准确解呈现微小的高频振荡现象，称之为色散效应[3]。耗散性在数值计算中有时是必需的，如带激波、接触间断的流动问题，格式必须具有一定的耗散性，数值解才能进行，但过大又会造成解严重失真；对一般的连续场问题，耗散总是使解的精度变低，应采取措施尽量减少。至于色散，对解都是不利的，但抑制色散只能通过调节耗散来解决。因此，了解格式的耗散性和色散性的产生机制及其作用，对设计适用和有效的离散格式也是必要的。

分析耗散性和色散性最主要的作用是对格式对应的修正偏微分方程做分析。为此，先介绍一下修正偏微分方程，进而说明耗散性和色散性的分析方法。

1. 修正的偏微分方程

从由相容的离散格式得到的离散方程出发，通过 Taylor 展开和自循环消元过程，把格式截断误差中含有时间的导数项全部转为空间导数项，所得到的在数值计算中实际求解的偏微分方程，称为修正偏微分方程(MPDE)。MPDE 是用来分析离散格式数学性质的重要工具。下面以一个简单实例说明如何用自循环消元法得到 MPDE。

一维线性波动方程

$$\frac{\partial u}{\partial t}+a\frac{\partial u}{\partial x}=0,\quad a>0$$

其一阶迎风格式为

$$u_j^{n+1} = u_j^n - c(u_j^n - u_{j-1}^n), \quad c = a\Delta t/\Delta x$$

将格式在离散点(j,n)处做 Taylor 展开，离散方程变为如下微分方程：

$$u_t + au_x = -\frac{\Delta t}{2}u_{tt} + \frac{a\Delta x}{2}u_{xx} - \frac{\Delta t^2}{6}u_{ttt} - \frac{a\Delta x^2}{6}u_{xxx} + \cdots$$

相对于原始方程，上述方程多出等式右端各项，它们是离散格式的截断余项。将它们移至左端，有

$$u_t + au_x + \frac{\Delta t}{2}u_{tt} - \frac{a\Delta x}{2}u_{xx} + \frac{\Delta t^2}{6}u_{ttt} + \frac{a\Delta x^2}{6}u_{xxx} + \cdots = 0 \quad (*)$$

为便于分析离散格式的特性，将截断误差中含有时间的导数项通过上式做自循环相消，而全部转化为空间导数。消除过程见表 3.4。

表 3.4　自循环消元推导修正偏微分方程

	u_t	u_x	u_{tt}	u_{tx}	u_{xx}	u_{ttt}	u_{ttx}	u_{txx}	u_{xxx}
$(*)$	1	a	$\frac{\Delta t}{2}$	0	$-\frac{a\Delta x}{2}$	$\frac{\Delta t^2}{6}$	0	0	$\frac{a\Delta x^2}{6}$
$-\frac{\Delta t}{2}\frac{\partial}{\partial t}(*)$			$-\frac{\Delta t}{2}$	$-\frac{a\Delta t}{2}$	0	$\frac{-\Delta t^2}{4}$	0	$\frac{a\Delta t\Delta x}{4}$	0
$\frac{a\Delta t}{2}\frac{\partial}{\partial x}(*)$				$\frac{a\Delta t}{2}$	$\frac{a^2\Delta t}{2}$	0	$\frac{a\Delta t^2}{4}$	0	$-\frac{a^2\Delta t\Delta x}{4}$
$\frac{\Delta t^2}{12}\frac{\partial^2}{\partial t^2}(*)$						$\frac{\Delta t^2}{12}$	$\frac{a\Delta t^2}{12}$	0	0
$-\frac{a\Delta t^2}{3}\frac{\partial^2(a)}{\partial t\partial x}$							$\frac{-a\Delta t^2}{3}$	$\frac{-a^2\Delta t^2}{3}$	0
$\left(\frac{a^2\Delta t^2}{3} - \frac{a\Delta t\Delta x}{4}\right)\times\frac{\partial^2(a)}{\partial x^2}$								$\frac{a^2\Delta t^2}{3} - \frac{a\Delta t\Delta x}{4}$	$\frac{a^3\Delta t^2}{3} - \frac{a^2\Delta t\Delta x}{4}$
按列求和	1	a	0	0	$(a\Delta x/2)\times(c-1)$	0	0	0	$(a\Delta x^2/6)\times(2c^2-3c+1)$

因此，对一维线性对流方程，在 $a>0$ 时，一阶迎风格式的 MPDE 为

$$u_t + au_x = \frac{a\Delta x}{2}(1-c)u_{xx} - \frac{a\Delta x^2}{6}(2c-1)(c-1)u_{xxx} + \cdots$$

由同样的办法可以得到，对一维线性对流方程，在 $a<0$ 时，一阶迎风格式的 MPDE 为

$$u_t + au_x = -\frac{a\Delta x}{2}(1+c)u_{xx} - \frac{a\Delta x^2}{6}(2c+1)(c+1)u_{xxx} + \cdots$$

对一维线性扩散方程 $u_t - \sigma u_{xx} = 0$ $(\sigma>0)$，令 $\alpha = \sigma\Delta t/\Delta x^2$，其 BTCS 格式的 MPDE 为

$$u_t - \sigma u_{xx} = \frac{\sigma\Delta x^2}{12}(1+6\alpha)u_{xxxx} + \frac{\sigma\Delta x^4}{360}(120\alpha^2 + 30\alpha + 1)u_{xxxxxx} + \cdots$$

而 C-N 格式的 MPDE 为

$$u_t - \sigma u_{xx} = \frac{\sigma\Delta x^2}{12}u_{xxxx} + \frac{\sigma\Delta x^4}{360}(30\alpha + 1)u_{xxxxxx} + \cdots$$

这类方程的截断余项中没有奇阶导数项。

对微分方程 $L(\phi(x_j,t_n))=0$，MPDE 一般可写成

$$L(\phi(x_j,t_n)) = \sum_{l=1}^{\infty}\nu_{2l}\frac{\partial^{2l}u}{\partial x^{2l}} + \sum_{m=1}^{\infty}\mu_{2m+1}\frac{\partial^{2m+1}u}{\partial x^{2m+1}} \tag{3.92}$$

它表示用某种离散格式做数值计算时实际要解的微分方程。相对于原方程，多出的右端项代表了离散格式的诸多性质，如截断误差和离散精度、耗散性和色散性，对于线性双曲型方程还可由此判断格式的稳定性等。

2. 用 MPDE 判断格式的耗散性和色散性

这里省略详细推演，只列出相关结论：修正方程(3.92)右端的偶阶导数项代表格式的耗散特性，而奇阶导数项代表格式的色散特性。其中，最低阶的偶阶和奇阶导数项分别是格式的耗散主项和色散主项，格式的耗散、色散特性由其主项系数值的符号来确定。

若 $\nu_{2l}=0\ (l=1,2,\cdots,L-1)$，而 $\nu_{2L}\neq 0$，则在 $(-1)^L\nu_{2L}<0$ 时，格式为耗散(或正耗散)的，否则为逆耗散的。

若 $\mu_{2m+1}=0\ (m=1,2,\cdots,M-1)$，而 $\mu_{2M+1}\neq 0$，则在 $(-1)^M\mu_{2M+1}<0$ 时，格式为色散(或正色散)的，否则为负色散的。

由以上结论可以看出，若耗散主项是 2,6,10,…阶导数，则其系数为正时，格式为耗散的，否则为逆耗散的；若耗散主项是 4,8,12,…阶导数，则其系数为正时，格式为逆耗散的，否则为耗散的。同样，若色散主项是 3,7,11,…阶导数，则其系数为正时，格式为色散的，否则为负色散的；若色散主项是 5,9,13,…阶导数，则其系数为正时，格式为负色散的，否则为正色散的。对照前面已得到的几个格式的 MPDE，可知，对于一维对流方程，在 $|c|<1$ 时，显式一阶迎风格式为正耗散的、负色散的；但在 $|c|>1$ 时，格式为逆耗散的、负色散的。对一维扩散方程的两种格式，MPDE 中都不存在奇阶导数项，都为无色散的；耗散主项为四阶，系数为正的，所以均为逆耗散的。

3.5.6 离散格式的守恒性

对离散方程定义域的有限空间做求和运算，若所得表达式满足该区域上物理量的守恒关系，则称离散格式具有守恒特性，或称之为守恒性离散格式[1,13]。

由于守恒性离散方法符合原始物理问题的守恒特性，守恒性格式能使任意大小体积的计算结果具有对原来离散格式所估计的误差。一般说来，守恒性格式能得到比较准确的计算结果，格式具有守恒性一般是我们所希望的，并广泛使用于热物理问题的数值求解中。

为了保证离散格式具有守恒性，一般应满足两个条件：

(a) 从守恒型控制方程出发，来做离散。

(b) 使同一界面上的两侧具有相同的函数值及其函数通量值，从而在对整个计算区域求和时，进出界面的通量能在计算域内相互抵消，而只留下区域边界流进、流出的通量，以满足物理量守恒。对界面物理量的这种连续性要求实际上是物理量局部守恒性的一种数学表述。

分析格式的守恒性，可以按照守恒性概念，通过在一定大小的区域内直接求和进行检验。对流扩散方程，在用控制容积方法离散时，扩散项通常采用取分段线性的积分型线分布，即中心差分，离散格式能很好地保证守恒，但对流项情况较为复杂。以下针对一维纯对流问题，考察其控制方程写成守恒型和非守恒型两种情况下，对流项取中心差分显式格式的守恒性。对守恒性方程

$$\frac{\partial \phi}{\partial t} + \frac{\partial (u\phi)}{\partial x} = 0 \tag{3.93}$$

取时间向前、空间两步中心的 FTCS 格式离散，或采用控制容积法积分离散，时间导数积分项取函数随空间的阶梯分布，空间导数积分项取随时间的阶梯显式，随空间的分段线性分布，两种方法都可得到如下离散方程：

$$\frac{\phi_j^{n+1} - \phi_j^n}{\Delta t} = -\frac{(u\phi)_{j+1}^n - (u\phi)_{j-1}^n}{2\Delta x} \tag{3.94}$$

将其在求解域某个区段 $[J_1, J_2]$ 节点上求和，有

$$\sum_{J_1}^{J_2} (\phi_j^{n+1} - \phi_j^n)\Delta x = -\frac{1}{2}\sum_{J_1}^{J_2}[(u\phi)_{j+1}^n - (u\phi)_{j-1}^n]\Delta t \tag{3.95}$$

将右端求和项展开，将

$$\begin{aligned}\sum_{J_1}^{J_2}[(u\phi)_{j+1}^n - (u\phi)_{j-1}^n] &= [(u\phi)_{J_1+1}^n - (u\phi)_{J_1-1}^n] + [(u\phi)_{J_1+2}^n - (u\phi)_{J_1}^n] \\ &\quad + [(u\phi)_{J_1+3}^n - (u\phi)_{J_1+1}^n] + \cdots + [(u\phi)_{J_2-1}^n - (u\phi)_{J_2-3}^n] \\ &\quad + [(u\phi)_{J_2}^n - (u\phi)_{J_2-2}^n] + [(u\phi)_{J_2+1}^n - (u\phi)_{J_2-1}^n] \\ &= -[(u\phi)_{J_1}^n + (u\phi)_{J_1-1}^n] + [(u\phi)_{J_2+1}^n + (u\phi)_{J_2}^n]\end{aligned}$$

J_1 节点代表的控制体的左界面为所分析区段的进口，J_2 节点代表的控制体的右界面为所分析区段的出口，而中心差分表明界面函数为线性插值，故进出口的函数通量分别为

$$(u\phi)_{\text{in}} = [(u\phi)_{J_1}^n + (u\phi)_{J_1-1}^n]/2, \quad (u\phi)_{\text{out}} = [(u\phi)_{J_2+1}^n + (u\phi)_{J_2}^n]/2$$

综合以上各式，得

$$\sum_{J_1}^{J_2} (\phi_j^{n+1} - \phi_j^n)\Delta x = [(u\phi)_{\text{in}} - (u\phi)_{\text{out}}]\Delta t \tag{3.96}$$

该式表明，在 Δt 时间间隔内，物理量 ϕ 在所取解域区段里的变化量等于流进、流出的通量之差，符合物理量演化的守恒律，相应的离散格式具有守恒性。

对于非守恒型方程

$$\frac{\partial \phi}{\partial t} + u\frac{\partial \phi}{\partial x} = 0$$

也取 FTCS 格式，得

$$\frac{\phi_j^{n+1} - \phi_j^n}{\Delta t} = -u_j\frac{\phi_{j+1}^n - \phi_{j-1}^n}{2\Delta x}$$

类似于前面的方法，在求解域某个区段 $[J_1, J_2]$ 节点上求和，有

$$\sum_{J_1}^{J_2} (\phi_j^{n+1} - \phi_j^n)\Delta x = -\frac{1}{2}\sum_{J_1}^{J_2}[u_j(\phi_{j+1}^n - \phi_{j-1}^n)]\Delta t$$

显然，只要 u_j 是随节点变化的，上式右端求和项的中间部分就不能相互抵消，从而前面

分析的求和项最终不能化为分析区段进、出口的流量差。物理量 ϕ 在时间间隔 Δt 内的变化量不等于流进、流出的通量之差,不满足物理量演化的守恒律,相应的离散格式不具有守恒性。

尽管格式具有守恒性是我们所希望的,也是热物理问题使用最多的离散形式,但也不一定一味苛求。实际计算中,守恒性并非完全意味着准确性,某些非守恒型的格式也能算出准确的结果。如求解双曲型方程的特征线法大都是非守恒的,此时非守恒型方程更能体现实际问题的物理本质和数学特征。对于边界层类型的流动,一般也是采用非守恒型方法离散。

3.5.7 离散格式的迁移性

所谓离散格式的迁移性,是指对离散方程中对流项的某种离散格式,仅能使其扰动顺着流动方向传递的特性,又称为格式的迎风性或传输性。

微分方程中的对流项体现的是流体微团的宏观定向运动,即发生在空间某一点上的扰动只能顺流向传至下游而不能逆流向上行。但扩散项体现的是分子的无规热运动的宏观效果,它把发生在空间某一点上的扰动无选择地传递至空间各个方向。中心差分格式对选取空间各个方向离散点没有偏好,一律平等;因此处理扩散项时,采用中心差分格式就可以了。但是对于对流项,为了体现信息来自上游的物理本质,应该尽可能地采用迎着来流去获取信息来源的迎风格式。

为了考察分析格式是否具有迁移性,通常采用离散扰动分析法:把要分析的离散格式对简单的一维非稳态方程写成显式形式,在均匀场中施加一个微扰,再考察扰动在时间演化中的传递特性。如果扰动在一维空间两个方向都传递,则格式不具有迁移性;反之,扰动只在一个方向传递,则格式具有迁移性。

以下通过分析对流项的中心差分和一阶迎风差分的格式,说明离散扰动分析法的应用。设方程和初始场条件为

$$\frac{\partial \phi}{\partial t} + u\frac{\partial \phi}{\partial x} = 0, \quad u = 常数$$

$$\phi(x_j, t_n) = \varepsilon, \quad 其余\ \phi(x, t_n) = 0$$

对 $x = x_j$,对流项的显式中心差分格式为

$$\phi_j^{n+1} = \phi_j^n - c(\phi_{j+1}^n - \phi_{j-1}^n)/2, \quad c = u\Delta t/\Delta x$$

对 $x = x_{j+1}$,对流项的显式中心差分格式为

$$\phi_{j+1}^{n+1} = \phi_{j+1}^n - c(\phi_{j+2}^n - \phi_j^n)/2$$

因为 $\phi_{j+1}^n = \phi_{j+2}^n = 0$,所以

$$\phi_{j+1}^{n+1} = c\phi_j^n/2 = c\varepsilon/2$$

同理,对 $x = x_{j-1}$ 离散,并利用 $\phi_{j-1}^n = \phi_{j-2}^n = 0$,有

$$\phi_{j-1}^{n+1} = -c\phi_j^n/2 = -c\varepsilon/2$$

易见,$x = x_j$ 点的扰动同时向两个相反方向传播,因此对流项中心差分格式不具有迁移特性。

现考察对流项一阶迎风格式的特性,以 $u<0$ 为例,对 $x = x_j$ 点,格式为

$$\phi_j^{n+1} = \phi_j^n - c(\phi_{j+1}^n - \phi_j^n), \quad c = u\Delta t/\Delta x < 0$$

对 $x = x_{j+1}$,格式为

$$\phi_{j+1}^{n+1} = \phi_{j+1}^{n} - c(\phi_{j+2}^{n} - \phi_{j+1}^{n})$$

由给定的初始条件 $\phi_{j+1}^{n} = \phi_{j+2}^{n} = 0$，有

$$\phi_{j+1}^{n+1} = 0$$

对 $x = x_{j-1}$ 离散，

$$\phi_{j-1}^{n+1} = \phi_{j-1}^{n} - c(\phi_{j}^{n} - \phi_{j-1}^{n})$$

将 $\phi_{j-1}^{n} = 0, \phi_{j}^{n} = \varepsilon$ 代入，有

$$\phi_{j-1}^{n+1} = -c\varepsilon$$

易见，扰动信号只向其扰动点 j 的下游传播，格式具有迁移性。

迁移性是对流项离散格式非常重要的特性，它对保证格式的数值稳定性有很大影响。对流扩散方程，不能保证对流项具有迁移性的格式，数值计算中可能会出现数值振荡，其格式只能是有条件稳定的。对于对流效应比较强的实际问题，尽管采用一阶迎风格式较采用二阶中心差分格式精度低，但由于迎风格式更符合物理意义，计算结果可能比中心差分格式更好。为了解决一阶迎风格式精度较低的问题，近年来，根据该格式的构造思想，发展了多种高阶的迎风格式。

3.6　方程离散求解示范

本节以MATLAB作为编程工具，对几个典型方程的离散求解做示范，帮助大家理解方程离散求解，以及稳定性、迎风性等离散格式的定性性质。

3.6.1　一维匀流方程的离散求解示范

1. 控制方程和初边条件

一维匀流方程和初边条件如下所示：

$$\frac{\partial \phi}{\partial t} + a\frac{\partial \phi}{\partial x} = 0, \quad a = 常数$$

$$\phi(0,t) = 0, \quad \phi(1,t) = 1 \quad (边界条件)$$

$$\phi(x,0) = 0, \quad 0.0 \leqslant x \leqslant 0.5$$

$$\phi(x,0) = 1, \quad 0.5 < x \leqslant 1.0$$

2. 示范程序

一维匀流方程求解MATLAB示范程序如下：

```
clear; clf;
a=-1;  dt=0.01;  dx=0.01;
c=a*dt/dx;

u=zeros(1,100);
```

```
for i=51:100
u(i)=1;
end
u1=u;

for time=1:1000
for i=2:99
u1(i)=u(i)-c*(u(i)-u(i-1));
end

u1(1)=0;
u1(100)=1;
u=u1;

plot(u)
axis([0,100,0,1.1])
A(time)=getframe;
end

movie(A,3)
```

3．程序结果及讨论

（1）改变流动速度 a 的取值，采用中心差分、向前差分、向后差分时，会出现明显不同的结果，从而体会对流问题中离散格式需要保持迎风性的重要意义。

（2）逐步减小 dt 的取值，可以看到先发生振荡，而后稳定的过程。

3.6.2 一维扩散方程的离散求解示范

1．方程离散

一维扩散方程和初边条件如下：

$$\frac{\partial T}{\partial t}=\sigma\frac{\partial^2 T}{\partial x^2},\quad 0\leqslant x\leqslant 1,\quad \sigma>0$$
$$T(0,t)=0,\quad T(1,t)=1$$
$$T(x,0)=0,\quad x\leqslant 0.5$$
$$T(x,0)=1,\quad x>0.5$$

2．示范程序

一维扩散方程求解 MATLAB 示范程序如下：

```
clear; clf;
a=1;  dt=0.01;  dx=0.01;
alpha=a*dt/dx^2;
```

```
u=zeros(1,100);
for i=51:100
  u(i)=1;
end
u1=u;

for time=1:1000
  for i=2:99
    u1(i)=u(i)+alpha*(u(i+1)-2*u(i)+u(i-1));
  end

  u1(1)=0;
  u1(100)=1;
  u=u1;

  plot(u)
  axis([0,100,0,1.1])
  A(time)=getframe;
end

movie(A,3)
```

3. 程序结果及讨论

(1) 按此初始 dt 值设定时，计算结果发生振荡，dt 需要减少到 0.000 05 以下才能稳定，原因是显式差分格式是有条件稳定的。

(2) 欲加强稳定性，需要采用隐式差分离散格式，用三对角阵算法进行求解。

3.6.3　二维扩散方程的离散求解示范

1. 方程离散

二维扩散方程及初边条件如下：

$$\frac{\partial T}{\partial t}=\sigma\frac{\partial^2 T}{\partial x^2}+\sigma\frac{\partial^2 T}{\partial y^2},\quad 0\leqslant x\leqslant 1,\quad 0\leqslant y\leqslant 1,\quad \sigma>0$$

$$T(x,y,0)=0,$$

$$T(x,0,t)=1,\quad T(x,1,t)=0$$

$$T(0,y,t)=0,\quad T(1,y,t)=0$$

2. 示范程序

二维扩散方程求解的 MATLAB 示范程序如下：

```
clear; clf;
a=1;  dt=0.0001;  dx=0.01;  dy=0.01;
ax=a*dt/dx^2;  ay=a*dt/dy^2;
```

```
u=zeros(100,100);
for i=1:100
  u1(i,1)=1;
  u1(i,100)=0;
  u1(1,i)=0;
  u1(100,i)=0;
end
u1=u;
[x,y]=meshgrid([0.01:0.01:1]);
for time=1:1000
  for i=2:99
    for j=2:99
      u1(i,j)=u(i,j)+ax*(u(i+1,j)-2*u(i,j)+u(i-1,j))+ay*(u(i,j+
      1)-2*u(i,j)+u(i,j-1));
    end
  end
  for i=1:100
    u1(i,1)=1;
    u1(i,100)=0;
    u1(1,i)=0;
    u1(100,i)=0;
  end
  u=u1;
  surf(x,y,u);
  A(time)=getframe;
end
movie(A,1,10)
```

3. 程序结果及讨论

(1) 改变 dt 的取值,dt 较大时模拟结果发生振荡,减小 dt 直到稳定收敛。可见二维导热方程的稳定性条件更苛刻,对 dt 要求更高。

(2) 欲增强格式的稳定性,需要采用隐式差分格式求解,详见第4章。

参考文献

[1] 陶文铨.数值传热学[M].2版.西安:西安交通大学出版社,2001:28-32,39-43,56-73.

[2] Aziz K,Sattari A. Petroleum reservoir simulation[M]. London: Applied Science Publisher Ltd.,1979.

[3] 忻孝康,刘儒勋,蒋伯诚.计算流体动力学[M].长沙:国防科技大学出版社,1989:51-52,55-57,66-68,75-102.

[4] Anderson D A,Tannehill J C,Pletcher R H. Computational fluid mechanics and heat transfer[M]. New York: McGraw-Hill,1986:45-51,63-66,70-83.

[5] Crank J,Nicolson P. Practical method for numerical evaluation of solutions of partial differential equations of the heat-conduction type[J]. Proc Cambridge Philos Soc,1947,43:50-67.

[6] Peaceman D W, Rachford H H. The numerical solution of parabolic and elliptic differential equations[J]. J SIAM,1955,3: 28-41.

[7] Brian P L T. A finite-difference method of high-order accuracy for the solution of three-dimensional transient heat conduction problems[J]. AIChE J,1961,7: 367-370.

[8] Doughlas J. Alternating direct method for three variables[J]. Numerical Mathematik,1962,4: 41-63.

[9] MacCormack R W. The effect of viscosity in hypervelocity impact cratering[C]//AIAA Paper, 1969:69-354.

[10] Yanenko N N. The method of fractional steps [M]. Holt M, translate. New York: Springer-Verlag,1971.

[11] 傅德薰,马延文.计算流体力学[M].北京:高等教育出版社,2002:52-53.

[12] 帕坦卡.传热与流体流动的数值计算[M].张政,译.北京:科学出版社,1984:33-44.

[13] 罗奇.计算流体动力学[M].钟锡昌,刘学宗,译.北京:科学出版社,1983:33-43,47,87-95.

[14] Richtmyer R D,Morton K W. 初值问题的差分方法[M].2版.袁国兴,杜明笙,王汉强,译.广州:中山大学出版社,1992:43-47.

[15] O'Brien G G. Hyman M A,Kaplan S. A study of the numerical solution of partial differential equations[J]. J Math Phys,1950,29: 223-251.

习　　题

3.1 证明下列算子的关系:

(1) $\Delta=(I-\nabla)^{-1}\nabla$;

(2) $\nabla=(I+\Delta)^{-1}\Delta$;

(3) $\Delta=\delta^2/2+\delta\sqrt{I+\delta^2/4}$;

(4) $\nabla=-\delta^2/2+\delta\sqrt{I+\delta^2/4}$;

(5) $\mathrm{D}_x=\dfrac{1}{\Delta x}\left(\nabla+\dfrac{\nabla^2}{2}+\dfrac{\nabla^3}{3}+\cdots\right)$。

3.2 采用直接差商方法,对方程 $\dfrac{\partial u}{\partial t}+u\dfrac{\partial u}{\partial x}=\sigma\dfrac{\partial^2 u}{\partial x^2}$(常数 $\sigma>0$)设计五种差分离散格式。

3.3 利用 Taylor 展开,对方程 $\dfrac{\partial \varphi}{\partial t}+a\dfrac{\partial \varphi}{\partial x}=0(a<0)$在 $x=x_i,x=x_{i+1},x=x_{i+2}$三点设计精度为 $O(\Delta t,\Delta x^2)$ 的差分格式。

3.4 采用多项式拟合方法,在 $y_j,y_{j+1},y_{j+2},y_{j+3}$四点设计导数 $\left(\dfrac{\partial T}{\partial y}\right)_{i,j}$ 的三阶精度离散格式,并给出该精度下壁面热流率 $q_w=-\lambda\left.\dfrac{\partial T}{\partial y}\right|_{y=0}$(常数 $\lambda>0$)的表达式。

3.5 用和分裂差分离散方法,对三维非定常导热方程 $\dfrac{\partial T}{\partial t}=\sigma\left(\dfrac{\partial^2 T}{\partial x^2}+\dfrac{\partial^2 T}{\partial y^2}+\dfrac{\partial^2 T}{\partial z^2}\right)$(常数 $\sigma>0$)进行分裂,

并对分裂方程设计时间向后、空间二阶中心(BTCS)的全隐式离散格式。

3.6 用控制容积积分法,推导守恒型对流扩散方程 $\frac{\partial(\rho\varphi)}{\partial t}+\frac{\partial(\rho u\varphi)}{\partial x}=\partial\left(\Gamma\frac{\partial\varphi}{\partial x}\right)\Big/\partial x+S$ 在 ρ,Γ,S 为常值及等距分割时的全隐式离散格式,并与基于 Taylor 展开离散的 BTCS 格式做比较。

3.7 用控制容积平衡法,设计非稳态无源问题左壁面边界条件为 $h(T_\infty-T_{i,j})=-k\left(\frac{\partial T}{\partial x}\right)_{i,j}$($h,k$ 均为大于零的常数)在点中心网格下的二阶精度离散格式。

3.8 将一维非稳态定解问题

$$\begin{cases}\frac{\partial T}{\partial t}=\lambda\frac{\partial^2 T}{\partial x^2}, & \lambda>0,\quad 0\leqslant x\leqslant 1\\ T(x,0)=T_0, & T_0\text{ 为常数}\\ \lambda\left.\frac{\partial T}{\partial x}\right|_{x=0}=0\\ \lambda\left.\frac{\partial T}{\partial x}\right|_{x=1}=q(t)\end{cases}$$

用时间向后、空间二阶中心(BTCS)格式离散,写出包含初始、边界条件在内的矩阵形式的离散化代数方程组。

3.9 一维轴对称下的非稳态导热问题为

$$\begin{cases}\rho c\frac{\partial T}{\partial t}=\frac{1}{r}\frac{\partial}{\partial r}\left(\lambda r\frac{\partial T}{\partial r}\right)+S, & 0\leqslant r\leqslant R\\ T(r,0)=T_0\\ \left.\frac{\partial T}{\partial r}\right|_{r=0}=0\\ T|_{r=R}=T_R\end{cases}$$

其中 ρ,c,λ,T_0,T_R 均为大于零的常数。用控制容积积分法全隐式离散,写出包含初始、边界条件在内的矩阵形式的离散化代数方程组。

3.10 采用 Taylor 展开,分析热传导方程 $\frac{\partial T}{\partial t}=\sigma\frac{\partial^2 T}{\partial x^2}$($\sigma>0$)的 Dufort-Frankel 格式的差分余项,并讨论格式的相容性。

3.11 采用 Fourier 方法,分析方程 $\frac{\partial T}{\partial t}=\sigma\frac{\partial^2 T}{\partial x^2}$($\sigma>0$)的 C-N 格式的稳定性。

3.12 采用 Fourier 方法,分析方程 $\frac{\partial T}{\partial t}+a\frac{\partial T}{\partial x}=\sigma\frac{\partial^2 T}{\partial x^2}$($a>0,\sigma>0$) 的一阶迎风显式格式的稳定性(迎风指对流项处理方法)。

3.13 采用 Fourier 方法,分析方程 $\frac{\partial T}{\partial t}+a\frac{\partial T}{\partial x}=\sigma\frac{\partial^2 T}{\partial x^2}$($a$ 为常数,$\sigma>0$)的 BTCS 格式的稳定性。

3.14 采用 Fourier 方法,分析方程 $\frac{\partial T}{\partial t}=\sigma\left(\frac{\partial^2 T}{\partial x^2}+\frac{\partial^2 T}{\partial y^2}+\frac{\partial^2 T}{\partial z^2}\right)$($\sigma>0$)的和分裂隐式格式的稳定性。

3.15 对方程组 $\begin{cases}\frac{\partial v}{\partial t}=a\frac{\partial w}{\partial x}\\ \frac{\partial w}{\partial t}=a\frac{\partial v}{\partial x}\end{cases}$($a$ 为常数),采用下列非一致离散格式:

$$\begin{cases}v_j^{n+1}=v_j^n+c(w_{j+1/2}^n-w_{j-1/2}^n)\\ w_{j+1/2}^{n+1}=w_{j+1/2}^n+c(v_{j+1}^{n+1}-v_j^{n+1})\end{cases}$$

其中 $c=\frac{a\Delta t}{\Delta x}$,请采用 Fourier 方法,分析此格式的稳定性。

3.16　推导匀流方程 $\frac{\partial\varphi}{\partial t}+a\frac{\partial\varphi}{\partial x}=0$（$a$ 为常数）的 FTFS 格式的修正偏微分方程。

3.17　基于上一题的结果，用 Taylor 展开法（MPDE 余项系数分析法），分析匀流方程 $\frac{\partial\varphi}{\partial t}+a\frac{\partial\varphi}{\partial x}=0$ 的 FTFS 格式的耗散性和色散性。

3.18　证明：在对流速度 u 不为常数，扩散系数 Γ 在解域连续的条件下，以守恒形式写出的控制方程 $\frac{\partial\varphi}{\partial t}+\frac{\partial(u\varphi)}{\partial x}=\partial\left(\Gamma\frac{\partial\varphi}{\partial x}\right)\Big/\partial x$ 的 FTCS 格式具有守恒性；而以非守恒形式写出的控制方程 $\frac{\partial\varphi}{\partial t}+u\frac{\partial\varphi}{\partial x}=\partial\left(\Gamma\frac{\partial\varphi}{\partial x}\right)\Big/\partial x$ 的 FTCS 格式不具有守恒性。简要说明保证离散格式（或离散方程）具有守恒性的条件。

3.19　证明：以非守恒形式写出的方程 $\frac{\partial\varphi}{\partial t}+u\frac{\partial\varphi}{\partial x}=0$ 的 FTCS 格式不具有迁移（迎风）特性。当 $u>0$ 和 $u<0$ 时，在一阶精度范围内，分别设计什么形式的格式才能保证格式满足迎风性？

第 4 章　扩散方程的数值方法

从本章起开始讨论数值方法在热物理问题求解中的应用。首先研究单纯的导热问题或扩散问题，此问题的控制方程没有对流项。对非稳态问题，方程是抛物型的；对稳态问题，方程是椭圆型或常微分方程(一维问题)。这类问题离散求解过程相对简单，容易处理，所使用的方法和一些相关概念是进一步研究的基础；而在实际工程中，除了纯粹导热或扩散问题之外，不少物理过程的控制方程与导热方程是同一类型的，如多孔介质渗流、二维位势流、充分发展的管流，以及电磁场理论模型等，扩散方程的数值方法可以用于这些问题的求解。

控制容积积分法离散，是处理热物理问题用得最多的数值方法。从本章起，主要采用该方法。按照由浅入深的原则，本章从一维导热讲起[1-3]，逐步讲到多维导热[1,3-5]，最后讲述扩散问题数值方法在求解管道内充分发展的对流换热中的应用[6-9]。

4.1　一 维 导 热

4.1.1　一维导热问题通用形式的控制方程

为简单起见，设导热介质为不可压缩(ρ = 常数)的，且有常比热(c = 常数)。在导热截面积可变时，引入面积函数因子 $A = A(x)$，则一维非稳态导热的通用控制方程为

$$\rho c \frac{\partial T}{\partial t} = \frac{1}{A(x)} \frac{\partial}{\partial x}\left[\lambda A(x) \frac{\partial T}{\partial x}\right] + S \tag{4.1}$$

在稳态情况下，通用控制方程可简化成

$$\frac{1}{A(x)} \frac{\partial}{\partial x}\left[\lambda A(x) \frac{\partial T}{\partial x}\right] + S = 0 \tag{4.2}$$

其中 S 为源项，λ 是导热系数。面积函数因子 $A(x)$在不同情况和不同坐标下有不同的表示形式。在直角坐标下，等截面时 $A(x) = 1$，变截面时 $A(x)$可随 x 变化；在圆柱坐标下，$A(x) = r$，其中 r 为圆柱半径；在球坐标下，$A(x) = r^2$，其中 r 为球半径。

4.1.2　控制容积积分法离散

将式(4.1)两端乘以 $A(x)$，在 t 至 $t + \Delta t$ 时间间隔内对图 3.2 所示的控制体 P 做

积分：

$$\rho c\int_w^e\int_t^{t+\Delta t}A(x)\frac{\partial T}{\partial t}\mathrm{d}t\mathrm{d}x=\int_w^e\int_t^{t+\Delta t}\frac{\partial}{\partial x}\left[\lambda A(x)\frac{\partial T}{\partial x}\right]\mathrm{d}x\mathrm{d}t+\int_w^e\int_t^{t+\Delta t}A(x)S\mathrm{d}x\mathrm{d}t \tag{4.3}$$

能积分的先积出来，有

$$\rho c\int_w^e A(x)(T^{t+\Delta t}-T^t)\mathrm{d}x=\int_t^{t+\Delta t}\left\{\left[\lambda A(x)\frac{\partial T}{\partial x}\right]_e-\left[\lambda A(x)\frac{\partial T}{\partial x}\right]_w\right\}\mathrm{d}t$$
$$+\int_w^e\int_t^{t+\Delta t}A(x)S\mathrm{d}x\mathrm{d}t$$

将源项线化处理为 $S=S_C+S_PT$；对上式的非定常项和源项的空间积分，沿空间取函数呈阶梯分布；扩散项中的空间导数按函数沿空间呈线性分布而做中心差分展开；而时间积分采用取积分上、下限的加权平均，其权因子取为 $f\,(0\leqslant f\leqslant 1)$。这样，前章所说的积分函数沿时间分布的三种型线均可包括在内，积分形式为

$$\int_t^{t+\Delta t}T\mathrm{d}t=[fT^{t+\Delta t}+(1-f)T^t]\Delta t \tag{4.4}$$

为书写方便，去掉时间上标 $t+\Delta t$，而上标 t 改写为 0。于是，上述积分式可以化成

$$\rho c\frac{A_P(\Delta x)_P}{\Delta t}(T_P-T_P^0)=f\left[\frac{\lambda_eA_e(T_E-T_P)}{(\delta x)_e}-\frac{\lambda_wA_w(T_P-T_W)}{(\delta x)_w}\right]$$
$$+(1-f)\left[\frac{\lambda_eA_e(T_E^0-T_P^0)}{(\delta x)_e}-\frac{\lambda_wA_w(T_P^0-T_W^0)}{(\delta x)_w}\right]$$
$$+[f(S_C+S_PT_P)+(1-f)(S_C+S_PT_P^0)]A_P\Delta x_P \tag{4.5}$$

引入以下系数表达式：

$$a_E=\frac{\lambda_eA_e}{(\delta x)_e},\quad a_W=\frac{\lambda_wA_w}{(\delta x)_w},\quad a_P^0=\frac{\rho cA_P(\Delta x)_P}{\Delta t}$$
$$a_P=fa_E+fa_W+a_P^0-fS_PA_P(\Delta x)_P \tag{4.6}$$

积分离散式，最后简化为

$$a_PT_P=a_E[fT_E+(1-f)T_E^0]+a_W[fT_W+(1-f)T_W^0]$$
$$+[a_P^0-(1-f)a_E-(1-f)a_W+(1-f)S_PA_P(\Delta x)_P]T_P^0$$
$$+S_CA_P(\Delta x)_P \tag{4.7}$$

当权因子 $f=0,1,1/2$ 时，分别对应显式、全隐式和 C-N 三种不同的离散格式：

显式

$$a_PT_P=a_ET_E^0+a_WT_W^0+b \tag{4.8a}$$

$$a_P=a_P^0,\quad b=[a_P^0-a_E-a_W+S_PA_P(\Delta x)_P]T_P^0+S_CA_P(\Delta x)_P \tag{4.8b}$$

全隐式

$$a_PT_P=a_ET_E+a_WT_W+b \tag{4.9a}$$

$$a_P=a_E+a_W+a_P^0-S_PA_P(\Delta x)_P,\quad b=a_P^0T_P^0+S_CA_P(\Delta x)_P \tag{4.9b}$$

C-N 格式

$$a_PT_P=\frac{a_E}{2}T_E+\frac{a_W}{2}T_W+b \tag{4.10a}$$

$$\begin{cases} a_P = \dfrac{a_E}{2} + \dfrac{a_W}{2} + a_P^0 - \dfrac{S_P A_P (\Delta x)_P}{2} \\ b = \left[a_P^0 - \dfrac{a_E}{2} - \dfrac{a_W}{2} + \dfrac{S_P A_P (\Delta x)_P}{2} \right] T_P^0 + \dfrac{a_E}{2} T_E^0 + \dfrac{a_W}{2} T_W^0 + S_C A_P (\Delta x)_P \end{cases} \tag{4.10b}$$

以上各格式中的系数 a_E, a_W, a_P^0 的表达式均如式(4.6)所示。非稳态热物理问题不同离散格式中用得最多的是式(4.9)那样的全隐格式。

对于稳态一维导热问题，控制容积积分没有时间区间的积分，相当于以上推演中 $a_P^0 = 0$，且 $f=1$，于是离散格式为

$$a_P T_P = a_E T_E + a_W T_W + b \tag{4.11a}$$

$$a_P = a_E + a_W - S_P A_P (\Delta x)_P, \quad b = S_C A_P (\Delta x)_P \tag{4.11b}$$

与非稳态问题的全隐离散格式(4.9)一样，稳态问题离散格式(4.11)也是包含三个未知数的代数方程，不能单独求解，需要全解域各节点的离散方程组合，并利用边界条件，最终构成一个系数矩阵为三对角的代数方程组，通过联立求解，才能解出。非稳态问题所得到的是时间推进一步的解，稳态问题则是问题的最终解。为使读者了解数值求解一个物理问题的完整过程，本节后面也将简要介绍这类离散方程的代数解法。

无论稳态问题或非稳态问题，离散格式系数 $a_{nb}(nb = W, P, E)$ 的值都与其界面 w 或者 e 的几何条件和物性条件有关。其中在非均质导热情况下，界面导热系数应由定义在界面两侧控制体对应的节点上的物性值来确定。

4.1.3 控制容积界面当量导热系数的确定方法

如图 4.1 所示，要确定节点 P,E 之间的界面 e 上的当量导热系数，一般有两种方法：

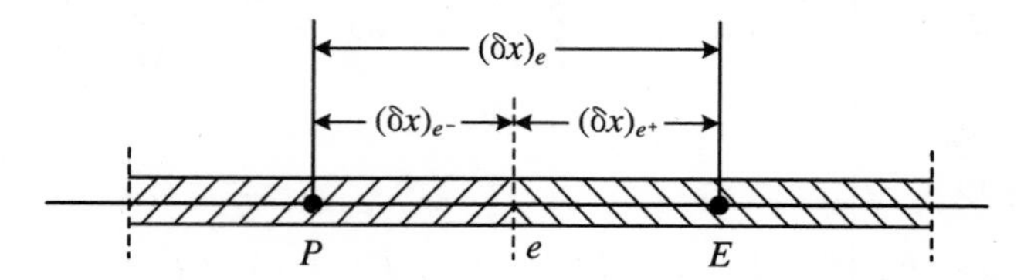

图 4.1 界面 e 两侧的几何关系

1. 加权平均法

假定在节点 P,E 之间的 λ 随 x 呈线性分布，则有

$$\lambda_e = \left[\frac{(\delta x)_{e^+}}{(\delta x)_e} \right] \lambda_P + \left[\frac{(\delta x)_{e^-}}{(\delta x)_e} \right] \lambda_E \tag{4.12}$$

此法是一种线性插值方法，使用起来简单方便；但是在处理导热性能差别很大的组合材料导热时，却明显不合适。假定节点 E 的控制容积为绝热材料，$\lambda_E \approx 0$，而节点 P 的控制容积为良导热体，λ_P 具有较大值。此时，节点 E 至 P 的导热量应该小到接近于零，即界面处热阻很大。但按加权平均法计算，$\lambda_e \approx \lambda_P (\delta x)_{e^+} / (\delta x)_e$，若为均匀网格，则 $\lambda_e \approx \lambda_P / 2$，即界面导热系数与 λ_P 成正比而与 λ_E 无关，是一个相当大的值，两节点间能顺利导热，显然这与物理实际不符合。

2. 调和平均法

该法在稳态导热、无源项、导热系数呈阶梯分布情况下基于界面热流的相容性原则而导出。在节点 E 和 P 的导热系数呈阶梯分布时，界面 e 处的热流率由 Fourier 导热定律可写为

$$(q_e)_P = \frac{T_e - T_P}{(\delta x)_{e^-}/\lambda_P},\quad (q_e)_E = \frac{T_E - T_e}{(\delta x)_{e^+}/\lambda_E}$$

按照界面热流的相容性原则，$(q_e)_P = (q_e)_E = q_e$，利用以上两式消除 T_e，得

$$q_e = \frac{T_E - T_P}{(\delta x)_{e^-}/\lambda_P + (\delta x)_{e^+}/\lambda_E}$$

由界面当量导热系数的意义，在稳态、无热源时，界面热流率应为

$$q_e = \frac{T_E - T_P}{(\delta x)_e/\lambda_e}$$

比较以上两式，得到界面当量导热系数的调和平均公式

$$\frac{(\delta x)_e}{\lambda_e} = \frac{(\delta x)_{e^-}}{\lambda_P} + \frac{(\delta x)_{e^+}}{\lambda_E} \tag{4.13}$$

上式体现了串联时总热阻等于分热阻之和的串联热阻叠加原则。若考虑截面积变化，则应在分母中加上面积 A。虽然是在稳态、无内热源和导热系数呈阶梯变化的假定下导出的，但串联热阻叠加原则的适用性不应受以上条件限制。即使是对有内热源或导热系数为连续变化的情况，计算表明该平均方法计算效果也比加权平均法好。对于界面两侧导热系数相差很大的问题，这种方法能够符合物理实际，优越性明显强于加权平均方法。如当 $\lambda_P \gg \lambda_E$ 时，在均匀网格下，有

$$\lambda_e = \frac{2\lambda_P\lambda_E}{\lambda_P + \lambda_E} \approx 2\lambda_E$$

即界面上的导热系数由导热系数很低的材料所决定，热阻很大，通过界面热流率很小。如果 $\lambda_E \to 0$，则 $\lambda_e \to 0$，界面绝热。这就真实地反映了实际物理现象，而不是像加权平均法的结果那样，即使界面一侧为绝热材料，界面之间也可顺利导热。鉴于这样，热物理数值计算中，广泛推荐使用调和平均法。本书今后涉及界面当量导热系数的计算时，只采用此法。

按照调和平均法，一维导热(稳态和非稳态)通用离散方程式中的系数 a_W 和 a_E 可写为

$$a_W = A_w\left[\frac{(\delta x)_{w^-}}{\lambda_W} + \frac{(\delta x)_{w^+}}{\lambda_P}\right]^{-1} = \frac{A_w\lambda_W\lambda_P}{\lambda_W(\delta x)_{w^+} + \lambda_P(\delta x)_{w^-}} \tag{4.14}$$

$$a_E = A_e\left[\frac{(\delta x)_{e^-}}{\lambda_P} + \frac{(\delta x)_{e^+}}{\lambda_E}\right]^{-1} = \frac{A_e\lambda_P\lambda_E}{\lambda_P(\delta x)_{e^+} + \lambda_E(\delta x)_{e^-}} \tag{4.15}$$

3. 存在导热系数有突变时的阶跃面的两种处理方法

一种方法是把导热系数的突变阶跃面设为控制容积的界面，使用调和平均法计算界面导热系数(图 4.2(a))；另一种方法则是将物性阶跃面选作节点(图 4.2(b))。计算表明，由于后者所得到的阶跃面两侧温度梯度单独计算而不同，所算得的阶跃面热流率比前一种方法要精确。

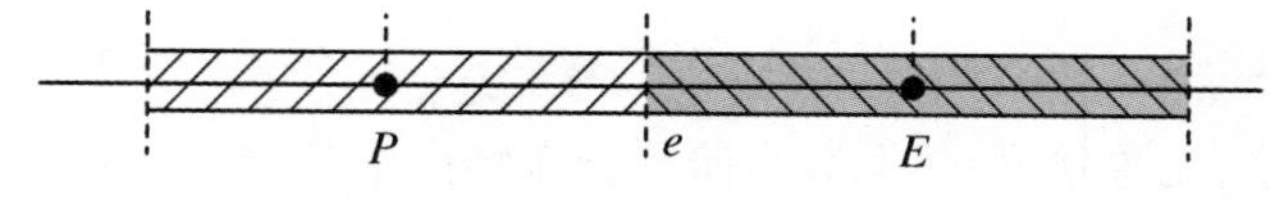

(a) 将阶跃面设置为控制容积的界面

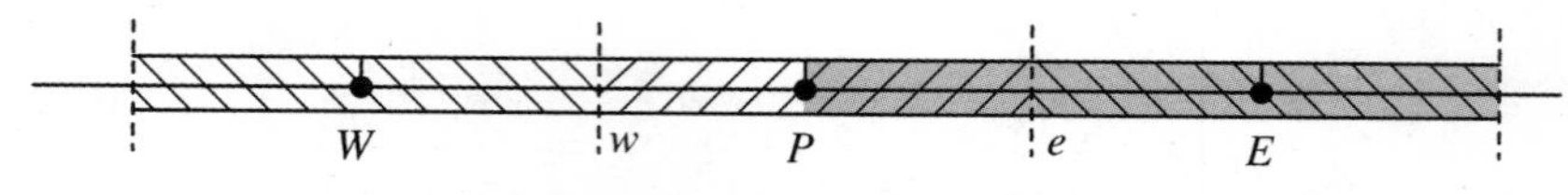

(b) 将阶跃面设置为节点

图 4.2 处理存在导热系数有突变时的阶跃面的两种方法

4.1.4 源项的线化处理

当源项是未知数的求解函数时，需要对源项做局部线化处理。对导热问题，就是将控制容积 P 中的热源项表示成温度 T 的线性函数，并在控制体内设定 T 呈阶梯形分布，即

$$S = S_C + S_P T_P$$

这样做，既可考虑到源项是未知数的函数，比假定源项是常数更合理，同时又可以保持离散方程的线性特性，不至于因为将源项设定为求解函数的二次或更高次多项式时，导致离散方程的非线性。

为了使离散方程能写成类似式(4.9)、式(4.11)那样的通用形式，方便编程，并保证这种通用形式的离散方程迭代求解收敛，要求源项线化斜率 $S_P \leqslant 0$。这样就可使离散求解代数方程组的系数矩阵对角占优，且 $|S_P|$ 越大，离散方程主对角系数 a_P 越大，两次迭代之间求解函数 T_P 变化越小，收敛越慢，有利于克服迭代过程可能的发散。反之，$|S_P|$ 小，可能引起发散。线化负斜率绝对值的大小可以改变迭代求解系统的惯性大小。

以下列举数例，以说明如何线化源项。其中上标“ * ”代表前次迭代值。

(1) $S = 2 - 3T$，取 $S_C = 2, S_P = -3$。

(2) $S = 4 + 7T$，可取 $S_C = 4 + 7T^*, S_P = 0$；亦可取 $S_C = 4 + 10T^*, S_P = -3$。

(3) $S = 3 - 5T^4$，通常在 T^* 附近做 Taylor 展开，选取 S_P 为 $S = f(T)$ 曲线在节点 P 的斜率，并由此确定 S_C。由于

$$\begin{aligned} S &= S^* + \left(\frac{\mathrm{d}S}{\mathrm{d}T}\right)^* (T - T^*) \\ &= (3 - 5T^{*4}) - 20T^{*3}(T - T^*) = 3 + 15T^{*4} - 20T^{*3}T \end{aligned}$$

于是取 $S_C = 3 + 15T^{*4}, S_P = -20T^{*3}$。

(4) $S = 3 + 5T^4$，可以由上面方法的组合来确定 S_C。例如

$$\begin{aligned} S &= S^* + \left(\frac{\mathrm{d}S}{\mathrm{d}T}\right)^* (T - T^*) = (3 + 5T^{*4}) + 20T^{*3}(T - T^*) \\ &= 3 - 15T^{*4} + 20T^{*3}T = 3 - 15T^{*4} + 30T^{*4} - 10T^{*3}T \\ &= 3 + 15T^{*4} - 10T^{*3}T \end{aligned}$$

于是取 $S_C = 3 + 15T^{*4}, S_P = -10T^{*3}$。

4.1.5　边界条件的引入

离散方程组若要能封闭且适定，则必须引入定解条件，即初始边界条件。初始条件的引入通常是简单的，但边界条件处理却相对困难。为体现循序渐进的原则，本小节以下部分就**“一维有源稳态导热问题”**的边界条件引入给予详细说明，而非稳态问题的边界条件引入应加入非稳态项，可参见 4.2.3 小节中关于多维导热问题的边界条件引入的说明。

取决于离散网格是点中心(外节点)或块中心(内节点)，边界条件引入方法有所不同：前者，边界上有节点；后者，边界上没有节点，网格首、尾节点距边界半个步长。为简单起见，不妨以起始边界和首个节点为例，一维问题相应于左边界和第一个节点，讨论相应的两种网格系统，如图 4.3 所示。

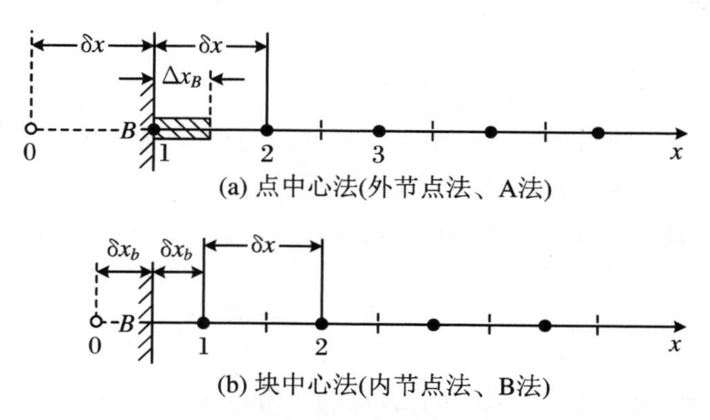

图 4.3　一维问题中两种网格下的左边界 B

第一类边界条件的处理　第一类边界条件：给定边界上的函数值 T_B。对点中心网格，将给定的边界函数值直接定义到边界节点就可以了，即 $T_1 = T_B$，这称为直接转移。对块中心网格，或将给定的边界函数值直接外推至第一个节点，$T_1 = T_B$，这样得到的 T_1 值为一阶精度；或用 T_B，T_2 对 T_1 做线性插值，得到节点 1,2 的温度与边界温度的一个关联方程。对均分网格，有 $(3T_1 - T_2)/2 = T_B$，这样得到的节点温度 T_1 值具有二阶精度。

第二、三类边界条件的处理　在处理边界条件时，通常约定通过边界流入系统的热流值为正的，流出为负的。第二类边界条件：给定边界上的热流值 q_B，即函数的导数值。按照热流值约定符号，左边界热流表达式为 $q_B = -\left(\lambda \dfrac{\mathrm{d}T}{\mathrm{d}x}\right)_B$，右边界热流表达式为 $q_B = \left(\lambda \dfrac{\mathrm{d}T}{\mathrm{d}x}\right)_B$。第三类边界条件：给定边界上热流值 q_B 与周围温度为 T_f、换热系数为 h 的流体介质之间换热关系式，即 $q_B = h(T_f - T_B)$。对于第二、三类边界条件，边界值是待求的。对于节点在边界上的点中心网格，需要按照给定的边界条件以及方程在边界节点的离散形式，建立在边界节点上的代数方程。但是，对于块中心网格，边界上无节点，一种处理方法是补充边界节点法：在边界上添置一个控制容积的体积为零的新计算节点 B，再按照给定的边界条件以及方程在零控制体的边界节点的离散形式，建立在边界节点上的代数方程。另一种则称为附加源项法：把两类边界条件规定的进入或导出体系内的热流作为近邻边界的控制容积的当量热源，这样，无需增加新的计算节点。无论是点中心或块中心网格，也无论是块中心下的补充节点法或附加源项法，在引入边界条件后，对于离散格式为式(4.9)和式(4.11)的一维问题，最终计算的代数方程组首尾两个方程都只有两个未知数。

以下针对两种不同网格，按照图4.2所示的左边界，对以上论述做详细推演和说明。为方便叙述，进一步假定导热系数 λ 为常数。

1. 点中心网格(外节点法、A法)

此时，边界节点 B 就是离散网格的第一个节点，它所代表的控制体是个半控制体，控制体厚度 $(\Delta x)_B=\delta x/2$，节点左侧厚度为零。建立边界节点的代数方程，既可直接用有限差分法，也可用控制容积平衡法离散。

(1) 采用有限差分法离散

对第二类边界条件，$q_B=-\lambda\left(\dfrac{\mathrm{d}T}{\mathrm{d}x}\right)_B$。若取一阶精度，则对温度导数进行前差分，有

$$\frac{\lambda}{\delta x}T_1=\frac{\lambda}{\delta x}T_2+q_B \tag{4.16}$$

对于导热问题，内点离散均取二阶中心差分，精度为二阶的。为使边界点的离散精度与内点一致，对于导数边界条件，有限差分方法通常采用向定义域外开拓网格的方法以做中心差分。对于点中心网格，向边界左侧等间距地开拓一个网格，令节点编号为0。于是边界条件中导数的中心差分离散为

$$\lambda\frac{T_2-T_0}{2\delta x}=-q_B$$

为消除 T_0，利用一维稳态有源项的导热方程在边界节点1的差分离散方程

$$\lambda\frac{T_2-2T_1+T_0}{(\delta x)^2}+S_C+S_PT_1=0$$

综合以上两式消除 T_0，并利用 $(\Delta x)_B=\delta x/2$，可以得到边界节点二阶精度的离散方程

$$\left[\frac{\lambda}{\delta x}-S_P(\Delta x)_B\right]T_1=\frac{\lambda}{\delta x}T_2+S_C(\Delta x)_B+q_B \tag{4.17}$$

对第三类边界条件，$q_B=h(T_f-T_B)$，将此式代入式(4.16)和式(4.17)，并对 $T_1=T_B$ 求解，得到相应于一阶和二阶精度的边界节点离散方程

$$\left(\frac{\lambda}{\delta x}+h\right)T_1=\frac{\lambda}{\delta x}T_2+hT_f \tag{4.18}$$

$$\left[\frac{\lambda}{\delta x}-S_P(\Delta x)_B+h\right]T_1=\frac{\lambda}{\delta x}T_2+S_C(\Delta x)_B+hT_f \tag{4.19}$$

(2) 采用控制容积平衡法离散

在边界节点 B 对应的半控制容积内建立热平衡关系，其右侧界面用 e 表示，有

$$\lambda\left(\frac{\partial T}{\partial x}\right)_e+q_B+(S_C+S_PT_1)(\Delta x)_B=0$$

令 T 随空间 x 呈分段线性分布，则 $\lambda\left(\dfrac{\partial T}{\partial x}\right)_e=\lambda\dfrac{T_2-T_1}{\delta x}$，于是得

$$\frac{\lambda}{\delta x}(T_2-T_1)+q_B+(S_C+S_PT_1)(\Delta x)_B=0$$

移项整理，即可得到式(4.17)。再代入第三类边界条件表达式，可得到式(4.19)。这就是

说，用控制容积平衡法离散所得的边界节点离散方程具有二阶精度。由于物理意义清晰，此法得到了广泛应用。

2．块中心网格（内节点法、B 法）

（1）补充边界节点，建立节点离散方程

在边界 B 上设置一个节点，标号仍为 B，它所代表的控制体是个零控制体，控制体厚度 $(\Delta x)_B=0$。与点中心情况一样，建立该节点的代数方程，既可直接用有限差分法，也可用控制容积法离散。

（a）采用控制容积平衡法离散

在零控制体节点 B 建立热平衡方程，仍以 w 和 e 表示控制体左、右两界面，有

$$\lambda\left(\frac{\partial T}{\partial x}\right)_e-\lambda\left(\frac{\partial T}{\partial x}\right)_w+(S_C+S_PT_1)(\Delta x)_B=0$$

令边界与节点 1 的距离为 δx_b。对第二类边界条件，在温度空间分布为线性的假设下，有

$$\lambda\left(\frac{\partial T}{\partial x}\right)_e=\frac{\lambda}{\delta x_b}(T_1-T_B),\qquad -\lambda\left(\frac{\partial T}{\partial x}\right)_w=q_B$$

而 $(\Delta x)_B=0$，所以添加的边界节点离散方程为

$$\frac{\lambda}{\delta x_b}T_B=\frac{\lambda}{\delta x_b}T_1+q_B \tag{4.20}$$

如果是第三类边界条件，将 $q_B=h(T_f-T_B)$ 代入上式，可得

$$\left(\frac{\lambda}{\delta x_b}+h\right)T_B=\frac{\lambda}{\delta x_b}T_1+hT_f \tag{4.21}$$

（b）采用有限差分离散

对于块中心网格，向边界左侧等间距地开拓半个网格，即开拓节点距边界为均分网格步长的一半，与原始第一个节点到边界的距离 δx_b 相等，令节点编号为 0。于是从对边界节点导数的中心差分可以得到

$$q_B=-\lambda\left(\frac{\mathrm{d}T}{\mathrm{d}x}\right)_B=\frac{\lambda}{2\delta x_b}(T_0-T_1) \tag{4.22}$$

为消除 T_0，设温度沿空间呈线性分布，取

$$T_B=(T_1+T_0)/2 \tag{4.23}$$

综合以上两式，消除 T_0，得式(4.20)；若为第三类边界，将 $q_B=h(T_f-T_B)$ 代入式(4.20)，即得式(4.21)。

两种离散方法对边界节点方程均具有二阶精度。

（2）附加源项法

此法不需在边界上设置节点而求出边界上的待求函数值，而只是将边界上的第二、三类条件转化为紧邻边界的内节点控制容积的一个源项。这样，问题求解就只限于内节点。较之添加边界节点法，可以节省计算时间，对多维问题其优越性更明显。同样，建立边界处内节点的离散方程可以用有限容积法，也可用有限差分的开拓网格方法。

（a）采用控制容积积分法

利用内节点的通用离散方程，在紧邻边界处做些特殊处理就可以了。如内节点 1，右边邻节点为 2，左边邻接边界，没有节点。为使用内节点离散通用形式，可在边界上设一个零控

制体节点 B 以作为节点 1 的左边邻节点。但要注意,由于所设虚拟边界节点控制厚度为零,在应用内节点通用离散式时,确定虚拟节点相应离散系数时要特别小心它的两相邻节点间距不要弄错。对一维稳态有源项等截面导热问题,在均匀网格下,将通用离散格式式(4.11)用于节点 1,有

$$a_1 T_1 = a_2 T_2 + a_B T_B + b \tag{4.24a}$$

$$a_2 = \frac{\lambda}{\delta x},\ a_B = \frac{\lambda}{\delta x_b},\ a_1 = a_2 + a_B - S_P \delta x,\ b = S_C \delta x,\ \delta x_b = \frac{\delta x}{2} \tag{4.24b}$$

将式(4.24a)两边减去 $a_B T_1$,得

$$(a_1 - a_B) T_1 = a_2 T_2 + a_B (T_B - T_1) + b$$

对第二类边界条件,

$$q_B = -\lambda \left(\frac{\partial T}{\partial x}\right)_B = \frac{\lambda}{\delta x_b}(T_B - T_1) = a_B (T_B - T_1)$$

由式(4.24b),有

$$a_1 - a_B = a_2 - S_P \delta x$$

综合以上三式,可以得到在第二类边界条件下,紧邻边界的内节点 1 的离散方程

$$\bar{a}_1 T_1 = a_2 T_2 + \bar{b} \tag{4.25a}$$

$$a_2 = \frac{\lambda}{\delta x},\quad \bar{a}_1 = a_2 - S_P \delta x,\quad \bar{b} = S_C \delta x + q_B \tag{4.25b}$$

此式表明,邻边界内节点离散方程化成了两个未知量,边界条件影响体现在源项中增加了一个热流率。

对第三类边界条件,$q_B = h(T_f - T_B)$;而按 Fourier 导热定律,$q_B = \frac{\lambda}{\delta x_b}(T_B - T_1)$,于是

$$q_B = h(T_f - T_B) = \frac{\lambda}{\delta x_b}(T_B - T_1) = a_B (T_B - T_1)$$

利用上式,消除 T_B,可以得到

$$q_B = \frac{T_f - T_1}{1/h + \delta x_b / \lambda}$$

代入式(4.25),归纳整理,最终可得

$$\bar{\bar{a}}_1 T_1 = a_2 T_2 + \bar{\bar{b}} \tag{4.26a}$$

$$a_2 = \frac{\lambda}{\delta x},\quad \bar{\bar{a}}_1 = a_2 - S_P \delta x + \frac{1}{1/h + \delta x_b / \lambda},\quad \bar{\bar{b}} = S_C \delta x + \frac{T_f}{1/h + \delta x_b / \lambda} \tag{4.26b}$$

同样,方程化为两个未知量,源项增加了一个附加项。

(b) 采用有限差分法

同添加边界节点方法一样,向边界左侧开拓半个网格,得到节点 0。对第二类边界条件,得到式(4.22),为消除 T_0,将内点 1 的离散通用方程对节点 1,0,2 写出,有

$$a_1 T_1 = a_2 T_2 + a_0 T_0 + b \tag{4.27a}$$

$$a_2 = \frac{\lambda}{\delta x},\quad a_0 = \frac{\lambda}{2\delta x_b} = \frac{\lambda}{\delta x},\quad a_1 = a_2 + a_0 - S_P \delta x,\quad b = S_C \delta x \tag{4.27b}$$

联立式(4.22)与式(4.27),消除 T_0,有

$$a_1 T_1 = a_2 T_2 + a_0 \left(\frac{2\delta x_b}{\lambda} q_B + T_1 \right) + b$$

移项整理,并利用式(4.27)第二式的系数关系,最终得到式(4.25)。对第三类边界条件,类似于前面的推演,即可得到式(4.26),两种方法的结果完全一样。

至此,我们详细论述了三类边界条件的处理方法。这是针对一维稳态问题讲的,但所有方法的思想均适用于多维非稳态问题。

4.1.6　离散方程的非线性性质和处理

当导热系数 λ 依赖于求解函数温度 T 时,离散代数方程的系数也是温度 T 的函数,方程具有非线性性质。对非线性代数方程组,需要将方程线化,用迭代的方法求解。最简单的线化迭代求解方法是系数迭代更新法,其步骤如下:

(1) 给出所有求解节点温度的试探值作为迭代初值;

(2) 用迭代初值计算离散方程中的系数值,固定系数,将方程线化;

(3) 求解线化了的代数方程组,得到新的温度值;

(4) 用新的温度值替代迭代初值,返回至步骤(2),重复其计算过程,一次次更新系数,一次次线化并求解方程,直到新一轮迭代计算值与上一轮迭代计算值之差小到迭代收敛规定的要求为止。

图 4.4 为稳态和非稳态情况下求解非线性问题的程序设计流程图。

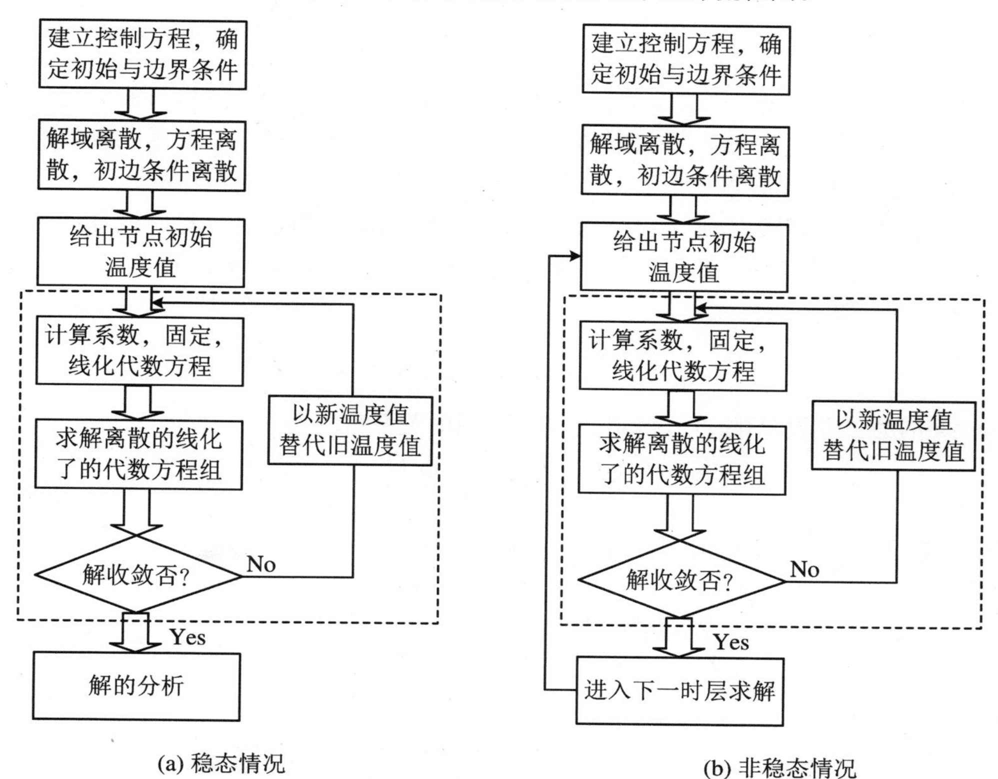

图 4.4　求解非线性问题的程序设计流程图

4.1.7 线化代数方程组的三对角阵算法

对线化的代数方程组求解，通常有直接解法和迭代解法两种，深入讨论留到本书后面章节，但是为使读者在了解了离散过程之后对数值计算的全过程有一个基本认识，这里对一维导热方程离散构成的方程组的直接求解方法给予初步介绍。

一维稳态导热问题或者一维非稳态导热的隐式格式，对解域内部节点离散，得到如下形式的代数方程：

$$a_P T_P = a_E T_E + a_W T_W + b$$

它至多包含三个未知数。利用边界条件，在边界处要求解的节点离散方程的未知数减少到两个。全部待求解节点的离散方程组合起来，构成一个系数矩阵为三对角阵的代数方程组：系数矩阵除了主对角线及其两邻侧对角线上元素不为零外，其余元素均为零。解这种代数方程组，用得最多的是基于 Gauss 消元法的 Thomas 算法，又称追赶法或三对角阵算法(TDMA)。设求解节点数为 N，现将以上离散方程改写为如下形式：

$$a_i T_{i-1} + b_i T_i + c_i T_{i+1} = d_i, \quad i = 1,2,\cdots,N-1,N \tag{4.28}$$

代数方程组的矩阵表达式为

$$\begin{pmatrix} b_1 & c_1 & & & \\ a_2 & b_2 & c_2 & & \\ & \ddots & \ddots & \ddots & \\ & & a_{N-1} & b_{N-1} & c_{N-1} \\ & & & a_N & b_N \end{pmatrix} \begin{pmatrix} T_1 \\ T_2 \\ \vdots \\ T_{N-1} \\ T_N \end{pmatrix} = \begin{pmatrix} d_1 \\ d_2 \\ \vdots \\ d_{N-1} \\ d_N \end{pmatrix}$$

易见，$a_1 = 0, c_N = 0$。该法求解分为消元和回代两个过程。消元时，自前向后，从第二行开始，利用前一行方程中两个未知量间的关系，逐个把本行中第一个非零元素消除，使原来的三元方程变为二元方程。当消元进行到最后一行时，其二元方程化为一元，于是，最后一个未知量的值立即得到。随之，从倒数第二行开始，自后向前逐个进行回代，由消元过程得到的二元方程解出其他未知值。以下推导这两个过程中的系数计算通式。

当 $i=1$ 时，有

$$T_1 = -\frac{c_1}{b_1} T_2 + \frac{d_1}{b_1} = P_1 T_2 + Q_1$$

代入 $i=2$ 的第二方程，消除 T_1，得到 T_2 和 T_3 间的关系为

$$T_2 = \frac{-c_2}{a_2 P_1 + b_2} T_3 + \frac{d_2 - a_2 Q_1}{a_2 P_1 + b_2} = P_2 T_3 + Q_2$$

这样逐个向下，令第 $i-1$ 行的方程消元后得到的关系式为

$$T_{i-1} = P_{i-1} T_i + Q_{i-1}$$

将此式乘 $-a_i$，再与方程(4.28)相加，则可消去 T_{i-1}，得

$$b_i T_i + c_i T_{i+1} = d_i - a_i P_{i-1} T_i - a_i Q_{i-1}$$

移项整理，有

$$T_i = \frac{-c_i}{a_i P_{i-1} + b_i} T_{i+1} + \frac{d_i - a_i Q_{i-1}}{a_i P_{i-1} + b_i} = P_i T_{i+1} + Q_i \tag{4.29}$$

因此，由消元过程所得计算系数 P_i, Q_i 的递推关系为

$$P_i = \frac{-c_i}{a_i P_{i-1} + b_i},\quad Q_i = \frac{d_i - a_i Q_{i-1}}{a_i P_{i-1} + b_i} \tag{4.30}$$

由 $a_1 = 0$,有

$$P_1 = \frac{-c_1}{b_1},\quad Q_1 = \frac{d_1}{b_1}$$

由 $c_N = 0$,有

$$P_N = 0,\quad Q_N = \frac{d_N - a_N Q_{N-1}}{a_N P_{N-1} + b_N} = T_N$$

因此,求解过程归结如下:取 $a_1 = 0, c_N = 0$,按照式(4.30)计算消元过程中的系数 P_i, $Q_i(i = 1,2,\cdots,N)$;再按照式(4.29),逐个回代计算 $T_i(i = N, N-1,\cdots,2,1)$。

4.1.8　一维导热问题的隐式求解示范

本小节采用隐式差分格式和 TDMA 算法,对一维导热问题进行求解示范。

1. 方程离散

一维扩散方程和初边条件如下:

$$\begin{aligned} &\frac{\partial T}{\partial t} = \sigma \frac{\partial^2 T}{\partial x^2},\quad 0 \leqslant x \leqslant 1, \sigma > 0 \\ &T(0,t) = 0,\quad T(1,t) = 1 \\ &T(x,0) = 0,\quad x \leqslant 0.5 \\ &T(x,0) = 1,\quad x > 0.5 \end{aligned}$$

2. 示范程序

一维扩散方程隐式求解 MATLAB 示范程序如下:

```
clear;clf;
sigma=1; dx=0.01; dt=0.001;
alpha=sigma*dt/dx^2;
u=zeros(1,100);
  for i=51:100
    u(i)=1;
  end
  u1=u;
a=zeros(1,100);
b=a; c=a; d=a; P=a; Q=a;
  for i=2:99
    a(i)=0-alpha;
    b(i)=2*alpha+1;
    c(i)=0-alpha;
  end
```

```
a(2)=0;
c(99)=0;

for time=1:1000
d(2)=u(2)+alpha;
for i=3:99
  d(i)=u(i);
end

for i=2:99
  P(i)=-c(i)/(a(i)*P(i-1)+b(i));
  Q(i)=(d(i)-a(i)*Q(i-1))/(a(i)*P(i-1)+b(i));
end

u1(99)=Q(99);
for i=98:-1:2
  u1(i)=P(i) * u1(i+1)+Q(i);
end
u1(1)=1;
u1(100)=0;
u=u1;

plot(u)
axis([0,100,0,1.2])
A(time)=getframe;
end

movie(A,3)
```

3. 程序结果及讨论

(1) 改变 dt 值,可以看到计算结果不会发生振荡,原因是隐式差分格式是无条件稳定的。
(2) 实际计算中 dt 值也不能太大,以免出现不符合物理实际的结果。

4.2 多维导热

4.2.1 非稳态二维导热方程的全隐式离散

1. 直角坐标系

在 ρc = 常数的情况下,直角坐标系下二维非稳态导热方程为

$$\rho c\frac{\partial T}{\partial t}=\frac{\partial}{\partial x}\left(\lambda\frac{\partial T}{\partial x}\right)+\frac{\partial}{\partial y}\left(\lambda\frac{\partial T}{\partial y}\right)+S \tag{4.31}$$

采用控制容积积分法进行离散。选如图 4.5 所示的控制体 P，在时间间隔$[t,t+\Delta t]$内将方程(4.31)对时间和空间积分，有

$$\int_s^n\int_w^e\int_t^{t+\Delta t}\rho c\frac{\partial T}{\partial t}\mathrm{d}t\mathrm{d}x\mathrm{d}y=\int_t^{t+\Delta t}\int_s^n\int_w^e\frac{\partial}{\partial x}\left(\lambda\frac{\partial T}{\partial x}\right)\mathrm{d}x\mathrm{d}y\mathrm{d}t+\int_t^{t+\Delta t}\int_w^e\int_s^n\frac{\partial}{\partial y}\left(\lambda\frac{\partial T}{\partial y}\right)\mathrm{d}y\mathrm{d}x\mathrm{d}t$$
$$+\int_s^n\int_w^e\int_t^{t+\Delta t}S\mathrm{d}x\mathrm{d}y\mathrm{d}t$$

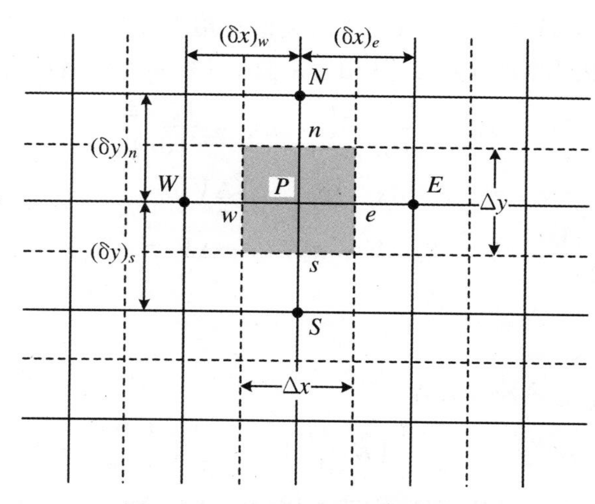

图 4.5　二维直角坐标的网格系统

假定非稳态项中温度随空间呈阶梯分布，扩散项中温度随空间呈分段线性分布、随时间呈阶梯分布，线化源项中温度随时间和空间均呈阶梯分布，取全隐式格式，令线化源项 $S=S_C+S_PT$，则积分得到

$$\rho c(T_P-T_P^0)\Delta x\Delta y=\left[\lambda_e\frac{T_E-T_P}{(\delta x)_e}-\lambda_w\frac{T_P-T_W}{(\delta x)_w}\right]\Delta y\Delta t$$
$$+\left[\lambda_n\frac{T_N-T_P}{(\delta y)_n}-\lambda_s\frac{T_P-T_S}{(\delta y)_s}\right]\Delta x\Delta t$$
$$+(S_C+S_PT_P)\Delta x\Delta y\Delta t$$

整理以上结果，写成如下通用离散形式：

$$a_PT_P=a_ET_E+a_WT_W+a_NT_N+a_ST_S+b \tag{4.32}$$

其中

$$a_E=\frac{\lambda_e\Delta y}{(\delta x)_e},\quad a_W=\frac{\lambda_w\Delta y}{(\delta x)_w},\quad a_N=\frac{\lambda_n\Delta x}{(\delta y)_n},\quad a_S=\frac{\lambda_s\Delta x}{(\delta y)_s} \tag{4.33a}$$

$$\begin{cases}a_P=a_E+a_W+a_N+a_S+a_P^0-S_P\Delta x\Delta y\\ a_P^0=\dfrac{\rho c\Delta x\Delta y}{\Delta t},\quad b=S_C\Delta x\Delta y+a_P^0T_P^0\end{cases} \tag{4.33b}$$

这里，界面上的导热系数按调和平均计算。在推导中，取垂直于 xy 平面的 z 方向厚度为 1，因此控制容积体积 $\Delta V=\Delta x\Delta y$。如果时间步长 $\Delta t\to\infty$，则 $a_P^0\to0$，式(4.32)及其相应的关系式(4.33)就是稳态时的离散方程及各量对应的表达式。

2. 轴对称圆柱坐标系

轴对称圆柱坐标系下的非稳态导热，控制方程空间变量也有两个，因此也列入二维范畴。令轴向和径向坐标分别为 x，r，则控制方程为

$$\rho c\frac{\partial T}{\partial t}=\frac{\partial}{\partial x}\left(\lambda\frac{\partial T}{\partial x}\right)+\frac{1}{r}\frac{\partial}{\partial r}\left(r\lambda\frac{\partial T}{\partial r}\right)+S \tag{4.34}$$

离散网格系统如图 4.6 所示，东西为轴向 x 坐标方向，南北为径向 r 坐标方向。考察周向为 1 弧度的中心角范围区域，则节点 P 的控制体体积为 $\Delta V=(r_n+r_s)\Delta r\Delta x/2$；或者当 P 位于界面 n 和 s 的中点时，$\Delta V=r_P\Delta r\Delta x$。采用类似直角坐标系下的积分离散推导方法，亦可得到与式(4.32)完全相同的离散方程，其相应系数 a_{nb} 和非齐次项 b 的表达式则为

$$a_E=\frac{\lambda_e r_P\Delta r}{(\delta x)_e},\quad a_W=\frac{\lambda_w r_P\Delta r}{(\delta x)_w},\quad a_N=\frac{\lambda_n r_n\Delta x}{(\delta r)_n},\quad a_S=\frac{\lambda_s r_s\Delta x}{(\delta r)_s} \tag{4.35a}$$

$$\begin{cases}a_P=a_E+a_W+a_N+a_S+a_P^0-S_P\Delta V\\ a_P^0=\dfrac{\rho c\Delta V}{\Delta t},\quad b=S_C\Delta V+a_P^0T_P^0,\quad \Delta V=\dfrac{r_n+r_s}{2}\Delta r\Delta x\end{cases} \tag{4.35b}$$

3. 平面极坐标系

极坐标系下非稳定导热控制方程是

$$\rho c\frac{\partial T}{\partial t}=\frac{1}{r}\frac{\partial}{\partial r}\left(r\lambda\frac{\partial T}{\partial r}\right)+\frac{1}{r}\frac{\partial}{\partial \theta}\left(\frac{\lambda}{r}\frac{\partial T}{\partial \theta}\right)+S \tag{4.36}$$

取如图 4.7 所示的离散网格系统，东西为周向 θ 坐标方向，南北为径向 r 坐标方向。考察垂直于 $r\theta$ 平面单位厚度的区域，则节点 P 的控制体体积为 $\Delta V=(r_n+r_s)\Delta r\Delta\theta/2$；或者当 P 位于界面 n 和 s 的中点时，$\Delta V=r_P\Delta r\Delta\theta$。

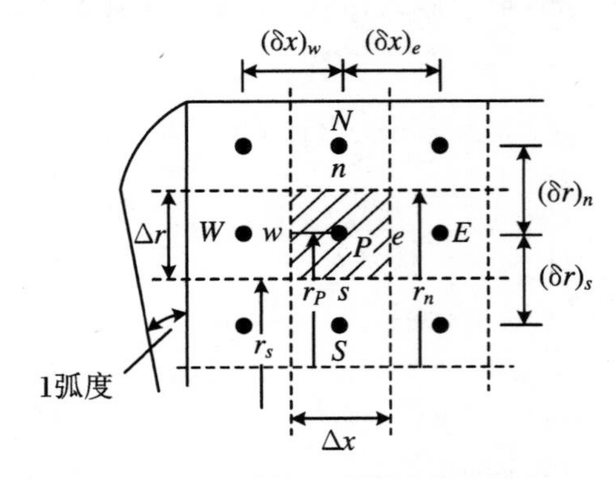

图 4.6　轴对称圆柱坐标的网格系统

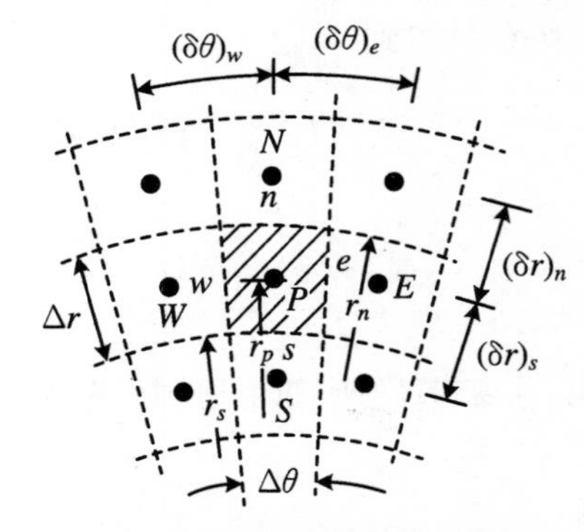

图 4.7　平面极坐标的网格系统

采用类似于直角坐标系的积分离散推演方法，可以得到与式(4.32)形式全同的离散方程，相应系数 a_{nb} 和非齐次项 b 的表达式为

$$a_E=\frac{\lambda_e\Delta r}{r_e(\delta\theta)_e},\quad a_W=\frac{\lambda_w\Delta r}{r_w(\delta\theta)_w},\quad a_N=\frac{\lambda_n r_n\Delta\theta}{(\delta r)_n},\quad a_S=\frac{\lambda_s r_s\Delta\theta}{(\delta r)_s} \tag{4.37a}$$

$$\begin{cases}a_P=a_E+a_W+a_N+a_S+a_P^0-S_P\Delta V\\ a_P^0=\dfrac{\rho c\Delta V}{\Delta t},\quad b=S_C\Delta V+a_P^0T_P^0,\quad \Delta V=\dfrac{r_n+r_s}{2}\Delta r\Delta\theta\end{cases} \tag{4.37b}$$

4. 二维导热在三种正交坐标下全隐格式离散的通用表达形式

以上三种坐标下的离散方程具有完全相同的形式，差别只在于方程系数和非齐次项表达式有所不同。这就为编制一个采用同一套编程语句，却能用于三种不同坐标系统，计算中只要改一下个别参数取值就行了的通用程序提供了基础。我们只要把通用离散方程式(4.32)中的系数和非齐次项表示成通用形式就能达到目的。

分析 x-y，x-r，θ-r 三种坐标系数表达式的主要差别。一是东西方向，极坐标中的角度坐标 θ 是无量纲的，而其他坐标相应的 x 坐标则是有量纲的线度坐标，为了统一表达，可以在角度坐标 θ 中引入一个有量纲的尺度因子 $SX = r$，而规定其他坐标相应的尺度因子 $SX = 1$；二是在南北方向，直角坐标中没有半径这个量，而其他坐标系中却有，为统一表达，引入半径 R 这个参量，非直角坐标 $R = r$，规定直角坐标 $R = 1$。这样，借助于引入的尺度因子 SX 和半径 R 两个参量，并在不同坐标中赋予不同值，就可把三种坐标系中系数与非齐次项表示成统一形式了，详细结果如表 4.1 所列。

表 4.1　二维导热三种坐标系离散方程系数的通用表达式[1]

坐标系	直角	轴对称圆柱	平面极坐标	通用形式
东西方向	x	x	θ	X
南北方向	y	r	r	Y
半径	1	r	r	R
东西尺度因子	1	1	r	SX
东西节点间距	δx	δx	$r\delta\theta$	$(\delta X)(SX)$
南北节点间距	δy	δr	δr	δY
东西导热面积	Δy	$r\Delta r$	Δr	$R(\Delta Y)/SX$
南北导热面积	Δx	$r\Delta x$	$r\Delta\theta$	$R\Delta X$
控制体体积	$\Delta x\Delta y$	$r\Delta x\Delta r$	$r\Delta\theta\Delta r$	$R\Delta X\Delta Y$ ★
a_E	$\dfrac{\lambda_e\Delta y}{(\delta x)_e}$	$\dfrac{\lambda_e r_P\Delta r}{(\delta x)_e}$	$\dfrac{\lambda_e\Delta r}{r_e(\delta\theta)_e}$	$\dfrac{\lambda_e R_e\Delta Y}{(SX)_e^2(\delta X)_e}$ ▼
a_W	$\dfrac{\lambda_w\Delta y}{(\delta x)_w}$	$\dfrac{\lambda_w r_P\Delta r}{(\delta x)_w}$	$\dfrac{\lambda_w\Delta r}{r_w(\delta\theta)_w}$	$\dfrac{\lambda_w R_w\Delta Y}{(SX)_w^2(\delta X)_w}$ ▼
a_N	$\dfrac{\lambda_n\Delta x}{(\delta y)_n}$	$\dfrac{\lambda_n r_n\Delta x}{(\delta r)_n}$	$\dfrac{\lambda_n r_n\Delta\theta}{(\delta r)_n}$	$\dfrac{\lambda_n R_n\Delta X}{(\delta Y)_n}$
a_S	$\dfrac{\lambda_s\Delta x}{(\delta y)_s}$	$\dfrac{\lambda_s r_s\Delta x}{(\delta r)_s}$	$\dfrac{\lambda_s r_s\Delta\theta}{(\delta r)_s}$	$\dfrac{\lambda_s R_s\Delta X}{(\delta Y)_s}$
a_P^0	$\rho cR\Delta X\Delta Y/\Delta t$ ★			
b	$S_C R\Delta X\Delta Y + a_P^0 T_P^0$ ★			
a_P	$a_E + a_W + a_N + a_N + a_P^0 - S_P R\Delta X\Delta Y$ ★			

★ 若节点 P 在界面 n 与 s 的中点上，则 $R = R_P$；否则，$R = (R_n + R_s)/2$。

▼ 对轴对称圆柱坐标下，R_e，R_w 代表的是 r_P。

4.2.2 非稳态三维导热方程的全隐式离散

掌握了二维问题的离散方法,可以方便地推广至三维。沿袭前面讨论所用的假设条件,直角坐标下一般的三维导热控制方程为

$$\rho c\frac{\partial T}{\partial t}=\frac{\partial}{\partial x}\left(\lambda\frac{\partial T}{\partial x}\right)+\frac{\partial}{\partial y}\left(\lambda\frac{\partial T}{\partial y}\right)+\frac{\partial}{\partial z}\left(\lambda\frac{\partial T}{\partial z}\right)+S \tag{4.38}$$

将以上守恒型方程在时间间隔$[t,t+\Delta t]$,空间节点P对应的控制容积区域"x向自w至e,y向自s至n,z向自b至t"上积分,使用二维坐标下相同的积分函数的时间、空间分布假设,取全隐式格式,则积分完成后可以整理成如下通用形式的离散方程:

$$a_PT_P=a_ET_E+a_WT_W+a_NT_N+a_ST_S+a_TT_T+a_BT_B+b \tag{4.39}$$

其中

$$a_E=\frac{\lambda_e\Delta y\Delta z}{(\delta x)_e},\quad a_W=\frac{\lambda_w\Delta y\Delta z}{(\delta x)_w},\quad a_N=\frac{\lambda_n\Delta z\Delta x}{(\delta y)_n},\quad a_S=\frac{\lambda_s\Delta z\Delta x}{(\delta y)_s} \tag{4.40a}$$

$$a_T=\frac{\lambda_t\Delta x\Delta y}{(\delta z)_t},\quad a_B=\frac{\lambda_b\Delta x\Delta y}{(\delta z)_b},\quad a_P^0=\frac{\rho c\Delta x\Delta y\Delta z}{\Delta t} \tag{4.40b}$$

$$a_P=a_E+a_W+a_N+a_S+a_T+a_B+a_P^0-S_P\Delta x\Delta y\Delta z \tag{4.40c}$$

$$b=S_C\Delta x\Delta y\Delta z+a_P^0T_P^0 \tag{4.40d}$$

控制容积是由界面e,w,n,s,t,b组成的六面体,其体积$\Delta V=\Delta x\Delta y\Delta z$;界面上的导热系数按调和平均计算。在推导中,如果时间步长$\Delta t\to\infty$,则$a_P^0\to 0$,式(4.39)及其相应的关系式(4.40)就是稳态时的离散方程及各量对应的表达式。

如果取一般的圆柱坐标,则相应的三维导热控制方程为

$$\rho c\frac{\partial T}{\partial t}=\frac{\partial}{\partial x}\left(\lambda\frac{\partial T}{\partial x}\right)+\frac{1}{r}\frac{\partial}{\partial r}\left(r\lambda\frac{\partial T}{\partial r}\right)+\frac{1}{r}\frac{\partial}{\partial\theta}\left(\frac{\lambda}{r}\frac{\partial T}{\partial\theta}\right)+S \tag{4.41}$$

节点P控制容积相应的界面w-e,s-n,b-t分别对应θ,r,x三个坐标方向,控制体体积为$\Delta V=(r_n+r_s)\Delta r\Delta x\Delta\theta/2$;或者当$P$位于界面$n$和$s$的中点时,$\Delta V=r_P\Delta r\Delta x\Delta\theta$。采用类似直角坐标系的积分离散推演方法,可以得到与式(4.39)形式完全一样的离散方程,相应系数a_{nb}和非齐次项b的表达式为

$$\begin{cases}a_E=\dfrac{\lambda_e\Delta r\Delta x}{r_e(\delta\theta)_e},\quad a_W=\dfrac{\lambda_w\Delta r\Delta x}{r_w(\delta\theta)_w}\\ a_N=\dfrac{\lambda_nr_n\Delta x\Delta\theta}{(\delta r)_n},\quad a_S=\dfrac{\lambda_sr_s\Delta x\Delta\theta}{(\delta r)_s}\\ a_T=\dfrac{\lambda_tr_P\Delta\theta\Delta r}{(\delta x)_t},\quad a_B=\dfrac{\lambda_br_P\Delta\theta\Delta r}{(\delta x)_b}\end{cases} \tag{4.42a}$$

$$\begin{cases}a_P=a_E+a_W+a_N+a_S+a_T+a_B+a_P^0-S_P\Delta V\\ a_P^0=\dfrac{\rho c\Delta V}{\Delta t},\quad b=S_C\Delta V+a_P^0T_P^0,\quad \Delta V=\dfrac{r_n+r_s}{2}\Delta r\Delta\theta\Delta x\end{cases} \tag{4.42b}$$

将以上结果与二维轴对称坐标和平面极坐标下的结果比较,可以看出,后面两坐标下的二维导热可看成三维圆柱坐标下导热问题的特殊简化形式。

4.2.3　边界条件处理

上小节通过一维问题，已经较为细致地讲了处理三类不同边界条件的方法。这些方法都可推广用于多维问题。以下讲一下控制容积法在处理多维问题边界条件中的应用，并就不规则计算区域边界的问题处理做简单介绍。为简单起见，以二维直角坐标为例，其他坐标系情况类似处理。

本小节中，我们对点中心网格采用控制容积平衡法进行离散，对块中心网格采用附加源项法进行离散。本小节不再局限于稳态无源问题。

1. 点中心网格下非角点处的第二、三类边界条件

如图 4.8 所示，边界节点 B 对应的控制体为东西方向只有半个步长的半控制体。对第二类边界，$q_B = -\left(\lambda \dfrac{\partial T}{\partial x}\right)_B$，在此半控制体上建立热量平衡方程，有

$$\rho c(T_B - T_B^0)\frac{\Delta x}{2}\Delta y = \left[\lambda_e \frac{T_E - T_B}{(\delta x)_e} + q_B\right]\Delta y\Delta t + \left[\lambda_n \frac{T_N - T_B}{(\delta y)_n} - \lambda_s \frac{T_B - T_S}{(\delta y)_s}\right]\frac{\Delta x}{2}\Delta t$$
$$+ (S_C + S_P T_B)\frac{\Delta x}{2}\Delta y\Delta t$$

同推演内部节点通用离散方程一样，将上式移项、合并整理，最后得

$$a_B T_B = a_E T_E + a_N T_N + a_S T_S + b \tag{4.43}$$

其中

$$a_E = \frac{\lambda_e \Delta y}{(\delta x)_e},\quad a_N = \frac{\lambda_n \Delta x}{2(\delta y)_n},\quad a_S = \frac{\lambda_s \Delta x}{2(\delta y)_s},\quad a_B^0 = \frac{\rho c\Delta x\Delta y}{2\Delta t} \tag{4.44a}$$

$$a_B = a_E + a_N + a_S + a_B^0 - S_P\Delta x\Delta y/2 \tag{4.44b}$$

$$b = \frac{1}{2}S_C\Delta x\Delta y + a_B^0 T_B^0 + q_B\Delta y \tag{4.44c}$$

对第三类边界，$q_B = h(T_f - T_B)$，代入以上两式，合并整理，得到与式(4.43)完全一样的离散形式，其中系数 a_E, a_N, a_S, a_B^0 与第二类时的式(4.44a)形式一样，但 a_B 与 b 有别，形式为

$$\begin{cases} a_B = a_E + a_N + a_S + a_B^0 - S_P\Delta x\Delta y/2 + h\Delta y \\ b = \dfrac{1}{2}S_C\Delta x\Delta y + a_B^0 T_P^0 + hT_f\Delta y \end{cases} \tag{4.45}$$

2. 点中心网格下角点处的第二、三类边界条件

如图 4.9 所示，边界节点 B 是角点，对应控制体的大小为内部节点控制体的 1/4，并在 x, y 两个方向上都有边界热流。令 $\boldsymbol{q}_B = q_{Bx}\boldsymbol{i} + q_{By}\boldsymbol{j}$，建立该控制体的热量平衡关系，对第二类边界，$q_{Bx} = -\left(\lambda \dfrac{\partial T}{\partial x}\right)_B$，$q_{By} = \left(\lambda \dfrac{\partial T}{\partial y}\right)_B$，于是有

$$\rho c(T_B - T_B^0)\frac{\Delta x\Delta y}{4} = \left[\lambda_e\frac{T_E - T_B}{(\delta x)_e} + q_{Bx}\right]\frac{\Delta y}{2}\Delta t + \left[q_{By} - \lambda_s\frac{T_B - T_S}{(\delta y)_s}\right]\frac{\Delta x}{2}\Delta t$$
$$+ (S_C + S_P T_B)\frac{\Delta x\Delta y}{4}\Delta t$$

将上式移项、合并整理，最后得

$$a_B T_B = a_E T_E + a_S T_S + b \tag{4.46}$$

其中

$$a_E = \frac{\lambda_e\Delta y}{2(\delta x)_e},\quad a_S = \frac{\lambda_s\Delta x}{2(\delta y)_s},\quad a_B^0 = \frac{\rho c\Delta x\Delta y}{4\Delta t} \tag{4.47a}$$

$$a_B = a_E + a_S + a_B^0 - \frac{1}{4}S_P\Delta x\Delta y \tag{4.47b}$$

$$b = \frac{1}{4}S_C\Delta x\Delta y + a_B^0 T_B^0 + \frac{1}{2}q_{Bx}\Delta y + \frac{1}{2}q_{By}\Delta x \tag{4.47c}$$

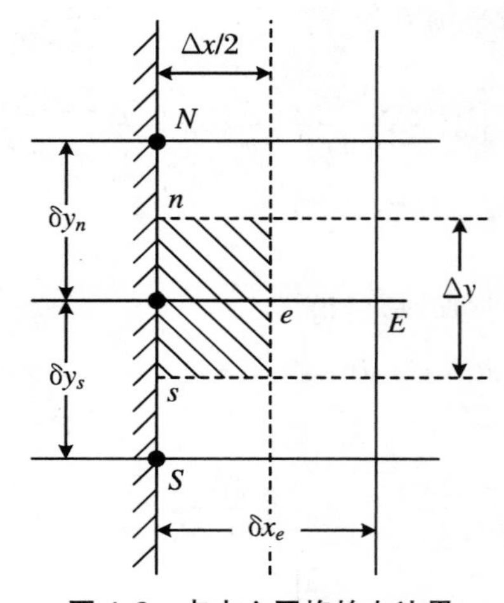

图 4.8 点中心网格的左边界

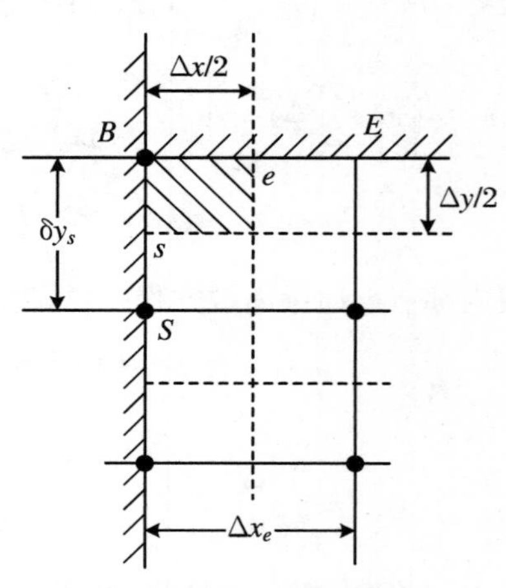

图 4.9 点中心下的角点处

对第三类边界，若设 $q_{Bx} = h_x(T_{fx} - T_B)$，$q_{By} = h_y(T_{fy} - T_B)$，其中参数新附加的下标 x，y 分别表示参数在东西或南北方向定义。将此式代入第二类条件的表达式，得到与式(4.46)完全一样的离散形式，其中系数 a_E，a_S，a_B^0 与第二类时的式(4.47a)形式一样，但 a_B 与 b 有别，形式为

$$a_B = a_E + a_S + a_B^0 - \frac{1}{4}S_P\Delta x\Delta y + \frac{1}{2}h_x\Delta y + \frac{1}{2}h_y\Delta x \tag{4.48a}$$

$$b = \frac{1}{4}S_C\Delta x\Delta y + a_B^0 T_B^0 + \frac{1}{2}h_x T_{fx}\Delta y + \frac{1}{2}h_y T_{fy}\Delta x \tag{4.48b}$$

3．块中心网格下非角点处的第二、三类边界条件

块中心网格中，边界上没有布置节点，首尾节点距边界半个格块间隔。用控制容积法处理第二、三类边界条件，一般采用附加源项法，直接利用内节点的通用离散形式进行变化，来得到紧邻边界节点在考虑了边界条件后的离散方程。如图 4.10 所示，对于紧邻左边界的非角点节点 P，按内点通用形式写出其离散方程：

$$a_P T_P = a_E T_E + a_B T_B + a_N T_N + a_S T_S + b$$

其中 B 为边界上的对应节点，并有 $a_B = \lambda_B \Delta y / (\delta x)_b$。为利用边界条件消除上式中的 T_B，两边减去 $a_B T_P$，有

$$(a_P - a_B) T_P = a_E T_E + a_B (T_B - T_P) + a_N T_N + a_S T_S + b$$

由于

$$a_B (T_B - T_P) = \frac{\lambda_B \Delta y}{(\delta x)_b} (T_B - T_P) = q_B \Delta y$$

这里 q_B 为从边界进入控制体 P 的热流率，于是，节点 P 的离散方程变为

$$\bar{a}_P T_P = a_E T_E + a_N T_N + a_S T_S + \bar{b} \tag{4.49}$$

其中

$$\bar{a}_P = a_P - a_B = a_E + a_N + a_S + a_P^0 - S_P \Delta x \Delta y, \quad \bar{b} = q_B \Delta y + b \tag{4.50}$$

其他系数和 b 的表达式与二维内节点通用离散式(4.33)相同。可以看出，对块中心网格，处理第二类边界条件时，只要把内节点离散通用形式用于紧邻边界的节点 P，在其包含源项的非齐次项 b 中加上边界流入的热量，并令边界节点系数 $a_B = 0$ 就可以了。这种方法称为附加源项法，它不需要增加计算节点的个数。

边界条件为第三类时，$q_B = h(T_f - T_B)$；由 Fourier 导热定律，$q_B = h(T_B - T_P)/(\delta x)_b$。两式联立消除 T_B，得

$$q_B = \frac{T_f - T_P}{1/h + (\delta x)_b / \lambda_B}$$

代入式(4.50)和式(4.49)，移项整理，得第三类边界条件下 P 点的离散结果为

$$\bar{\bar{a}}_P T_P = a_E T_E + a_N T_N + a_S T_S + \bar{\bar{b}} \tag{4.51}$$

其中

$$\begin{cases} \bar{\bar{a}}_P = a_E + a_N + a_S + a_P^0 + \dfrac{\Delta y}{1/h + (\delta x)_b / \lambda_B} - S_P \Delta x \Delta y \\ \bar{\bar{b}} = b + \dfrac{T_f \Delta y}{1/h + (\delta x)_b / \lambda_B} \end{cases} \tag{4.52}$$

4. 块中心网格下角点处的第二、三类边界条件

与非角点处不一样的是紧邻角点处的节点控制体在两个方向上都有热源，但处理方法相同。如对于图 4.11 所示的左上边界，将内节点的通用离散式用于角点 P，对第二类边界，

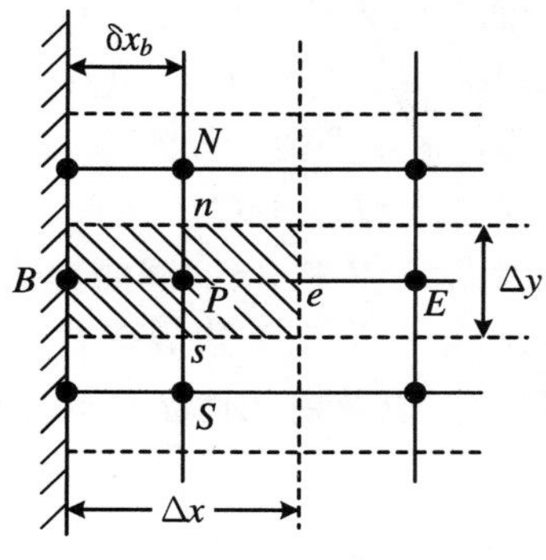

图 4.10　块中心网格的左边界

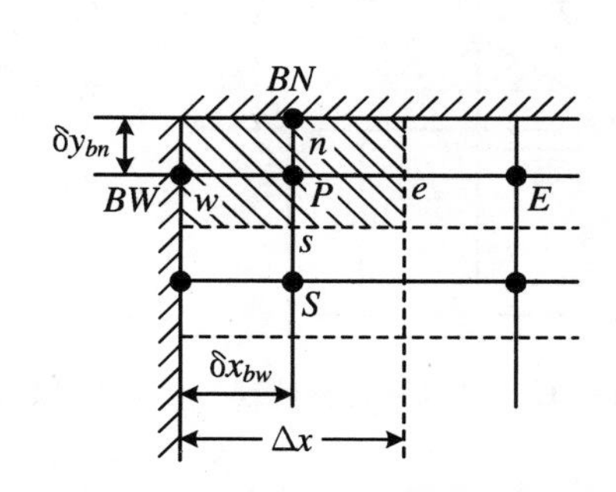

图 4.11　块中心网格的角点边界

得到:取西边界和北边界节点的系数为零,在包含源项的非齐次项 b 中附加从西、北两个边界输入的热流,最终得到离散式为

$$\bar{a}_P T_P = a_E T_E + a_S T_S + \bar{b} \tag{4.53}$$

其中

$$\begin{cases} \bar{a}_P = a_P - a_{BW} - a_{BN} = a_E + a_S + a_P^0 - S_P \Delta x \Delta y \\ \bar{b} = q_{Bx} \Delta y + q_{By} \Delta x + b \end{cases} \tag{4.54}$$

对第三类边界,仿照非角点处消除边界温度的方法,得到

$$q_{Bx} = \frac{T_{fx} - T_P}{1/h_x + (\delta x)_{bw}/\lambda_{BW}}, \quad q_{By} = \frac{T_{fy} - T_P}{1/h_y + (\delta y)_{bn}/\lambda_{BN}}$$

代入第二类边界离散结果,得第三类边界条件下角点 P 的离散方程为

$$\bar{\bar{a}}_P T_P = a_E T_E + a_S T_S + \bar{\bar{b}} \tag{4.55}$$

其中

$$\begin{cases} \bar{\bar{a}}_P = a_E + a_S + a_P^0 + \dfrac{\Delta y}{1/h_x + (\delta x)_{bw}/\lambda_{BW}} + \dfrac{\Delta x}{1/h_y + (\delta y)_{bn}/\lambda_{BN}} - S_P \Delta x \Delta y \\ \bar{\bar{b}} = b + \left[\dfrac{\Delta y}{1/h_x + (\delta x)_{bw}/\lambda_{BW}} + \dfrac{\Delta x}{1/h_y + (\delta y)_{bn}/\lambda_{BN}} \right] T_f \end{cases} \tag{4.56}$$

最后,在块中心网格的角点处,有可能会出现一边是第一类边界条件,而另一边是第二、三类边界条件的情况,此时宜使用控制容积平衡法,根据控制容积上的物理量平衡关系来建立方程,更加方便。

5. 非规则的曲线边界处理

以上讨论的边界条件处理方法均是针对规则的矩形求解区域问题。当所研究的多维问题为非规则区域时,则需特别处理。这里先介绍一下在矩形网格下的曲线边界处理方法,处理更复杂的非规则计算区域的方法留到第 9 章“网格生成”再讲。

对于曲线边界,一般采用点中心网格,对于第二、三类边界条件,边界节点的离散方程常用控制容积平衡法进行推演。以下用一个稳态二维导热的第三类边界条件问题为例进行说明。

如图 4.12 所示,令曲线边界与矩形网格线交于节点 1,2,3,紧邻边界的内节点记为 P,E,各节点间位置关系的几何尺寸见图。现建立边界节点 2 的离散方程。取节点 2 的控制容积如右斜线所示区域,则稳态时,控制体内热量平衡包含如下四部分:沿倾斜面与流体介质的换热 Q_C,水平方向左、右两面来自节点 1 和 3 的导热 Q_{1-2},Q_{3-2},垂直方向来自节点 P 的导热 Q_{P-2},热平衡方程为

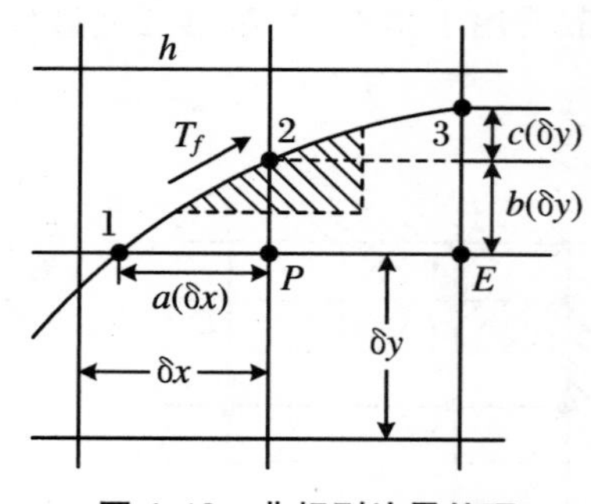

图 4.12 非规则边界处理

$$Q_C + Q_{1-2} + Q_{3-2} + Q_{P-2} = 0 \tag{4.57}$$

令 $\mu = \delta y/\delta x$,并将节点 1-2 和 3-2 间的导热面积近似取为 $b\delta y/2$,则按照给定的第三类边界条件 $q_2 = h(T_f - T_2)$、Fourier 导热定律以及由几何条件确定的换热和导热面积,有

$$Q_C = \frac{1}{2}\left(\sqrt{(a\delta x)^2 + (\mu b\delta x)^2} + \sqrt{(\delta x)^2 + (\mu c\delta x)^2}\right)h(T_f - T_2)$$

$$= \frac{\delta x}{2}\left(\sqrt{a^2 + \mu^2 b^2} + \sqrt{1 + \mu^2 c^2}\right)h(T_f - T_2)$$

$$Q_{P-2} = \frac{1}{2}(\delta x + a\delta x)\lambda \frac{T_P - T_2}{\mu b\delta x} = \frac{1 + a}{2\mu b}\lambda(T_P - T_2)$$

$$Q_{1-2} = \frac{\mu b\delta x}{2}\lambda \frac{T_1 - T_2}{\delta x\sqrt{a^2 + \mu^2 b^2}} = \frac{\mu b\lambda}{2}\frac{T_1 - T_2}{\sqrt{a^2 + \mu^2 b^2}}$$

$$Q_{3-2} = \frac{\mu b\delta x}{2}\lambda \frac{T_3 - T_2}{\delta x\sqrt{1 + \mu^2 c^2}} = \frac{\mu b\lambda}{2}\frac{T_3 - T_2}{\sqrt{1 + \mu^2 c^2}}$$

代入式(4.57),合并整理,得

$$a_2 T_2 = a_1 T_1 + a_3 T_3 + a_P T_P + a_f T_f \tag{4.58}$$

其中

$$\begin{cases} a_1 = \dfrac{\mu b}{\sqrt{a^2 + \mu^2 b^2}}, \quad a_3 = \dfrac{\mu b}{\sqrt{1 + \mu^2 c^2}}, \quad a_P = \dfrac{1 + a}{\mu b} \\ a_f = \dfrac{h\delta x}{\lambda}\left(\sqrt{a^2 + \mu^2 b^2} + \sqrt{1 + \mu^2 c^2}\right) \\ a_2 = a_1 + a_3 + a_P + a_f \end{cases} \tag{4.59}$$

由以上结果可以看出,若把 T_f 也看作一个邻点温度,则边界节点 2 的温度系数等于邻点系数的和。实际上,对前面处理的所有问题,如果假定其为稳态的且无源项,则对第三类边界条件,都能得到该结论。

4.2.4　线化代数方程组的迭代解法

同一维问题一样,多维问题离散后,方程也可能因为系数是求解函数的函数,而使方程具有非线性性质,需要采用前面 4.1.6 小节所介绍的"系数迭代更新法"线化迭代求解。

线化的代数方程,可以直接求解,如前面所说的用三对角阵 TDMA 算法求解一维离散方程。但是在多维情况下,线化的代数方程组,其系数矩阵不再是三对角阵,而是一个大型的稀疏矩阵,不能用三对角阵算法直接求解。如果用一般的 Gauss 消元法解,则需要很大的计算机内存,且计算效率低。此时,需要采用一种称为"**迭代**"的方法求解[1,5]。这种迭代是解线性方程组的迭代,与非线性方程要更新系数迭代求解意义不同。

如果实际问题需要两个层面的迭代,则我们把这两种迭代区分为"外迭代"和"内迭代"。其中,反复更新非线性方程的系数而使方程线化求解的过程,称为"**外迭代**";而在每次外迭代里面求解线化方程而使用迭代方法的过程,称为"**内迭代**"。

在算法地位上,"内迭代"跟 TDMA 算法类似,都是求解线性方程的一种计算方法。区别是,TDMA 算法是一种精确求解方法,但其适用范围仅限于一条线上各点函数值的求解;而"内迭代"则是一种反复更新函数值使其逼近真实解的过程,可能有误差和收敛性的问题。

本小节所讲的迭代解法是指求解线性方程的过程,即有两种迭代同时存在时的内迭代。

1. 迭代求解的基本思想

对以矢量形式写出的线性代数方程组 $\boldsymbol{AT}=\boldsymbol{b}$,所谓迭代求解,就是要构造一个向量序列$\{\boldsymbol{T}^{(k)}\}$,当 $k\to\infty$ 时,它收敛于某个极限向量 $\boldsymbol{T}^*$,则 $\boldsymbol{T}^*$ 就是要求的方程的准确解,即 $\boldsymbol{T}^*=\boldsymbol{A}^{-1}\boldsymbol{b}$。为了得到这个函数序列,一般认为第 n 次迭代所得的值 $\boldsymbol{T}^{(k)}$ 取决于 $\boldsymbol{A},\boldsymbol{b}$ 及前一次迭代的值 $\boldsymbol{T}^{(k-1)}$,即

$$\boldsymbol{T}^{(k)} = F(\boldsymbol{A},\boldsymbol{b},\boldsymbol{T}^{(k-1)}) \tag{4.60}$$

该式称为迭代式。

要注意的是,“迭代更新一步”与“时间演进一层”具有本质性的区别。具体而言,每次“时间演进一层”都需要求解相关的差分方程,而此方程求解过程中需要进行多次迭代更新,迭代收敛之后则表示该差分方程被求解,从而时间演进了一层。为了跟时间推进时设计差分求解方程相区别,请注意此处行文中上标表示为“$(k-1)$”和“(k)”,即从“$(k-1)$”迭代层更新到“(k)”迭代层;而时间演化的上标采用“$n-1$”和“n”,即物理量的值由“$n-1$”时层演化到“n”时层。

当迭代方式选定之后,就可假定矢量函数的一组起始值,按照上式一次次使函数值更新。当函数前后两次更新之值的差别小于规定的某个允许值时,则认为达到了所要求的收敛精度,迭代停止。如二维导热问题,中止迭代可用下式判断:

$$\left|\frac{T_{i,j}^{(k+1)}-T_{i,j}^{(k)}}{T_{i,j}^{(k)}}\right|_{\max}\leqslant\varepsilon \tag{4.61a}$$

或

$$\sum_{i,j}\left|\frac{T_{i,j}^{(k+1)}-T_{i,j}^{(k)}}{T_{i,j}^{(k)}}\right|\leqslant\varepsilon_1 \tag{4.61b}$$

对计算节点总数为 N 的问题,$\varepsilon_1\approx N\varepsilon$。后一种方法从解域总体上限制误差量,要求较前种方法低,用于迭代中某些局部区域函数值变化较大而对总体解的精度影响不大的问题。ε 值一般取 $10^{-6}\sim10^{-3}$,选取主要依照具体问题所要求的精度,也要考虑所采用的迭代方法。

对收敛很慢的迭代方法,两次迭代的值差别很小,ε 应取小值,否则易把实际上并未收敛的情况误判为已经收敛。此时,建议采用本书 8.3 节所介绍的“余量衰减法”进行迭代收敛判据的设定。

2. 常用的迭代求解方法

求解线性方程组的迭代解法类型很多,针对热物理计算中用得较多的方法,以下介绍点迭代、块迭代和交替方向线迭代等几类,而每类又分为简单迭代、Gauss-Seidel 迭代和逐次松弛迭代三种实施方式。简单迭代实际上用得很少,但它是后面两种方式的基础,因此需要首先介绍。

为叙述方便,以直角坐标下二维非稳态导热离散方程(4.32)为例:

$$a_PT_P = a_ET_E + a_WT_W + a_NT_N + a_ST_S + b$$

此方程是隐式格式,含有五个未知数。

下面我们针对求解此隐式方程设计一系列的迭代求解格式,分为点迭代、块迭代和交替方向线迭代三类。点迭代方法将原隐式方程修改为显式方程,每个方程只包含一个未知数;块迭代将原方程修改为一条线上的隐式方程,每个方程包含三个未知数,可以用 TDMA 方

法直接求解；交替方向线迭代是多个方向的线迭代的组合。

(1) 点迭代法

又称显式迭代法。每步只能计算解域内一个节点的值，此值用一个显式由与它相关的其余各点的已知值来计算。实施点迭代有三种方式。

① 简单迭代：又称 Jacobi 迭代。每个节点的更新值由上一轮迭代所得到的与它相关的邻点值来计算，对离散方程(4.32)，有

$$T_P^{(k+1)} = (a_E T_E^{(k)} + a_W T_W^{(k)} + a_N T_N^{(k)} + a_S T_S^{(k)} + b)/a_P \tag{4.62}$$

P 代表求解的任意节点，完成一轮迭代，就是要 P 扫描一次全解域。对边界上或者紧邻边界需要求解的节点，代入边界条件后，离散方程与内节点通用离散形式会有所差异，但迭代构成原则不变。简单迭代收敛很慢，很少使用。

② Gauss-Seidel (G-S)迭代：这种迭代使用邻点值时，不是全用上一迭代层的旧值，一算出邻点的新值，就立即启用新值。对离散方程(4.32)，若扫描方向从下至上、从左到右，则

$$T_P^{(k+1)} = (a_E T_E^{(k)} + a_W T_W^{(k+1)} + a_N T_N^{(k)} + a_S T_S^{(k+1)} + b)/a_P \tag{4.63}$$

这种迭代由于用了部分新值，迭代收敛明显比简单迭代要快。其收敛速度还与扫描方向有关。越是能把边界条件的影响尽快引入迭代的方向，越有利于加快收敛。

③ 逐次松弛迭代(SOR/SUR)：这种迭代不把简单迭代或者 G-S 迭代的值马上作为迭代的新值，而是将此值与上一轮迭代值做加权平均后的值作为新一轮迭代的值，即

$$T_P^{(k+1)} = (1-\omega)T_P^{(k)} + \omega(a_E T_E^{(k)} + a_W T_W^{(k)} + a_N T_N^{(k)} + a_S T_S^{(k)} + b)/a_P \tag{4.64a}$$

或者

$$T_P^{(k+1)} = (1-\omega)T_P^{(k)} + \omega(a_E T_E^{(k)} + a_W T_W^{(k+1)} + a_N T_N^{(k)} + a_S T_S^{(k+1)} + b)/a_P \tag{4.64b}$$

其中 ω 称为松弛因子。当 $\omega>1$ 时，为逐次超松弛迭代(SOR)；而当 $\omega<1$ 时，为逐次亚松弛迭代(SUR)；若 $\omega=1$，则恢复至无松弛的简单迭代或 G-S 迭代。ω 的取值范围为(0,2)。

下面分析松弛因子的作用。令 $\overline{T}_P^{(n+1)}$ 代表简单迭代或 G-S 迭代的结果，则松弛迭代可以改写成如下的一般形式：

$$T_P^{(k+1)} = T_P^{(k)} + \omega(\overline{T}_P^{(k+1)} - T_P^{(k)}),\quad 0<\omega<2 \tag{4.65}$$

分析上式可以看出，当相邻两轮的迭代值之差恒具有相同的正号或负号时，采用超松弛迭代能增大待求量的变化率，加速收敛。常物性导热问题离散方程一般具有这种特性。但当相邻两轮的迭代值之差的符号无规变化时，采用亚松弛迭代较合适，它可以减小待求量的变化率，避免迭代发散。

(2) 块迭代法

又称隐式迭代法。将解域分成由一条或数条网格线组成的若干个块，每个块内节点值以隐式方法相互关联，用代数方程的直接求解法得到其解，格块之间则按迭代方式推进。相对于点迭代，此法得到收敛解所需迭代次数大为减少，但每轮迭代中的代数运算次数则要增加，总的计算时间变化和有效性取决于两者的相对影响，应综合考虑和评价。块迭代中应用得最多的是线迭代，其用来直接求解的块由一条网格线组成。

与点迭代法一样，实施块迭代也有前述的三种方式。

① 简单线迭代：对于离散方程(4.32)，如果逐列扫描，则迭代式为

$$-a_S T_S^{(k+1)} + a_P T_P^{(k+1)} - a_N T_N^{(k+1)} = a_E T_E^{(k)} + a_W T_W^{(k)} + b \tag{4.66a}$$

若为逐行扫描，则迭代式为

$$-a_W T_W^{(k+1)} + a_P T_P^{(k+1)} - a_E T_E^{(k+1)} = a_N T_N^{(k)} + a_S T_S^{(k)} + b \tag{4.66b}$$

两方程在引入边界条件后,均可用三对角阵算法直接求解。整个解域逐线扫描一遍后,算完成一轮迭代。

② Gauss-Seidel 线迭代:当邻节点的值已经算出时,立即启用新值。迭代形式与选择的扫描方向进程有关。当从左至右逐列扫描时,迭代式为

$$-a_S T_S^{(k+1)} + a_P T_P^{(k+1)} - a_N T_N^{(k+1)} = a_E T_E^{(k)} + a_W T_W^{(k+1)} + b \tag{4.67a}$$

当从下至上逐行扫描时,迭代式为

$$-a_W T_W^{(k+1)} + a_P T_P^{(k+1)} - a_E T_E^{(k+1)} = a_N T_N^{(k)} + a_S T_S^{(k+1)} + b \tag{4.67b}$$

③ 逐次松弛线迭代(SOR/SUR):在完成简单迭代或 G-S 线迭代计算过程后,将其所算之值与上一轮迭代之值做加权平均,所得的值才算新一轮迭代的新值,令 $\overline{T}_P^{(n+1)}$ 代表简单迭代或 G-S 线迭代的结果,则松弛线迭代的一般形式如点迭代的式(4.65)一样。实际计算不需分成两步,而直接写成一步,如当采用的 G-S 线迭代为形式(4.67a)时,对应的松弛迭代式为

$$-\omega a_S T_S^{(k+1)} + a_P T_P^{(k+1)} - \omega a_N T_N^{(k+1)} = (1-\omega) a_P T_P^{(k)} + \omega(a_E T_E^{(k)} + a_W T_W^{(k+1)} + b) \tag{4.68}$$

即将 G-S 迭代式除了含 $T_P^{(k+1)}$ 的项外,其余各项均乘上松弛因子 ω,再在迭代式右端加上一项 $(1-\omega)a_P T_P^{(k)}$ 就可以了。

(3) 交替方向隐式迭代法

此法扫描方向可以变化,且有多种组合。即先逐列(或逐行)扫描一次,再逐行(或逐列)扫描一次,全域两次扫描组成一轮迭代。在逐列(或行)扫描时,是自左(或下)向右(或上),还是自右(或上)向左(或下),也可自由选择,以能尽快引入边界条件影响为原则。这种迭代也是在一条线上隐式直接求解,各线之间用迭代推进,不同的是方向可变,且一轮迭代需要在交替方向各完成一次全场扫描。它称为交替方向隐式迭代法,即 ADI 法。

实施此法同样可用前面讲的三种方案。现以在热物理问题计算中用得很广的在 G-S 迭代基础上的逐次松弛的交替方向隐式线迭代为例,如选列扫描自左向右,行扫描自下向上,则其迭代式为

$$\begin{cases} -a_S T_S^{(k+1/2)} + a_P T_P^{(k+1/2)} - a_N T_N^{(k+1/2)} = a_E T_E^{(k)} + a_W T_W^{(k+1/2)} + b \\ -a_W \overline{T}_W^{(k+1)} + a_P \overline{T}_P^{(k+1)} - a_E \overline{T}_E^{(k+1)} = a_N T_N^{(k+1/2)} + a_S \overline{T}_S^{(k+1)} + b \\ T_P^{(k+1)} = (1-\omega) T_P^{(k)} + \omega \overline{T}_P^{(k+1)} \end{cases} \tag{4.69}$$

ADI 迭代能最快把边界条件的影响引入计算中,因此收敛速度加快,是一种较好的迭代计算方法。

3. 判断迭代格式收敛的几个常用条件

上面我们设计了多种不同的迭代求解方法,然而,在实际流体和传热数值计算研究的过程中,往往在数值迭代求解方程组的过程中可能会产生振荡,并非每种方法都能得到稳定收敛的结果。若计算过程不收敛,我们就需要改进迭代求解方法。此外,我们需要对迭代求解方法的收敛性做一些初步的判断,因此在此介绍几个迭代格式收敛的常用条件。

介绍这些条件之前,先引进有关矩阵的几个相关概念:

设 $\boldsymbol{A}$ 是 $n \times n$ 对称矩阵,若对任意具有 n 个分量的非零矢量函数 $\boldsymbol{x}$,有

$$x^{\mathrm{T}}Ax = \sum_{i,j=1}^{n} a_{ij}x_i x_j > 0 \tag{4.70}$$

则称 A 是**正定矩阵**。

如果 $n \times n$ 矩阵 A 不能通过行的次序调换和其相应列的次序调换而成为

$$\begin{pmatrix} A_{11} & A_{12} \\ 0 & A_{22} \end{pmatrix} \tag{4.71}$$

其中 A_{11}, A_{22} 分别为 r 阶和 $n-r$ 阶方阵($1<r<n$),则称矩阵 A **不可约**。显然,若 A 可约,则方程组 $Ax=b$ 可以化为一些低阶的方程组,表示某些求解函数不需要全解域关联就可解出。相应实际物理场,就是一部分区域的解与其他区域无关。这对导热问题来说是不可能的,因为其扩散项的空间坐标性质是椭圆型的,全场各点必须互相关联求解。

若矩阵 $A=(a_{ij})_{n\times n}$ 满足

$$|a_{ii}| \geqslant \sum_{\substack{j=1 \\ j\neq i}}^{n} |a_{ij}|, \quad i = 1,2,\cdots,n \tag{4.72}$$

且其中至少有一个式子取大于号,则称矩阵 A **对角占优**。对于导热问题,无论是稳态或非稳态,采用控制容积积分法离散出来的通用离散方程都满足这些条件。

以下不加证明地给出有关迭代收敛的几个判断定理,以供使用,有兴趣的读者可以参考数值计算方法方面的书籍[5]。

(1) 若方程组 $Ax=b$ 的系数矩阵 A 不可约,且对角占优,则简单迭代和 G-S 迭代必收敛。

(2) 若方程组 $Ax=b$ 的系数矩阵 A 正定,则 G-S 迭代必收敛。

(3) 松弛迭代收敛的必要条件是松弛因子 ω 满足 $0<\omega<2$。

(4) 若方程组 $Ax=b$ 的系数矩阵 A 不可约,且对角占优,松弛因子 ω 满足 $0<\omega<1$,则松弛迭代法收敛。

(5) 若方程组 $Ax=b$ 的系数矩阵 A 正定,松弛因子 ω 满足 $0<\omega<2$,则松弛迭代收敛。

至此,我们对导热问题完整的计算过程有了比较全面的认识。无论是离散方法,还是离散方程的代数解法,都可在其他更为复杂的热物理问题中应用。至于代数解法中的其他问题,如三对角阵算法的推广、迭代解法收敛性进一步的讨论及加快迭代解法收敛的方法等留到后续章节介绍。下节讲一下导热问题数值方法在管道内简单类型充分发展对流换热中的应用。

4.3　管道内充分发展的对流换热

4.3.1　管道内充分发展的对流换热的物理意义

通常,所谓充分发展的管道流动,是指流动方向沿管轴方向且速度大小与轴向坐标无关的一种流动形态。这种流动,垂直于管轴的截面上(横向)没有速度分量,速度场和温度场的控制方程都可以转化为导热型方程。如果这种流动截面上流体的无量纲温度分布与流动方向也无关，则称这样一种换热工况为充分发展的管道内对流换热[6-9]。令流体流动方向为 x 方向，流动换热环境的某个参考温度为 T_r（如截面上平均壁温 T_W 或管壁外流体温度 T_∞），流动截面上流体的平均温度为 T_b，则充分发展的管道内对流换热可以表述为

$$\frac{\partial}{\partial x}\left(\frac{T_r - T}{T_r - T_b}\right) = 0 \tag{4.73}$$

这里三个温度 T、T_r、T_b 都可以是流向 x 的函数，但其组合的无量纲温度与 x 无关。对于热达到充分发展的管流，其速度总是已先充分发展。

需指出，以上定义的是一种称为简单类型充分发展的对流换热。还有一种非以上意义下的充分发展的流动和对流换热，即发展了的流动除了沿主流方向具有速度分量外，在与主流方向垂直的截面上也存在速度分量，速度场必须求解完整的 Navier-Stokes 方程才可得到，流动截面上流体的无量纲温度分布也不一定满足式(4.73)，称之为复杂类型充分发展的流动和对流换热。本章讨论仅限于简单类型。虽然讨论只针对层流对流换热，但基本思想可以用于湍流。

4.3.2 圆管内充分发展的对流换热

1. 物理模型和数学方程

考察一半径为 R 的长圆管，管外表面受温度为 $T_\infty = \text{const}$ 的流体冷却，对流换热系数 h_e 视为常数，试确定温度均匀的流体沿管轴流入管道后在充分发展的管内区域换热的 Nu 数。

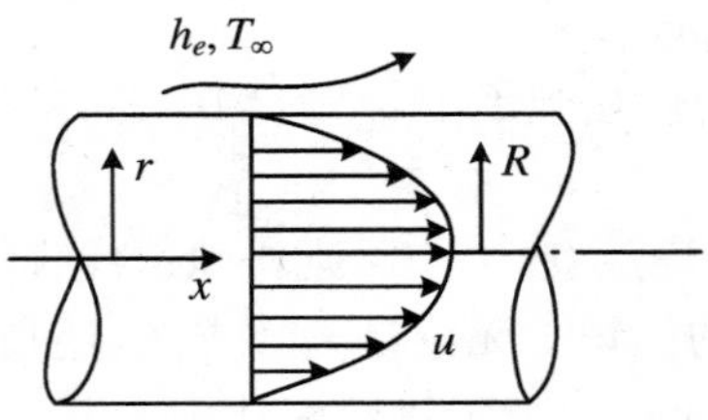

图 4.13 圆管内充分发展的对流换热示意图

为抓住主要矛盾分析求解，做如下简化物理假设：① 流体不可压，物性为常数；② 忽略流体的黏性耗散；③ 不计轴向导热；④ 管壁很薄，管壁热阻忽略不计。

取如图 4.13 所示的轴对称圆柱坐标，x 为轴向，r 为径向。按照流动已充分发展的要求，轴向动量方程和能量方程如下：

$$\frac{\mu}{r}\frac{\mathrm{d}}{\mathrm{d}r}\left(r\frac{\mathrm{d}u}{\mathrm{d}r}\right) = \frac{\mathrm{d}p}{\mathrm{d}x} = m, \quad m = \text{const} \tag{4.74}$$

$$\rho c_P u\frac{\partial T}{\partial x} = \frac{1}{r}\frac{\partial}{\partial r}\left(\lambda r\frac{\partial T}{\partial r}\right) \tag{4.75}$$

相应的边界条件为

$$r = 0, u < \infty, \frac{\partial T}{\partial r} = 0; \quad r = R, u = 0, \lambda\frac{\partial T}{\partial r} = h_e(T_\infty - T) \tag{4.76}$$

2. 速度方程的解

按上述边界条件，积分动量方程，可得

$$u = \frac{m}{4\mu}(R^2 - r^2) = \frac{1}{4\mu}\frac{\mathrm{d}p}{\mathrm{d}x}(R^2 - r^2)$$

于是，管截面的平均流动速度为

$$u_m = \int_0^R 2\pi r u \mathrm{d}r/(\pi R^2) = \frac{m}{4\mu}\frac{R^2}{2}$$

速度解可写为

$$u/u_m = 2[1-(r/R)^2] \tag{4.77}$$

3. 无量纲的温度控制方程及其定解条件分析

要求充分发展区的 Nu 数，需求出温度在截面上的分布。按给定的环境条件，选择管外流体常温 T_∞ 作为参考温度，定义一个与主流方向 x 无关的无量纲温度 Θ，并令截面平均温度为 T_b，有

$$\Theta = \frac{T-T_\infty}{T_b-T_\infty} \tag{4.78}$$

为构造无量纲温度的无量纲方程，引入无量纲坐标

$$X = x/(R\cdot P_e), \quad \eta = r/R \tag{4.79}$$

其中 $P_e = 2Ru_m/a$，而 $a=\lambda/(\rho c_P)$ 为导温系数，于是有

$$T = \Theta(T_b - T_\infty) + T_\infty$$

$$\begin{cases}\dfrac{\partial T}{\partial x} = \dfrac{\partial}{\partial x}[\Theta(T_b-T_\infty)+T_\infty] = \Theta\dfrac{\partial(T_b-T_\infty)}{\partial x} = \Theta\dfrac{\mathrm{d}T_b}{\mathrm{d}x} = \dfrac{\Theta}{R\cdot P_e}\dfrac{\mathrm{d}T_b}{\mathrm{d}X}\\ \dfrac{1}{r}\dfrac{\partial}{\partial r}\left(\lambda r\dfrac{\partial T}{\partial r}\right) = \dfrac{1}{r}\dfrac{\partial}{\partial r}\left\{\lambda r\dfrac{\partial}{\partial r}[\Theta(T_b-T_\infty)+T_\infty]\right\} = \dfrac{\lambda(T_b-T_\infty)}{R^2}\dfrac{1}{\eta}\dfrac{\mathrm{d}}{\mathrm{d}\eta}\left(\eta\dfrac{\mathrm{d}\Theta}{\mathrm{d}\eta}\right)\end{cases} \tag{4.80}$$

将式(4.80)代入能量方程(4.75)，再利用相关量的定义表达式，整理得到

$$\frac{1}{T_b-T_\infty}\frac{\mathrm{d}T_b}{\mathrm{d}X} = \frac{1}{\eta}\frac{\mathrm{d}}{\mathrm{d}\eta}\left(\eta\frac{\mathrm{d}\Theta}{\mathrm{d}\eta}\right)\Big/\left(\frac{1}{2}\Theta\frac{u}{u_m}\right) \tag{4.81}$$

等式左端是 X 的函数，右端是 η 的函数，因此只能是一个常数。又由于 $\mathrm{d}T_b/\mathrm{d}X$ 与 T_b-T_∞ 的符号相反，该常数一定为负数，令其为 $-\Lambda(\Lambda>0)$，有

$$\frac{1}{\eta}\frac{\mathrm{d}}{\mathrm{d}\eta}\left(\eta\frac{\mathrm{d}\Theta}{\mathrm{d}\eta}\right)\Big/\left(\frac{1}{2}\Theta\frac{u}{u_m}\right) = -\Lambda \tag{4.82}$$

对给定的定解条件，只有某个特定的 Λ 值才能使上式成立，因此 Λ 是一个需要在求解过程中确定的值，称为特征值(本征值)。相应于不同的定解条件，有不同的特征值。于是求解 Θ 的控制方程是如下的常微分方程：

$$\frac{1}{\eta}\frac{\mathrm{d}}{\mathrm{d}\eta}\left(\eta\frac{\mathrm{d}\Theta}{\mathrm{d}\eta}\right) + \frac{\Lambda}{2}\Theta\frac{u}{u_m} = 0, \quad \Lambda > 0 \tag{4.83a}$$

由原方程的边界条件式(4.76)所得到的相应于 Θ 方程的定解条件为

$$\eta = 0, \frac{\mathrm{d}\Theta}{\mathrm{d}\eta} = 0; \quad \eta = 1, \frac{\mathrm{d}\Theta}{\mathrm{d}\eta} = -Bi\cdot\Theta_W \tag{4.83b}$$

其中

$$Bi = Rh_e/\lambda$$

易见，方程及其边界条件都是齐次的，仅依式(4.83a)与式(4.83b)不可能确定唯一的单值解，因为如果 $\Theta=\Theta_1$ 是满足它们的解，则对任意常数 C，$\Theta = C\Theta_1$ 也是其解。为此，必须

从物理角度来补充一个对求解函数 Θ 限制的条件。这是对有齐次导数边界条件的数值求解问题要特别小心分析和注意的问题。对于本问题,可从 Θ 的定义所联系到的截面平均温度 T_b 的物理意义来审视温度分布所应满足的条件,从而得到对 Θ 的附加限制条件,使其解能够唯一。截面平均温度从能量平衡观点分析,定义为

$$T_b = \frac{\int_A \rho c_P u T \mathrm{d}A}{\int_A \rho c_P u \mathrm{d}A} = \frac{\int_0^R 2\pi r u T \mathrm{d}r}{\int_0^R 2\pi r u \mathrm{d}r} = \frac{\int_0^R r u T \mathrm{d}r}{\int_0^R r u \mathrm{d}r} = f(x)$$

显然,由于 T_∞ 为常数,$T_b - T_\infty$ 与 r 无关,上式可以改写为

$$\frac{T_b - T_\infty}{T_b - T_\infty} = \frac{\int_0^R r u \dfrac{T - T_\infty}{T_b - T_\infty} \mathrm{d}r}{\int_0^R r u \mathrm{d}r}$$

按照 Θ 的定义,即为

$$\int_0^R r u \Theta \mathrm{d}r \Big/ \int_0^R r u \mathrm{d}r = \Theta_b = 1$$

代入速度解式(4.77),将 r 转化为无量纲坐标 η,再积分,得到

$$2\int_0^1 \Theta \frac{u}{u_m} \eta \mathrm{d}\eta = 1 \tag{4.83c}$$

式(4.83a)、式(4.83b)、式(4.83c)组成了求解 Θ 的适定方程组,所需要的速度由式(4.77)确定。

4. 无量纲温度方程的数值解法

适定的无量纲温度方程(4.83)是轴对称圆柱坐标下的一维导热型方程,其源项是 $\dfrac{\Lambda}{2} \dfrac{u}{u_m} \Theta$。由于特征参数 Λ 事先并不知道,需要在求解过程中通过迭代来逐步确定,为了建立更新 Λ 的迭代公式,引入一个新变量 ϕ,使

$$\Theta = \Lambda \phi \tag{4.84}$$

则求解方程(4.83)转化为求解

$$\frac{1}{\eta} \frac{\mathrm{d}}{\mathrm{d}\eta}\left(\eta \frac{\mathrm{d}\phi}{\mathrm{d}\eta}\right) + \frac{\Lambda}{2} \frac{u}{u_m} \phi = 0, \quad \frac{u}{u_m} = 2(1 - \eta^2) \tag{4.85a}$$

$$\eta = 0, \frac{\mathrm{d}\phi}{\mathrm{d}\eta} = 0; \quad \eta = 1, \frac{\mathrm{d}\phi}{\mathrm{d}\eta} = - Bi \cdot \phi \tag{4.85b}$$

$$\Lambda = \frac{1}{4\int_0^1 \phi \eta (1 - \eta^2) \mathrm{d}\eta} \tag{4.85c}$$

迭代求解过程如下:

(1) 假设 ϕ 的一个初场值为 ϕ^*,代入式(4.85c),计算相应的 Λ^*;

(2) 将 Λ^* 代入式(4.85a),求解一个带源项的一维导热方程,得到改进的 ϕ;

(3) 重复以上计算,直到满足规定的收敛条件。

5. 数值结果表示成无量纲传热参数 *Nu* 数

得到 ϕ 和 Λ 的数值结果后,先按管内、管外热流平衡条件,算出管内对流换热系数 h,再

按照Nusselt数的定义计算 Nu。

管壁内、外热平衡条件为 $h(T_b - T_W) = h_e(T_W - T_\infty)$，所以有

$$h = h_e \frac{T_W - T_\infty}{T_b - T_W} = h_e \frac{T_W - T_\infty}{T_b - T_\infty - (T_W - T_\infty)} = \frac{h_e \Theta_W}{1 - \Theta_W}$$

管壁平均Nusselt数定义为 $Nu = (2R)h/\lambda$，故得

$$Nu = \frac{2Rh_e}{\lambda} \frac{\Theta_W}{1 - \Theta_W} = \frac{2Bi \cdot \Theta_W}{1 - \Theta_W} = \frac{2Bi \cdot \Lambda\phi_W}{1 - \Lambda\phi_W} \tag{4.86}$$

数值结果表明[1]，当 $Bi = Rh_e/\lambda \to \infty$ 时，外部对流热流十分强烈，使管壁温度 $T_W \to T_\infty$，从而形成均匀壁温条件；当 $Bi = Rh_e/\lambda \to 0$ 时，外部对流换热相对很弱，而温差 $T_W - T_\infty$ 很大，此时壁温 T_W 沿轴向虽会有所变化，但相对温差 $T_W - T_\infty$ 而言，这一变化仍然很小，可以视 $h_e(T_W - T_\infty)$ 为常数，从而形成均匀热流的条件。

参考文献

[1] 陶文铨.数值传热学[M].2版.西安：西安交通大学出版社，2001：78-84，86-99，113，270-276.

[2] 帕坦卡.传热与流体流动的数值计算[M].张政，译.北京：科学出版社，1984：47-67.

[3] Versteeg H K，Malalasekera W. An introduction to computational fluid dynamics：The finite volume method[M]. New York：Wiley，1995：86-88，99-102，169-173.

[4] 郭宽良.数值计算传热学[M].合肥：安徽科学技术出版社，1987：75-77，115-121.

[5] 关治，陈景良.数值计算方法[M].北京：清华大学出版社，1990：314-321，406-423.

[6] 凯斯，克拉福特.对流传热和传质[M].陈熙，瞿殿春，译.北京：科学出版社，1986：114-117.

[7] Shah R K，London A L. Laminar flow forced convection in ducts[M]. New York：Academic Press，1978：17-36.

[8] Sparrow E M，Pantankar S V. Relationship among boundary conditions and Nusselt number for thermally developed duct flow[J]. ASME J Heat Transfer，1977，99：483-385.

[9] White F R. Viscous fluid flow[M]. New York：McGraw-Hill，1974：121-123，131-132.

习　题

4.1 线化处理以下热物理问题通用方程中的源项：

(1) 对于组分分数 m_l 这类恒正的求解变量，为得到真实的物理解，除了线化斜率为负外，还必须使线化源项的常数部分恒正。已知 $S = S_1 + S_2$，且 $S_2 > 0$，试给出该源项的线化形式。

(2) 对于导热-辐射耦合问题，其源项为 $S = a(T_0^4 - T^4)$，其中 a 和 T_0 均为常数，给出该源项的线化形式。

4.2 一维稳态导热的定解问题为

$$\begin{cases} \dfrac{\mathrm{d}^2 T}{\mathrm{d}x^2} = T \\ T|_{x=0} = 0, \quad \left.\dfrac{\mathrm{d}T}{\mathrm{d}x}\right|_{x=1} = 1 \end{cases}$$

其精确解是 $T = \dfrac{\mathrm{e}}{\mathrm{e}^2 + 1}(\mathrm{e}^x - \mathrm{e}^{-x})$，试将定义区域四等分，分别用点中心网格(外节点法)和块中心网格(内节点法)离散求解该问题，并与精确解结果进行对比。其中，点中心网格下导数边界条件分别取一阶和二阶精度离散。

4.3　综合编程分析作业题：导热问题的数值模拟。

定义在正方形区域（如图所示）$H\times H=3\ \text{m}\times 3\ \text{m}$ 的二维非稳态导热问题的控制方程及其定解条件为

$$
\begin{cases}
\rho c\,\dfrac{\partial T}{\partial t}=k\left(\dfrac{\partial^2 T}{\partial x^2}+\dfrac{\partial^2 T}{\partial y^2}\right)\\
T(x,y,0)=T_0=250\ ^\circ\text{C}\\
q_w=-k\,\dfrac{\partial T}{\partial x}\bigg|_{x=0}=q_e=k\,\dfrac{\partial T}{\partial x}\bigg|_{x=H}=750\ \text{W/m}^2\\
T(x,0,t)=T_1=400\ ^\circ\text{C}\\
T(x,H,t)=T_0=250\ ^\circ\text{C}
\end{cases}
$$

其中 ρ,c,k 分别为导热体的密度、比热和导热系数，初始状态 x 和 y 方向上的温度均呈线性分布，且参数取值为 $\rho=7\,820\ \text{kg/m}^3$，$c=460\ \text{J/(kg}\cdot\text{K)}$，$k=15\ \text{W/(m}\cdot\text{K)}$。将定义域各向均匀分成 10 个区块，取点中心网格分割方式，各边界共 11 个节点；或者取块中心网格分割，各边界共 10 个节点（两种网格，至少做其中一种）。请按以下要求，数值求解该问题：

(1) 取 $(X,Y)=\dfrac{(x,y)}{H}$，$\theta=\dfrac{T-T_0}{T_1-T_0}$，$\tau=\dfrac{t}{\rho cH^2/k}$，将方程和定解条件无量纲化，并在无量纲化条件下求解。

(2) 采用以下方法对控制方程离散：

① 用控制容积法离散成显式、全隐式以及 C-N 格式（选做）；

② 用 ADI 格式离散；

③ 用和分裂离散成全隐式（选做）。

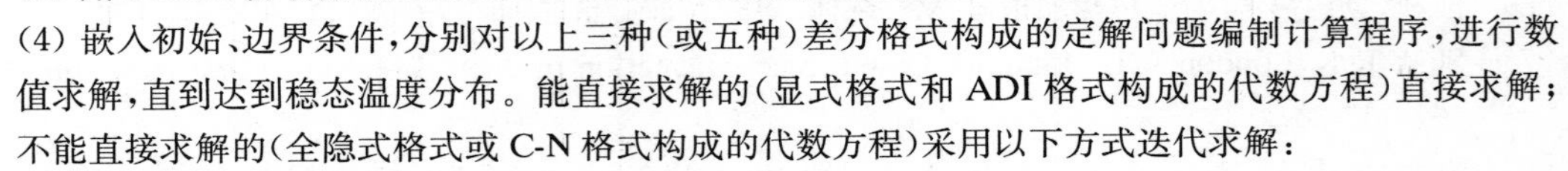

题 4.3 图

(3) 用 Fourier 分析方法对以上三种（或五种）差分格式的稳定性进行分析。

(4) 嵌入初始、边界条件，分别对以上三种（或五种）差分格式构成的定解问题编制计算程序，进行数值求解，直到达到稳态温度分布。能直接求解的（显式格式和 ADI 格式构成的代数方程）直接求解；不能直接求解的（全隐式格式或 C-N 格式构成的代数方程）采用以下方式迭代求解：

① Jacobi 简单点迭代；

② Gauss-Seidel 点迭代；

③ 松弛的 Gauss-Seidel 点迭代；

④ 松弛的 Gauss-Seidel 线迭代；

⑤ 基于 Gauss-Seidel 的交替方向线迭代。

并对其收敛效果做比较。

(5) 选择全隐式格式在五个不同计算时刻（包括一个达到稳态的时刻）的计算结果，将无量纲计算量还原成有量纲量，分别画出温度 T 在平面空间的等值线图。从五个不同时刻的等值线图，分析时间发展中 T 的变化特性。（提示：不需要在等值线图可视化方面花时间编程序，可使用 Origin/MATLAB 等软件根据模拟结果直接进行绘图。）

(6) 根据数值计算情况（精度、CPU 时间消耗、编制程序难易等）对各种不同离散方法及代数解法进行分析比较。

(7) 将初始条件改为 $T(x,y,0)=T_1=400\ ^\circ\text{C}$，比较一下模拟结果有没有不同，并做出某些结论。

(8) 综合上述内容和作业情况，写出作业报告，并对此类作业提出建议和要求。

第5章　对流扩散方程的数值方法

前一章的导热问题主要针对介质没有宏观迁移的导热体，所求解的只是通用微分方程组中简化了的能量方程——扩散方程。虽然也涉及有介质宏观流动的充分发展的管流问题，但最终要解的方程还是归结到扩散方程，只是扩散方程解法的一种应用。求解扩散方程，空间导数项均为二阶的，离散方法相对简单，用中心差分、隐式格式就可以了。对流扩散问题，则是针对热物理中介质宏观流动和扩散相互耦合的一类更为普遍的问题，必须联立求解连续、动量和能量方程。由于对流项的引入，其要比单纯求解扩散方程复杂得多。非线性的对流项和作为动量方程源项的压力梯度项都是一阶导数项，它们的物理意义不一样，数值求解这类问题的一些主要困难都源自它们的离散性。

为了循序渐进，条理清晰，本章先不追究流场速度如何得到，而假定流场速度已知，讨论通用方程中求解函数的对流项如何离散，解决考虑对流项后一般的对流扩散方程的求解途径问题。下一章再讲述如何求解流场，并解决压力和速度的耦合问题。

5.1　选择合适对流项离散格式的重要性

对流扩散方程中的对流项，代表的是流动介质的宏观定向迁移，具有明确的物理意义。合适的对流项离散格式理应能充分体现该项的物理本质。要做到这点，对于一阶导数形式的对流项，迎风离散格式应是一种好的选择。但一阶迎风格式，与扩散项通常采用的二阶精度的中心差分离散格式不匹配，从而使整个对流扩散方程的离散精度降低。如果对流项采用中心差分格式离散，在精度上能达到与扩散项匹配的要求；但中心差分格式不能体现对流项的物理本质，常会引起数值解的振荡，导致因为对流项离散格式不当的不稳定性。为了解决前面的矛盾，近年来发展了一些高阶格式，精度不低于二阶但又不产生数值振荡，但由于格式构造复杂，所形成的离散代数方程的求解又相对困难，计算机时消耗较多，这又涉及数值解的经济性问题。

准确性、稳定性和经济性成了选择对流项离散格式需要综合考虑的因素[1-5]。下面先以最简单的一维稳态无源项对流扩散方程为例，介绍几种常用离散格式构成及其数值解对精确解的偏离程度，分析这些格式的特性和使用条件，从而为讨论多维一般对流扩散方程的离散方法做准备，并为改进对流项离散格式的设计打下基础。

5.2　一维稳态对流扩散问题

为能与精确解做比较，讨论一种最简单的一维稳态无源项对流扩散问题[6]，其模型方程的守恒形式为

$$\frac{\mathrm{d}(\rho u\phi)}{\mathrm{d}x}=\frac{\mathrm{d}}{\mathrm{d}x}\left(\Gamma\frac{\mathrm{d}\phi}{\mathrm{d}x}\right) \tag{5.1a}$$

5.2.1　模型方程的精确解

设 ρ, u, Γ 为常数，方程(5.1a)在边界条件

$$x=0, \phi=\phi_0;\quad x=L, \phi=\phi_L \tag{5.1b}$$

下具有如下形式的精确解析解：

$$\frac{\phi-\phi_0}{\phi_L-\phi_0}=\frac{\exp(\rho ux/\Gamma)-1}{\exp(\rho uL/\Gamma)-1}=\frac{\exp(Pe\cdot x/L)-1}{\exp(Pe)-1} \tag{5.2}$$

其中 Peclet 数 $Pe=\rho uL/\Gamma$，其物理意义是该体系中的对流强度与扩散强度的比值。

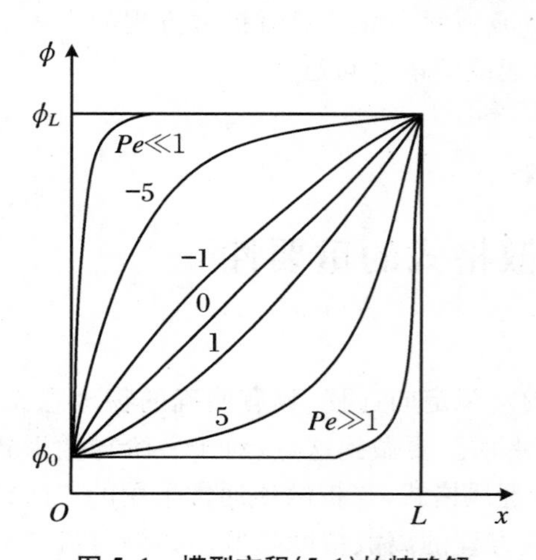

图 5.1　模型方程(5.1)的精确解

图 5.1 显示了在不同 Pe 数下，ϕ 随 x 变化的曲线。易见，当 $Pe=0$ 时，ϕ 随 x 呈线性变化，相应于无流动的纯扩散问题。当 Pe 的绝对值从零增大时，ϕ 随 x 逐渐偏离线性变化，在 $|Pe|<1$ 时，偏离线性不大；直到 $|Pe|=5$ 的中等数值，ϕ 随 x 在整个解域变化仍然比较平稳。但随着 Pe 的绝对值进一步增大到 $|Pe|>10$ 的数值，在 $0\leqslant x\leqslant L$ 的大部分范围内，上游值 ϕ_0(对 $Pe>0$)或 ϕ_L(对 $Pe<0$)占了优势，仅在靠近外(或内)边界 L(或 0)的薄层内，ϕ 值才由 ϕ_0(或 ϕ_L)迅速上升(或下降)至 ϕ_L(或 ϕ_0)，这是一种类似于边界层类型问题的特性。精确解的变化特性为设计某些离散格式和分析格式性能提供了比较依据。

5.2.2　中心差分格式

1. 控制容积积分离散

按图 3.2 所示的一维网格系统，将方程(5.1)对节点 P 的控制容积 $w\rightarrow e$ 积分，有

$$(\rho u\phi)_e-(\rho u\phi)_w=\left(\Gamma\frac{\mathrm{d}\phi}{\mathrm{d}x}\right)_e-\left(\Gamma\frac{\mathrm{d}\phi}{\mathrm{d}x}\right)_w \tag{5.3}$$

设求解函数 ϕ 在对流项和扩散项中都呈分段线性空间分布，则有

$$(\rho u)_e \frac{\phi_P + \phi_E}{2} - (\rho u)_w \frac{\phi_W + \phi_P}{2} = \frac{\Gamma_e(\phi_E - \phi_P)}{(\delta x)_e} - \frac{\Gamma_w(\phi_P - \phi_W)}{(\delta x)_w} \tag{5.4}$$

将界面流量 ρu 记为 F，界面单位面积上扩散系数 $\Gamma/\delta x$ 记为 D，对上式移项整理，得

$$a_P\phi_P = a_E\phi_E + a_W\phi_W \tag{5.5}$$

其中

$$\begin{cases} a_E = D_e - \dfrac{1}{2}F_e, \quad a_W = D_W + \dfrac{1}{2}F_w \\ a_P = a_E + a_W + (F_e - F_w) \end{cases} \tag{5.6a}$$

对流扩散方程、连续方程是必须满足的。对于本例，连续方程满足时，必有 $F_e = F_w$，因此离散格式系数 a_P 等于邻点系数之和。

为简化格式写法且便于分析格式性质，定义一个以网格步长为特征尺度的 Peclet 数 $P_\Delta = F/D = \rho u\delta x/\Gamma$，称为网格 Pe 数。在对流扩散问题的数值方法中，网格 Peclet 数是一个十分重要的无量纲参数，它代表了网格尺度上的对流强度和扩散强度之比。随后可以看到，不同离散格式的系数都可表示为这个参数的函数。对于中心差分格式，其系数为

$$\begin{cases} a_E = D_e(1 - P_{\Delta e}/2), \quad a_W = D_W(1 + P_{\Delta w}/2) \\ a_P = a_E + a_W + (F_e - F_w) \end{cases} \tag{5.6b}$$

2. 中心差分格式存在的问题

(1) 当 $\Gamma = \text{const}$，$(\delta x)_e = (\delta x)_w = \Delta x$ 时，离散格式(5.5)化为

$$\phi_P = \frac{(1 - P_\Delta/2)\phi_E + (1 + P_\Delta/2)\phi_W}{2}$$

这就说明，离散节点值由其两端邻点的值共同确定。设 $D_e = D_w = 1$，$F_e = F_w = 4$，即 $P_{\Delta e} = P_{\Delta w} = 4$。若 $\phi_E = 100$，$\phi_W = 50$，则 $\phi_P = 25$；而若 $\phi_E = 50$，$\phi_W = 100$，则 $\phi_P = 125$。真实物理过程中 P 点值应介于 E，W 两点值之间，即在 50～100 范围，但现在均落在该范围之外，因此，此结果是不真实的。

(2) 由系数表达式(5.6a)或(5.6b)可知，当 $D < |F/2|$，即 $|P_\Delta| > 2$ 时，系数 a_E 或者 a_W 将变为负值。这违背了控制容积积分离散必须满足所有系数均为正值的基本规则。因此采用中心差分格式，必须使 $D \geqslant |F/2|$，也就是 $|P_\Delta| \leqslant 2$，且在这种条件限制下，不出现数值振荡。

(3) 要求 $|P_\Delta| \leqslant 2$，在流量 F 和扩散系数 Γ 都一定下，这就要求网格步长 Δx 很小，网格划分要密，节点数多，这就导致计算量增大，不够经济。或者只能处理流速很小的问题，对于高 Reynolds 数 Re 的强迫对流以及高 Grashof 数 Gr 的自然对流问题，中心差分格式不太合适。

5.2.3 一阶迎风格式

1. 积分离散和格式推演

对积分式(5.3)，设求解函数 ϕ 在扩散项中空间呈分段线性分布，而在对流项中取能体

现信息来自流动上游的迎风思想,即按以下规定取值:

$$\phi_e = \begin{cases} \phi_P, & u_e > 0 \\ \phi_E, & u_e < 0 \end{cases} \quad (\text{在界面 } e \text{ 上})$$
$$\phi_w = \begin{cases} \phi_W, & u_w > 0 \\ \phi_P, & u_w < 0 \end{cases} \quad (\text{在界面 } w \text{ 上}) \tag{5.7}$$

为表达方便并利于统一编程,引入符号$[[a_1, a_2]] = \max(a_1, a_2)$,按迎风格式要求的式(5.7),将式(5.3)中的界面流量改写成

$$\begin{aligned}(\rho u\phi)_e &= F_e\phi_e = \phi_P[[F_e, 0]] - \phi_E[[-F_e, 0]] \\ (\rho u\phi)_w &= F_w\phi_w = \phi_W[[F_w, 0]] - \phi_P[[-F_w, 0]]\end{aligned} \tag{5.8a}$$

而

$$\left(\Gamma \frac{\mathrm{d}\phi}{\mathrm{d}x}\right)_e = \frac{\Gamma_e(\phi_E - \phi_P)}{(\delta x)_e}, \quad \left(\Gamma \frac{\mathrm{d}\phi}{\mathrm{d}x}\right)_w = \frac{\Gamma_w(\phi_P - \phi_W)}{(\delta x)_w} \tag{5.8b}$$

将式(5.8a)、式(5.8b)代入式(5.3),并整理,得到如同式(5.5)形式的离散方程,但相应的系数为

$$a_E = D_e + [[-F_e, 0]], \quad a_W = D_w + [[F_w, 0]], \quad a_P = a_E + a_W + (F_e - F_w) \tag{5.9a}$$

或改写为

$$a_E = D_e(1 + [[-P_{\Delta e}, 0]]), \quad a_W = D_w(1 + [[P_{\Delta w}, 0]]), \quad a_P = a_E + a_W + (F_e - F_w) \tag{5.9b}$$

2. 一阶迎风格式评述

(1) 符合对流项的物理意义,离散系数恒大于零,不会产生数值振荡,能得到物理上真实的解。因此,它得到了广泛的应用。

(2) 一阶迎风格式使用实践为人们构造性能更好的离散格式提供了有益的启示,近年来所发展起来的诸如二阶迎风、三阶迎风和 QUICK 格式都很好地吸取了一阶迎风格式的构造思想:使信息主要来自流动上游方向。

(3) 只有一阶精度。由于精度差,某些国际学术刊物已对该格式提出了限制。

(4) 在对流很强时,即$|P_{\Delta e}|$很大时,扩散效应已经很弱,但迎风格式总是用函数沿空间的线性分布来计算扩散项,因而过度估算了扩散作用。

5.2.4 指数格式

1. 指数格式推演

指数格式是依照模型方程的精确解表达式(5.2)所构造的三邻点间满足精确解要求的一种格式。引入对流-扩散总通量密度函数 J,定义为

$$J = \rho u\phi - \Gamma \frac{\mathrm{d}\phi}{\mathrm{d}x} \tag{5.10}$$

它表示单位时间、单位面积上由对流及扩散作用所引起的物理量 ϕ 的总转移量。于是模型方程(5.1)可以简写为

$$\frac{\mathrm{d}J}{\mathrm{d}x}=0,\quad \text{或}\quad J=\text{const} \tag{5.11}$$

将精确解式(5.2)代入式(5.10)，有

$$J=F\left[\phi_0+\frac{\phi_0-\phi_L}{\exp(Pe)-1}\right] \tag{5.12}$$

上式用于离散网格空间任一界面，则界面两侧节点值分别相应于 ϕ_0 和 ϕ_L，节点间距为 L，对应图 3.2 的控制容积 P，其东西两侧界面 e，w 的总通量 J_e，J_w 分别为

$$J_e=F_e\left[\phi_P+\frac{\phi_P-\phi_E}{\exp(P_{\Delta e})-1}\right] \tag{5.13a}$$

$$J_w=F_w\left[\phi_W+\frac{\phi_W-\phi_P}{\exp(P_{\Delta w})-1}\right] \tag{5.13b}$$

因为 $J_e=J_w$，故将以上两式合并整理，得到

$$\left[\frac{F_e\exp(P_{\Delta e})}{\exp(P_{\Delta e})-1}+\frac{F_w}{\exp(P_{\Delta w})-1}\right]\phi_P=\frac{F_e}{\exp(P_{\Delta e})-1}\phi_E+\frac{F_w\exp(P_{\Delta w})}{\exp(P_{\Delta w})-1}\phi_W \tag{5.14}$$

即

$$a_P\phi_P=a_E\phi_E+a_W\phi_W$$

与已得到的其他格式如式(5.5)完全一样，但邻点系数表达式有差别，为

$$a_E=\frac{F_e}{\exp(P_{\Delta e})-1},\quad a_W=\frac{F_w\exp(P_{\Delta w})}{\exp(P_{\Delta w})-1} \tag{5.15a}$$

而

$$a_P=a_E+a_W+(F_e-F_w) \tag{5.15b}$$

与已得到的其他格式形式一样。

2. 指数格式评述

(1) 此格式是在常物性下稳态无源项一维方程的精确解基础上得到的。对于满足这些前提条件的物理问题，其数值解是精确的，它适用于任何 Pe 数。

(2) 如果实际物理问题条件没有那么简单，如非稳态、多维、有源，则失去其精确解的意义。

(3) 格式的系数为指数形式，计算费时，经济性差，实际计算中很少应用。

5.2.5　混合格式

1. 混合格式提出

混合格式由 Spalding 提出[7]。它综合考虑了中心差分和迎风作用两方面因素。它的构造形式与对指数格式的系数取值分析相关。由式(5.15a)，有

$$\frac{a_E}{D_e}=\frac{P_{\Delta e}}{\exp(P_{\Delta e})-1} \tag{5.16}$$

图 5.2 给出了指数格式系数 a_E/D_e 随 $P_{\Delta e}$ 的变化曲线(实线)。依照式(5.16)和图 5.2，可以看出：

$$\frac{a_E}{D_e} \to \begin{cases} 0, & P_{\Delta e} \to \infty \\ -P_{\Delta e}, & P_{\Delta e} \to -\infty \end{cases} \quad \begin{matrix} (5.17a) \\ (5.17b) \end{matrix}$$

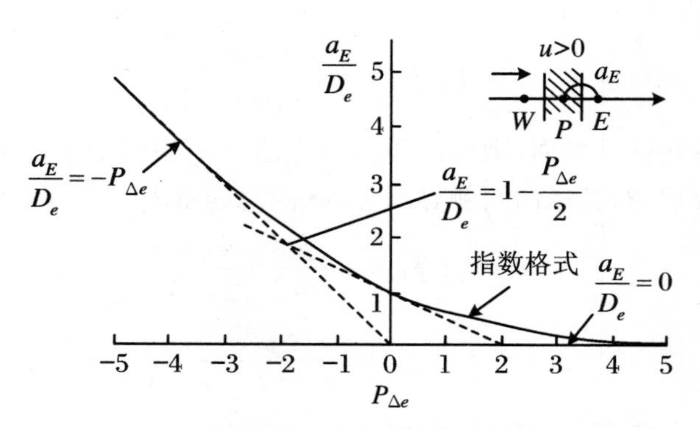

图 5.2 指数格式系数 a_E/D_e 随 $P_{\Delta e}$ 的变化

在 $P_{\Delta e}=0$ 处,准确解曲线的切线是

$$a_E/D_e = 1 - P_{\Delta e}/2 \quad (5.17c)$$

代表这三种极限情况的三条直线:一条是横坐标轴线,另两条以虚线示于图中。这三条直线构成了对准确解曲线的一个包络,代表了对这一准确解曲线的一种合理近似。混合格式实际上就是由这三条直线所组成的,即

$$\frac{a_E}{D_e} = \begin{cases} -P_{\Delta e}, & P_{\Delta e} < -2 \\ -P_{\Delta e}/2, & -2 \leqslant P_{\Delta e} \leqslant 2 \\ 0, & P_{\Delta e} > 2 \end{cases} \quad \begin{matrix} (5.18a) \\ (5.18b) \\ (5.18c) \end{matrix}$$

写成紧凑形式:

$$a_E = D_e \left[\left[-P_{\Delta e}, 1 - \frac{P_{\Delta e}}{2}, 0 \right]\right] \quad (5.19a)$$

同理,可以得到

$$a_W = D_w \left[\left[P_{\Delta w}, 1 + \frac{P_{\Delta w}}{2}, 0 \right]\right] \quad (5.19b)$$

最终的混合格式也为式(5.5),其中

$$a_P = a_E + a_W + (F_e - F_w) \quad (5.19c)$$

2. 混合格式评述

(1) 当 $|P_{\Delta e}| \leqslant 2$ 时,混合格式与中心差分格式相同;当 $|P_{\Delta e}| > 2$ 时,混合格式简化为扩散项取为零的迎风格式。这就减小了迎风格式在大 $|P_{\Delta e}|$ 时,由于始终用函数沿空间的线性分布来计算扩散项,而过度估算扩散作用所引起的误差。因此,"混合"代表的是中心差分格式和迎风格式的混合。当然,最好还是把它看作准确解曲线的三条渐近直线的近似。

(2) 满足离散格式系数表达式的界面位置并非要在两节点的正中间,因为这些表达式适用于邻节点间的任何位置。

(3) 由于混合格式形式简单,且兼有中心差分和迎风格式的优点,相对来说,是一种较为适合的计算格式。

5.2.6　乘方律格式

1. 乘方律格式的提出和构成

对照图5.2做进一步分析，混合格式在$|P_{\Delta e}|=2$附近，偏离准确解较大；但一旦$|P_{\Delta e}|>2$就说扩散项的影响消失看来似乎过早了些。为此，Patankar做了相应的改进，提出乘方律格式[8]，其a_E/D_e的表达式为

$$\frac{a_E}{D_e}=\begin{cases}-P_{\Delta e}, & P_{\Delta e}<-10 & (5.20a)\\ (1+0.1P_{\Delta e})^5-P_{\Delta e}, & -10\leqslant P_{\Delta e}<0 & (5.20b)\\ (1-0.1P_{\Delta e})^5, & 0\leqslant P_{\Delta e}\leqslant 10 & (5.20c)\\ 0, & P_{\Delta e}>10 & (5.20d)\end{cases}$$

写成紧凑形式：

$$a_E = D_e[[0,(1-0.1|P_{\Delta e}|)^5]]+[[0,-F_e]] \tag{5.21a}$$

同理，可得

$$a_W = D_w[[0,(1-0.1|P_{\Delta w}|)^5]]+[[0,F_w]] \tag{5.21b}$$

最终的混合格式也为式(5.5)，其中

$$a_P = a_E + a_W + (F_e - F_w) \tag{5.21c}$$

2. 乘方律格式评述

(1) 乘方律格式用了四条线逼近准确解，已十分接近指数格式的计算结果，但计算量较指数格式小得多。

(2) 相比于混合格式，格式相对复杂，计算量相对增加，但准确性提高。

5.2.7　五种三点离散格式系数的统一表达形式

上述五种三点离散格式中，我们虽然都把离散方程写成了一样的形式，但离散方程的系数彼此不同，尚未统一表达。为便于对离散方程进行分析，编制通用计算程序，需要构造一个能以统一形式表示不同格式系数的通用格式[6,9]。

1. 三点离散格式的系数特性分析

前述五种离散格式，都是从分析对流与扩散两种作用的组合量——总通量密度的平衡关系得到的。因此，要找不同格式的共性，需从总通量密度离散表达式的系数特性着手分析。

为讨论方便，引入直接相关于总通量密度J的J^*函数，定义为

$$J^* = \frac{J}{D} = \frac{\rho u\phi - \Gamma \mathrm{d}\phi/\mathrm{d}x}{\Gamma/\delta x} = P_{\Delta}\phi - \frac{\mathrm{d}\phi}{\mathrm{d}(x/\delta x)} \tag{5.22}$$

三点离散格式中，任一界面的总通量密度都由界面两侧节点值来表示。如图5.3所示，节点i和$i+1$间的界面$(i+1/2)$处的J^*可表为

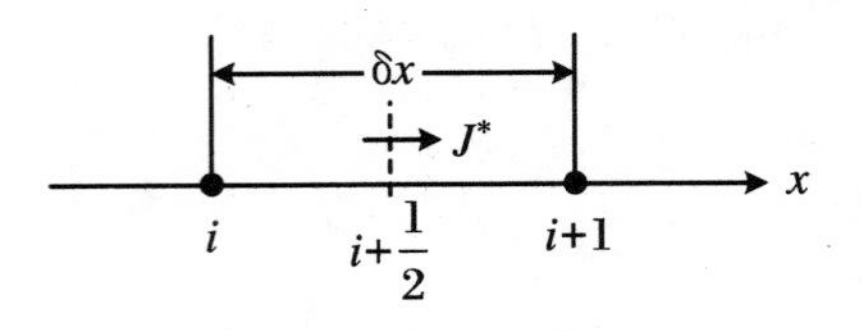

图 5.3 相应于界面通量密度的 J^* 函数

$$J^* = B\phi_i - A\phi_{i+1} \tag{5.23}$$

这里系数 A 和 B 与离散格式有关，都是 P_Δ 的函数。注意，对于图示的坐标方向，上式中的节点 i 位于界面之后，而节点 $i+1$ 位于界面之前。如果坐标方向相反，而节点标志不变，则节点 i 位于界面之前，而节点 $i+1$ 位于界面之后。

从物理意义分析 J^* 的定义式(5.22)和离散表达式(5.23)，系数 A 和 B 具有以下两个特性：

(1) 和差特性

如果 $\phi_i = \phi_{i+1}$，则界面不应存在扩散，J^* 完全由对流作用形成。此时，将式(5.22)分别应用于节点 i 和 $i+1$，有

$$J^* = P_\Delta \phi_i = P_\Delta \phi_{i+1}$$

对照式(5.23)，得

$$B\phi_i - A\phi_{i+1} = P_\Delta \phi_i = P_\Delta \phi_{i+1}$$

于是可以得到系数 A 和 B 应满足如下和差关系：

$$B - A = P_\Delta \tag{5.24}$$

该关系表明，系数 A、B 之间并不独立，只要知道了其中一个，另一个就可以立即得到。

(2) 对称特性

如果将坐标轴反向，则 P_Δ 将显示为 $-P_\Delta$，且在离散节点标号不变时，如前所述，界面相应的前向和后向节点恰好与原始坐标的前向和后向节点位置互换。于是，按照式(5.22)，反向坐标下 J^{**} 为

$$J^{**} = B(-P_\Delta)\phi_{i+1} - A(-P_\Delta)\phi_i \tag{5.25}$$

由于 J^* 和 J^{**} 只不过是同一物理量在两种不同坐标表象下的描述，它们应该大小相等，但符号相反，即 $J^{**} = -J^*$，于是有

$$B(-P_\Delta)\phi_{i+1} - A(-P_\Delta)\phi_i = -[B(P_\Delta)\phi_i - A(P_\Delta)\phi_{i+1}] \tag{5.26a}$$

移项整理，得

$$[B(P_\Delta) - A(-P_\Delta)]\phi_i = [A(P_\Delta) - B(-P_\Delta)]\phi_{i+1} \tag{5.26b}$$

此式要对 ϕ_i，ϕ_{i+1} 的任意不同组合都成立，它们前面的系数必须为零，即

$$B(P_\Delta) - A(-P_\Delta) = 0, \quad A(P_\Delta) - B(-P_\Delta) = 0$$

也就是

$$A(-P_\Delta) = B(P_\Delta), \quad B(-P_\Delta) = A(P_\Delta) \tag{5.27}$$

上式表明，当 P_Δ 改变符号时，原来的 A 和 B 互换了各自的角色。上式也表明，在 A 和 B 随 P_Δ 变化的平面图上，$A(P_\Delta)$ 与 $B(P_\Delta)$ 值关于 $P_\Delta = 0$ 的纵轴对称。

现以指数格式为例来检验上述两个特性。将式(5.13a)应用于图 5.3 中节点 i 与 $i+1$ 之间的区域，得

$$J^* = \frac{J}{D} = P_\Delta\left[\frac{\exp(P_\Delta)}{\exp(P_\Delta) - 1}\phi_i - \frac{1}{\exp(P_\Delta) - 1}\phi_{i+1}\right]$$

因此相应指数格式有

$$A(P_\Delta) = \frac{P_\Delta}{\exp(P_\Delta) - 1}, \quad B(P_\Delta) = \frac{P_\Delta \exp(P_\Delta)}{\exp(P_\Delta) - 1}$$

图 5.4 给出了上式中 A 和 B 随 P_Δ 的变化曲线。易见，A 和 B 之间具有和差特性和对称特性。

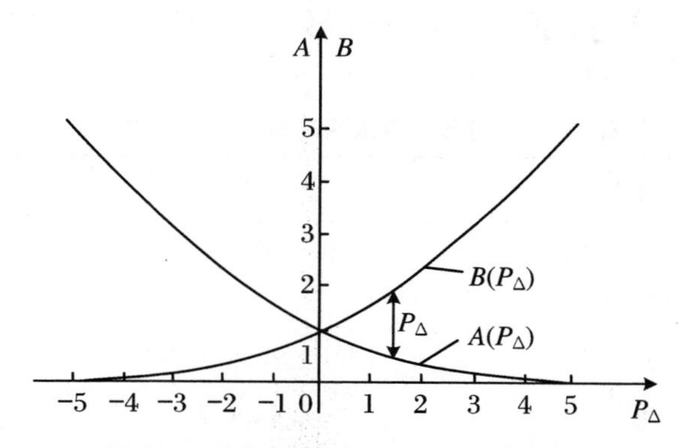

图 5.4　系数 A 和 B 间关系的特性图示

应用上述系数 A 和 B 的两个特性，还可得到，对于任意 P_Δ 值，无论是正或是负，$A(P_\Delta)$ 和 $B(P_\Delta)$ 的计算值都可用 $P_\Delta>0$ 时的 $A(|P_\Delta|)$ 来得出。这是因为

$$A(P_\Delta)=\begin{cases}A(|P_\Delta|), & P_\Delta>0\\ B(P_\Delta)-P_\Delta=A(-P_\Delta)-P_\Delta=A(|P_\Delta|)-P_\Delta, & P_\Delta<0\end{cases}\qquad(5.28)$$

于是 $A(P_\Delta)$ 可以统一写为

$$A(P_\Delta)=A(|P_\Delta|)+[[-P_\Delta,0]]\qquad(5.29\text{a})$$

而

$$B(P_\Delta)=A(P_\Delta)+P_\Delta=A(|P_\Delta|)+[[-P_\Delta,0]]+P_\Delta=A(|P_\Delta|)+[[P_\Delta,0]]\qquad(5.29\text{b})$$

因此，前面讲述的五种三点离散格式的系数表示最终都可以归结到函数 $A(|P_\Delta|)$ 上。

2. 三点离散格式系数的统一表达形式

利用系数 A,B 的特性可以导出适用于五种三点离散格式系数的通用表达式。对图 3.2 所示的控制体 P，依照式(5.23)可以写出其界面的 J^* 函数：

$$J_e^*=B(P_{\Delta e})\phi_P-A(P_{\Delta e})\phi_E,\quad J_w^*=B(P_{\Delta w})\phi_W-A(P_{\Delta w})\phi_P$$

对稳态一维无源问题，将上式代入总通量密度守恒方程 $J_e=J_w$，有

$$D_e[B(P_{\Delta e})\phi_P-A(P_{\Delta e})\phi_E]=D_w[B(P_{\Delta w})\phi_W-A(P_{\Delta w})\phi_P]$$

移项、合并、整理，得离散方程

$$[D_eB(P_{\Delta e})+D_wA(P_{\Delta w})]\phi_P=D_eA(P_{\Delta e})\phi_E+D_wB(P_{\Delta w})\phi_W$$

按系数 A,B 的特性，将 $A(P_\Delta),B(P_\Delta)$ 均用 $A(|P_\Delta|)$ 表示，有

$$A(P_{\Delta e})=A(|P_{\Delta e}|)+[[-P_{\Delta e},0]],\quad A(P_{\Delta w})=A(|P_{\Delta w}|)+[[-P_{\Delta w},0]]$$

$$B(P_{\Delta e})=A(P_{\Delta e})+P_{\Delta e}=A(|P_{\Delta e}|)+[[P_{\Delta e},0]]$$

$$B(P_{\Delta w})=A(P_{\Delta w})+P_{\Delta w}=A(|P_{\Delta w}|)+[[P_{\Delta w},0]]$$

代入离散方程、整理，得到通用的离散格式

$$a_P\phi_P=a_E\phi_E+a_W\phi_W\qquad(5.30)$$

统一的系数表达式是

$$a_E=D_eA(P_{\Delta e})=D_eA(|P_{\Delta e}|)+[[-F_e,0]]\qquad(5.31\text{a})$$

$$a_W = D_w B(P_{\Delta w}) = D_w A(|P_{\Delta w}|) + [[F_w, 0]] \tag{5.31b}$$

$$a_P = a_E + a_W + (F_e - F_w) \tag{5.31c}$$

这样,五种不同的三点离散格式的区别仅在于 $A(|P_\Delta|)$的计算式不同。表 5.1 汇总了这五种格式的 $A(|P_\Delta|)$的具体函数形式。

表 5.1　五种三点离散格式的函数 $A(|P_\Delta|)$

格式	$A(\|P_\Delta\|)$
中心差分	$1-0.5\|P_\Delta\|$
迎风	1
混合	$[[0,1-0.5\|P_\Delta\|]]$
指数	$\|P_\Delta\|/[\exp(\|P_\Delta\|)-1]$
乘方律	$[[0,(1-0.1\|P_\Delta\|)^5]]$

3．三点离散格式邻点离散系数的内在联系

对于一维网格系统,当沿坐标正向从小到大对节点编号时,其节点 i 东邻的为节点 $i+1$,或说节点 $i+1$ 西邻节点 i,它们有共同的界面。从三点离散格式系数推演过程可知,界面参量是确定界面两侧离散节点系数的基本依据,因此两邻节点离散系数之间必然会有一定的内在联系。从上面得到的通用离散系数表达式,可以得到这种联系的关系式。

节点 i 的离散系数用$a_W^{(i+1)}$ 表示,节点 $i+1$ 的离散系数用 $a_E^{(i)}$ 表示,按通用系数表达式(5.31),有

$$a_W^{(i+1)} = [D_w A(|P_{\Delta w}|) + D_w[[P_{\Delta w}, 0]]]_{(i+1)}$$

$$a_E^{(i)} = [D_e A(|P_{\Delta e}|) + D_e[[-P_{\Delta e}, 0]]]_{(i)}$$

在两节点的界面上,有 $P_{\Delta e} = P_{\Delta w}, D_e = D_w$,于是得到

$$a_W^{(i+1)} - a_E^{(i)} = D_w A(|P_{\Delta w}|) + [[F_w, 0]] - D_e A(|P_{\Delta e}|) - [[-F_e, 0]] = F \tag{5.32}$$

利用这一关系,当采用五种离散格式时,如果计算得到了 $a_W^{(i+1)}$,则 $a_E^{(i)}$ 就可以由上式直接算出,从而有效减少计算离散系数的工作量。

4．三点离散格式离散系数的推广

前面讨论的内容都是针对一维稳态无源项的对流扩散方程进行的,但研究的思路和所得到的结果可以推广到一维非稳态有源项的问题:从节点 P 出发离散,得到的邻节点 E,W 的系数形式与稳态时完全一样,所不同的只是节点 P 的系数a_P 需要增加由非稳态项和源项的引入而形成的附加项。

一维问题的研究方法和结果也可以直接推广到多维问题,只要在每个坐标方向上都按一维问题的方式处理就行。

5.2.8　五种三点离散格式计算结果的比较

为对五种三点离散格式的优缺点进行综合对比评价,考察一下对于给定的 ϕ_E 和 ϕ_W 值,

不同格式下所算出的 ϕ_P 值。不失一般性，设 $\phi_E=1$，$\phi_W=0$，且 $(\delta x)_e=(\delta x)_w$。易见，$\phi_P$ 将是网格 Peclet 数 $P_\Delta=\rho u\delta x/\Gamma$ 的函数。不同格式算出的 ϕ_P 随 P_Δ 的变化曲线示于图 5.5。

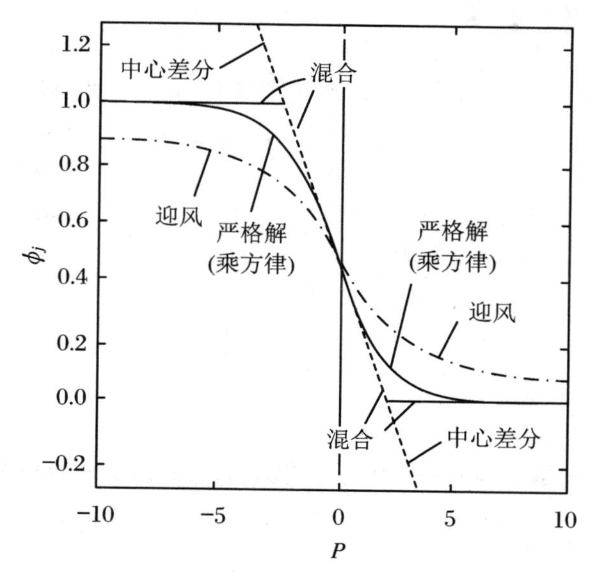

图 5.5　不同格式计算结果的比较

综合对比结果图，可以看出：

(1) 用乘方律格式得到的结果与准确解符合得最好，以至图形上无法分开。

(2) 中心差分格式在小 $|P_\Delta|$ 下与准确解符合得好，在 $|P_\Delta|$ 接近 2 时，误差显著增大，在 $|P_\Delta|>2$ 时结果超出边界值 0～1 的范围，已违反物理上的真实性。

(3) 在所有 P_Δ 下，迎风格式解的变化趋势与准确解一致，符合物理的真实性。但是对整个 P_Δ，结果误差都较大。这是因为迎风格式的对流项选取的是上游值，截差仅为一阶的，且在大 $|P_\Delta|$ 时，准确解早已偏离线性分布，而扩散项仍用函数为线性分布的中心差分计算。

(4) 混合格式结果在 $|P_\Delta|\leqslant 2$ 时与中心差分格式相同，在 $|P_\Delta|>2$ 时，由于取消了扩散项，比迎风格式下存在大的误差有了很大改进，且 $|P_\Delta|$ 越大，结果越接近准确解。

5.3　多维非稳态对流扩散问题

一维问题的讨论为我们进一步讲述多维问题准备了条件。本节针对非稳态有源项的一般多维问题离散化方法进行讨论，对二维问题做了详细推演，对三维问题直接给出推广结果[6,9]。

5.3.1　二维非稳态对流扩散方程的离散

1. 直角坐标系下的对流扩散方程和连续方程

在二维直角坐标系下，一般对流扩散问题的控制方程及质量守恒(连续)方程分别为

$$\frac{\partial(\rho\phi)}{\partial t}+\frac{\partial(\rho u\phi)}{\partial x}+\frac{\partial(\rho v\phi)}{\partial y}=\frac{\partial}{\partial x}\left(\Gamma\frac{\partial\phi}{\partial x}\right)+\frac{\partial}{\partial y}\left(\Gamma\frac{\partial\phi}{\partial y}\right)+S \tag{5.33a}$$

$$\frac{\partial\rho}{\partial t}+\frac{\partial(\rho u)}{\partial x}+\frac{\partial(\rho v)}{\partial y}=0 \tag{5.33b}$$

引入 x 与 y 两个方向函数 ϕ 的对流扩散总通量密度 J_x，J_y 以及质量流通量密度 F_x，F_y：

$$J_x=\rho u\phi-\Gamma\frac{\partial\phi}{\partial x},\quad J_y=\rho v\phi-\Gamma\frac{\partial\phi}{\partial y} \tag{5.34a}$$

$$F_x=\rho u,\quad F_y=\rho v \tag{5.34b}$$

则对流扩散方程和连续方程分别变为

$$\frac{\partial(\rho\phi)}{\partial t}+\frac{\partial J_x}{\partial x}+\frac{\partial J_y}{\partial y}=S \tag{5.35a}$$

$$\frac{\partial\rho}{\partial t}+\frac{\partial F_x}{\partial x}+\frac{\partial F_y}{\partial y}=0 \tag{5.35b}$$

2. 控制容积积分离散

取图 4.3 所示的二维直角坐标网格系统，将方程(5.35a)在时间间隔 $[t,t+\Delta t]$，对节点 P 的控制容积 $w\rightarrow e$，$s\rightarrow n$ 做时间与空间积分，并假定：

(1) 非稳态项积分函数沿空间为均匀分布，从而该项积分结果为

$$\int_s^n\int_w^e\int_t^{t+\Delta t}\frac{\partial(\rho\phi)}{\partial t}\mathrm{d}t\mathrm{d}x\mathrm{d}y=[(\rho\phi)_P-(\rho\phi)_P^0]\Delta x\Delta y$$

(2) 对于空间方向的积分，沿时间取阶梯隐式；在 x 方向总通量密度 J_x 在界面 e，w 上均匀，y 方向总通量密度 J_y 在界面 n，s 上均匀，从而有

$$\int_t^{t+\Delta t}\int_s^n\int_w^e\frac{\partial J_x}{\partial x}\mathrm{d}x\mathrm{d}y\mathrm{d}t=[(J_x)_e-(J_x)_w]\Delta y\Delta t=(J_e-J_w)\Delta t$$

$$\int_t^{t+\Delta t}\int_s^n\int_w^e\frac{\partial J_y}{\partial y}\mathrm{d}x\mathrm{d}y\mathrm{d}t=[(J_y)_n-(J_y)_s]\Delta x\Delta t=(J_n-J_s)\Delta t$$

其中 $J_{nb}(nb=e,w,n,s)$ 为函数 ϕ 在各界面上对流扩散的总通量。

(3) 源项 S 沿空间、时间均为阶梯分布，线化为 $S=S_C+S_P\phi$ $(S_P<0)$，积分得

$$\int_s^n\int_w^e\int_t^{t+\Delta t}S\mathrm{d}t\mathrm{d}x\mathrm{d}y=(S_C+S_P\phi)\Delta x\Delta y\Delta t$$

代入积分方程，有

$$\frac{(\rho\phi)_P-(\rho\phi)_P^0}{\Delta t}\Delta x\Delta y+(J_e-J_w)+(J_n-J_s)=(S_C+S_P\phi_P)\Delta x\Delta y \tag{5.36a}$$

采用同样方式，对连续方程(5.35b)做时间和空间积分，可得

$$\frac{\rho_P-\rho_P^0}{\Delta t}\Delta x\Delta y+(F_e-F_w)+(F_n-F_s)=0 \tag{5.36b}$$

其中 $F_{nb}(nb=e,w,n,s)$ 为各界面上总的质量通量。将式(5.36a)减去乘以 ϕ_P 的式(5.36b)，可得

$$\frac{\rho_P^0(\phi_P-\phi_P^0)}{\Delta t}\Delta x\Delta y+(J_e-F_e\phi_P)-(J_w-F_w\phi_P)+(J_n-F_n\phi_P)-(J_s-F_s\phi_P)$$
$$=(S_C+S_P\phi_P)\Delta x\Delta y \tag{5.37}$$

上式尚未完成对空间导数的完整积分。为此,需要引入离散格式,对界面总通量 J_{nb} 建立其节点值的表达式。界面总通量包括对流和扩散两部分,对流部分为界面函数值,扩散部分为函数的空间导数,选择不同界面上的导数离散方式及其函数的插值方式,就形成不同的离散格式。除了指数格式和乘方律格式,界面扩散项导数通常采用分段线性分布型线来构造,因而不同格式之间的主要区别在于界面函数插值方法不同。

一维情况下五种三点离散格式的界面总通量密度是利用了三点离散格式的系数 A,B 的两条基本特性得到的。显然,这种推导过程推广用于二维或三维时,对每个坐标方向仍是成立的。所不同的只是一维情况下,推导针对的是总通量密度(单位面积上的通量),而二维或三维问题,针对的是总通量(一定面积上的总通量)。如在二维下,x 方向的通量面积为 $\Delta y \cdot 1$,y 方向的通量面积为 $\Delta x \cdot 1$。由前节得到的 J^* 的表达式的系数 A 和 B 间的关系

$$J_e = J_e^* D_e = D_e[B(P_{\Delta e})\phi_P - A(P_{\Delta e})\phi_E] = D_e\{[A(P_{\Delta e}) + P_{\Delta e}]\phi_P - A(P_{\Delta e})\phi_E\}$$

按一维结果的式(5.31a),有 $a_E = D_e A(P_{\Delta e})$;又 $F_e = D_e P_{\Delta e}$,于是有

$$J_e - F_e\phi_P = a_E(\phi_P - \phi_E)$$

同理,有

$$J_w - F_w\phi_P = a_W(\phi_W - \phi_P),\quad J_n - F_n\phi_P = a_N(\phi_P - \phi_N),\quad J_s - F_s\phi_P = a_S(\phi_S - \phi_P)$$

将以上四式代入积分离散式(5.37),合并、整理,得到以下二维一般对流扩散问题的五点格式通用离散方程:

$$a_P\phi_P = a_E\phi_E + a_W\phi_W + a_N\phi_N + a_S\phi_S + b \tag{5.38}$$

其中

$$a_E = D_e A(P_{\Delta e}) = D_e A(|P_{\Delta e}|) + [[-F_e, 0]] \tag{5.39a}$$

$$a_W = D_w B(P_{\Delta w}) = D_w A(|P_{\Delta w}|) + [[F_w, 0]] \tag{5.39b}$$

$$a_N = D_n A(P_{\Delta n}) = D_n A(|P_{\Delta n}|) + [[-F_n, 0]] \tag{5.39c}$$

$$a_S = D_s B(P_{\Delta s}) = D_s A(|P_{\Delta s}|) + [[F_s, 0]] \tag{5.39d}$$

$$a_P^0 = (\rho_P^0 \Delta V)/\Delta t,\quad b = S_C\Delta x\Delta y + a_P^0\phi_P^0 \tag{5.39e}$$

$$a_P = a_E + a_W + a_N + a_S + a_P^0 - S_P\Delta x\Delta y \tag{5.39f}$$

这里

$$D_e = \frac{\Gamma_e\Delta y}{(\delta x)_e},\quad D_w = \frac{\Gamma_w\Delta y}{(\delta x)_w},\quad D_n = \frac{\Gamma_n\Delta x}{(\delta y)_n},\quad D_s = \frac{\Gamma_s\Delta x}{(\delta y)_s} \tag{5.40a}$$

$$F_e = (\rho u)_e\Delta y,\quad F_w = (\rho u)_w\Delta y,\quad F_n = (\rho v)_n\Delta x,\quad F_s = (\rho v)_s\Delta x \tag{5.40b}$$

$$P_\Delta = F/D \tag{5.40c}$$

5.3.2　三维非稳态对流扩散方程的离散

二维问题推导方法可直接推广至三维。在直角坐标系下,此时多了一个 z 向坐标,令其节点 P 对应的控制容积在 z 方向界面用 t 和 b 表示,相应的邻点记作 T 和 B,则相应的离散方程为

$$a_P\phi_P = a_E\phi_E + a_W\phi_W + a_N\phi_N + a_S\phi_S + a_T\phi_T + a_B\phi_B + b \tag{5.41}$$

其中

$$a_E = D_e A(P_{\Delta e}) = D_e A(|P_{\Delta e}|) + [[-F_e, 0]] \tag{5.42a}$$

$$a_W = D_w B(P_{\Delta w}) = D_w A(|P_{\Delta w}|) + [[F_w, 0]] \tag{5.42b}$$

$$a_N = D_n A(P_{\Delta n}) = D_n A(|P_{\Delta n}|) + [[-F_n, 0]] \tag{5.42c}$$

$$a_S = D_s B(P_{\Delta s}) = D_s A(|P_{\Delta s}|) + [[F_s, 0]] \tag{5.42d}$$

$$a_T = D_t A(P_{\Delta t}) = D_t A(|P_{\Delta t}|) + [[-F_t, 0]] \tag{5.42e}$$

$$a_B = D_b B(P_{\Delta b}) = D_b A(|P_{\Delta b}|) + [[F_b, 0]] \tag{5.42f}$$

$$a_P^0 = (\rho_P^0 \Delta x \Delta y \Delta z)/\Delta t, \quad b = S_C \Delta x \Delta y \Delta z + a_P^0 \phi_P^0 \tag{5.42g}$$

$$a_P = a_E + a_W + a_N + a_S + a_T + a_B + a_P^0 - S_P \Delta x \Delta y \Delta z \tag{5.42h}$$

这里

$$F_e = (\rho u)_e \Delta y \Delta z, \quad D_e = \Gamma_e \Delta y \Delta z/(\delta x)_e \tag{5.43a}$$

$$F_w = (\rho u)_w \Delta y \Delta z, \quad D_w = \Gamma_w \Delta y \Delta z/(\delta x)_w \tag{5.43b}$$

$$F_n = (\rho v)_n \Delta z \Delta x, \quad D_n = \Gamma_n \Delta z \Delta x/(\delta y)_n \tag{5.43c}$$

$$F_s = (\rho v)_s \Delta z \Delta x, \quad D_s = \Gamma_s \Delta z \Delta x/(\delta y)_s \tag{5.43d}$$

$$F_t = (\rho w)_t \Delta x \Delta y, \quad D_t = \Gamma_t \Delta x \Delta y/(\delta z)_t \tag{5.43e}$$

$$F_b = (\rho w)_b \Delta x \Delta y, \quad D_b = \Gamma_b \Delta x \Delta y/(\delta z)_b \tag{5.43f}$$

5.3.3 多维对流扩散问题的边界条件处理

下面以一个伴有回流的轴对称二维突扩通道的流动问题为例，说明多维对流扩散问题边界条件的一般处理方法。图 5.6 展示出了对称计算区域的一半部分。这类问题的边界通常分为以下几种类型：

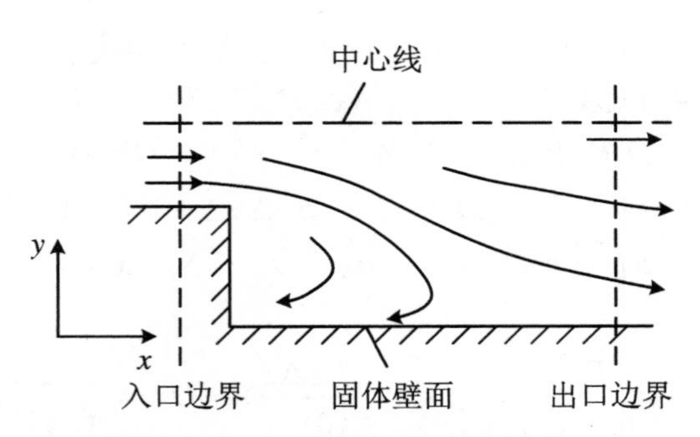

图 5.6 有回流的突扩通道示意图

(1) 入口边界：边界条件必须给定，一般规定入口边界上的函数值 ϕ 以及流速 u 和 v 的分布。

(2) 对称边界：本问题中的中心线。由对称性，有

$$v = 0, \quad \frac{\partial u}{\partial y} = 0, \quad \frac{\partial \phi}{\partial y} = 0$$

(3) 固壁边界：对黏性流体，壁面无渗透，其壁面速度为零，即 $u = v = 0$。对于 ϕ，依问题所给，可提第一、二、三类不同的边界条件。

(4) 出口边界：对于空间坐标均为双通性质的椭圆型流动问题，按微分方程理论，应给出出口边界上的条件，但在计算之前，除非实测，不可能获得出口截面上的任何信息。因此，目前对出口边界的处理方法没有定论，应用中广泛采用的一种简化近似方法称为**出口截面**

局部坐标单向化。这种方法假定出口截面上的节点对它近邻的第一个内节点已无影响,从而令边界节点对内节点的影响系数为零。它意味着内部节点的计算无需知道出口边界的值就可进行,相当于在出口截面上流动方向的坐标是单向的。要使这种简化方法不致造成过大误差,必须做到两点:出口截面无回流;出口截面应离感兴趣的计算区较远。实际计算中,可以通过改变出口截面位置来检查主要计算结果是否受到影响,以判断所取位置是否合适。

当计算区域出口边界只能在有回流的区域或者求解变量本身为速度时,边界条件处理可参看文献[9]及其引用的相关文献。

5.4　对流扩散方程离散格式的虚假扩散问题

我们在第 3 章讨论离散格式定性性质时,讲述了格式的耗散性,或称数值黏性(numerical viscosity)或人工黏性(artificial viscosity)[10]。虚假扩散的最初含义就是指这种人工黏性使其数值结果放大了方程本身的扩散作用,而引起数值计算误差的现象。但在计算热物理领域中,虚假扩散的这种含义有所扩大,由于坐标方向与流动方向不一致以及由于方程的源项为非常数所造成的数值误差也都归于虚假扩散[9],以下按照虚假扩散的这种扩展含义,分析一下三种虚假扩散如何造成数值计算误差。

5.4.1　人工黏性引起的流向扩散

数值求解的离散方程,当用 Taylor 展开恢复成微分方程时,与原方程的差别就是多出来一个截断误差。方程中的一阶导数如果用一阶精度的格式离散,其截差首项必为二阶导数。如果方程为无时间导数项的稳态问题,截差首项就是二阶空间导数项;如果方程为既含一阶空间导数项,又含一阶时间导数项的非稳态问题,从推演修正的偏微分方程 (MPDE)知道,可以通过自循环消元,将截差中含时间的二阶导数项转换为二阶空间导数项。因为方程中的二阶空间导数代表的是一种扩散作用(黏性效应),时、空一阶导数离散形成的二阶空间导数截差组合项,就相当于在原始方程中增加了扩散作用(人工黏性作用),这是原始方程中没有的一种虚假扩散。只要求解函数顺流向存在不为零的一阶导数时,它就会使方程的真解被光滑,导致数值计算误差。这种顺着流动方向的虚假扩散,称为流向扩散(streamwise diffusion),是一维问题虚假扩散的表现形式。

要减小流向扩散引起的计算误差,需要采用截差阶数较高的离散格式。对此,我们随后将进行更多讨论。

5.4.2　网格取向效应引起的交叉扩散

对于多维问题,当流动速度与网格线取向不一致而倾斜交叉时,还会发生垂直于主流方向的另一种虚假扩散[6,9,11]。为清楚起见,先用一个简单例子来说明何谓垂直于主流方向的扩散。如图 5.7 所示，当有两股速度相同而温度有别的平行气流相遇时，如果流体扩散系数 $\Gamma \neq 0$，则随着流动向前推进，在垂直于来流方向的温度分布将由初遇时的阶梯形逐步被抹平。它是由垂直于主流方向的真正物理扩散产生的。而如果 $\Gamma = 0$，则两股气流的温度阶梯分布将一直保持下去。但是，后面这种物理上并不存在扩散机制的问题，如果采用迎风格式来数值计算温度分布，会因网格坐标取向与流速不一致而在垂直于流动的方向产生虚假扩散，初始阶梯式温度分布也会被抹平。

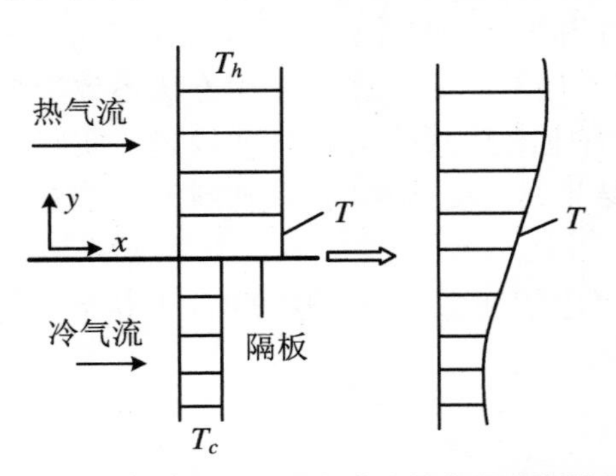

图 5.7　阶梯式温度分布被扩散作用逐渐抹平

设前述问题高温气流温度为 100 ℃，低温为 0 ℃，$\Gamma = 0$，其他物性参数相同且为常数，现分别讨论来流方向与坐标 x 轴平行以及成 45°交叉时，气流相遇后用迎风格式计算的稳态流场温度分布。

对于来流与 x 轴平行的情形，如图 5.8(a)所示。因为 y 方向速度 $v = 0$，所以 $a_N = a_S = 0$；按迎风格式通用系数公式，$a_E = 0$，$a_P = a_W = F_w$，这就导致 $\phi_P = \phi_W$，说明沿流向上游温度可以一直保留至下游，初场温度的阶梯形分布维持不变，计算中没有引入虚假扩散。注意，这是因为给定的初场温度在流速方向没有梯度（即流向导数为零）才会这样，否则一旦初场沿流向存在非零导数，一阶迎风格式计算就必将在流向产生虚假扩散。

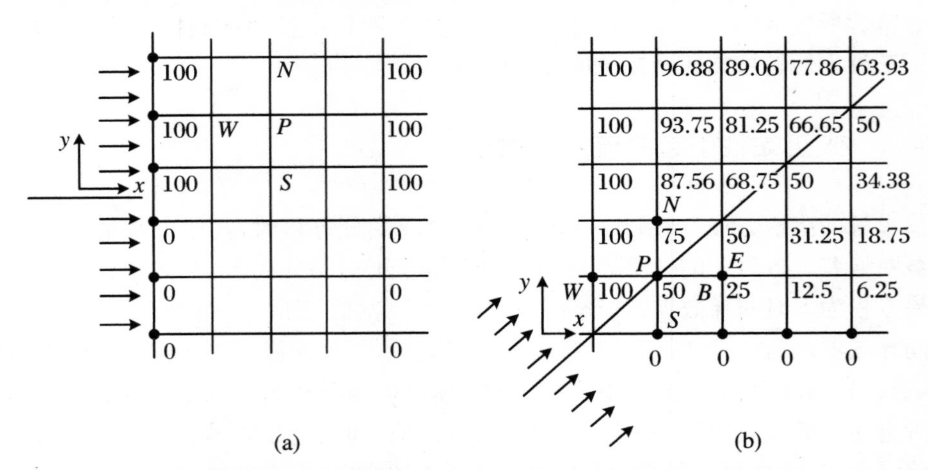

图 5.8　来流与网格线平行和成 45°交叉时迎风差分格式计算结果

如果将上面的坐标方向顺时针旋转 45°，即让来流方向与 x 轴倾斜交叉，并设 $\Delta x = \Delta y$，如图 5.8(b)所示，则 x、y 轴关于来流对称，冷热流体分布在 xy 平面被对称方向分开的右下和左上部位，同一物理问题变成在二维坐标系下的描述。由对称性可得 $u = v$，$a_S = a_W$，按迎风格式，$a_N = a_E = 0$，因此 $a_P = a_W + a_S = 2a_W$，于是得 $\phi_P = (\phi_W + \phi_S)/2$。设图5.8(b)所示的底边和最左边的两条网格线上的冷热流体来流温度分别为 0 ℃和 100 ℃，则其他网格节点的温度可按上式逐一算出，所得值示于该图。易见，冷热两股气流的温度分布在垂直来流方向不再呈阶梯形而是逐步被抹平，出现了垂直主流方向的虚假扩散。

这种垂直于主流方向的虚假扩散称为交叉扩散（cross-diffusion）。当流向与网格取向倾斜交叉，且在垂直流向方向上存在求解函数的非零导数时，这种虚假扩散就会出现。

采用倾斜坐标，导致交叉扩散的根源在于：节点 P 的 ϕ 值本应由斜方向流动来自节点 SW，但现在的处理办法是将其分解为两个不同于流速方向的一维流动，使 ϕ 来自 W 和 S 两个节点。在这两个方向上，求解函数的导数均不为零，采用一阶精度的迎风格式，首项截差必为空间二阶导数，构成流向扩散。这两个方向的流向扩散作用综合起来，就形成了现在的交叉扩散。因此，交叉扩散的本质还是一阶精度的离散格式造成的人工黏性效应。

基于上述分析，要克服和减小网格取向效应引起的计算误差，可采取如下措施：① 网格设置应尽量减小流线与网格线之间的倾斜和交叉。显然，采用自适应网格系统生成与流场相适应的网格是最好的选择，但这会带来网格生成方法的复杂问题和巨大的计算工作量。② 改进对流项格式设计方案，如用高阶精度迎风格式替代一阶精度。③ 对一阶精度迎风格式加入适量的逆耗散，以减小物理问题的扩散系数。④ 在离散格式中包含更多相邻节点个数等。

5.4.3　非常数源项引起的虚假扩散

非常数源项的存在也会引起许多离散格式的虚假扩散现象，导致数值计算误差。Leonard[1] 曾对我们前面讨论过的稳态一维无源模型方程两点边值问题加上非常数源项后的情况做了数值计算，采用混合格式时的数值结果与精确解的比较示于图 5.9。

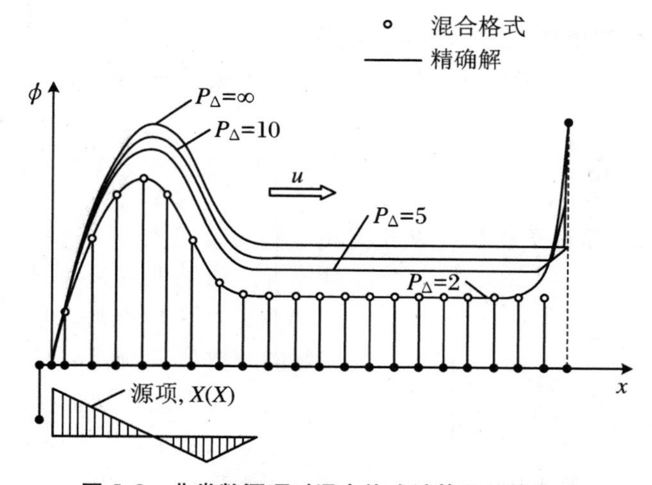

图 5.9　非常数源项对混合格式计算误差的影响

由图 5.9 可见，仅在 $P_\Delta=2$ 时，数值结果与精确解符合得较好。但是，随着 P_Δ 逐渐增大，数值结果越来越偏离精确解。按照混合格式的定义，$P_\Delta>2$ 时的格式为扩散项取零的迎风格式，且对所有大于 2 的 P_Δ 值，数值计算值均与 $P_\Delta=2$ 时的相同。但由于非常数源项引入，混合格式计算的结果与精确解有了一定的差异。这种误差也是一种广义的虚假扩散现象。

如何减少这种虚假扩散，还有待深入研究，但对流项采用高阶精度离散格式，对减轻相应的影响显然是有益的。

5.5　对流项离散的高阶迎风格式

从上节讨论可以看出，为了减轻虚假扩散和提高数值计算的准确性，提高对流项迎风离散格式的精度至关重要。为此，近年来，在一阶迎风格式的基础上，发展了多种迎风型的高阶格式。

5.5.1　二阶迎风格式

第3章中，我们采用基于Taylor展开的待定系数方法，推导了具有二阶截差的迎风有限差分格式。对均分网格，结果是

$$\left(u\frac{\partial\phi}{\partial x}\right)_i=\frac{u_i}{2\Delta x}(3\phi_i-4\phi_{i-1}+\phi_{i-2}),\quad u_i>0 \tag{5.44a}$$

$$\left(u\frac{\partial\phi}{\partial x}\right)_i=\frac{u_i}{2\Delta x}(-3\phi_i+4\phi_{i+1}-\phi_{i+2}),\quad u_i<0 \tag{5.44b}$$

相对离散出发节点 i，构成格式的另外两节点位于 i 点的一侧，它是一种单边格式。

为便于理解这一格式的构造特点及其与一阶迎风格式的差别，将 $u_i>0$ 时的式(5.44a)改写为

$$\left(u\frac{\partial\phi}{\partial x}\right)_P=u_P\left(\frac{\phi_P-\phi_W}{\Delta x}+\frac{\phi_P-2\phi_W+\phi_{WW}}{2\Delta x}\right) \tag{5.45a}$$

易见，右边括号内第一项就是从节点 P 出发离散的一阶迎风格式，是 P 点处函数导数的线性逼近。如果求解函数 ϕ 的空间分布是如图5.10所示的上凹曲线，则这种线性逼近低估了函数的导数值，而括号中加入的第二项则是对这种线性逼近的二次曲率修正，修正项对上凹曲线恰好是正值，以弥补第一项对导数值的低估。当函数曲线下凹时，情况正好相反，括号内第一项高估了导数值，而第二项为负值，修正了第一项的高估。类似地，对于 $u_i<0$，将式(5.44b)改写为

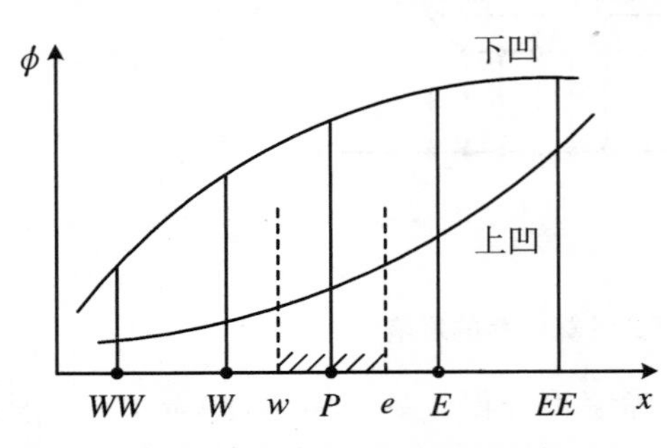

图5.10　二阶迎风格式曲率修正示意

$$\left(u\frac{\partial\phi}{\partial x}\right)_P=u_P\left(\frac{\phi_E-\phi_P}{\Delta x}-\frac{\phi_P-2\phi_E+\phi_{EE}}{2\Delta x}\right) \tag{5.45b}$$

由同样的分析得到右边括号中的第二项也是对第一项的一个曲率修正，而第一项是从节点 P 出发离散的一阶迎风格式的线性逼近。

改用控制容积法积分离散，相应的二阶迎风格式的界面插值函数应取为

$$\phi_w=\begin{cases}1.5\phi_W-0.5\phi_{WW}, & u_w>0\\ 1.5\phi_P-0.5\phi_E, & u_w<0\end{cases}\quad（在\ w\ 界面） \tag{5.46a}$$

$$\phi_e = \begin{cases} 1.5\phi_P - 0.5\phi_W, & u_e > 0 \\ 1.5\phi_E - 0.5\phi_{EE}, & u_e < 0 \end{cases} \quad (\text{在 } e \text{ 界面}) \tag{5.46b}$$

这样，在节点 P 的控制容积里，对 $u_i<0$，一阶导数积分平均值的离散形式为

$$\begin{aligned} \frac{1}{\Delta x}\int_w^e \frac{\partial \phi}{\partial x}\mathrm{d}x &= \frac{\phi_e - \phi_w}{\Delta x} = \frac{(1.5\phi_E - 0.5\phi_{EE}) - (1.5\phi_P - 0.5\phi_E)}{\Delta x} \\ &= \frac{-3\phi_P + 4\phi_E - \phi_{EE}}{2\Delta x} = \frac{-3\phi_i + 4\phi_{i-1} - \phi_{i-2}}{2\Delta x} \end{aligned} \tag{5.47}$$

显然，该离散式与有限差分法离散得到的离散式(5.44b)形式相同。但是式(5.44b)表示的是函数导数在节点 P 上的离散形式，而式(5.47)表示的是函数导数在节点 P 的控制容积内积分的平均值。虽然两者具有相同的二阶截差，但分析截差时，有限差分法是将节点 i 一侧的两邻点函数值都对节点 i 做 Taylor 展开分析；而控制容积法，是将界面函数值 ϕ_e，ϕ_w 的表达式(5.46a)和(5.46b)中的节点在界面位置 e 和 w 处展开来分析，因此，截差首项的系数稍有区别。

考虑对流扩散方程，当对流项取二阶迎风格式，而扩散项取中心差分格式时，其离散方程的空间精度为二阶的。从控制容积法导出的离散方程具有守恒特性。

5.5.2　三阶迎风格式

基于 Taylor 展开，从节点 i 出发，在 i 的流动上游一侧取两个节点，而在下游一侧取一个节点，采用待定系数法离散一阶导数的对流项，可以得到一种偏心式的三阶迎风格式。格式形式为

$$\left(u\frac{\partial \phi}{\partial x}\right)_i = \frac{u_i}{6\Delta x}(2\phi_{i+1} + 3\phi_i - 6\phi_{i-1} + \phi_{i-2}), \quad u_i > 0 \tag{5.48a}$$

$$\left(u\frac{\partial \phi}{\partial x}\right)_i = \frac{u_i}{6\Delta x}(-\phi_{i+2} + 6\phi_{i+1} - 3\phi_i - 2\phi_{i-1}), \quad u_i < 0 \tag{5.48b}$$

如按控制容积法，相应于三阶迎风格式的界面插值函数为

$$\phi_w = \begin{cases} (-\phi_{WW} + 5\phi_W + 2\phi_P)/6, & u_w > 0 \\ (2\phi_W + 5\phi_P - \phi_E)/6, & u_w < 0 \end{cases} \quad (\text{在 } w \text{ 界面}) \tag{5.49a}$$

$$\phi_e = \begin{cases} (-\phi_W + 5\phi_P + 2\phi_E)/6, & u_e > 0 \\ (2\phi_P + 5\phi_E - \phi_{EE})/6, & u_e < 0 \end{cases} \quad (\text{在 } e \text{ 界面}) \tag{5.49b}$$

这样，对一阶对流导数在节点 P 的控制容积上积分平均，可得到与式(5.48)形式相同的离散式。该格式在离散节点的流动下游方向取了一个节点，它使离散精度提高一阶，其截差为三阶，但是格式变为条件稳定。从控制容积积分法推导出的以上三阶迎风格式也具有守恒性。

5.5.3　QUICK 格式

QUICK 指对流运动的二次迎风插值(quadratic upwind interpolation of convective kinematics)，QUICK 格式则是通过这种插值方式所构成的三阶迎风格式。

对于图 5.10 所示的函数曲线，如采用分段线性分布来插值界面函数 ϕ_e，这相当于中心

差分,有 $\phi_e=(\phi_P+\phi_E)/2$。对上凹曲线,实际 ϕ 小于插值,而对下凹曲线则大于插值。为了减小界面函数的插值误差,Leonard[12]引入比线性插值高一阶,且具有迎风特征的曲率修正来做改进,做法是

$$\phi_e=\frac{\phi_P+\phi_E}{2}-\frac{1}{8}(Cure)_e \tag{5.50}$$

其中 *Cure* 代表曲率修正,计算表达式为

$$(Cure)_e=\begin{cases}\phi_E-2\phi_P+\phi_W, & u_e>0\\ \phi_P-2\phi_E+\phi_{EE}, & u_e<0\end{cases} \tag{5.51}$$

类似地,对 ϕ_w 有

$$\phi_w=\frac{\phi_W+\phi_P}{2}-\frac{1}{8}(Cure)_w \tag{5.52}$$

其中

$$(Cure)_w=\begin{cases}\phi_P-2\phi_W+\phi_{WW}, & u_w>0\\ \phi_W-2\phi_P+\phi_E, & u_w<0\end{cases} \tag{5.53}$$

这样,界面函数值就由流动上游两个节点、流动下游一个节点的值所组成,由此构成截差阶数为三阶的迎风型 QUICK 格式。与前面讲的三阶迎风格式类似,该格式对流项离散为三阶精度,也是有条件稳定,格式具有守恒性。

5.5.4 对流项采用高阶格式时产生的新问题

相对对流项的低阶离散格式,高阶迎风格式有更多的邻点进入了离散方程。对任意节点 P 的控制体,一维对流扩散问题的离散方程除了 P 点两侧的节点 W 和 E 外,还会有 WW 和 EE 两节点中的一个进入方程,因此,总体应看成一个五点格式;而二维问题除了 W,E,S,N 四个邻点外,还会有 WW,EE,SS,NN 中的两个进入方程,总体应看成一个九点格式。这就带来两个新问题:

(1) 紧邻边界的第一个内节点的离散方程如何构造?

(2) 离散方程如何求解?

对于第一个问题,以一维问题的左端为例,如图 4.2(a)所示。设节点 2 的左界面流速大于零,要构成高阶迎风格式或 QUICK 格式,需要上游两个节点,而现在只有节点 1。常用的处理办法如下:

(1) 向端点外部开拓一个虚拟节点 0,采用二次插值确定 ϕ_0 与 ϕ_1,ϕ_2 的关系,有

$$\phi_0=2\phi_1-\phi_2$$

(2) 采用一阶迎风或混合格式处理边界条件,这样可以不要上游方向第二个节点 0。

对于第二个问题,一维情况下,可采用五对角阵方程的直接求解方法求解(PDMA);二维情况下,可采用交替方向的五对角算法求解[13],还可采用延迟修正方法求解[14]。

5.6　对流扩散方程对流项离散格式的稳定性

热物理数值计算中，会遇到三种不同的稳定性问题：一是代数方程迭代求解过程的不稳定性[15]。它指迭代方法选择不当，使迭代收敛不满足，而导致迭代发散的情形。二是初值问题离散格式的不稳定性[16]。它指采用离散格式计算时，由时间（类时间）步长取得过大或者时间（类时间）与空间步长匹配不当而导致解的振荡发散现象。在第3章离散格式的定性分析中，我们已着重讲述了该问题。第三则是对流格式的不稳定性[9]。它指在采用某些离散格式求解对流扩散方程时，即使对于稳态情况，由于空间步长过大或者流速过高而形成网格 Peclet 数过大，解也会振荡发散。

本节就第三种对流项离散格式稳定性问题的研究结论做如下归纳：

(1) 分析对流扩散方程对流项离散格式的稳定性，通常将离散格式用于最简单的一维稳态无源项的模型方程来讨论。由于控制方程简单，分析起来容易，可以找到研究格式可能产生不稳定性的一些基本因素。对此，相应发展了某些分析方法，如正系数法、离散方程精确解分析法、反馈灵敏度分析法、符号不变法等。有兴趣的读者可以阅读文献[9]及其所附的参考文献。

(2) 具有迁移性的对流离散格式无条件稳定。相对离散出发节点的单边型一阶、二阶迎风格式具有迁移性，因此恒稳定。

(3) 相对离散出发点的上、下游都有节点的离散格式，无论是中心型的或是偏心型的都不具有迁移性，这些格式只能有条件稳定；且格式在离散点下游的节点系数越小，相对稳定性越强，临界网格 Peclet 数$(P_\Delta)_{cr}$越大。如对于中心差分格式$(P_\Delta)_{cr}=2$，对于 QUICK 格式$(P_\Delta)_{cr}=8/3$，对于三阶迎风格式$(P_\Delta)_{cr}=3$，等等。

(4) 实际热物理问题计算发生数值解振荡的$(P_\Delta)_{cr}$要比简化模型分析得到的结果大。现有对流稳定性分析方法都是基于模型方程在五个苛刻条件——一维、线性（ρ, u, Γ 均为常数）、无源项、两点边值问题和均匀网格下得出的。实际热物理问题远比模型方程复杂，计算表明，解除五个苛刻条件中的任何一个，使解发生振荡的$(P_\Delta)_{cr}$都要增大。因此，实际使用中，要通过数值实验，逐步扩大$(P_\Delta)_{cr}$的选择范围，以求既能使解稳定，又不致让$(P_\Delta)_{cr}$太小，达到经济适用的目的。

(5) 多维复杂情况下对流扩散方程对流项离散格式的稳定性条件研究，是计算热物理中需要进一步解决的重要课题。

参 考 文 献

[1] Leonard B P. A survey of finite differences with upwinding for numerical modelling of the incompressible convective diffusion equation[M]//Tarloy C, Morgan K. Computational techniques in transient and turbulent flows. Swansea: Pineridge Press, 1981: 1-35.

[2] de Vahl Davis G, Mallinson G D. An evaluation of upwind and central difference approximation by

a study of recirculating flow[J]. Comput Fluids,1976,4:29-43.

[3] Spalding D B. An overview of diffusion-convection problems[M]//Caldwell J, Moscarding A O. Numerical modeling in diffusion convection. London: Pentech Press,1982:1-16.

[4] Patel M K, Markatos N C. An evaluation of eight discretization schemes for two-dimensional convection-diffusion equations[J]. Int J Numer Methods Eng,1986,6: 129-153.

[5] Ni M J, Tao W Q, Wang S J. Stability-controllable second order difference scheme for convection term[J]. J Thermal Science,1998,7(2):119-130.

[6] 帕坦卡.传热与流体流动的数值计算[M].张政,译.北京:科学出版社,1984:92-117,122-126.

[7] Spalding D B. A novel finite-difference formulation for differential expressions involving both first and second derivatives[J]. Int J Numer Methods Eng,1972,4(4): 551-559.

[8] Patankar S V. A calculation procedure for two-dimensional elliptic situation[J]. Numer Heat Transfer,1981,4: 405-425.

[9] 陶文铨.数值传热学[M].2 版.西安:西安交通大学出版社,2001:147-152,154,157-158,170-179,181-183,231-240.

[10] 罗奇.计算流体动力学[M].钟锡昌,刘学宗,译.北京:科学出版社,1983:82-87,473-490.

[11] Ferziger J H, Peric M. Computational methods for fluid dynamics[M]. Berlin: Springer,2002: 72-73.

[12] Leonard B P. A stable and accurate convective modeling procedure based on quadratic upstream interpolation[J]. Comput Meth Appl Mech Eng,1979,19(1): 59-98.

[13] Gaskell P H, Lau A K C. Curvature-compensated convective transport: SMART, a new boundedness-preserving transport algorithm[J]. Int J Numer Methods Fluid,1988,8:617-641.

[14] Hayase T, Humphery J A C, Grief A R. A consistently formulated QUICK scheme for fast and stable convergence using finite volume iterative calculation procedure[J]. J Comput Phys,1992,98: 108-118.

[15] Ni M J, Tao W Q, Wang S J. Stability analysis for discretized steady convective-diffusion equation [J]. Numer Heat Transfer: Part B,1999,35(3): 369-388.

[16] Richtmyer R D, Morton K W. 初值问题的差分方法[M].2 版.袁国兴,杜明笙,王汉强,译.广州:中山大学出版社,1992:44-47.

习　题

5.1 求下列一维稳态对流扩散问题的精确解:

$$\begin{cases} \dfrac{\mathrm{d}}{\mathrm{d}x}\left(\rho u\phi - \Gamma\dfrac{\mathrm{d}\phi}{\mathrm{d}x}\right) = S, \quad 0 \leqslant x \leqslant L \\ \phi\mid_{x=0} = \phi_0 \\ \phi\mid_{x=L} = \phi_L \end{cases}$$

其中 $\rho, u, \Gamma, S, \phi_0, \phi_L$ 均为常数,并构造相应的指数格式。

5.2 图中二维有源稳态对流扩散定解问题如下:

$$\begin{cases} \nabla\cdot(\rho\boldsymbol{u}\phi) = \nabla\cdot(\Gamma\nabla\phi) + S_c + S_p\phi \\ \phi(0,y) = 150, \quad \phi(3,y) = 50 \\ \phi(x,0) = 150, \quad \phi(x,3) = 50 \end{cases}$$

其中 $\boldsymbol{u}=(u,v), u=2, v=4, \rho=1, \Gamma=1, S_c=8, S_p=-2, \Delta x=\Delta y=1$。试采用以下离散格式计算图中节点 1,2,3,4 上的 ϕ 值:

(1) 中心差分格式;

（2）一阶迎风格式；
（3）混合格式；
（4）乘方律格式；
（5）二阶迎风格式。

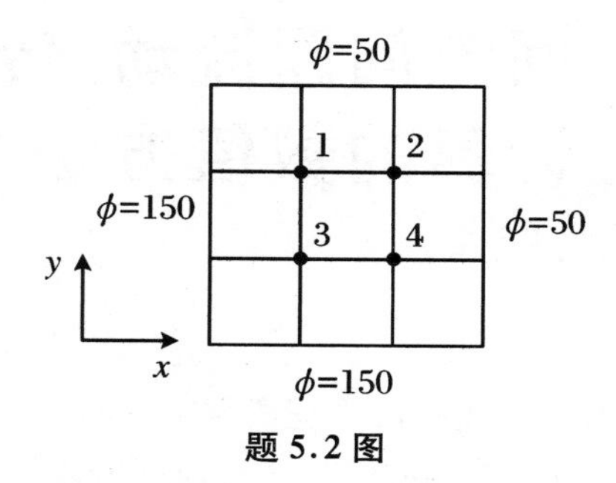

题 5.2 图

5.3　用基于 Taylor 展开构成有限差分格式的待定系数方法，证明第 5 章中函数 $u\dfrac{\partial\phi}{\partial x}$ 在节点 i 的偏心式三阶迎风格式表达式(5.48a)和(5.48b)。如果用控制容积积分法离散，其界面插值函数应取什么样的形式，才能构造出与差分离散形式一致的离散表达式？试验证之。

5.4　如果离散域中任一界面上的物性参数连续，从界面两侧的节点所写出的该界面的离散函数值及其一阶导数的表达式相同，则相应的离散格式具有守恒性。按照该要求，证明迎风型的 QUICK 格式具有守恒性。

第 6 章　回流问题流动-传热耦合计算的数值方法

第 5 章讲述了引入流动项后，对流扩散方程离散求解的特点，侧重讨论了对流项的离散方法。但是第 5 章并没有涉及至关重要的流场——速度的求解方法，也未论及流动和传热之间的耦合，即对流换热问题。对流换热问题一般可以分为边界层问题与非边界层问题两大类型，本章将针对非边界层（即有回流）问题进行讨论。不同于至少有一个空间坐标是单通性质的边界层流动问题，回流问题的空间坐标均为双通性质；其控制方程对稳态问题来说为椭圆型，对非稳态问题则是以时间作为行进坐标的抛物型。在实际工程中，回流问题更为普遍，其中不可压流体占多数，因此，本章我们把讨论范围限定于不可压流体的回流问题。

6.1　不可压缩流体流动-传热耦合问题数值计算概述

对于流动-传热耦合问题，其控制方程由连续方程、动量方程和能量方程组成，不能单独求解。即使物性都是常数，由于对流项的存在，动量方程也是非线性的；若速度与温度相关，如自然对流问题，则能量方程也是非线性的。控制方程的耦合性和非线性，决定了流热耦合问题的求解必须使用迭代方法，而且包含多种性质的迭代，如各个关联求解量间的迭代、解非线性问题的线化求解迭代、解线性代数方程组的迭代等。在使用迭代方法求解具体的流动-传热耦合问题时，要注意不同迭代的意义。

对动量和能量方程中的一阶导数对流项做离散时，会遇到前一章讲到的诸多问题，必须进行特殊的考虑，使其具有必要的精度，又能保证解的稳定性，不致使解失去物理的真实性。

求解流动-传热耦合问题的关键是流场的求解。求解流场，可以用原始方程中的速度、压力（或密度）作为基本变量，这称为**原始变量法**；也可用涡函数、流函数作为变量，这称为**非原始变量**的涡流函数法。本章将分别介绍这两种方法，但重点为原始变量法。

离散方程的代数求解方法，可以分为耦合求解法（或称联立求解法）和顺序求解法（或称分离求解法）两类。耦合求解法又包括所有变量的代数方程组全场联立求解、部分变量的代数方程组全场联立求解以及局部区域所有变量联立求解等多种。耦合求解法对计算机资源要求较高，编程相对困难，发展缓慢。而顺序求解法则是先不考虑各变量的耦合，通过一个方程求解一个主要变量，而把其他变量暂且作为已知量，一个一个独立求解。完成一轮计算后，再按改进变量的计算公式进行更新；返回至起始计算做迭代，再更新，直到迭代收敛，此时所有变量值都能满足全部的方程。此法相对简单，可以统一编程，对计算机要求也较低，是当前工程计算的主要方法。

本章将针对以速度、压力为求解变量的原始变量法和以涡函数、流函数为变量的非原始变量法的离散方程，分别介绍顺序求解的压力修正方法和涡流函数法。

6.2　原始变量法顺序求解流场所遇问题及其解决途径

6.2.1　简化条件下原始变量法求解流场的控制方程

为便于说明用原始变量法顺序求解流场所遇到的问题，先考察一个不计质量力影响的二维不可压缩流动问题。此时，流动可以不用能量方程先行解出，控制方程为

$$\frac{\partial u}{\partial x}+\frac{\partial v}{\partial y}=0 \tag{6.1a}$$

$$\frac{\partial u}{\partial t}+\frac{\partial (uu)}{\partial x}+\frac{\partial (uv)}{\partial y}=\frac{\partial}{\partial x}\left(\nu\frac{\partial u}{\partial x}\right)+\frac{\partial}{\partial y}\left(\nu\frac{\partial u}{\partial y}\right)-\frac{1}{\rho}\frac{\partial p}{\partial x} \tag{6.1b}$$

$$\frac{\partial v}{\partial t}+\frac{\partial (uv)}{\partial x}+\frac{\partial (vv)}{\partial y}=\frac{\partial}{\partial x}\left(\nu\frac{\partial v}{\partial x}\right)+\frac{\partial}{\partial y}\left(\nu\frac{\partial v}{\partial y}\right)-\frac{1}{\rho}\frac{\partial p}{\partial y} \tag{6.1c}$$

可以看到，该方程组有三个待求变量 u,v,p，但只有关于速度 u,v 的两个输运方程，可以在知道压力场的基础上求解变量 u,v；而压力 p 则以一阶导数的形式作为源项出现在速度的方程之中，它没有自身独立的输运方程。压力梯度项是流场的驱动力，流体在压力梯度的驱动下流动起来，如何求解压力场，是流场求解中的难点问题。

控制方程中压力的这些特征，使流场的求解面临一些需要解决的新问题，主要有：

（1）常规网格下离散压力导数可能导致不合理的解；

（2）压力没有输运方程，需要另辟蹊径解决。

下面我们先对这两个问题进行简要分析。

6.2.2　常规网格下离散压力导数可能导致不合理的解

所谓常规网格，是指控制方程中所有求解变量 u,v,p 均定义在同一套网格节点上。如果在这套网格上求解流场，假设网格均匀，压力呈分段线性分布，则对于一维问题，动量方程的压力导数项 $-\partial p/\partial x$ 在节点 P 的控制容积积分后，可得在界面上的压力差值为

$$p_w-p_e=\frac{p_W+p_P}{2}-\frac{p_P+p_E}{2}=\frac{p_W-p_E}{2} \tag{6.2}$$

这就意味着，在节点 P 求解速度 u 的动量离散方程，与节点 P 自身的压力无关，而相关的是

被节点 P 分开的两侧邻节点的压力。如果在流场求解过程的某一个层次上，在压力场上叠加了一个如图 6.1 所示的锯齿形压力波，则对任意网格节点 P，都有 $p_E = p_W$，从而使 $p_w - p_e = 0$，动量离散方程永远不会感受到有任何压力的作用，无法将此不合理的分量检测出来，它就会一直保留到迭代过程收敛且被作为正确的压力场输出，显然这种结果极不合理。如果实际流场是图 6.2 所示的一个光滑的压力场，在迭代求解过程的某个层次上，被某种误差(例如舍入误差)叠加上一个锯齿形的压力扰动，则由于离散动量方程无法识别这种不合理的叠加分量，它将一直保留到迭代收敛，并作为最终的压力场输出。被叠加的棋盘形压力误差波动幅度可以千变万化，这样就会得到任意多个不合理的压力解。

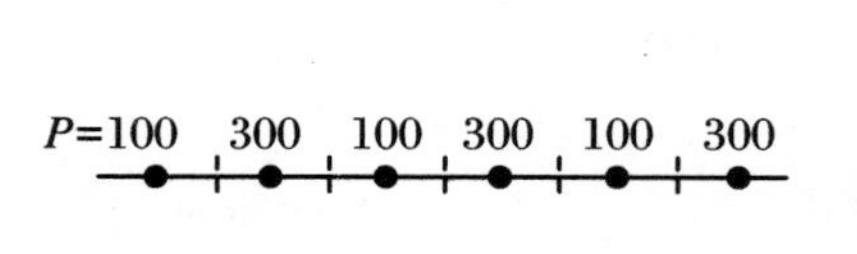

图 6.1　锯齿形压力场示意图

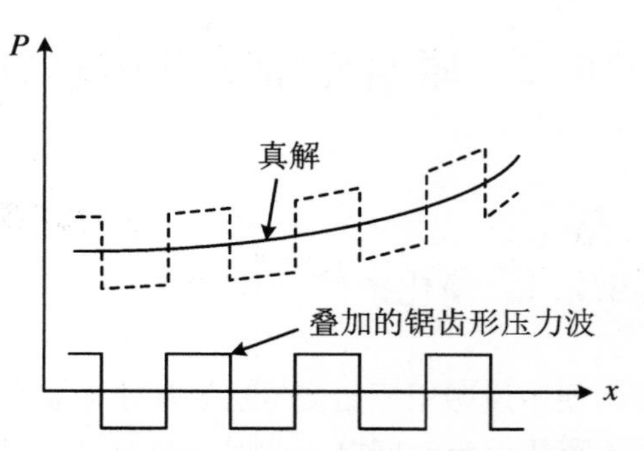

图 6.2　常规网格系统难以查出不合理的叠加量

同样的分析也适用于二维情况。在常规网格下，对压力梯度项做差分，和 x 方向的动量只受 $p_W - p_E$ 的影响一样，y 方向的动量也只受 $p_S - p_N$ 的影响，节点 P 两个方向的动量都与它自身的压力 p_P 无关。这就导致如图 6.2 所示的虽为一个极不均匀的棋盘形压力场，却不能够在 x 和 y 方向上产生任何的压力作用，它被常规网格下的特殊离散格式处理成了一个均匀的压力场，其结果当然也是不可接受的。

压力是个标量，没有方向性。因此，假设压力呈分段线性分布，对压力导数做中心差分离散，这既符合压力作用的物理意义，也满足离散精度比较高的要求，这是无可争议的。问题出在一个多变量的方程组，所有变量都定义在一套网格上，这导致压力梯度项的中心差分格式由两步长的相间节点构成，而不包含离散出发节点。如果能在动量方程离散中，压力导数取中心差分，且由包含离散出发节点在内的两邻节点构成，则问题就可解决。为此可以采用 Harlow 和 Welch 在 1965 年提出的交错网格(staggered grid)技术来解决这一困难[1]。

6.2.3　没有独立的压力计算方程时需另辟蹊径解决

顺序求解 u，v，p，可没有 p 的独立计算方程。为此，需从分析这三个变量间的耦合关系，另辟蹊径来解决。分析控制方程，可以看到，虽然连续方程不能用来直接求解压力，似乎没有用处，但是，实际上速度和压力的正确耦合正是通过连续方程来体现的：如果压力场是正确的，则按此压力场解得的速度场必须满足连续方程；而如果一个压力场是不正确的，那么根据此压力场求解得到的速度场必然不满足连续方程。我们可以根据速度场不满足连续方程的情况，由连续方程来设计某种方法改进压力场，通过迭代，逐步更新压力场，如图 6.3 所示。当找到合理的压力场时，流场就达到正确的解。

那么，如何依照速度压力的这种隐形的耦合关系，构造求解压力场的方程，或者说假定压力有一个初始分布后，如何构造计算压力改进值的方程，就成了顺序求解流场需要解决的另一个困难问题。

为了解决这一困难问题，发展了压力修正算法，或称 SIMPLE 算法。

上述两方面问题都与压力相关，前者涉及压力导数的离散，后者涉及压力的求解，统称为压力和速度的耦合问题。以下围绕如何解决压力和速度的耦合问题逐一开展讨论。

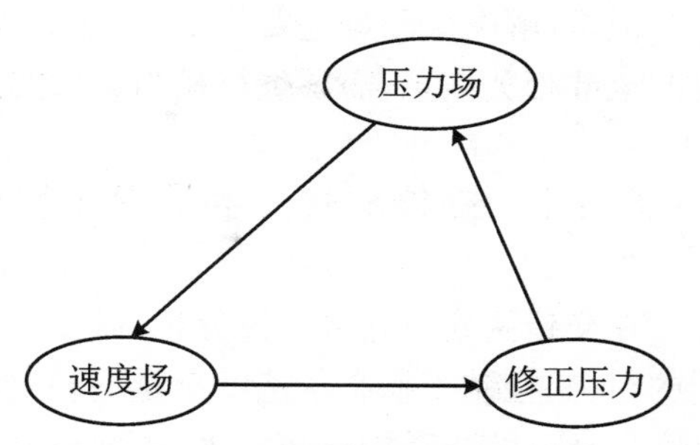

图 6.3　压力场、速度场根据连续方程连续修正、迭代更新

6.3　交错网格下的动量方程离散

6.3.1　交错网格及其变量布置

所谓交错网格，是指将不同的求解变量及物性参数分别定义在不同网格上的网格系统。对于流动-传热耦合问题，将压力、温度以及所有标量场与物性参数定义在主节点(原始网格分割节点)上，而将矢量函数速度按其分量分别定义在错开主节点半个网格步长的主控制容积的界面上，速度控制容积以速度定义点为中心，错开主控制容积半个控制容积位置。交错网格是专门为求解动量方程而设置的网格，采用这种网格，就是为了解决压力梯度项离散可能导致不合理的解的问题[2]。

对于二维流动问题，其交错网格下的变量定义如图 6.4 所示。控制体积 u 用于 x 方向动量方程的离散，而控制体积 v 用于 y 方向动量方程的离散。

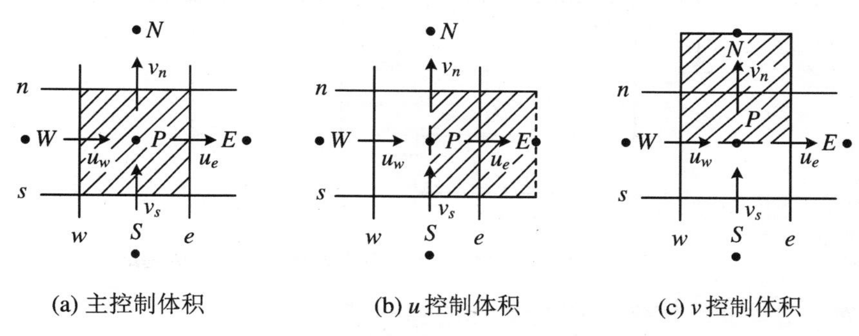

图 6.4　交错网格下的控制体

在交错网格下，各变量分别在所定义的控制容积上离散。这样对于速度 u 和 v 的动量方程，其压力导数的中心差分离散形式，对 u_e 为 $(p_E - p_P)/(\delta x)_e$，对 v_n 为 $(p_N - p_P)/(\delta y)_n$，都由两相邻节点的压差构成压力的一阶导数值，从根本上解决了常规网格下压力导数离散可能遇到的困难。

但是,解决该困难是要付出代价的,按照交错网格编制计算机程序必须提供速度分量位置的全部相关信息,需要进行相当繁琐的内插计算。

6.3.2 交错网格下的动量方程离散

在交错网格下离散动量方程,做法与以往离散热物理通用方程中的函数 ϕ 基本一样,不同的,一是控制容积是各速度分量的控制容积,它们偏离主控制体半个空间步长;二是压力梯度项从一般源项中分离出来,单独积分。如对 x 方向速度分量 u_e 的控制容积,它的东、西界面分别为 E 和 P,假设在其上的压力分别是均匀的,则该项积分为

$$\int_s^n \int_P^E \left(-\frac{\partial p}{\partial x}\right) \mathrm{d}x\mathrm{d}y = -\int_s^n p\,|_P^E \mathrm{d}y \approx (p_P - p_E)\Delta y \tag{6.3}$$

从有限差分方法来理解,它代表压力导数项 $-\partial p/\partial x$ 在速度节点 e 处做了一步中心差离散,显然离散截差是二阶的。于是关于 u_e 的离散动量方程最终可以写成

$$a_e u_e = \sum_{nb} a_{nb} u_{nb} + b_e + (p_P - p_E) A_e \tag{6.4}$$

其中 $nb = w, ee, se, ne$, u_{nb} 表示 u_e 的邻点速度,如图 6.5 所示。b_e 为不包括压力在内的源项中的常数部分,如前一章所讲,对非稳态问题,$b_e = S_C \Delta V + a_e^0 u_e^0$,其中 S_C 为源项线化的常数项,ΔV 为 u_e 的控制容积体积,在二维下,$\Delta V = \Delta x \Delta y \cdot 1$。$A_e$ 表示速度控制体东界面的压差作用面积,在二维下,$A_e = \Delta y \cdot 1$。a_{nb} 为邻点系数,计算表达式取决于所采用的离散格式,如前一章所述。

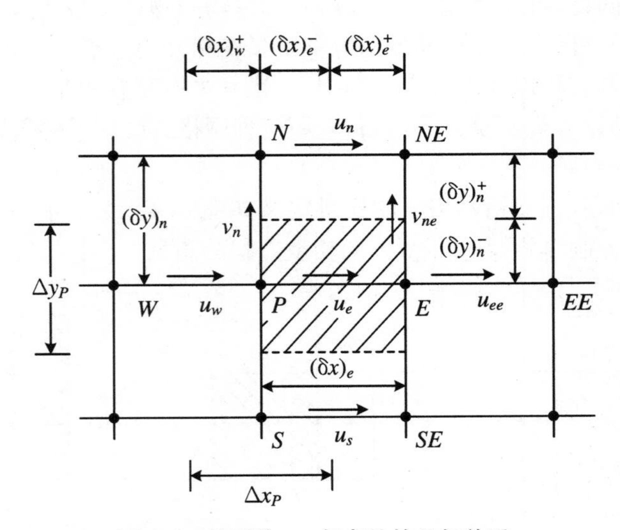

图 6.5 控制体 u_e 邻点处的几何关系

同样,对 y 方向速度分量 v_n 的控制容积积分离散,可得

$$a_n v_n = \sum_{nb} a_{nb} v_{nb} + b_n + (p_P - p_N) A_n \tag{6.5}$$

可以看到,采用交错网格之后,动量方程的差分离散格式本身的求解复杂度跟常规网格下的格式是类似的,但是有些物理量将需要利用插值方法来确定。

6.3.3　交错网格下控制容积界面上物理量的插值

在交错网格下采用控制容积积分法离散动量方程时，由于有些物理量不在界面定义而需要用插值方法来确定。这些插值量大体有三类，以下按照图 6.5 的相关标识给予说明。

1. 界面流量插值

如要确定 u_e 的控制容积北界面 $n-e$ 的流量 F_{n-e}，可将其看成由 v_n 和 v_{ne} 在各自的流动截面上的流量叠加，即

$$F_{n-e} = (\rho v)_n (\delta x)_e^- + (\rho v)_{ne} (\delta x)_e^+ \tag{6.6}$$

如要确定 u_e 西界面 P 上的流量 F_P，可以按 u_e, u_w 所在位置上的流量 F_e, F_w 加权求和、线性插值得到，即

$$F_P = F_e \frac{(\delta x)_w^+}{\Delta x_P} + F_w \frac{(\delta x)_e^-}{\Delta x_P} = (\rho u)_e \Delta y \frac{(\delta x)_w^+}{\Delta x_P} + (\rho u)_w \Delta y \frac{(\delta x)_e^-}{\Delta x_P} \tag{6.7}$$

2. 主控制容积界面的密度插值

计算速度控制容积界面上的密度均在主控制容积的界面上取值，而密度并不定义在其上面。因此，如果密度为可以变化的可压缩流体流动，则需对以上密度进行插值，其方法为：用界面两侧主节点上的密度值加权求和、线性插值。如 ρ_e 可以表示为

$$\rho_e = \rho_E \frac{(\delta x)_e^-}{(\delta x)_e} + \rho_P \frac{(\delta x)_e^+}{(\delta x)_e} \tag{6.8}$$

3. 界面上的扩散系数或者扩导插值

利用传热学中热阻并联、串联概念来构成插值计算式。如北界面上的扩导 D_{n-e} 可表示为

$$D_{n-e} = \underbrace{\frac{(\delta x)_e^-}{\dfrac{(\delta y)_n}{\Gamma_n}} + \frac{(\delta x)_e^+}{\dfrac{(\delta y)_n}{\Gamma_{ne}}}}_{\text{并联的扩导}} = \frac{(\delta x)_e^-}{\underbrace{\dfrac{(\delta y)_n^-}{\Gamma_P} + \dfrac{(\delta y)_n^+}{\Gamma_N}}_{\text{串联的阻力}}} + \frac{(\delta x)_e^+}{\underbrace{\dfrac{(\delta y)_n^-}{\Gamma_E} + \dfrac{(\delta y)_n^+}{\Gamma_{NE}}}_{\text{串联的阻力}}} \tag{6.9}$$

其中 $\Gamma_P, \Gamma_E, \Gamma_N, \Gamma_{NE}$ 为节点上的扩散系数。

6.4　原始变量顺序求解流场的压力修正方法

6.4.1　压力修正方法的基本思想

压力修正方法是针对流动控制方程中没有压力的独立计算方程，而设计来求改进的压

力场的一类迭代计算方法。其基本思想如下：

对动量离散方程迭代求解的任一层次上，给定一个压力场，它可以是假设的(初始起步计算)，也可是上一迭代层次计算得到的。据此计算得到相应的速度场。由于给定的压力场并不正确，所算的速度场不一定使连续方程得以满足，因此，要对给定的压力场做出修正。修正原则为：要使改进后的压力场相对应的速度场能满足该迭代层次上的连续方程，由此导出压力和速度的修正值。虽然按照这一原则导出的修正压力和速度满足了连续方程，但由于推导求解修正值的方程里引入了近似，修正压力和速度又未必满足动量方程。于是返回至本次迭代的初始位置，再以修正后的压力和速度作为起始值，开始下一层次的迭代计算。如此反复多次，直到迭代收敛。

按照上述思想，实施压力修正算法需要的基本步骤(图 6.6)如下：

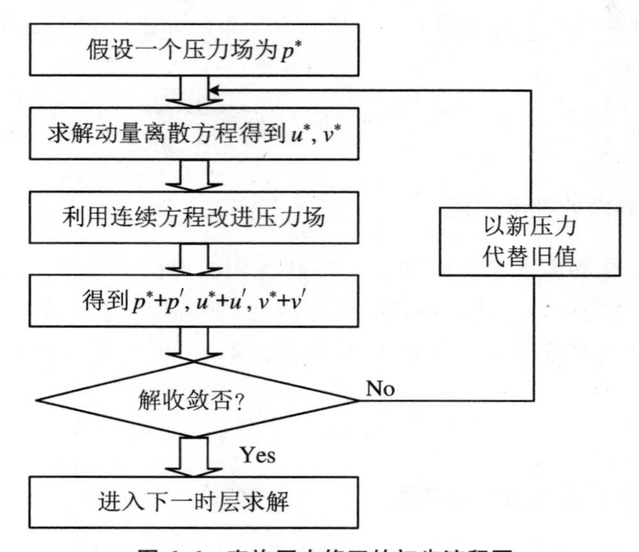

图 6.6　实施压力修正的初步流程图

(1) 假设一个压力场为 p^*；

(2) 求解动量离散方程，得到相应于 p^* 的速度场 u^*，v^*；

(3) 利用连续方程来改进压力场，要求使改进的压力场 p^*+p'对应的改进速度场u^*+u'和v^*+v'能够满足连续方程；

(4) 以 p^*+p'和 u^*+u'，v^*+v'作为本层次上的解，检查是否收敛，据此确定是否返回本层次初始位置，是否开始下一层次的迭代计算。

要实现上述计算步骤，需要解决如下关键问题：

(a) 如何按照与 p^*+p'相对应的u^*+u'，v^*+v'能够满足连续方程的要求，构造计算压力修正值 p'的方程以获取p'？

(b) 有了 p'后如何确定速度修正值u'，v'？

这两个问题当中，前一问题直接解决非常困难。我们可以先考虑后一个问题，然后在解决第二个问题的基础上，前一个问题就迎刃而解了。

以下阐述如何解决这两个问题。

6.4.2　速度修正值的简化近似计算

利用连续方程构造求解压力修正量 p' 的方程并不简单，只有在对速度修正值的求法上做出一定的简化近似后才能做到。为此，先来考察一下能满足动量方程的 p' 与 u'，v' 应该是什么样的。

根据线化后的动量离散方程，应有

$$a_e(u_e^* + u') = \sum_{nb} a_{nb}(u_{nb}^* + u'_{nb}) + b_e + A_e[(p_P^* + p'_P) - (p_E^* + p'_E)]$$

由于 u^*，v^* 是按 p^* 从动量离散方程算出的，因此满足

$$a_e u_e^* = \sum_{nb} a_{nb} u_{nb}^* + b_e + A_e(p_P^* - p_E^*)$$

两式相减，得

$$a_e u'_e = \sum_{nb} a_{nb} u'_{nb} + A_e(p'_P - p'_E) \tag{6.10}$$

上式表明，任意一点速度的改进值由两部分构成：一部分是该速度方向的两相邻点间的压力修正值之差，这是产生速度修正的直接动力；另一部分则是由四周相邻节点的速度修正值所引起的。由于四周相邻点的压力修正能改变邻点的速度，因此，所讨论节点上这一部分速度改进值可看作四周相邻点压力修正值对它的间接影响。

如果直接依照式(6.10)来计算速度修正值，那么即使在 p' 知道情况下，也将导致相当复杂的计算。更为重要的是，按照式(6.10)所表示的速度修正值关联式，不可能利用连续方程得到 p' 的计算方程，没有 p'，也无法依据式(6.10)计算速度修正值。为此，我们认为，影响速度改进值的两种因素中，压力修正的直接影响是主要的，而与周围速度关联的间接影响是次要的，可以不予考虑，于是，速度修正方程可简化为

$$a_e u'_e = A_e(p'_P - p'_E)$$

或写成

$$u'_e = d_e(p'_P - p'_E),\quad d_e = A_e/a_e \tag{6.11a}$$

类似可得

$$v'_n = d_n(p'_P - p'_N),\quad d_n = A_n/a_n \tag{6.11b}$$

按照速度的修正值，改进的速度值为

$$u_e = u_e^* + d_e(p'_P - p'_E) \tag{6.12a}$$

$$v_n = v_n^* + d_n(p'_P - p'_N) \tag{6.12b}$$

这种近似的速度修正值计算式(6.11)在知道压力修正值后，不仅可以大大简化修正速度的计算，且按此得到的修正速度表达式(6.12)代入连续方程的离散式后，可以构造计算压力修正值的代数方程，从而解决了没有独立计算压力或压力修正量方程的难题。但是这一问题的解决也是需要付出代价的：对速度修正值取近似，从而导致算出来的改进压力值和速度值不再满足动量方程，进而需要迭代计算。

6.4.3 将连续方程离散式转化为压力修正值方程

按照上面阐明的观点，现在可以利用连续方程构造计算压力修正值的方程了。为使讨论更一般，我们不限定流体不可压，其连续方程是

$$\frac{\partial\rho}{\partial t}+\frac{\partial(\rho u)}{\partial x}+\frac{\partial(\rho v)}{\partial y}=0 \tag{6.13}$$

相应于连续方程的主变量是密度 ρ，在交错网格系下，密度是定义在主节点上的。因此，对连续方程的离散，应在时间间隔 $[t,t+\Delta t]$ 内对主节点 P 的控制容积积分。用 $\frac{\rho_P-\rho_P^0}{\Delta t}$ 代替 $\frac{\partial\rho}{\partial t}$，令各界面流量均匀分布，采用全隐格式，可得

$$\frac{\rho_P-\rho_P^0}{\Delta t}\Delta x\Delta y+[(\rho u)_e-(\rho u)_w]\Delta y+[(\rho v)_n-(\rho v)_s]\Delta x=0 \tag{6.14}$$

将式(6.12)代入上式，合并整理，就可得到计算 p' 的代数方程：

$$a_Pp'_P=a_Ep'_E+a_Wp'_W+a_Np'_N+a_Sp'_S+b_{p'}=\sum_{nb}a_{nb}p'_{nb}+b_{p'} \tag{6.15}$$

其中

$$a_E=\rho_ed_e\Delta y,\quad a_W=\rho_wd_w\Delta y,\quad a_N=\rho_nd_n\Delta x,\quad a_S=\rho_sd_s\Delta x \tag{6.16a}$$

$$a_P=a_E+a_W+a_N+a_S=\sum_{nb}a_{nb} \tag{6.16b}$$

$$b_{p'}=\frac{\rho_P^0-\rho_P}{\Delta t}\Delta x\Delta y+[(\rho u^*)_w-(\rho u^*)_e]\Delta y+[(\rho v^*)_s-(\rho v^*)_n]\Delta x \tag{6.16c}$$

对照式(6.14)和式(6.16c)，可以看出，压力修正方程中的 $b_{p'}$ 实际上是速度取值为 u^*，v^* 的连续方程离散式等号左侧的负值。如果 $b_{p'}=0$，则 u^*，v^* 已使连续方程得以满足，迭代已经收敛，无需再对压力进行修正。因此，$b_{p'}$ 的绝对值大小代表一个控制容积内不满足连续性的剩余质量的多少，它相当于一个质量源项。迭代求解过程就是要逐步减小这个源项直至消除。我们可以用各控制容积中绝对值最大的 $b_{p'}$ 值，或者所有控制容积上 $b_{p'}$ 的绝对值之和作为检验速度场迭代是否收敛的判据。

按照压力修正方程(6.15)解出 p' 后，就可更新压力和速度，得到它们的更新值 $p=p^*+p'$，$u_e=u^*+u'$，$v_n=v^*+v'$。更新后的速度能够满足连续方程，但是不一定满足动量方程，于是我们将更新后的值作为本层次迭代的解，用它们来改进离散方程系数，开始下一层次的迭代计算，直到收敛。

6.4.4 压力修正值方程的边界条件

对于一般的流场计算问题，常见边界有两类：一类是给定边界压力分布，速度未知；另一类是规定边界法向速度。

在给定边界压力时，易见，边界上 $p'=0$。如为东边界，则压力修正方程中 $a_Ep'_E=0$，相当于 $a_E=0$。

在规定边界法向速度时，对图 6.7 中的块中心网格，控制容积 P 的 u_e 已知，则 $u'_e\equiv0$。

这样在推导 p'_P 的方程时，代入东界面的修正速度连续方程，由于没有 u'_e 而不会在最终形成的 p'_P 的代数方程中出现 p'_E，即 $a_E p'_E = 0$，相当于 $a_E = 0$。

因此，边界条件两种常用情形都不需要有关 p'_E 的任何信息，设定压力修正方程中的影响系数 $a_E = 0$ 就可以了。

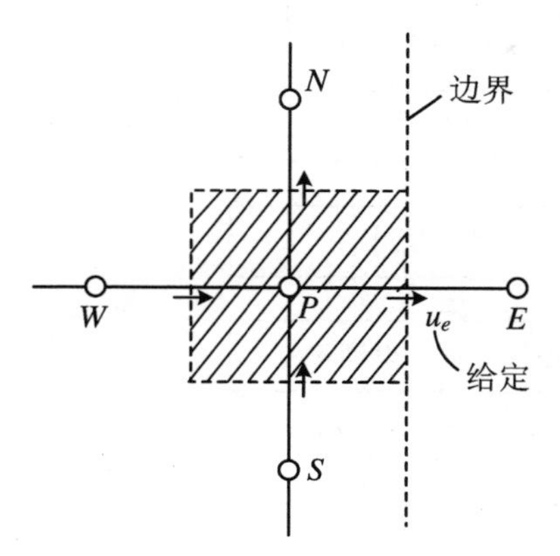

图 6.7　边界处主控制容积

6.5　SIMPLE 算法

6.5.1　SIMPLE 算法的含义及实施步骤

上节所介绍的方法是压力修正方法中最基本的一种，在文献中称为 SIMPLE（Semi-Implicit Method for Pressure Linked Equations）算法，是 Patankar 和 Spalding 于 1972 年提出来的[3]，意即求解压力耦合方程的半隐式方法。“半隐”是指在确定速度修正值的方程式(6.11)中略去了四周相邻点速度修正值的间接影响，而只考虑了速度方向两邻点压力修正值之差的直接影响，即在处理压力-速度耦合效应时，没有做到全部关联耦合，而只取了其中的一部分，放弃了另一部分，或可谓一部分为隐式，一部分为显式。

归纳前面对压力修正方程的推演和描述，对二维问题，SIMPLE 算法的计算步骤（图 6.8）如下：

(1) 设定一个初始速度场 u^0, v^0，据此计算动量离散方程系数和非齐次项。

(2) 设定一个初始压力场 p^*。

(3) 求解两个动量方程，得出相应于 p^* 的速度 u^*, v^*。

(4) 求解压力修正值方程，得出 p'。

(5) 由 p'，计算压力和速度的改进值，得出 $p = p^* + p'$，$u = u^* + u'$，$v = v^* + v'$。

(6) 利用改进的速度场 u, v 求解那些通过源项和物性等与速度场耦合的诸如温度、浓度及其他的物理量 ϕ，如果 ϕ 并不影响流场，一般应在速度场收敛后求解。

(7) 检验是否收敛。如果收敛，对稳态问题，结束计算；对非稳态问题，以该时步得到的收敛值作为初值，转入下一个时步从头开始计算。如果不收敛，利用改进的速度场更新动量方程系数和非齐次项，将改进的压力场作为新迭代层次的初压场 p^*，重复以上步骤，直到收敛。

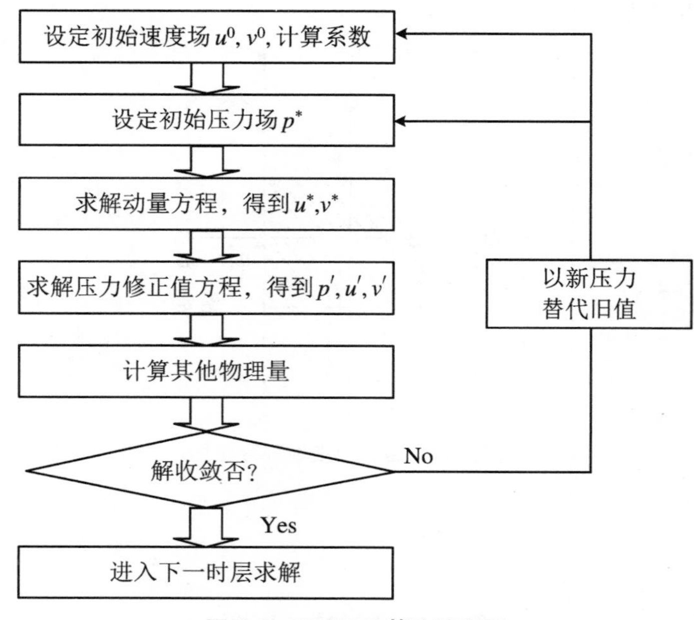

图 6.8　SIMPLE 算法流程图

6.5.2　SIMPLE 算法若干问题的讨论

1. 算法采用的简化假设不影响流场最终的收敛解，但影响收敛的速度

SIMPLE 算法中引入了以下三条假设[2,4]：

(1) 压力修正方程推导采用了半隐假设，即速度修正值计算式没有计及邻点速度修正值的影响，忽略了求和项 $\sum a_{nb}u'_{nb}$ 或 $\sum a_{nb}v'_{nb}$；

(2) 计算采用的是冻结系数法所线化了的离散方程，即在每个迭代层次计算中，方程各系数 a_i ($i = P,E,W,\cdots$) 和非齐次项 b 都为前次迭代(或初场)函数确定的值；

(3) 计算初始速度场 u^0，v^0 和压力场 p^* 的设定各自独立，一般不可能匹配。

假设(1)是 SIMPLE 算法区别于其他迭代算法的基本特点，它的目的在于构造能够迭代求解的方式；(2)则是非线性代数方程迭代求解的基本要求；(3)是为了迭代计算能以简单的方法起步。它们都不会影响最终的收敛解，因为一切迭代求解方式都必须满足最终能得到收敛的解的基本要求。假设(3)虽然给出的是一个不匹配的初场，但解决了迭代计算能够起步的问题，随着迭代过程的进展，这种不协调性会逐渐减弱直至消失。假设(1) 虽然略去求和项 $\sum a_{nb}u'_{nb}$ 或 $\sum a_{nb}v'_{nb}$，但使迭代计算得以实现，如果迭代趋于收敛，则 u' 和 v' 将趋于零，被略去的邻点修正速度求和项自然也要趋于零。假设(2)使每个迭代层上的非线性方程可以求解，当迭代趋于收敛时，两迭代层间求解函数值的差别趋于消失，u，v 各自趋于某个确定的收敛值，两层的系数和非齐次项的值自然也不再变化，成为对应于收敛解的定值。

虽然如此，但这些简化处理方式可以影响压力场和速度场从不协调到协调的发展进程，从而影响迭代收敛快慢。

2. 压力修正值方程的数学特征和压力的相对性

从压力修正值方程的系数满足的关系式 $a_P = \sum a_{nb}$ 可知，如果 p' 是方程的解，则对任意常数 C，$p' + C$ 也是方程的解，因此这类方程的解不唯一。如果要求方程的多值解 $p' + C$ 中的 p' 不会变为多值或者不确定，则需给定适当的边界条件来唯一确定它。

现在考察压力修正值 p' 的方程的边界条件能否确定单值的 p' 的解。前一节我们已经指出，对于 p' 的方程，无论给定边界压力或者边界法向速度，都是令其方程中与边界相应的系数为零。这种取法实际上相当于边界上的压力梯度取成零，意味着切断了计算区域内部和外部的任何联系，类似于导热问题的绝热边界条件。可以证明[5]，采用这种边界条件下的压力修正方程是线性相关的，其系数矩阵是奇异的。数学上，要使系数矩阵为奇异的代数方程组有唯一解，必须满足相容条件。对于压力修正值方程，就是要求计算区域必须满足总体质量守恒，对于一个绝热的稳态导热系统，若要维持稳定的温度场，只要其源项的总和为零，计算域上总体质量就不变。在方程的具体解法上，只有采用迭代法才能得到单值的收敛解，其收敛值取决于迭代初值；如用直接解法，则必须在任意一个控制容积上给定一个 p' 的值，才能得到其他控制容积上的唯一解。

压力修正方程解的多值特性，表明由该方程确定 p' 的绝对值意义不大，有意义的只是它们的相对值。事实上，对于实际不可压缩流体的流动问题，人们所关心的也都是流场中各点的压力差，而不是压力的绝对值。从这个意义上看，压力是一个相对变量，而不是一个绝对变量，压力具有相对特性。

由于流体的绝对压力值常会比流过计算区域的压差值大很多，若维持在压力绝对值水平上进行数值计算，则必然导致压差计算出现较大的相对误差。为减小压力计算的舍入误差，考虑到压力这个变量的相对特性，有意义的只是它们的相对值，我们可以在流场中选择一个适当的参考点，令其绝对压力为零，而所有其他点的压力均相对参考点而言。对于压力修正值方程，在每个迭代层次求解 p' 的方程之前，令整个初场的 $p' = 0$，这样做可使 p' 的解的绝对值不会很大，舍入误差较小。

3. 速度和压力修正值的亚松弛

在 SIMPLE 计算过程中，为限制两相邻迭代层次之间的速度变化太大，有利于非线性迭代收敛，在求解动量方程时对速度做亚松弛，且一般将亚松弛过程置于代数方程的求解过程中，有

$$\frac{a_e u_e}{\omega} = \sum_{nb} a_{nb} u_{nb} + b_e + (p_P^0 - p_E^0) A_e + (1 - \omega) \frac{a_e u_e^0}{\omega} \tag{6.17a}$$

$$\frac{a_n v_n}{\omega} = \sum_{nb} a_{nb} v_{nb} + b_n + (p_P^0 - p_N^0) A_n + (1 - \omega) \frac{a_n v_n^0}{\omega} \tag{6.17b}$$

其中 ω 为松弛因子，上标“0”表示上一迭代层次得出的函数值，系数和非齐次项值由上一层次函数值确定。

由于压力修正值 p' 是在速度修正值公式中略去邻点影响后得到的，用它来修正压力有些过头，因此在对压力做修正时需直接对 p' 做亚松弛。令松弛因子为 ω_p，有

$$p = p^0 + \omega_p p' \tag{6.18}$$

上述两个亚松弛因子，Patankar 推荐取 $\omega = 0.5$，$\omega_p = 0.8$[4]，但这不一定是最佳值。Demirdzic[6] 和 Peric[7] 则推荐采用关系式 $\omega + \omega_p = c$，其中 c 为常数，分别取 1 或者 1.1，且 ω 值尽量取得大些，一般可取 0.7～0.8。

注意，经验证明，用 p' 来计算速度修正值 u'，v' 是合适的，此时不要在 u'，v' 计算式中对 p' 做任何松弛。

4. SIMPLE 算法中的迭代和迭代求解的收敛判据

在 SIMPLE 算法中，迭代求解包含两重含义：其一是同一个层次上使用迭代方法求解线化了的代数方程；其二是非线性方程线化处理求解是从一个层次向下一个层次迭代推进。前者称为内迭代，后者称为外迭代。两种迭代对应两种收敛判据，只有外迭代达到收敛时，求解问题才算是最终收敛。通常所讲的迭代求解次数是相对外迭代而言的。

(1) 停止内迭代的判据

内迭代是采用迭代方法求解系数和非齐次项暂被固定而得以线化的代数方程组。对于非线性问题，直到获得收敛解之前，这些系数和非齐次项都需要不断更新，没有必要把相应于这样一组临时值的线化方程的准确解求出来，即内迭代可以不必达到完全收敛而适时停止，以便及时地用所得到的解去更新系数和非齐次项，进入外迭代的下一层次计算。所谓“适时”停止，就是要在保证外迭代收敛的前提下，尽可能减少内迭代的次数。如何做到“适时”则需要经验积累。

在内迭代中，压力修正值 p' 的方程求解是关键，它的计算时间有时高达整个计算时间的 80%，因此停止内迭代常以 p' 的方程为依据。通常有三种方法停止每一层次上 p' 的方程的迭代求解：

(a) 如果采用交替方向线迭代与块修正，则简单规定其运算轮数即可。将实施一次交替方向线迭代和一次交替方向块修正作为一轮迭代，则一般经过 2～4 轮即可停止迭代。该法易于实施，但计算开始时停止迭代可能过早，接近收敛时，也许又晚了一些。

(b) 规定 p' 的方程的余量范数小于某一个小数。令经 k 次迭代后 p' 的方程的余量范数为 $R_p^{(k)}$，则按 Euclid 范数的定义，$R_p^{(k)}$ 的表达式为

$$R_p^{(k)} = \left\{ \sum_{\text{控制容积}} \left[(a_E p'_E + a_W p'_W + a_N p'_N + a_S p'_S + b - a_P p'_P)^{(k)} \right]^2 \right\}^{\frac{1}{2}} \tag{6.19}$$

该判据可写成

$$R_p^{(k)} \leqslant \varepsilon_p \tag{6.20}$$

其中 ε_p 为取定的允许值。如果在迭代中维持 ε_p 不变，则开始计算中可能会要求过多的迭代次数，而接近收敛时又会停止过早。

(c) 规定停止迭代时的范数与初始范数之比小于允许值。设某层次迭代中开始解 p' 的方程的范数为 $R_p^{(0)}$，经 k 次迭代后的范数为 $R_p^{(k)}$，则该判据为

$$\frac{R_p^{(k)}}{R_p^{(0)}} \leqslant r_p \tag{6.21}$$

其中 r_p 为余量下降率，一般取值为 0.05～0.25。该法的好处是：余量下降率对多数问题大

体一致，不同层次外迭代所需内迭代次数近似相同，但增加了计算余量的工作量。

(2) 停止非线性迭代的判据

非线性迭代，即所称的外迭代。停止非线性迭代以最终达到要求的收敛解为参考，其判据大致有以下几种形式：

(a) 限定压力修正方程的非齐次源项 $b_{p'}$ 的绝对值之和或者绝对值最大的 $b_{p'}$ 相对某个参考质量流量 q_m 的比值小于一定的允许值，即

$$\frac{\sum_{\text{内点}} |b_{p'}|}{q_m} \leqslant \varepsilon \tag{6.22}$$

或者

$$\frac{|b_{p'}|_{\max}}{q_m} \leqslant \varepsilon_1 \tag{6.23}$$

其中 q_m 对开口系统取入口截面的质量流量，对闭口系统取任一流动截面的质量流量。而允许值可取 $\varepsilon \approx N\varepsilon_1$（$N$ 为内点个数）。

(b) 要求压力修正方程的非齐次源项 $b_{p'}$ 的范数相对某个参考质量流量 q_m 的比值小于允许值，即

$$\frac{\sqrt{\sum_{\text{内点}} (b_{p'})^2}}{q_m} \leqslant \varepsilon \tag{6.24}$$

(c) 要求解域内动量方程余量绝对值之和或者其范数相对于某个参考动量之比值小于一定的允许值。如对一个开口系统，有

$$\left| \sum_{\text{内点}} \left\{ a_e u_e - \left[\sum_{nb} a_{nb} u_{nb} + b_e + A_e (p_P - p_E) \right] \right\} \right| / (\rho u_{\text{in}}^2) \leqslant \varepsilon \tag{6.25}$$

或者

$$\left(\sum_{\text{内点}} \left\{ a_e u_e - \left[\sum_{nb} a_{nb} u_{nb} + b_n + A_e (p_P - p_E) \right] \right\}^2 \right)^{\frac{1}{2}} / (\rho u_{\text{in}}^2) \leqslant \varepsilon \tag{6.26}$$

其中 ρu_{in}^2 为入口动量。

(d) 选择某个特征物理量，使其在连续数个层次迭代中的相对偏差小于允许值。特征量可选求解函数，如速度、温度等；或者选由求解函数经过处理的某种平均量，如平均传热 Nusselt 系数、阻力系数等。例如，取

$$\left| \frac{Nu_m^{(k+n)} - Nu_m^{(k)}}{Nu_m^{(k+n)}} \right| \leqslant \varepsilon \tag{6.27}$$

所比较的是相隔 n 个层次的两平均 Nusselt 数的相对差异。通常取 $n = 1 \sim 100$。

为了确保收敛的可靠性，可以同时采用几个判据。

6.6　SIMPLE 算法的改进和发展

SIMPLE 算法提出后，得到了广泛的应用。在应用中，根据它存在的问题，人们又提出

了一些改进的方案，使这种算法不断地发展。以下择其四种予以介绍。

6.6.1 SIMPLER 算法

SIMPLER 算法由 Patankar 提出[4,8]，在 SIMPLE 后面加“R”，表示“Revised”。该算法旨在解决 SIMPLE 算法中速度和压力的修正不能同步协调推进，以致速度场早已基本收敛，而压力场收敛十分缓慢，从而影响整个迭代计算的收敛速度的问题。

下面进行分析，用压力修正值 p' 来计算改进的速度值是合适的，但是用来改进压力却过头了。虽然对 p' 采取了亚松弛处理，但未必能恰如其分。进一步分析，我们为了迭代能够简单起步，开始假定了一组不协调的初始速度场和压力场，它们的不匹配程度也必然影响收敛的速度。其实，假定了速度场后，与其协调的压力场是可以通过动量方程求得的，不必再单独设定压力场。

基于以上分析，SIMPLER 算法放弃了 SIMPLE 算法用压力修正值 p' 更新压力以及同时假定速度、压力两个初场的做法，采用压力场直接由速度场来计算的新方案，这样，速度场迭代收敛了，压力场也就自然正确了。至于速度场的更新，仍用原来的做法，因此修正压力值 p' 的方程还要计算。

现在看如何由已知速度场导出压力场，即构造计算压力的方程。定义假速度 $\hat{u}_e$ 为

$$\hat{u}_e = \frac{\sum a_{nb}u_{nb} + b_e}{a_e} \tag{6.28}$$

它相当于不计入压力作用时动量方程的解。将其代入动量离散方程，有

$$u_e = \hat{u}_e + d_e(p_P - p_E) \tag{6.29a}$$

类似有

$$v_n = \hat{v}_n + d_n(p_P - p_N) \tag{6.29b}$$

将以上两式代入离散的连续方程(6.14)，注意到式(6.29a)、式(6.29b)与式(6.12a)、式(6.12b)形式上的相似性，可以得到与压力修正值方程(6.15)形式相同的压力方程

$$a_Pp_P = a_Ep_E + a_Wp_W + a_Np_N + a_Sp_S + b_p \tag{6.30}$$

其中

$$b_p = \frac{\rho_P^0 - \rho_P}{\Delta t}\Delta x\Delta y + [(\rho\hat{u})_w - (\rho\hat{u})_e]\Delta y + [(\rho\hat{v})_s - (\rho\hat{v})_n]\Delta x \tag{6.31}$$

而系数 a_{nb}($nb = P, E, W, N, S$)的计算式与式(6.16a)、式(6.16b)完全相同。压力方程(6.30)与压力修正值方程(6.15)的唯一差别是非齐次项(质量源项)b 的计算不同。

压力方程推演没有略去任何项，因此，如果用正确的速度场计算假速度，代入压力方程就能得到正确的压力场，速度场计算收敛也就等于压力场计算收敛。

压力方程的边界条件一般也有两种：给定边界压力或者给定边界法向速度。如图 6.9 所示，通过分析，两种情形下均令与边界相应的系数为零，即 $a_E = 0$。

这样，SIMPLER 算法由压力方程直接求压力和由压力修正值方程求改进的速度，最终获得流场的收敛解。具体计算步骤如下(图 6.9)：

(1) 设定一个初始速度场为 u^0, v^0，据此计算动量离散方程系数和非齐次项。

(2) 按已知速度场计算假速度 $\hat{u}, \hat{v}$。

(3) 求解压力方程，得到压力 p。

(4) 将解出的压力 p 作为 p^*，求解动量方程，得到 u^*，v^*。

(5) 由 u^*，v^*，求解压力修正方程，得到 p'。

(6) 用 p' 修正速度，得到改进的速度场 $u = u^* + u'$，$v = v^* + v'$。

(7) 利用改进的速度场 u，v 求解影响流场的其他的物理量 ϕ；如果 ϕ 并不影响流畅，则放在速度场收敛后求解。

(8) 检验是否收敛。如果不收敛，利用改进的速度场更新动量方程系数和非齐次项，返回至(2)～(7)，重复以上步骤，直到收敛。

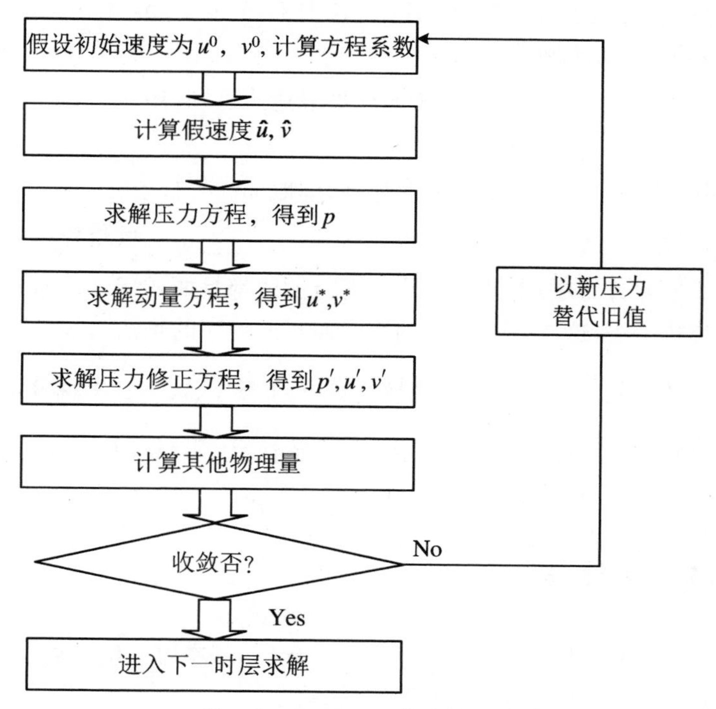

图 6.9　SIMPLER 算法流程图

相比 SIMPLE 算法，SIMPLER 算法每个迭代层次计算的时间有所增加，但由于最终到达收敛解的迭代次数可以减少，总的计算时间常较 SIMPLE 算法少。

6.6.2　SIMPLEC 算法

SIMPLEC 算法于 1984 年由 van Doormaal 等人提出，旨在解决 SIMPLE 算法由略去修正速度方程中的求和项而带来的误差影响，但又要避免过多地增加计算量的问题。

SIMPLE 算法在 u'_e 的表达式中略去了等式右边的求和项 $\sum a_{nb}u'_{nb}$，相当于取 $a_{nb} = 0$。但是，在 u'_e 的表达式的左端系数 $a_e = \sum a_{nb} + a_P^0 - S_P\Delta V$ 中，却并没有令 $a_{nb} = 0$，这是一种不协调。为了既能略去求和项而又使这种不协调有所改善，将 u'_e 的方程等号两边同时减去 $\sum a_{nb}u'_e$，有

$$(a_e - \sum a_{nb})u'_e = \sum a_{nb}(u'_{nb} - u'_e) + A_e(p'_P - p'_E) \tag{6.32}$$

可以认为，u'_e 与 u'_{nb} 有相同的量级。此时略去式(6.32) 右端的求和项 $\sum a_{nb}(u'_{nb} - u'_e)$ 所产

生的影响将比原来略去求和项 $\sum a_{nb}u'_{nb}$ 所带来的影响小得多。于是有

$$u'_e = d_e(p'_P - p'_E), \quad d_e = \frac{A_e}{a_e - \sum a_{nb}} \tag{6.33a}$$

类似地，有

$$v'_n = d_n(p'_P - p'_N), \quad d_n = \frac{A_n}{a_n - \sum a_{nb}} \tag{6.33b}$$

这就是所谓协调一致的 SIMPLEC 算法（其中 C 表示 Consistent）。它的计算步骤与 SIMPLE 算法基本相同，所不同的是：

(1) 简化修正速度值公式中的系数 d 的计算表达式有别，用 $A_e/(a_e - \sum a_{nb})$ 替代了 SIMPLE 算法中的 A_e/a_e；

(2) SIMPLEC 算法中，对 p' 不再做亚松弛，即取 $\omega_p = 1$。

需说明的是，对稳态、无源项问题，直角坐标下 $a_e = \sum a_{nb}$，这将导致 $a_e - \sum a_{nb} = 0$，使 d_e 奇异。但由于实际计算中，对速度迭代的通行做法都是如式(6.17)那样，把亚松弛因子直接组织到迭代公式中去，这样，作为 u_e 的系数而写入程序的是 a_e/ω，实施 SIMPLEC 算法时，相应于 u'_e 的系数就是 $\frac{a_e}{\omega} - \sum a_{nb}$，这样计算 d_e 的公式就不会出现分母为零的情况了。

计算表明，SIMPLEC 算法的收敛速度明显快于 SIMPLE 方法，有时甚至快于 SIMPLER 算法。

6.6.3 SIMPLEX 算法

SIMPLEX 算法由 Raithby 等人于 1986 年提出[10]，基本思想仍是通过改进速度修正值计算公式中的系数 d，来达到提高收敛速度的目的。

在 SIMPLE 算法中，$u'_e = d_e(p'_P - p'_E) = d_e\Delta p'_e$。如果将此式外推用于 e 的邻点，则有 $u'_{nb} = d_{nb}\Delta p'_{nb}$。再将以上两个表达式代入修正速度尚未简化前的计算公式(6.10)，得到

$$a_e d_e \Delta p'_e = \sum a_{nb} d_{nb} \Delta p'_{nb} + A_e \Delta p'_e \tag{6.34}$$

假定 $\Delta p'_e = \Delta p'_{nb}$，则上式简化为关于 d_e 的如下代数方程：

$$a_e d_e = \sum a_{nb} d_{nb} + A_e \tag{6.35a}$$

类似地，有

$$a_n d_n = \sum a_{nb} d_{nb} + A_n \tag{6.35b}$$

显然，由这样一组方程确定的 d 值用来计算修正速度值，考虑了邻点速度修正值的影响。由于它是通过外推方法（eXtrapolation）得到的，故在 SIMPLE 算法后面加上了 X，称之为 SIMPLEX 算法。

求解 d 方程的边界条件类似前面对 p' 方程的分析，对于图 6.7 所示的控制容积，在边界压力已知和边界法向速度已知两种情况下，相应于东部边界的 $d_e = 0$。

SIMPLEX 算法计算步骤如下（图 6.10）：

(1) 设定一个初始速度场为 u^0, v^0，据此计算动量离散方程系数和非齐次项。

(2) 设定一个初始压力场为 p^*。

(3) 分别求解 u_e，v_n，d_e 和 d_n 的方程，得出相应于 p^* 的速度 u_e^*，v_n^* 及 d_e，d_n。

(4) 求解压力修正值方程，得出 p'。

(5) 按 p' 及 d_e，d_n，计算改进的压力和速度场，得新的 p，u，v。

(6) 利用改进的速度场 u，v，求解影响流场的其他物理量 ϕ；如果 ϕ 并不影响流场，可放在速度场收敛后求解。

(7) 检验是否收敛。如果收敛，对稳态问题，结束计算；对非稳态问题，以该时步得到的收敛值作为初值，转入下一个时步从头开始计算。如果不收敛，利用改进的速度场更新动量方程系数和非齐次项，将改进的压力场作为新迭代层次的初压场 p^*，重复以上步骤，直到收敛。

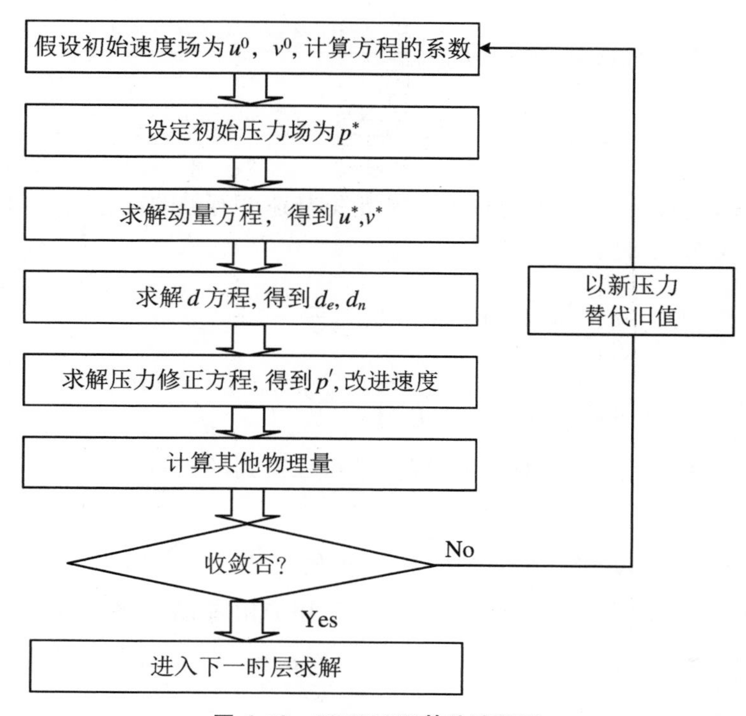

图 6.10　SIMPLEX 算法流程图

6.6.4　预估校正的 SIMPLE 算法——Data 修正方案

Data 于 1986 年提出了 SIMPLE 算法的预估校正计算方案[11]，将一个迭代层次里动量方程的求解分成两步来实施：前一步称为预估步，完成一个全过程的 SIMPLE 算法，但所得值不作为该迭代层次的终值，而是作为校正步的计算初值，再进行一次改进计算。改进计算利用预估步得到的值，显式考虑在 SIMPLE 算法中邻点修正速度求和项被略去以及非齐次项被冻结为常数对迭代收敛的影响，从而在完成计算而结束该层次迭代时，求解函数余量得以明显减小，可以有效提高整个求解的收敛速度。

令预估步算得的压力和速度修正值分别为 p' 和 u'_e，v'_n，其相应的压力和速度预估值为

$$p^{(p)} = p^* + p' \tag{6.36a}$$

$$u_e^{(p)} = u_e^* + u'_e \tag{6.36b}$$

$$v_n^{(p)} = v_n^* + v'_n \tag{6.36c}$$

在此基础上做校正步计算。令校正步得到的压力和速度修正值分别为 p''和 u''_e, v''_n,则完成本层次迭代最终的压力和速度值分别为

$$p = p^{(p)} + p'' \tag{6.37a}$$

$$u_e = u_e^{(p)} + u''_e \tag{6.37b}$$

$$v_n = v_n^{(p)} + v''_n \tag{6.37c}$$

在确定校正步的 u''_e, v''_n 值时,显式利用预估步已经得到的 u'_e, v'_n,把 SIMPLE 算法中被略去的对流扩散项(即邻点修正速度的求和项)的影响以及将非齐次项 b 冻结线化的影响都能考虑进去,从而有

$$u''_e = d_e(p''_P - p''_E) + \frac{\sum a_{nb}u'_{nb} + s_u(u', v')}{a_e} \tag{6.38a}$$

$$v''_n = d_n(p''_P - p''_N) + \frac{\sum a_{nb}v'_{nb} + s_v(u', v')}{a_n} \tag{6.38b}$$

这里 $s(u', v')$是动量离散方程中的非齐次项 b 里与速度有关的部分由于速度改变而引起的变动,下标 u, v 分别对应不同的坐标方向。将式(6.38)代入式(6.37),有

$$u_e = u_e^{(p)} + d_e(p''_P - p''_E) + \frac{\sum a_{nb}u'_{nb} + s_u(u', v')}{a_e} \tag{6.39a}$$

$$v_n = v_n^{(p)} + d_n(p''_P - p''_N) + \frac{\sum a_{nb}v'_{nb} + s_v(u', v')}{a_n} \tag{6.39b}$$

将式(6.39)代入离散的连续方程(6.14),经整理可以得到形式与式(6.15)完全一样的关于 p''的代数方程:

$$a_P p''_P = a_E p''_E + a_W p''_W + a_N p''_N + a_S p''_S + b_{p''} = \sum_{nb} a_{nb} p''_{nb} + b_{p''} \tag{6.40}$$

其中系数 a_E, a_W, a_N, a_S, a_P 与式(6.16a)和式(6.16b)相同,而非齐次项 $b_{p''}$与 $b_{p'}$不同:

$$\begin{aligned} b_{p''} = & \left\{ \left[\frac{\sum a_{nb}u'_{nb} + s_u(u', v')}{a_w} \right]_w - \left[\frac{\sum a_{nb}u'_{nb} + s_u(u', v')}{a_e} \right]_e \right\} \rho \Delta y \\ & + \left\{ \left[\frac{\sum a_{nb}v'_{nb} + s_v(u', v')}{a_s} \right]_w - \left[\frac{\sum a_{nb}v'_{nb} + s_v(u', v')}{a_n} \right]_e \right\} \rho \Delta x \end{aligned} \tag{6.41}$$

预估步算得的值 $u_e^{(p)}, v_n^{(p)}$ 没有出现于式(6.41),是因为它们在预估步的 SIMPLE 算法中已经满足了连续方程。

由方程(6.40)算得 p''后,再按式(6.37)更新压力和速度,才算结束这一层次的迭代计算。预估、校正两步法的 SIMPLE 算法中,每一迭代层的计算量几乎都是 SIMPLE 算法的 2 倍,但是由于在校正步中考虑了 SIMPLE 算法中被简化了的影响因素,每一层次迭代的函数余量下降速率大大加快,从而得到收敛解的迭代次数远少于 SIMPLE 算法的一半,可节省不少计算工作量。

6.7　同位网格上的 SIMPLE 算法

交错网格很好地解决了动量方程求解中压力和速度的耦合问题，但是它使编程变得复杂。特别是，随着数值计算问题由二维发展到三维，由规则区域发展到非规则区域，由单重网格发展到多重网格，交错网格编程复杂性问题变得更为突出。为使压力和速度既不失耦，又能在同一套网格上进行计算，20 世纪 80 年代，在交错网格的 SIMLE 算法基础上逐步发展起称为同位网格的 SIMPLE 算法[2,12-13]。

6.7.1　基本思想和流动控制方程离散

从物理上看，对于不可压缩流体，压力传递如同扩散，压力的作用没有方向偏好。因此，数学上离散压力梯度应该采用中心差分格式。但是在常规网格上，对压力梯度采用两步中心差分，可能会导致压力速度失耦；为此，引入将速度位置错开半个网格定义的交错网格，对压力梯度采用一步中心差分就解决了这个棘手问题。由此可知，要能体现压力作用的物理本质而又要避免压力速度失耦，无论何种网格，压力梯度离散都只能取一步中心差分。

另外，原始变量顺序求解时，各变量间的耦合关系是通过一次次迭代计算逐步得到的。在独立求解的变量方程中，如果有一个方程推演中包含有压力梯度离散取一步中心差分的关系，则该方程的求解结果必然通过迭代耦合过程对其他方程产生影响，使其整个方程组不致产生压力速度失耦的问题。

同位网格上的 SIMPLE 算法，正好体现了上述思想和做法。它在常规网格上定义全部变量和参数，并在用 SIMPLE 算法思想构造压力修正值方程过程中引入压力导数一步中心差分离散，最终既能在同一套网格上进行计算，又能避免压力速度失耦的难题。

设在常规的非交错网格节点 P 上 u 的动量离散方程为

$$a_P u_P = \sum_{nb} a_{nb} u_{nb} + b_u + A_P (p_w - p_e) \tag{6.42a}$$

其中 p_e, p_w 为节点 P 控制容积的东西界面压力，需要用插值得到。一般情况下，插值得不到包含节点 P 的两相邻节点的压差表示，如为等距网格，将成为相间节点压差而与节点 P 的压力无关，这将导致压力速度失耦。我们暂且将此问题搁置，随后想法解决。将上式改写为

$$u_P = \left(\frac{\sum_{nb} a_{nb} u_{nb} + b_u}{a_P} \right)_P - \left(\frac{A_P}{a_P} \right)_P (p_e - p_w)_P = \hat{u}_P - \left(\frac{A_P}{a_P} \right)_P (p_e - p_w)_P \tag{6.42b}$$

同样可以得到 E 点上 u 的动量离散方程为

$$u_E = \hat{u}_E - \left(\frac{A_P}{a_P} \right)_E (p_e - p_w)_E \tag{6.42c}$$

其中 $(A_P/a_P)_P$ 和 $(A_P/a_P)_E$ 分别为对节点 P 和节点 E 写出的动量方程中的东西界面作

用面积与主对角元之比。

SIMPLE 算法需要用连续方程离散式导出压力修正值方程。不计非稳态项(不可压缩流体或稳态问题)时,二维连续方程在节点 P 的离散方程为

$$(\rho uA)_e - (\rho uA)_w + (\rho vA)_n - (\rho vA)_s = 0 \tag{6.43}$$

在常规网格下,界面上没有定义速度,按说需要从定义在节点的速度值插值。但这样做,不能解决节点速度方程尚无相邻节点压差表示的问题。交错网格下的速度离散方程提示我们,通过在节点界面上建立动量离散方程,可以解决此问题。于是,可将在节点上的离散形式(6.42b)和(6.42c)在错开半个网格的界面上写出,对 u_e 有

$$u_e = \hat{u}_e - \left(\frac{A_P}{a_P}\right)_e (p_E - p_P) \tag{6.44}$$

它包含了由压力导数一步中心差分离散得到的两邻节点的压差表示。如将所有界面的这类流速计算式代入连续方程,就可以导出保证速度、压力正确耦合的压力修正值方程。在迭代耦合计算中,压力修正方程的解又影响动量离散方程的解,使整个求解过程中压力和速度不会失耦。但这里的 $\hat{u}_e$ 和 $(A_P/a_P)_e$ 在界面上没有定义,需要用节点动量离散方程上定义的相应值做插值得到,因此这种方法称为动量插值法。

6.7.2 同位网格下的压力修正方程

参照图 4.1 所示的界面 e 两侧的几何关系,采用线性插值方法,界面上的 $\hat{u}_e$ 和 $(A_P/a_P)_e$ 的插值表达式为

$$\hat{u}_e = \hat{u}_p \frac{(\delta x)_e^+}{(\delta x)_e} + \hat{u}_E \frac{(\delta x)_e^-}{(\delta x)_e} \tag{6.45a}$$

$$\left(\frac{A_P}{a_P}\right)_e = \left(\frac{A_P}{a_P}\right)_P \frac{(\delta x)_e^+}{(\delta x)_e} + \left(\frac{A_P}{a_P}\right)_E \frac{(\delta x)_e^-}{(\delta x)_e} \tag{6.45b}$$

同样,对其他界面可以写出

$$u_w = \hat{u}_w - \left(\frac{A_P}{a_P}\right)_w (p_P - p_W) \tag{6.45c}$$

$$v_n = \hat{v}_n - \left(\frac{A_P}{a_P}\right)_n (p_N - p_P) \tag{6.45d}$$

$$v_s = \hat{v}_s - \left(\frac{A_P}{a_P}\right)_s (p_P - p_S) \tag{6.45e}$$

其界面上的相关量亦仿照式(6.45)做线性插值得到。利用 SIMPLE 算法中在确定速度修正值时,略去邻点速度修正值影响的做法,有

$$u'_e = \left(\frac{A_P}{a_P}\right)_e (p'_P - p'_E) = d_e(p'_P - p'_E) \tag{6.46a}$$

$$u'_w = \left(\frac{A_P}{a_P}\right)_w (p'_W - p'_P) = d_w(p'_W - p'_P) \tag{6.46b}$$

$$v'_n = \left(\frac{A_P}{a_P}\right)_n (p'_P - p'_N) = d_n(p'_P - p'_N) \tag{6.46c}$$

$$v'_s = \left(\frac{A_P}{a_P}\right)_s (p'_S - p'_P) = d_s(p'_S - p'_P) \tag{6.46d}$$

再将 $u_e = u_e^* + u'_e$，$u_w = u_w^* + u'_w$，$v_n = v_n^* + v'_n$，$v_s = v_s^* + v'_s$ 代入离散连续方程(6.43)，合并整理，可得与交错网格中形式完全相同的压力修正值方程

$$a_P p'_P = a_E p'_E + a_W p'_W + a_N p'_N + a_S p'_S + b_{p'} \tag{6.47a}$$

其中系数 a_E，a_W，a_N，a_S 及 a_P 的计算式与 SIMPLE 算法中的式(6.16a)和式(6.16b)相同，而

$$b_{p'} = (\rho u^* A)_w - (\rho u^* A)_e + (\rho v^* A)_s - (\rho v^* A)_n \tag{6.47b}$$

与 SIMPLE 算法不同的是，所有界面上的系数 d 及速度 u^*，v^* 均需要采用动量插值得出。

6.7.3　同位网格下 SIMPLE 算法的计算步骤

在同位网格上实施 SIMPLE 算法的计算步骤如下：

(1) 设定初始速度场 u^0，v^0 及压力场 p^*。

(2) 起步按初场，起步后按上一层次计算的界面流速，确定动量离散方程的系数。

(3) 起步按初场，起步后按上一层次计算的压力 p^*，求解动量方程，得到 u^*，v^*。

(4) 按动量插值公式(6.45b)及其他界面的类似公式，计算各界面的 d 值，确定压力修正方程系数。

(5) 按动量插值公式(6.45a)和(6.45b)及其他界面的类似公式，得到插值计算界面流速 u_e^*，u_w^*，v_n^*，v_s^*，进而计算压力修正方程的非齐次项 $b_{p'}$。

(6) 求解压力修正方程，得到 p'。

(7) 按式(6.46)计算界面的速度修正值 u'_e，u'_w，v'_n，v'_s，更新界面速度；按以下公式计算节点速度修正值：

$$u'_P = \left(\frac{A_P}{a_P}\right)_P^u (p'_w - p'_e) \tag{6.48a}$$

$$v'_P = \left(\frac{A_P}{a_P}\right)_P^v (p'_s - p'_n) \tag{6.48b}$$

其中上角标 u 和 v 分别表示相应于 u 和 v 方程的值，而界面修正压力用界面两侧节点的修正压力值通过线性插值确定。

(8) 利用改进的速度场 u，v，求解影响流场的其他物理量 ϕ；如果 ϕ 不影响流场，则放在速度场收敛后求解。

(9) 检验是否收敛。如果收敛，对稳态问题，结束计算；对非稳态问题，以该时步得到的收敛值作为初值，转入下一个时步从头开始计算。如果不收敛，利用改进的速度场 $u^* + u'$，$v^* + v'$ 及压力场 $p^* + \omega_p p'$ 转入(2)，开始下一个层次的计算，直到满足收敛条件。

6.7.4　同位网格下 SIMPLE 算法的讨论

1. 速度松弛因子对数值解的影响及其克服方法[14-15]

分析表明，当把速度场计算的亚松弛组织到代数方程的求解过程中实施时，如式(6.17)那样，动量插值实际上是一种由 ω 部分的动量插值与 $1-\omega$ 部分的线性插值所组合的混合插值。这样，当松弛因子变化时界面流速也会发生一定的变化，从而使数值解的结果与松弛因子有关。

消除这种影响的最简单方法是在动量插值的所有计算之前，将动量方程主对角元系数中隐含着的松弛因子取为1，如式(6.45b)中的系数 d_e 应写为

$$d_e = \left(\frac{A_P}{a_P}\right)_e = \left[\left(\frac{A_P}{a_P}\right)_P \frac{(\delta x)_e^+}{(\delta x)_e} + \left(\frac{A_P}{a_P}\right)_E \frac{(\delta x)_e^-}{(\delta x)_e}\right]\omega^{-1} \tag{6.49}$$

上式中的 $(a_P)_P$ 与 $(a_P)_E$ 都是隐含了亚松弛的主对角元素。这样处理相当于这些亚松弛因子都是1。

2．交错网格与同位网格的比较

对二维规则区域的计算表明，同位网格计算所需的时间和解的准确性与交错网格计算大体一致，有时还略显逊色。只有用于三维或非规则计算区域的复杂问题时，同位网格才能表现出它的优越性[16]。

6.8　非原始变量顺序求解的涡流函数法

在不可压缩流体的流场求解中，除了前面介绍的原始变量法外，对于二维流动问题，还发展了一种能够回避压力梯度项带来诸多麻烦的流场间接解法，这就是涡流函数法。对于某些热物理问题，压力并非流场的驱动力，而且压力的求解也并非必要，此时可采用涡流函数法来进行求解。

现以一个封闭方形腔体内自然对流问题为例，来说明这种方法。此方腔当中上下壁面为绝热的，而左右壁面有温差。壁面温差较小，流动仅限于层流，且内部无相变现象。层流情况下的控制方程可以封闭，而对于湍流问题控制方程无法封闭，留待第7章进行讨论。

6.8.1　二维方腔内自然对流的控制方程

1．Boussinesq 假设[17]

为便于处理由于温差引起浮升力的自然对流问题，常采用 Boussinesq 假设，其主要内容包括：

(1) 不计流体内黏性耗散；

(2) 流体除密度外的物性为常数；

(3) 控制方程内，除计算浮升力(重力)时考虑密度变化外，其余各项中密度为常数，而浮升力项中的密度与温度关系为

$$\rho = \rho_0[1 - \beta(T - T_0)] \tag{6.50}$$

其中 β 为流体体积膨胀系数；T_0 为计算参考温度，一般取冷壁面的条件作为参考值；ρ_0 为与 T_0 相对应的流体密度。

2．原始变量的控制方程

如图6.11所示，方腔内自然对流的控制方程可写成

$$\frac{\partial \rho}{\partial t} + \frac{\partial(\rho u)}{\partial x} + \frac{\partial(\rho v)}{\partial y} = 0 \tag{6.51a}$$

$$\frac{\partial(\rho u)}{\partial t} + \frac{\partial(\rho uu)}{\partial x} + \frac{\partial(\rho vu)}{\partial y} = -\frac{\partial p}{\partial x} + \frac{\partial}{\partial x}\left(\mu \frac{\partial u}{\partial x}\right) + \frac{\partial}{\partial y}\left(\mu \frac{\partial u}{\partial y}\right) \tag{6.51b}$$

$$\frac{\partial(\rho v)}{\partial t} + \frac{\partial(\rho uv)}{\partial x} + \frac{\partial(\rho vv)}{\partial y} = -\frac{\partial p}{\partial y} + \frac{\partial}{\partial x}\left(\mu \frac{\partial v}{\partial x}\right) + \frac{\partial}{\partial y}\left(\mu \frac{\partial v}{\partial y}\right) - \rho g \tag{6.51c}$$

$$\frac{\partial(\rho h)}{\partial t} + \frac{\partial(\rho uh)}{\partial x} + \frac{\partial(\rho vh)}{\partial y} = \frac{\partial}{\partial x}\left(\lambda \frac{\partial T}{\partial x}\right) + \frac{\partial}{\partial y}\left(\lambda \frac{\partial T}{\partial y}\right) \tag{6.51d}$$

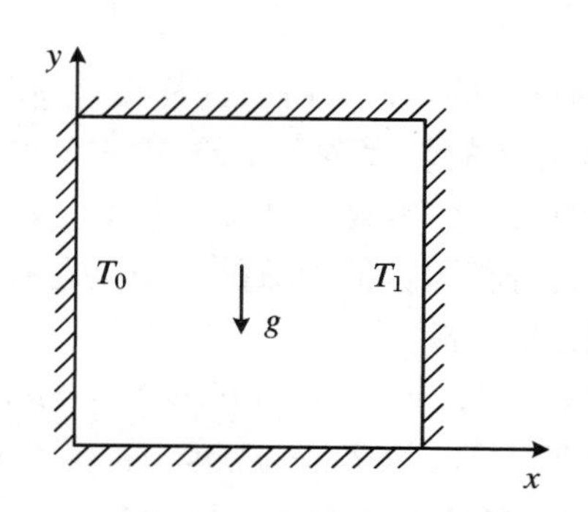

图 6.11　封闭方形腔体内的自然对流

为简化动量方程，引入有效压力 p_{eff}（又称表观压力或折算压力），定义为

$$p_{\mathrm{eff}} = p + \rho_0 g y \tag{6.52}$$

于是有

$$\frac{\partial p}{\partial x} = \frac{\partial p_{\mathrm{eff}}}{\partial x}, \quad \frac{\partial p}{\partial y} = \frac{\partial p_{\mathrm{eff}}}{\partial y} - \rho_0 g \tag{6.53}$$

按照 Boussinesq 假设，将 y 方向动量方程中右端浮力项中的密度式(6.50)替换为温度，其余所有密度和物性为常数，且用有效压力替代真实压力，将焓 h 用温度表示，最终可得到如下方程（为简洁起见，密度 ρ_0 和有效压力 p_{eff}的下标“0”和“eff”已略去）：

$$\frac{\partial u}{\partial x} + \frac{\partial v}{\partial y} = 0 \tag{6.54a}$$

$$\frac{\partial u}{\partial t} + \frac{\partial(uu)}{\partial x} + \frac{\partial(vu)}{\partial y} = -\frac{1}{\rho}\frac{\partial p}{\partial x} + \nu\left(\frac{\partial^2 u}{\partial x^2} + \frac{\partial^2 u}{\partial y^2}\right) \tag{6.54b}$$

$$\frac{\partial v}{\partial t} + \frac{\partial(uv)}{\partial x} + \frac{\partial(vv)}{\partial y} = -\frac{1}{\rho}\frac{\partial p}{\partial y} + \nu\left(\frac{\partial^2 v}{\partial x^2} + \frac{\partial^2 v}{\partial y^2}\right) + g\beta(T - T_0) \tag{6.54c}$$

$$\frac{\partial T}{\partial t} + \frac{\partial(uT)}{\cdot\partial x} + \frac{\partial(vT)}{\partial y} = a\left(\frac{\partial^2 T}{\partial x^2} + \frac{\partial^2 T}{\partial y^2}\right) \tag{6.54d}$$

其中 $\nu = \mu/\rho$ 为运动黏性系数，$a = \lambda/(\rho c_p)$为导温系数。

3. 原始变量的控制方程转换为涡流函数形式

在直角坐标下，流函数 ψ 的定义如下：

$$u = \frac{\partial \psi}{\partial y}, \quad v = -\frac{\partial \psi}{\partial x} \tag{6.55}$$

按此定义，连续方程得以自动满足。而涡函数定义为

$$\omega = \frac{\partial v}{\partial x} - \frac{\partial u}{\partial y} \tag{6.56}$$

它是三维条件下的涡矢量 $\boldsymbol{\omega}$ 在 z 轴上的分量。联立以上两式，得流函数方程为

$$\frac{\partial^2 \psi}{\partial x^2} + \frac{\partial^2 \psi}{\partial y^2} = -\omega \tag{6.57}$$

将式(6.54c)对 x 求导，式(6.54b)对 y 求导，再将两式的求导结果相减，并利用涡函数定义式(6.56)和连续方程(6.54a)，得到消除了压力导数项的涡函数的方程，其守恒形式为

$$\frac{\partial \omega}{\partial t} + \frac{\partial(u\omega)}{\partial x} + \frac{\partial(v\omega)}{\partial y} = \nu\left(\frac{\partial^2 \omega}{\partial x^2} + \frac{\partial^2 \omega}{\partial y^2}\right) + g\beta\frac{\partial}{\partial x}(T - T_0) \tag{6.58}$$

数值计算通常采用无量纲形式的控制方程。这样做，不仅可以大大减小因为有量纲时由于各个量的数值差异很大而导致的较大舍入误差，更重要的是在无量纲方程中出现的一些无量纲组合参数，即特征参数或相似参数有明确的物理意义，可以根据它们来选择计算工况。这样得到的数值结果，对具有相同特征参数的一类问题有其代表意义。对涡流函数写出的自然对流问题，定义以下无量纲量：

$$\begin{cases} (X, Y) = (x, y)/H, \quad (U, V) = (u, v)/u^* \\ \Theta = (T - T_0)/(T_1 - T_0), \quad \tau = t/t^* \\ \Psi = \psi/(Hu^*), \quad \Omega = \omega H/u^* \end{cases} \tag{6.59}$$

则在涡流函数下表示的方腔内自然对流的无量纲方程为

$$U = \frac{\partial \Psi}{\partial Y}, \quad V = -\frac{\partial \Psi}{\partial X} \tag{6.60a}$$

$$\frac{\partial^2 \Psi}{\partial X^2} + \frac{\partial^2 \Psi}{\partial Y^2} = -\Omega \tag{6.60b}$$

$$\frac{\partial \Omega}{\partial \tau} + \frac{\partial(U\Omega)}{\partial X} + \frac{\partial(V\Omega)}{\partial Y} = A_2\left(\frac{\partial^2 \Omega}{\partial X^2} + \frac{\partial^2 \Omega}{\partial Y^2}\right) + A_1\frac{\partial \theta}{\partial X} \tag{6.60c}$$

$$\frac{\partial \theta}{\partial \tau} + \frac{\partial(U\theta)}{\partial X} + \frac{\partial(V\theta)}{\partial Y} = A_3\left(\frac{\partial^2 \theta}{\partial X^2} + \frac{\partial^2 \theta}{\partial Y^2}\right) \tag{6.60d}$$

其中 H 取方腔宽度，T_1 取热壁面温度，参考速度 u^* 和参考时间 t^* 采用不同的选择形式，可得到不同的 A_1, A_2, A_3 的表达式，参见表 6.1。一般情况下，采用前两种形式的较多。第三种是前两种形式的混合，第四种表示浮升力与黏性力量级相同，适于 $Gr \leqslant 1$ 和 $Ra \leqslant 1$ 的情况。

表 6.1　无量纲参考量速度 u^* 和时间 t^* 的选取及其相应的无量纲参数 A_1, A_2, A_3[18]

参考量取法	u^*	t^*	A_1	A_2	A_3
1	a/H	H^2/a	$Gr \cdot Pr^2$	Pr	1
2	ν/H	H^2/ν	Gr	1	$1/Pr$
3	$\sqrt{a\nu}/H$	$H^2/\sqrt{a\nu}$	$Gr \cdot Pr$	$\sqrt{Pr}$	$1/\sqrt{Pr}$
4	$\beta g\Delta TH^2/\nu$	$\nu/(\beta g\Delta TH)$	$1/Gr$	$1/Gr$	$1/Pr$

易见，方程(6.60b)～(6.60d)可以用热物理控制方程的通用形式(2.17)来统一表示，其相应的系数值如表 6.2 所示。

表6.2　用通用形式方程所表示的无量纲涡流函数及温度方程的系数与源项[18]

方程	变量	ρ	Γ	S
(6.60b)	Ψ	0	1	Ω
(6.60c)	Ω	1	A_2	$A_1\partial\theta/\partial X$
(6.60d)	θ	1	A_3	0

其流函数方程相当于稳态有源扩散方程；而涡函数和温度的方程是典型的对流扩散方程。因此前面所讲的导热方程和对流扩散方程数值求解方法都可应用。

6.8.2　涡流函数形式控制方程的离散化

1. 涡方程和能量方程的离散化与代数解法

为使时间离散具有二阶精度，并在离散后可用三对角阵代数解法（TDMA）求解，可采用交替方向隐式格式（ADI）离散，下面以涡方程（6.60c）为例说明其离散过程。

ADI离散，将时间 $t_n \to t_{n+1}$ 的一个整步分成两个半步进行。在 $t_n \to t_{n+1/2}$ 时，对 x 方向导数取隐式，对 y 方向导数取显式，算出求解函数 ϕ 的一个中间值，以此作为下半个时步的计算初值。在 $t_{n+1/2} \to t_{n+1}$ 的下半个时步里，对 y 方向导数取隐式，对 x 方向导数取显式，两步间续接。按此，涡函数 Ω 的方程（6.59）的两步离散写法为

$$\left(\frac{\partial \Omega}{\partial \tau}\right)_{i,j}^{n+1/2} + \left[\frac{\partial}{\partial X}\left(U\Omega - A_2\frac{\partial \Omega}{\partial X}\right)\right]_{i,j}^{n+1/2} + \left[\frac{\partial}{\partial Y}\left(V\Omega - A_2\frac{\partial \Omega}{\partial Y}\right)\right]_{i,j}^{n} = \left(A_1\frac{\partial \theta}{\partial X}\right)_{i,j}^{n} \tag{6.61a}$$

$$\left(\frac{\partial \Omega}{\partial \tau}\right)_{i,j}^{n+1} + \left[\frac{\partial}{\partial X}\left(U\Omega - A_2\frac{\partial \Omega}{\partial X}\right)\right]_{i,j}^{n+1/2} + \left[\frac{\partial}{\partial Y}\left(V\Omega - A_2\frac{\partial \Omega}{\partial Y}\right)\right]_{i,j}^{n+1} = \left(A_1\frac{\partial \theta}{\partial X}\right)_{i,j}^{n+1/2} \tag{6.61b}$$

对每个半步的方程，采用非稳态对流扩散方程的积分离散方法离散，得到

$$a_P^{n+1/2}\Omega_P^{n+1/2} = a_E^{n+1/2}\Omega_E^{n+1/2} + a_W^{n+1/2}\Omega_W^{n+1/2} + b^n \tag{6.62a}$$

$$a_P^{n+1}\Omega_P^{n+1} = a_N^{n+1}\Omega_N^{n+1} + a_S^{n+1}\Omega_s^{n+1} + b^{n+1/2} \tag{6.62b}$$

其中

$$a_E = D_e A(|Pe|_e) + [[-F_e, 0]], \quad a_W = D_w A(|Pe|_w) + [[F_w, 0]] \tag{6.63a}$$

$$a_N = D_n A(|Pe|_n) + [[-F_n, 0]], \quad a_S = D_s A(|Pe|_s) + [[F_s, 0]] \tag{6.63b}$$

$$(a_P^0)^n = (a_n^0)^{n+1/2} = 2\Delta X\Delta Y/\Delta\tau \tag{6.63c}$$

$$a_P^{n+1/2} = a_E^{n+1/2} + a_W^{n+1/2} + (a_P^0)^n, \quad a_P^{n+1} = a_N^{n+1} + a_S^{n+1} + (a_P^0)^{n+1/2} \tag{6.63d}$$

$$b^n = A_1(\theta_E^n - \theta_W^n)\Delta Y/2 + (a_P^0)^n\Omega_P^n + a_N^n(\Omega_N^n - \Omega_P^n) + a_S^n(\Omega_S^n - \Omega_P^n) \tag{6.63e}$$

$$\begin{aligned} b^{n+1/2} = {} & A_1(\theta_E^{n+1/2} - \theta_W^{n+1/2})\Delta Y/2 + (a_P^0)^{n+1/2}\Omega_P^{n+1/2} \\ & + a_E^{n+1/2}(\Omega_E^{n+1/2} - \Omega_P^{n+1/2}) + a_W^{n+1/2}(\Omega_W^{n+1/2} - \Omega_P^{n+1/2}) \end{aligned} \tag{6.63f}$$

通用函数 $A(|Pe|_e)$ 取决于对流项所选择的离散格式，按表5.1选取。而

$$F_e = U_e\Delta Y, \quad F_w = U_w\Delta Y, \quad F_n = V_n\Delta X, \quad F_s = V_s\Delta X \tag{6.64a}$$

$$D_e = \frac{A_2 \Delta Y}{h_e}, \quad D_w = \frac{A_2 \Delta Y}{h_w}, \quad D_n = \frac{A_2 \Delta X}{h_n}, \quad D_s = \frac{A_2 \Delta X}{h_s} \tag{6.64b}$$

其中 h 是两相邻节点的间距，如果为等距网格，$\Delta X = \Delta Y$，则所有 $D = A_2$。

类似地，能量方程(6.60)的离散式为

$$a_P^{n+1/2}\theta_P^{n+1/2} = a_E^{n+1/2}\theta_E^{n+1/2} + a_W^{n+1/2}\theta_W^{n+1/2} + b^n \tag{6.65a}$$

$$a_P^{n+1}\theta_P^{n+1} = a_N^{n+1}\theta_N^{n+1} + a_S^{n+1}\theta_S^{n+1} + b^{n+1/2} \tag{6.65b}$$

所不同的是 b 的表达式中没有 Ω 方程中的源项 $A_1 \dfrac{\partial \theta}{\partial X}$ 离散式所构成的那部分。

离散代数方程都是具有三个未知数的代数方程，引入边界条件后，可以化为三对角阵代数方程组，用 TDMA 方法直接求解。

2. 流函数 Ψ 的离散与代数解法

流函数方程(6.60b)是一个源项为负涡函数的稳态导热方程，采用控制容积积分离散，设函数沿空间呈分段线性分布(即取中心差分格式)，令 $\alpha = \Delta X / \Delta Y$，得离散方程

$$\Psi_P = \frac{1}{2(1+\alpha^2)}(\Psi_E + \Psi_W + \alpha^2 \Psi_N + \alpha^2 \Psi_S + \Delta X^2 \Omega_P) \tag{6.66}$$

如果用超松弛 Gauss-Seidel 点迭代求解，则有

$$\Psi_P^{(k+1)} = \frac{\omega}{2(1+\alpha^2)}(\Psi_E^{(k)} + \Psi_W^{(k+1)} + \alpha^2 \Psi_N^{(k)} + \alpha^2 \Psi_S^{(k+1)} + \Delta X^2 \Omega_P) + (1-\omega)\Psi_P^{(k)} \tag{6.67}$$

其中上标 k 表示迭代次数，ω 为超松弛因子，最佳 ω_0 可取[19]

$$\omega_0 = 2 \cdot \frac{1 - \sqrt{1-\xi}}{\xi} \tag{6.68}$$

其中

$$\xi = \left(\frac{\cos \dfrac{\pi}{M-1} + \alpha^2 \cos \dfrac{\pi}{N-1}}{1+\alpha^2} \right)^2 \tag{6.69}$$

式中 M 和 N 分别表示 x 和 y 方向的节点个数。

6.8.3 涡流函数方法中的定解条件处理

对于初始条件，一般易于处理。如腔体内起始时流体处于静止，则初始条件给定为 $\tau = 0, U = V = 0$；腔体内温度分布为从高温壁到低温壁呈线性分布。对于某些问题，如果只关心流体最终达到稳态时的温度和速度分布，则由于稳态解与初始条件的给定无关，因此对初始条件的给定具有较大的任意性，且可将已经得到的某个稳态解结果改变相应的特征参数，如 Gr 数和 Pr 数等，作为另外问题计算的初始条件，这样可以节省计算工作量。

涡流函数方法对边界条件的处理较原始变量法要困难，特别是壁面上的涡量，它既不是零，也不是常数，而是不断地产生，并在随后的对流扩散中构成黏性流体流动的动力。下面仅就腔体对流的流热耦合问题进行讨论。

设腔体上、下底面绝热，左、右侧面均温，分别为 T_0 和 T_1，则能量方程的边界条件为

$$X=0:\theta=0;\quad X=1:\theta=1 \tag{6.70a}$$

$$Y=0:\frac{\partial\theta}{\partial Y}=0;\quad Y=1:\frac{\partial\theta}{\partial Y}=0 \tag{6.70b}$$

对非滑移的壁面边界，其流函数的边界条件为

$$X=0,1:\Psi=0,\frac{\partial\Psi}{\partial X}=\frac{\partial\Psi}{\partial Y}=0 \tag{6.71a}$$

$$Y=0,1:\Psi=0,\frac{\partial\Psi}{\partial Y}=\frac{\partial\Psi}{\partial X}=0 \tag{6.71b}$$

壁面涡函数需要根据它与速度或流函数的关系进行计算。由于壁面速度为零，故对于上、下壁面，有 $\frac{\partial U}{\partial X}=\frac{\partial V}{\partial X}=0$，对于左、右壁面，有 $\frac{\partial U}{\partial Y}=\frac{\partial V}{\partial Y}=0$；按照涡函数的定义，$\Omega=\frac{\partial V}{\partial X}-\frac{\partial U}{\partial Y}$，可以得到

$$\text{上、下壁面}:\Omega_{\text{wall}}=\left(-\frac{\partial U}{\partial Y}\right)_{\text{wall}},\text{即 }\Omega_{i,1}=\left(-\frac{\partial U}{\partial Y}\right)_{i,1},\Omega_{i,N}=\left(-\frac{\partial U}{\partial Y}\right)_{i,N} \tag{6.72a}$$

$$\text{左、右壁面}:\Omega_{\text{wall}}=\left(\frac{\partial V}{\partial X}\right)_{\text{wall}},\text{即 }\Omega_{1,j}=\left(\frac{\partial V}{\partial X}\right)_{1,j},\Omega_{M,j}=\left(\frac{\partial V}{\partial X}\right)_{M,j} \tag{6.72b}$$

采用二阶精度的单侧差分离散速度导数，即

$$\left(\frac{\partial V}{\partial X}\right)_{i,j}=\frac{-3V_{i,j}+4V_{i+1,j}-V_{i+2,j}}{2\Delta X},\quad \left(\frac{\partial V}{\partial X}\right)_{i,j}=\frac{3V_{i,j}-4V_{i-1,j}+V_{i-2,j}}{2\Delta X}$$

$$\left(\frac{\partial U}{\partial Y}\right)_{i,j}=\frac{-3U_{i,j}+4U_{i,j+1}-U_{i,j+2}}{2\Delta Y},\quad \left(\frac{\partial U}{\partial Y}\right)_{i,j}=\frac{3U_{i,j}-4U_{i,j-1}+U_{i,j-2}}{2\Delta Y}$$

并利用壁面速度为零的条件，得到用速度表示的二阶壁涡公式：

$$\text{下壁}:\Omega_{\text{wall}}=\Omega_{i,1}=(-4U_{i,2}+U_{i,3})/(2\Delta Y) \tag{6.73a}$$

$$\text{上壁}:\Omega_{\text{wall}}=\Omega_{i,N}=(4U_{i,N-1}-U_{i,N-2})/(2\Delta Y) \tag{6.73b}$$

$$\text{左壁}:\Omega_{\text{wall}}=\Omega_{1,j}=(4V_{2,j}-V_{3,j})/(2\Delta X) \tag{6.73c}$$

$$\text{右壁}:\Omega_{\text{wall}}=\Omega_{M,j}=(-4V_{M-1,j}+V_{M-2,j})/(2\Delta X) \tag{6.73d}$$

如果改用流函数 Ψ 来写出壁涡公式，则按

$$\text{上、下壁面}:\Omega_{\text{wall}}=\left(-\frac{\partial U}{\partial Y}\right)_{\text{wall}}=\left(-\frac{\partial^2\Psi}{\partial Y^2}\right)_{\text{wall}} \tag{6.74a}$$

$$\text{左、右壁面}:\Omega_{\text{wall}}=\left(\frac{\partial V}{\partial X}\right)_{\text{wall}}=\left(-\frac{\partial^2\Psi}{\partial X^2}\right)_{\text{wall}} \tag{6.74b}$$

将紧邻壁面第一个内节点的流函数在壁面处展开，如

$$\Psi_{i,2}=\Psi_{i,1}+\left(\frac{\partial\Psi}{\partial Y}\right)_{i,1}\Delta Y+\left(\frac{\partial^2\Psi}{\partial Y^2}\right)_{i,1}\frac{\Delta Y^2}{2}+O(\Delta Y^3) \tag{6.75}$$

利用壁面流函数和壁面速度均为零的条件，即 $\Psi_{i,1=0}$，$\left(\frac{\partial\Psi}{\partial Y}\right)_{i,1}=0$，以及式(6.74)，得到流函数表示的一阶精度的壁涡公式：

$$\text{下壁}:\Omega_{\text{wall}}=\Omega_{i,1}=-2\Psi_{i,2}/\Delta Y^2 \tag{6.76a}$$

类似有

$$\text{上壁}:\Omega_{\text{wall}}=\Omega_{i,N}=-2\Psi_{i,N-1}/\Delta Y^2 \tag{6.76b}$$

$$左壁:\Omega_{\mathrm{wall}} = \Omega_{1,j} = -2\Psi_{2,j}/\Delta X^2 \tag{6.76c}$$

$$右壁:\Omega_{\mathrm{wall}} = \Omega_{M,j} = -2\Psi_{M-1,j}/\Delta X^2 \tag{6.76d}$$

如果要得到二阶精度的流函数表示的壁涡公式,则要保留展开式(6.75)的三阶导数项并找出该项与涡函数的联系。但是,实际计算表明,用二阶精度流函数表示的壁涡公式常导致计算的不稳定性,因此,通常很少使用。

需要指出的是,对于一般的内流和外流问题,可能会有各种不同的边界存在,如进口边界、出口边界、对称边界、尖角点、无界域等,需要逐一仔细考察,亦可采用前人总结的一些经验处理方法,文献[20]对此有详尽论述,可以参考。

6.8.4 涡流函数方法离散方程迭代求解步骤

涡流函数方法求解腔体内自然对流问题时,三个求解函数 Ψ,Ω,θ 的离散方程相互关联,且函数 Ω,θ 的方程是非线性的,要采用顺序求解,只有应用迭代方法,才使其函数在迭代过程中逐步达到正确的关联和耦合。

对非稳态问题,每个时间步的具体迭代步骤如下(图 6.12):

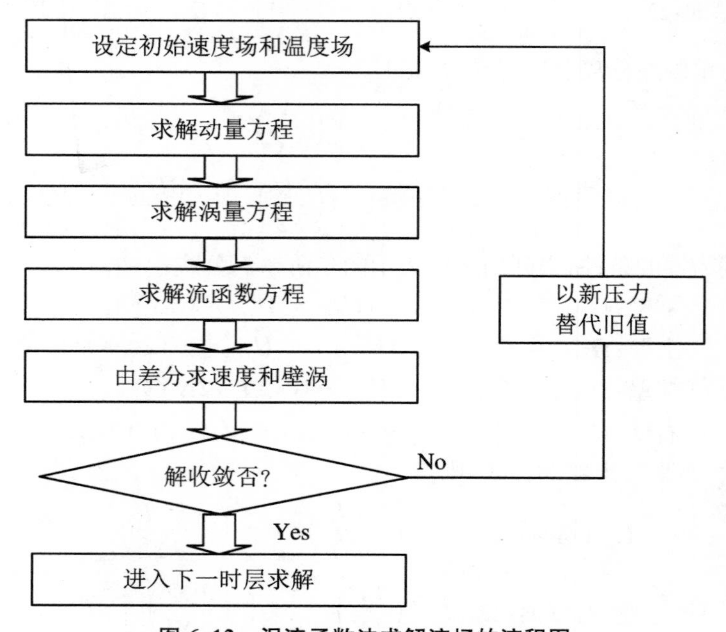

图 6.12　涡流函数法求解流场的流程图

(1) 给定一个速度场 U^n, V^n 和温度场 θ^n,初始起步 $n=0$,起步后 n 对应已收敛的第 n 个时步的函数值;

(2) 以 U^n,V^n,θ^n 作为 $U^{n+1},V^{n+1},\theta^{n+1}$ 的初始近似 $U^{(0)},V^{(0)},\theta^{(0)}$,求解能量方程,得到 $\theta^{(1)}$;

(3) 利用 $U^{(0)},V^{(0)},\theta^{(1)}$,求解涡量方程,得到 $\Omega^{(1)}$;

(4) 利用 $\Omega^{(1)}$ 解流函数方程,得到 $\Psi^{(1)}$;

(5) 利用中心差分,由 $\Psi^{(1)}$ 计算改进的 $U^{(1)},V^{(1)}$;

(6) 由 $\Psi^{(1)}$ 或者 $U^{(1)},V^{(1)}$,计算改进的壁涡 $\Omega_{\mathrm{wall}}^{(1)}$;

(7) 由求出的 $U^{(1)}, V^{(1)}, \theta^{(1)}$ 替代 $U^{(0)}, V^{(0)}, \theta^{(0)}$，重复(2)～(6)，直到第 $k+1$ 次迭代，考察下式是否满足：

$$|\Omega_{i,j}^{(k+1)} - \Omega_{i,j}^{(k)}|_{\max} + |\theta_{i,j}^{(k+1)} - \theta_{i,j}^{(k)}|_{\max} \leqslant \varepsilon \tag{6.77}$$

如满足，可以认为该时步收敛，转入下一时步从(1)开始计算；如不满足，返至(2)，重复迭代计算。迭代中，一般取 $\varepsilon = 10^{-4}$。

上述迭代过程中，温度场收敛快，而涡量场、流函数收敛慢，因此在每一层次的迭代中，更新涡函数和流函数的次数比更新温度的次数多。温度场计算可采用较大时间步长，而涡量计算采用较小的时间步长，但要使 $\sum_i (\Delta t_\Omega)_i = \Delta t_T$，以保证计算协调。式中 Δt_Ω，Δt_T 分别为涡量和温度场计算的时间步长。

6.8.5　涡流函数方法讨论

1. 关于压力求解问题

涡流函数方法求解流场，消去了压力梯度项，避免了原始变量方法离散压力梯度项及其没有压力计算的独立方程所带来的困难，这对于不一定需要得到压力分布的实际问题，如某些自然对流问题，较原始变量法要简捷方便。但是对那些需要得到压力分布的实际问题，如某些强迫对流问题，若用涡流函数法，则在求得流场后，需要另外单独计算压力[20]。对于不计质量力的强迫对流，将 x 方向的动量方程对 x 求导，y 方向的动量方程对 y 求导，再将求导后的两式相加，可得如下关于压力的方程：

$$\frac{\partial^2 p}{\partial x^2} + \frac{\partial^2 p}{\partial y^2} = 2\rho\left[\left(\frac{\partial u}{\partial x}\right)\left(\frac{\partial v}{\partial y}\right) - \left(\frac{\partial v}{\partial x}\right)\left(\frac{\partial u}{\partial y}\right)\right]$$

得到速度解后，这是一个关于压力的 Poisson 方程，相当于一个稳态的导热问题的求解。

2. 涡流函数方法一般只适用于二维问题

对于三维问题，必须引入对应三维速度矢量的位势矢量和涡矢量，才可以得到矢量流函数方程和涡方程。这样涡流函数方法需要解六个方程，较原始变量法只需解三个速度分量和压力场复杂得多。因此对于三维问题，一般不用涡流函数方法。

参 考 文 献

[1] Harlow F H, Welch J E. Numerical calculation of time-dependent viscous impressible flow of fluid with free surface[J]. Phys Fluids, 1965, 8: 2182-2189.

[2] 陶文铨. 数值传热学[M]. 2 版. 西安：西安交通大学出版社，2001：198-201，245-251，323-324.

[3] Patankar S V, Spalding D B. A calculation procedure for heat, mass and momentum transfer in three-dimensional parabolic flows[J]. Int J Heat Mass Transfer, 1972, 15: 1787-1806.

[4] 帕坦卡. 传热与流体流动的数值计算[M]. 张政，译. 北京：科学出版社，1984：146-157.

[5] Blosch E, Shyy W, Smith R. The role of mass conservation in pressure-based algorithm[J]. Numer Heat Transfer: Part B, 1983, 24: 415-429.

[6] Demirdzic I, Gosman A D, Issa R I, et al. A calculation procedure for tuebulent flow in complex

geometries[J]. Comput Fluids, 1987, 15: 251-273.

[7] Peric M. Analysis of pressure velocity coupling on nonorthorgonal grids[J]. Numer Heat Transfer: Part B, 1990, 17: 63-82.

[8] Patankar S V. A calculation procedure for two-dimensional elliptic situations[J]. Numer Heat Transfer, 1981, 4: 409-425.

[9] van Doormaal J P, Raithby G D. Enhancement of the SIMPLE method for predicting incompressible fluid flow[J]. Numer Heat Transfer, 1984, 7: 147-163.

[10] Raithby G D, Schneider G E. Elliptic systems: finite difference method Ⅱ[M]//Minkowycz W J, Sparrow E M, Pletcher R H, et al. Handbook of numerical heat transfer. New York: John Wiley & Sons, 1988: 241-289.

[11] Data A W. Numerical prediction of natural convection heat transfer in horizontal annulus[J]. Int J Heat Mass Transfer, 1986, 29: 1457-1464.

[12] Peric M, Kessler R, Scheuerer G. Comparison of finite volume numerical methods with staggered and collocated grids[J]. Comput Fluids, 1988, 16: 389-403.

[13] Rhie C M, Chow W L. A numerical study of the turbulent flow past an isolated airfoil with trailing edge separation[J]. AIAA Journal, 1983, 21: 1525-1532

[14] Majumdar S. Role of underrelaxation in momentum interpolation for calculation of flow with nonstaggered grids[J]. Numer Heat Transfer, 1988, 13: 125-132.

[15] Choi S K. Note on the use of momentum interpolation for unsteady flows[J]. Numer Heat Transfer: Part A, 1999, 36: 545-550.

[16] 陶文铨.数值传热学的近代进展[M].北京:科学出版社,2000:181-192.

[17] Gray D D, Giorgin A. The validity of the Bossinesq approximation for liquids and gases[J]. Int J Heat Mass Transfer, 1976, 19: 545-551.

[18] 郭宽良.数值计算传热学[M].合肥:安徽科学技术出版社,1987:238-239.

[19] Frankel S P. Convergence rate of iterative treatment of partial differential equations[J]. Mathematics of Computation, 1950, 4: 65-75.

[20] 罗奇.计算流体动力学[M].钟锡昌,刘学宗,译.北京:科学出版社,1983:182-230.

习　　题

6.1 参看第 6 章图 6.5,对流体物性参数为常数,坐标方向 x,y 上网格各自均匀分割的二维直角坐标系交错网格,分别采用三点式一阶迎风格式和混合格式离散,写出 x 方向动量及离散方程(6.4)中各系数的表达式。

6.2 通过一维多孔介质的稳态流动问题的控制方程为

$$\begin{cases} \dfrac{\mathrm{d}(uA)}{\mathrm{d}x} = 0 \\ c\,|\,u\,|\,u + \dfrac{\mathrm{d}p}{\mathrm{d}x} = 0 \end{cases}$$

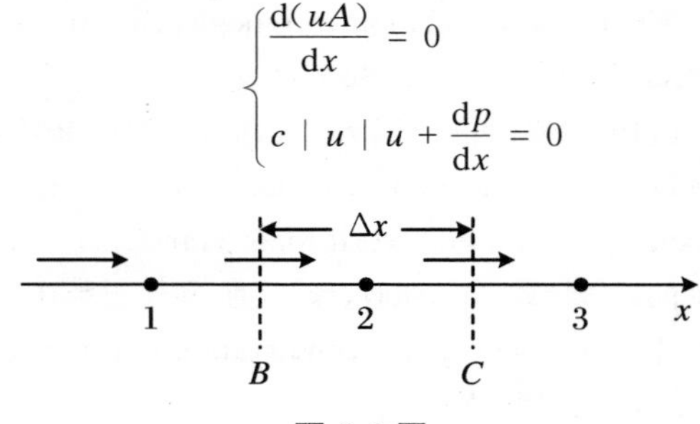

题 6.2 图

其中系数 c 为常数，$A=A(x)$是流道的有效截面。对于本题图所示的均匀网格系统，已知 $c=0.3$，$A_B=5.4$，$A_C=4$，$p_1=200$，$p_3=40$，试采用 SIMPLE 算法求解 p_2，u_B，u_C的值。

6.3　从满足 Boussinesq 假设的平面二维方腔自然对流控制方程(6.54a)～(6.54d)出发，通过引入流函数 ψ(定义为 $u=\frac{\partial \psi}{\partial y}$，$v=-\frac{\partial \psi}{\partial x}$)和涡函数 ω(定义为 $\omega=\frac{\partial v}{\partial x}-\frac{\partial u}{\partial y}$)，试推导消去压力导数项后的涡流函数求解方程组，并选择一定的无量纲参考量，将其化为无量纲化方程组。

6.4　用基于 Taylor 展开的特定系数法，按单边差分要求，推导以速度表示的二阶精度壁涡表达式。

6.5　从不计重力影响下的非稳态二维不可压缩流体的连续方程和动量方程出发，推导直角坐标下压力满足 Poisson 方程

$$\frac{\partial p}{\partial x^2}+\frac{\partial^2 p}{\partial y^2}=2\left[\left(\frac{\partial u}{\partial x}\right)\left(\frac{\partial v}{\partial y}\right)-\left(\frac{\partial v}{\partial x}\right)\left(\frac{\partial u}{\partial y}\right)\right]$$

采用原始变量法顺序求解流场的迭代解法。如果将该方程和动量方程联立起来，依次求解速度 u 的方程、速度 v 的方程及其压力 p 的方程，算完成顺序求解方法中的一轮迭代，而不必采用 SIMPLE 之类的压力修正方法。这种做法是否妥当？为什么？当用涡流函数的非原始变量法求解流场时，流场压力可用该方程来计算，这又是为什么？

6.6*　综合上机作业：数值实验题(用涡流函数方法计算对流扩散问题)。

用涡流函数方法数值求解太阳能热水系统中储水箱内的混合对流。如图所示，热水从集热器通过进水口 1 进入储水箱上部，冷水则从储水箱的底部出水口 3 流到太阳能集热器被加热，构成一工作回路；用户从热水器上部出水口 4 引出热水使用，冷水则通过下部进水口 2 进入储水箱，构成一负载回路。为确保有较高的集热器效率和能量使用效率，水箱内的水应有一个好的温度分层。该混合对流系统的控制方程仍为式(6.54a)～式(6.54d)。

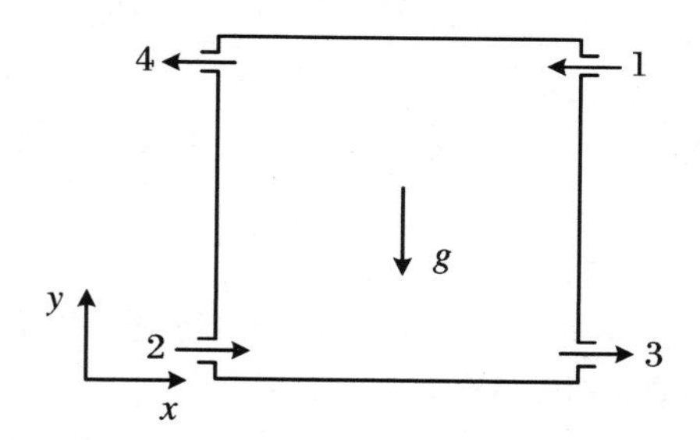

题 6.6 图

(1) 引入流函数 ψ 和 ω，定义为

$$u=\frac{\partial \psi}{\partial y},\quad v=-\frac{\partial \psi}{\partial x},\quad \omega=\frac{\partial v}{\partial x}-\frac{\partial u}{\partial y}$$

采用以下无量纲变量：

$$(X,Y)=\frac{(x,y)}{H},\quad (U,V)=\frac{(u,v)}{u_0}$$

$$\theta=\frac{T-T_0}{T_1-T_0},\quad \tau=\frac{tu_0}{H}$$

$$\Psi=\frac{\psi}{u_0 H},\quad \Omega=\frac{\omega H}{u_0}$$

将涡流函数方程组化为如下无量纲形式：

$$U=\frac{\partial \Psi}{\partial y},\quad V=-\frac{\partial \Psi}{\partial x}$$

$$\left(\frac{\partial^2}{\partial X^2}+\frac{\partial^2}{\partial Y^2}\right)\Psi=-\Omega$$

$$\frac{\partial \Omega}{\partial \tau}+\frac{\partial(U\theta)}{\partial X}+\frac{\partial(V\Omega)}{\partial Y}=\frac{Gr}{Re^2}\frac{\partial \theta}{\partial X}+\frac{1}{Re}\left(\frac{\partial^2}{\partial X^2}+\frac{\partial^2}{\partial Y^2}\right)\Omega$$

$$\frac{\partial \theta}{\partial \tau}+\frac{\partial(U\theta)}{\partial X}+\frac{\partial(V\theta)}{\partial Y}=+\frac{1}{Re\cdot Pr}\left(\frac{\partial^2}{\partial X^2}+\frac{\partial^2}{\partial Y^2}\right)\theta$$

其中 u_0 为参考速度，取工作回路 1 处的热水进口速度；T_1 和 T_0 分别为水箱 1 和 2 两处进水口的热水和冷水温度；H 为储水箱高度；相似参数 $Gr=g\beta(T_1-T_0)H^3/\nu^2$，$Re=u_0H/\nu$，$Pr=\nu/a$。

(2) 将无量纲计算区域($0\leqslant X\leqslant 1, 0\leqslant Y\leqslant 1$)均匀分割，采用点中心网格，其节点数为 21×21；采用块中心网络，其节点数为 20×20。第 1～4 个口分别位于(1,0.8→0.9)，(0,0.1→0.2)，(1,0.1→0.2)，(0,0.8→0.9)。

(3) 试对涡方程和温度方程采用交替方向隐式的控制容积积分法离散，其扩散项取中心差分格式，对流项取一阶迎风格式；流函数方程采用控制容积积分法离散，取其中心差分格式，得出各方程内节点上的通用离散代数方程。

(4) 初始条件为 $\theta^0=1, \Psi^0=\Omega^0=0$；边界条件是壁面无滑移，且绝热；进口 1 处，$\theta_1=1.0, U_1=1.0$；进口 2 处，$q_2=0, U_2=0.0, 0.5, 1.0$；进、出口处，均假定 $\Omega=0$。计算参数可分别取 $Gr=10^8\sim10^{12}$，$Re_1=10^3\sim10^6$，$Pr=7.0$。试对以下两种情况，将离散代数方程化为包含初始、边界条件在内的定解方程，并对不同方程分别采取不同的代数解法进行求解。

情况Ⅰ：负载回路关闭，只有工作回路运行，即 $Re_2=Re_4=0$ 时，分别取

① $Gr=10^{12}, Re=10^6, Pr=0.7$；

② $Gr=10^{10}, Re=10^5, Pr=0.7$；

③ $Gr=10^{12}, Re=10^5, Pr=0.7$。

情况Ⅱ：负载回路和工作回路同时运行的对流，分别取

① $Gr=10^{10}, Re=10^6, Pr=0.7, Re_1=Re_2$；

② $Gr=10^{10}, Re=10^5, Pr=0.7, Re_1=Re_2$；

③ $Gr=10^{10}, Re=10^4, Pr=0.7, Re_1=Re_2$；

④ $Gr=10^{10}, Re=10^5, Pr=0.7, Re_1=2Re_2$；

⑤ $Gr=10^{10}, Re=10^4, Pr=0.7, Re_1=2Re_2$。

(5) 将以上 8 种条件下在 $\tau=5$ 时的计算结果，在计算平面上分别绘成流函数 Ψ 和温度 θ 的等值线图，并对其进行定性分析，做出相应结论。

(6) 将两回路同时运行的情况Ⅱ中②所算的 $\tau=1,2,3,4$ 几个不同时间的流函数结果，绘成等值线图，并对其进行定性分析，做出相应结论。

(7) 综合写出作业报告，并对此类作业提出建议和要求。

第 7 章　湍流流动-传热耦合计算的数值方法

自然界和工程技术中的流体流动、传热传质及其燃烧过程几乎都是湍流过程。认清湍流发生的机制、湍流的结构特征以及湍流的输运过程，是自 1883 年 Reynolds 发现湍流流动现象 100 多年以来，人们孜孜不倦所追求的目标。但是由于湍流自身的复杂性，目前人们对湍流机制的研究尚在攻坚阶段，许多基础性问题有待进一步解决。

但人们不能等待湍流机制弄清之后再去处理实际面临的大量湍流问题，而是在继续深入研究湍流理论的同时，需要根据工程实际，探讨定量描述湍流过程的途径。本章从工程应用角度来介绍湍流流动和传热的常用数值方法。作为这方面的基础内容，将讨论限定于不可压缩流体，重点介绍湍流平均方法带来的数学方程的不封闭性及其使方程得以封闭的两种湍流模型方法。在方程封闭以后，可用前面几章讲到的数值离散方法和代数解法做数值求解。

7.1　湍流的复杂性和数值方法概述

7.1.1　湍流的复杂性

湍流是由各种不同尺度的大小漩涡构成的三维非稳态的无规流动[1-2]。湍流中，各种物理量都呈现出随时间和空间的随机变化。它的产生可能是由于流过固壁时的摩擦作用，也可能是由于不同速度的流体层之间的相互作用，前者称为固壁湍流，后者叫作自由湍流。湍流中的漩涡，大尺度的主要由流动的边界条件所决定，其最大尺寸可以达到流场大小的量级，最大时间尺度的量级为流场尺度与平均流速之比，湍流低频脉动由它引起；小尺度的漩涡主要由分子黏性力决定，其尺度可能只有流场尺寸的千分之一，它引起湍流的高频脉动。湍流的脉动具有拟周期性，可以看成具有不同脉动频率的运动的叠加。大尺度漩涡破碎后形成较小尺度的漩涡，较小尺度的漩涡破碎后则形成更小尺度的漩涡，因此在充分发展的湍流区域里，流体漩涡的尺寸在很宽的范围内连续变化。大漩涡在流动中迁移时，会携带小的漩涡，当其来到湍流区和非湍流区的分界面时，就会把分界面扭曲成高度扰动的复杂形状。且这些漩涡寿命可能很长，其迁移距离有时达到流动区域几十倍距离之多。因此，湍流特定区域的状态与来流上游的历史情况密切相关，而不能像层流那样，单由流体局部变形张量即可确定。大尺度漩涡不断地从主流获取能量，并通过漩涡间的相互作用，将能量逐渐向小尺度漩涡传递，由于分子黏性的耗散作用，小漩涡的机械能转化成热能，而最终不断消失掉。同时，通过边界作用或其他扰动及速度梯度作用，新的漩涡又不断产生，从而构成了无规的复杂湍流运动。

但是，尽管湍流十分复杂，其最小漩涡的尺寸仍然远远大于流体分子的平均自由程若干个数量级，因此湍流内部状态的变化还是可以用连续介质的理论和方法来描述的，非稳态的黏性流体运动的 Navier-Stokes 方程仍可适用于湍流的瞬时运动。

7.1.2 湍流的数值方法概述

由于湍流的复杂性，湍流的数值模拟成为计算流体力学和计算热物理中困难最多，但研究非常活跃的领域之一。目前，已采用的湍流数值方法大体区分为三类[3]。

1．湍流的直接模拟(Direct Numerical Simulation, DNS)[4]

该模拟应用三维非稳态 Navier-Stokes 方程对湍流进行直接的数值模拟。由于湍流是由大小不同尺度的漩涡构成的，这种直接模拟应能分辨出可以用 Kolmogorov 尺度来表征的小漩涡的复杂时空结构，其尺度的量级为 $Re^{-3/4}$ m，这里 Re 为系统的 Reynolds 数。对于 $Re=10^5$ 的流动系统(工程上，这样的 Reynolds 数属于中、小范围)，小尺度漩涡尺寸大约为 0.02 cm。要对一个小漩涡进行模拟，如果一个空间方向设置 5 个节点，则在一个漩涡内需布置 125 个节点。若该体系的特征尺度为 0.2 m，其空间范围将含有 10^9 个小漩涡，所需要的网格节点将超过 10^{11} 个，显然，对于当前的计算机水平这一般是难以做到的。湍流直接模拟目前还无法用于工程计算。只有少数能够使用超级计算机的学者才有可能对较为简单的湍流问题开展这类研究。

2．湍流的大涡模拟(Large Eddy Simulation, LES)[5]

湍流大尺度漩涡从主流中获取能量，表现为高度的各向异性，且随流动情形不同而不同，它们是湍流脉动和混合的主要成因。大尺度漩涡通过涡间的相互作用把能量传递给小尺度的漩涡。小漩涡的运动相当类似，几乎是各向同性的，主要作用是耗散能量。大涡模拟就是基于对湍流漩涡的这些认识而提出的研究方法：用三维非稳态的 Navier-Stokes 方程直接模拟大涡运动，而不直接计算小涡，小涡对大涡的影响通过亚格子 Reynolds 应力(subgrid Reynolds stress) $R_{i,j}$ 来考虑，而 $R_{i,j}$ 采用近似的湍流模型方法与大漩涡的相关量发生联系，从而建立起大涡模拟的封闭求解方程。

这种模拟方法虽然对计算机资源的要求仍然比较高，但远低于湍流的直接模拟，在工作站甚至在 PC 机上就可开展一定的研究工作，近年来得到越来越广泛的应用。

3．湍流的 Reynolds 时均方程模拟(Reynolds Average Numerical Simulation, RANS)[3]

绝大多数实际工程问题，需要的不是湍流的精细结构，而是湍流量的平均值。Reynolds 时均方程模拟方法，把研究的着眼点放在寻求湍流的平均量，从而开辟了处理工程湍流的有效途径。

这类方法，将瞬态物理量分解为平均量和脉动量两部分，将非稳态控制方程对时间做平均，所得关于时均量的控制方程中含有脉动量乘积的时均值等未知数，使所得方程的个数小于未知数的个数，且不可能通过进一步的时均处理而使控制方程组封闭。为使方程组封闭，必须做出假设，建立湍流模型，以把未知的更高阶的时间平均值表示为较低阶的计算中可以确定的量的函数。

时均方程模拟方法，是当前工程湍流问题计算的最基本的方法。按照建立湍流模型使方程封闭的方式不同，这类方法又可分为湍流系数法和 Reynolds 应力方程法两类。湍流系数法通过引入湍流输运系数的概念，将脉动关联项时均值直接与平均量联系起来。问题在于如何给出该输运系数。根据确定湍流系数所需要采用的微分方程的数量，湍流系数法区分为零方程模型、单方程模型和两方程模型，其中零方程模型是仅由代数方程就可确定的模型。而 Reynolds 应力方程法是对时均过程中引入的脉动关联项的时均值再建立其输运微分方程的。但在对两个脉动值乘积的时均值建立输运方程时，又会在方程中引入三个脉动值乘积的时均值，如此下去，输运方程永远都会有一个高一阶的脉动值存在而使方程不能封闭。为此，需要对高阶的脉动项引入近似而解决此问题。目前，湍流计算中广泛应用的二阶矩 Reynolds 应力模型，就是通过对三阶矩脉动量引入近似处理后而使二阶矩方程得以封闭的。按照 Reynolds 应力法的求解方程，分为微分方程模型（Differential Stress Model，DSM）和简化的代数方程模型（Algebraic Stress Model，ASM）。

叶轮机械内部流动是计算流体和传热的热点问题之一。由于叶轮机械内部结构的复杂性，以及计算机运算能力的限制，大涡模拟和直接数值模拟还很少应用于叶轮机械内部湍流场的计算。一般工程中更多采用求解 Reynolds 时均方程来进行数值模拟。因为 Reynolds 时均方程的不封闭性，所以人们引入了湍流模型来封闭方程组，模拟结果很大程度上取决于湍流模型的准确度。自 20 世纪 70 年代以来，湍流模型的研究发展迅速，建立了一系列的模型，已经能够十分成功地模拟边界层和剪切层流动。但对于复杂的工业流动，比如航空发动机中的压气机动静叶相互干扰问题中，大曲率绕流、激波与边界层相互干扰、流动分离、高速旋转以及其他一些因素，常常会改变湍流的结构，使那些能够预测简单流动的湍流模型失效，所以完善现有湍流模型和寻找新的湍流模型在实际工作中显得尤为重要。

作为工程应用中常用的商用流体和传热计算软件，ANSYS FLUENT 的湍流计算模块中提供以下湍流模型：① Spalart-Allmaras 单方程模型；② k-ε 两方程模型；③ k-ω 两方程模型；④ 雷诺应力模型（RSM）；⑤ 大涡模拟模型（LES）。其中前四种均属于 Reynolds 时均方程方法。

常用的湍流模型也可根据所采用的微分方程数进行分类：零方程模型、单方程模型、两方程模型、四方程模型、七方程模型等。对于简单流动而言，一般随着方程的增多，精度也越高，计算量也越大。

本章将集中对 Reynolds 时均方程模拟方法进行初步介绍[1,6]。

7.2 湍流的 Reynolds 时均方程

7.2.1 湍流的“平均”概念

由于湍流的复杂性，Reynolds 最早引入了“平均”的概念来描述湍流。平均方式有多种形式，各有不同的使用范围。如研究的湍流系统是准稳态的，可以采用时间平均。设物理量为 $\phi(x,t)$，则其时间平均定义为

$$\bar{\phi}_{t}(x)=\lim_{T\to\infty}\frac{1}{2T}\int_{-T}^{T}\phi(x,t)\mathrm{d}t \tag{7.1}$$

对于均匀各向同性湍流，可采用空间平均，定义为

$$\bar{\phi}_{s}(t)=\lim_{X\to\infty}\frac{1}{2X}\int_{-X}^{X}\phi(x,t)\mathrm{d}x \tag{7.2}$$

对于既非稳态又不均匀的湍流体系，可以进行以同样条件下所做的大量实验数据为基础的整体平均(系综平均)，定义为

$$\bar{\phi}_{e}(x,t)=\frac{1}{N}\sum_{n=1}^{N}\phi_{n}(x,t) \tag{7.3a}$$

设 $P(\phi)$是物理量 $\phi(x,t)$的概率密度函数，它通常与 $\phi(x,t)$的种类、时间和空间坐标有关，且满足

$$\int_{-\infty}^{\infty}P(\phi)\mathrm{d}\phi=1 \tag{7.4}$$

则整体(系综)平均可以写成如下连续形式：

$$\bar{\phi}_{e}(x,t)=\int_{-\infty}^{\infty}\phi(x,t)P(\phi)\mathrm{d}\phi \tag{7.3b}$$

对于稳态、均匀系统，三种平均形式完全等价，这就是所谓的各态历经假说。

实际工程中的湍流问题，常常既不是准稳态的，也不是均匀各向同性的，此时的时间平均或空间平均只能在满足一定条件下的有限时间或有限空间间隔里进行。现以实际中最常用的时间平均为例，考察一个非稳态的湍流流动系统，令其系统湍流脉动的时间尺度为 T_1，而能反映该系统非稳态流动特性的特征时间尺度为 T_2，则对该系统湍流量进行时间平均的表达式为

$$\bar{\phi}_{t}(x,t)=\frac{1}{T}\int_{t-\frac{T}{2}}^{t+\frac{T}{2}}\phi(x,\tau)\mathrm{d}\tau,\quad T_1\ll T\ll T_2 \tag{7.5}$$

它表明，非稳态湍流中，时均周期应比湍流脉动周期小得多，以便一次统计平均中，包含大量的脉动，而消除脉动对平均的影响；但时均周期又要比宏观特征时间小得多，以便能充分描述时均值随时间的变化，体现流动的非稳态性。时间平均值随时间改变的湍流，称为非稳态湍流(图 7.1(a))；时间平均值不随时间改变的湍流，称为准稳态湍流(图 7.1(b))。

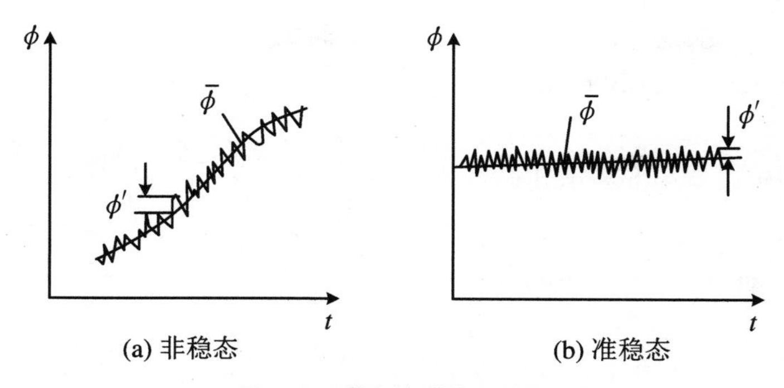

图 7.1　湍流的时间平均量

一般地，我们把瞬态物理量 $\phi(x,t)$分解为时均量 $\bar{\phi}(x,t)$和脉动量 $\phi'(x,t)$的和，称为 Reynolds 分解：

$$\phi = \bar{\phi} + \phi' \tag{7.6}$$

设 ϕ 和 ψ 为两个瞬时物理量，则其时均量 $\bar{\phi}$，$\bar{\psi}$ 及脉动量 ϕ'，ψ'有如下性质：

$$\begin{cases} \overline{\bar{\phi}} = \bar{\phi}, \quad \overline{\phi'} = 0; \quad \overline{\bar{\phi} + \phi'} = \bar{\phi} \\ \overline{\bar{\phi}\bar{\psi}} = \bar{\phi}\bar{\psi}, \quad \overline{\phi\psi} = \bar{\phi}\bar{\psi} + \overline{\phi'\psi'} \\ \overline{\dfrac{\partial \phi}{\partial x}} = \dfrac{\partial \bar{\phi}}{\partial x}, \quad \overline{\dfrac{\partial \phi}{\partial t}} = \dfrac{\partial \bar{\phi}}{\partial t} \end{cases} \tag{7.7}$$

7.2.2　湍流的 Reynolds 时均方程及其封闭问题

1．湍流的 Reynolds 时均方程

按照时均量计算性质式(7.7)，可以推得均质不可压缩流体湍流运动的时均控制方程。在直角坐标下，不计质量力，不可压缩流体湍流瞬时运动控制方程为

$$\mathrm{div}\, \boldsymbol{U} = 0 \tag{7.8}$$

$$\frac{\partial u}{\partial t} + \mathrm{div}(u\boldsymbol{U}) = \nu \mathrm{div}(\mathrm{grad}\, u) - \frac{1}{\rho}\frac{\partial p}{\partial x} \tag{7.9a}$$

$$\frac{\partial v}{\partial t} + \mathrm{div}(v\boldsymbol{U}) = \nu \mathrm{div}(\mathrm{grad}\, v) - \frac{1}{\rho}\frac{\partial p}{\partial y} \tag{7.9b}$$

$$\frac{\partial w}{\partial t} + \mathrm{div}(w\boldsymbol{U}) = \nu \mathrm{div}(\mathrm{grad}\, w) - \frac{1}{\rho}\frac{\partial p}{\partial z} \tag{7.9c}$$

$$\frac{\partial T}{\partial t} + \mathrm{div}(\boldsymbol{U}T) = \mathrm{div}(a\,\mathrm{grad}\, T) + \frac{S_T}{\rho} \tag{7.10}$$

将瞬时值分解为平均值和脉动值，即

$$\boldsymbol{U} = \bar{\boldsymbol{U}} + \boldsymbol{U}',\ u = \bar{u} + u',\ v = \bar{v} + v',\ w = \bar{w} + w',\ p = \bar{p} + p',\ T = \bar{T} + T' \tag{7.11}$$

再将式(7.11)代入控制方程(7.8)～(7.10)，并按时均量性质式(7.7)演算，同时假定各个输运系数的脉动值很小且可忽略不计，可以得到如下不可压缩湍流的 Reynolds 时均控制方程组：

$$\operatorname{div} \overline{\boldsymbol{U}} = 0 \tag{7.12}$$

$$\frac{\partial \bar{u}}{\partial t} + \operatorname{div}(\bar{u}\overline{\boldsymbol{U}}) = \nu \operatorname{div}(\operatorname{grad} \bar{u}) + \left(-\frac{\partial \overline{u'^2}}{\partial x} - \frac{\partial \overline{u'v'}}{\partial y} - \frac{\partial \overline{u'w'}}{\partial z}\right) - \frac{1}{\rho}\frac{\partial \bar{p}}{\partial x} \tag{7.13a}$$

$$\frac{\partial \bar{v}}{\partial t} + \operatorname{div}(\bar{v}\overline{\boldsymbol{U}}) = \nu \operatorname{div}(\operatorname{grad} \bar{v}) + \left(-\frac{\partial \overline{u'v'}}{\partial x} - \frac{\partial \overline{v'^2}}{\partial y} - \frac{\partial \overline{v'w'}}{\partial z}\right) - \frac{1}{\rho}\frac{\partial \bar{p}}{\partial y} \tag{7.13b}$$

$$\frac{\partial \bar{w}}{\partial t} + \operatorname{div}(\bar{w}\overline{\boldsymbol{U}}) = \nu \operatorname{div}(\operatorname{grad} \bar{w}) + \left(-\frac{\partial \overline{u'w'}}{\partial x} - \frac{\partial \overline{v'w'}}{\partial y} - \frac{\partial \overline{w'^2}}{\partial z}\right) - \frac{1}{\rho}\frac{\partial \bar{p}}{\partial z} \tag{7.13c}$$

$$\frac{\partial \bar{T}}{\partial t} + \operatorname{div}(\bar{T}\overline{\boldsymbol{U}}) = \operatorname{div}(a \operatorname{grad} \bar{T}) + \left(-\frac{\partial \overline{u'T'}}{\partial x} - \frac{\partial \overline{v'T'}}{\partial y} - \frac{\partial \overline{w'T'}}{\partial z}\right) + \frac{\overline{S_T}}{\rho} \tag{7.14}$$

我们可以看到，除了连续方程以外，其他各个方程中均出现了脉动量之间的二阶关联项，它们在方程中的作用和对应的扩散项（包括黏性项）相当。三个动量方程中出现的由速度脉动分量构成的九个二阶关联项可以构成一个对称的二阶张量，称为湍流应力张量（或Reynolds 应力张量），代表由于湍流脉动引起的湍流动量输运。由于湍流应力张量是对称的，因此时均值的动量方程中增加了六个未知二阶关联量：

$$\tau_t = \begin{pmatrix} -\rho\overline{\mu'^2} & -\rho\overline{\mu'v'} & -\rho\overline{\mu'w'} \\ -\rho\overline{v'u'} & -\rho\overline{v'^2} & -\rho\overline{v'w'} \\ -\rho\overline{w'u'} & -\rho\overline{w'v'} & -\rho\overline{p'^2} \end{pmatrix}$$

湍流应力张量跟分子运动产生的应力张量有相似的特性。例如，三个正应力的和为一常数，不随坐标系旋转而改变，即

$$\rho\overline{\mu'^2} + \rho\overline{v'^2} + \rho\overline{\omega'^2} = 2\rho k$$

其中 k 为单位质量流体的**湍流脉动动能**，在湍流模型的计算中是一个主要求解变量。

而能量方程中增加的三个二阶关联项称为**湍流热流率**。若考虑燃烧、化学反应等因素，还需要增加若干个化学组分方程，写成时均值方程时，每个化学组分方程也会增加三个未知的二阶关联量。

湍流应力和分子运动的黏性应力有着量级和本质上的区别：

(1) 湍流应力往往远大于分子黏性应力。

(2) 分子运动的特征长度是分子运动平均自由程，远小于流动的宏观尺度，而湍流脉动的最小特征尺度仍属于宏观尺度范围。

(3) 产生湍流应力的机制和分子黏性应力不同。离散分子之间动量交换主要是相互碰撞作用，而湍流质点的脉动受制于连续方程、Navier-Stokes 方程。流体质点之间的相互作用比离散分子间的作用复杂，特别是湍流脉动为多尺度的，流体质点间存在多尺度运动的非线性相互作用。

例如，对于上述第(1)点两者量级上的区别，可以估算一下湍流应力输运项的大小。以管内流动为例，假设圆管直径为 d，平均流速为 $\bar{u}$，湍流相对强度为 $\sqrt{\overline{u'^2}}/\bar{u} \approx 0.02 \sim 0.08$，湍流切应力的一个分量为

$$\tau_t^{12} = \rho\overline{u'v'} \approx \rho\overline{u'^2} \approx (0.0004 \sim 0.0064)\rho\overline{u^2}$$

而分子运动引起的黏性应力为

$$\tau_L = \mu \frac{\partial \bar{u}}{\partial r} \approx \mu \frac{\bar{u}}{d}$$

两者的比值为

$$\frac{\tau_t^{12}}{\tau_L} = (0.0004 \sim 0.0064) \frac{\rho \bar{u} d}{\mu}$$

在典型的工程流动问题中，雷诺数 $Re = \rho\bar{u}d/\mu = 10^5 \sim 10^6$，代入上式，可以得到

$$\frac{\tau_t^{12}}{\tau_L} = 10^2 \sim 10^3$$

可见，湍流应力比黏性应力大上百倍甚至上千倍。所以，在分析湍流平均参数的变化时，湍流输运项是很重要的因素。相反，分子输运项有时倒是可以忽略。

为使方程能写成与层流通用形式的对流扩散方程一致的形式，将以上各式乘上密度 ρ，并用张量符号写出，则控制方程为

$$\frac{\partial \rho}{\partial t} + \frac{\partial(\rho \overline{u_j})}{\partial x_j} = 0 \tag{7.15}$$

$$\frac{\partial(\rho \overline{u_i})}{\partial t} + \frac{\partial(\rho \overline{u_i}\,\overline{u_j})}{\partial x_j} = -\frac{\partial \bar{p}}{\partial x_i} + \frac{\partial}{\partial x_j}\left(\mu \frac{\partial \overline{u_i}}{\partial x_j} - \rho \overline{u_i' u_j'}\right) \tag{7.16}$$

$$\frac{\partial(\rho \bar{T})}{\partial t} + \frac{\partial(\rho \overline{u_j} \bar{T})}{\partial x_j} = \frac{\partial}{\partial x_j}\left(\frac{\lambda}{c} \frac{\partial \bar{T}}{\partial x_j} - \rho \overline{u_j' T'}\right) + \overline{S_T} \tag{7.17}$$

其中下标 $i, j = 1, 2, 3$；重复出现的下标，表示要把该项在下标的取值范围内遍历求和。如果控制方程还有其他待求变量，则可做类似处理。现设一般求解函数为 ϕ，可得不可压缩湍流控制方程的通用形式为

$$\frac{\partial(\rho \bar{\phi})}{\partial t} + \frac{\partial(\rho \overline{u_j} \bar{\phi})}{\partial x_j} = \frac{\partial}{\partial x_j}\left(\Gamma \frac{\partial \bar{\phi}}{\partial x_j} - \rho \overline{u_j' \phi'}\right) + \overline{S_\phi} \tag{7.18a}$$

相应于控制方程中的不同方程，ϕ 可取 1（连续方程），三个不同的速度分量 u, v, w（动量方程），温度 T（能量方程），组分分数 m_l（组分方程）等。源项中包含压力梯度。

为了书写简单起见，除了湍流脉动值关联项的时均值外，以下将湍流变量平均值的时均值上横线略去，简写的一般方程(7.18a)变为

$$\frac{\partial(\rho \phi)}{\partial t} + \frac{\partial(\rho u_j \phi)}{\partial x_j} = \frac{\partial}{\partial x_j}\left(\Gamma \frac{\partial \phi}{\partial x_j} - \rho \overline{u_j' \phi'}\right) + S_\phi \tag{7.18b}$$

2. 湍流控制方程的封闭问题——湍流模型

与层流运动控制方程相比，湍流运动控制方程多出了脉动值的关联项 $-\rho \overline{u_j' \phi'}$。它们代表由于湍流脉动所引起的那一部分湍流动量、能量和质量输运。其中 $-\rho \overline{u_i' u_j'}$ 称为 Reynolds 应力或湍流应力，而 $-\rho \overline{u_j' T'}$ 称为湍流热流率。

这些脉动关联项的出现，使得方程组的未知数的个数多于方程的个数，湍流控制方程组不封闭。为使湍流运动方程组封闭，必须找出确定这些附加项的关系式，并要求这些关系式中不再引入新的未知变量，否则又需要补充新的方程。这就是湍流模型所要解决的问题。所谓湍流模型，就是使湍流方程组封闭的模型，或者说是把湍流的脉动关联值附加项与时均值联系起来的一些特定的关系式。

目前,湍流研究广泛使用的湍流模型基本上围绕脉动关联项 $-\rho\overline{u_j'\phi'}$ 进行,包含两类:湍流系数法和 Reynolds 应力方程法。下面分别进行介绍。

(1) 湍流系数法

此方法把湍流二阶脉动关联项表示成湍流系数的函数,并与湍流时均量联系起来,从而将二阶脉动关联项表示为湍流时均量的函数。

① 湍流黏性系数(或称为涡黏系数)

按照 Boussinesq 的假设,湍流涡漩的脉动与分子热运动有类似之处,因此可以类比地引入湍流黏性系数概念。

对于二维流动,对分子热运动导致的输运,可引入层流黏性系数 μ 将应力和应变率联系起来:

$$\tau_L = \mu\frac{\partial\bar{u}}{\partial y}$$

类似地,对于湍流流场,可以引入湍流黏性系数 μ_t,将速度脉动的二阶关联量(湍流应力)表示成平均速度梯度与 μ_t 的乘积:

$$-\rho\overline{u'v'} = \mu_t\frac{\partial\bar{u}}{\partial y}$$

采用上述类比方式,可以发展出最简单的湍流零方程模型,如 Prandtl 在 1925 年提出的混合长度模型。

下面把上述思路推广到三维问题。对于层流情况,黏性流体的应力和应变率关系(本构方程)为

$$\tau_{i,j} = -p\delta_{i,j} + \mu\left(\frac{\partial u_i}{\partial x_j} + \frac{\partial u_j}{\partial x_i}\right) - \frac{2}{3}\mu\delta_{i,j}\frac{\partial u_k}{\partial x_k} \tag{7.19}$$

类似地,可引入湍流黏性系数 μ_t,湍流应力 $(\tau_{i,j})_t$ 与湍流时均应变率间的关系可写成

$$(\tau_{i,j})_t = -\rho\overline{u_i u_j'} = -p_t\delta_{i,j} + \mu_t\left(\frac{\partial u_i}{\partial x_j} + \frac{\partial u_j}{\partial x_i}\right) - \frac{2}{3}\mu_t\delta_{i,j}\frac{\partial u_k}{\partial x_k} \tag{7.20}$$

其中 p_t 是由脉动速度构成的湍流压力,定义为

$$p_t = \frac{1}{3}\rho(\overline{u'^2} + \overline{v'^2} + \overline{w'^2}) = \frac{2}{3}\rho k \tag{7.21}$$

这里 k 为单位质量流体湍流脉动动能(湍动能),其表达式为

$$k = \overline{u'u_i'}/2 = (\overline{u'^2} + \overline{v'^2} + \overline{w'^2})/2 \tag{7.22}$$

将式(7.20)应用到时均值的动量方程如式(7.13)、式(7.16)中并移项处理,可以得到变化后的湍流动量方程。

需要注意的是,层流情况中引入的分子黏性系数 μ 是流体的一个物性参数,而此处引入的湍流黏性系数 μ_t 不是物性参数,而是空间坐标的函数,其值取决于流动状态。

此外,需要指出的是,湍流应力与时均量应变率间的关系式(7.20)只是一种谋求湍流方程封闭的经验方法,具有实用意义,但是它并没有层流本构方程那样严格的物理基础。

② 湍流扩散系数

类似于湍流应力处理的方法,对其他湍流函数标量变量 ϕ 的脉动关联项 $-\rho\overline{u_j'\phi'}$,可以引入相应的湍流扩散系数 Γ_t,通过以下关系式与时均量联系起来:

$$-\rho\overline{u'_j\phi'} = \Gamma_t \frac{\partial \phi}{\partial x_j} \tag{7.23}$$

同样，Γ_t 也不是物性参数，而取决于湍流流动状态，是一个空间坐标的函数。实验表明，如果 ϕ 为温度或者组分分数，则由湍流黏性系数与湍流扩散系数之比所构成的 Prandtl 数，或者 Schmidt 数常可视为一近似常数，即

$$\sigma = \mu_t/\Gamma_t \approx \text{const} \tag{7.24}$$

因为 μ_t 与 Γ_t 之间可以用上式联系，所以在常数 σ 定下之后，就可将湍流控制方程组的封闭性问题集中到如何确定湍流黏性系数 μ_t 一个参量上来。

根据确定 μ_t 的微分方程的多少，湍流黏性模型可以分为零方程模型（即由代数方程确定湍流黏性系数和相关二阶关联量的模型）、单方程模型和两方程模型。我们随后将分别予以介绍。

③ 时均值形式的通用对流扩散方程

引入湍流系数 μ_t 和 Γ_t，把湍流脉动关联项与时均值联系起来后，再定义包含分子黏性作用和湍流脉动作用在内的广义扩散系数 Γ_{eff} 和有效压力 p_{eff}，并把不能归于对流、扩散项中的相关部分都一并归于源项，则可以把含有脉动关联项的一般湍流控制方程(7.18b)转化成时均值的通用对流扩散方程，其形式与常规层流的方程完全一样，即

$$\frac{\partial(\rho\phi)}{\partial t} + \frac{\partial(\rho u_j \phi)}{\partial x_j} = \frac{\partial}{\partial x_j}\left(\Gamma_{\text{eff}} \frac{\partial \phi}{\partial x_j}\right) + S_\phi \tag{7.25}$$

例如，对不可压缩湍流动量方程，其广义扩散系数和源项分别为

$$\Gamma_{\text{eff}} = \mu_{\text{eff}} = \mu + \mu_t \tag{7.26}$$

$$S_{u_i} = -\frac{\partial p_{\text{eff}}}{\partial x_i} + \frac{\partial}{\partial x_j}\left(\mu_{\text{eff}} \frac{\partial u_j}{\partial x_i}\right) \tag{7.27}$$

其中湍流有效压力 p_{eff} 定义为

$$p_{\text{eff}} = p + p_t = p + \frac{2}{3}\rho k \tag{7.28}$$

又如，对于用温度表示的能量方程，其广义扩散系数为

$$\Gamma_{\text{eff}} = \frac{\mu}{P_r} + \frac{\mu_t}{\sigma_T} \tag{7.29}$$

它的源项则视实际问题给定的条件来定。

(2) Reynolds 应力方程法

对 Reynolds 应力的每个分量建立方程，通过方程式求解 Reynolds 应力，分别得到各个分量，从而使湍流时均方程组封闭的模型方法，称为 Reynolds 应力方程法。

如果 Reynolds 应力方程是微分方程，称为 Reynolds 应力方程模型；如果将 Reynolds 应力方程的微分形式简化为代数方程形式，则称为代数应力方程模型。我们将在后面逐一介绍。

7.3 零方程模型和单方程模型

7.3.1 零方程模型

不需使用微分方程,用代数关系式把湍流黏性系数与时均值联系起来的模型称为零方程模型。零方程模型的类型很多。到目前为止,人们积累经验最多、应用时间最长的一种是1925年 Prandtl 提出的混合长度模型。

1. 混合长度模型

该模型将分子热运动和湍流涡团脉动做类比,参照分子运动论导出的计算分子输运黏性系数的公式而给出湍流黏性系数。对于二维问题,类比给出的湍流黏性系数为

$$\mu_t = \rho l_m u' \tag{7.30}$$

进一步假设

$$u' = l_m \left| \frac{\partial u}{\partial y} \right| \tag{7.31}$$

于是,可以得到

$$\mu_t = \rho l_m^2 \left| \frac{\partial u}{\partial y} \right| \tag{7.32}$$

而类比于二维层流流动情况,Reynolds 应力 $-\rho \overline{u'v'}$ 可表示成

$$-\rho \overline{u'v'} = \mu_t \frac{\partial u}{\partial y} = \rho l_m^2 \left| \frac{\partial u}{\partial y} \right| \frac{\partial u}{\partial y} \tag{7.33}$$

式中 u 和 u' 分别为主流 x 方向的时均和脉动速度值,y 为垂直于主流方向的坐标,l_m 称为混合长度,是模型中的待定参数。这样,确定 μ_t 的问题转换为确定混合长度 l_m。对于不同的流动体系,l_m 的表达式也不同,一般可以通过一定的假设、简单的分析及归纳实验数据得到。

下面给出几种典型流动中的混合长度 l_m 的表达式。

(1) 自由剪切湍流

不同形式的自由剪切湍流的混合长度 l_m 与剪切宽度或半宽度 $b(x)$ 之比值列于表7.1。

表7.1 自由剪切湍流中的混合长度[7]

流动形式	平面混合层	平面射流	圆形射流	径向射流	平面尾流
$l_m/b(x)$	0.07	0.09	0.075	0.125	0.16
$b(x)$的意义	混合层宽度	射流半宽度	射流半宽度	射流半宽度	尾流半宽度

(2) 固壁边界层流动

依照输运性质的不同,湍流壁面边界层自壁面向外可以分成黏性底层、过渡层和剪切外层(对数律层)。黏性底层十分贴近壁面,是低 Reynolds 数区,湍流脉动很弱,而分子黏性输运效应相对重要;黏性底层之外的过渡层,其分子黏性力和湍流黏性应力的作用相当,流动状态比较复杂,难以用一个公式或定律来描述。由于厚度小,工程计算中通常不明显地将它划出,而归于其外的剪切外层(对数律层)。黏性底层、过渡层的厚度之和只相当于整个边界层厚度的 20%,而黏性底层和过渡层分界处流动 Reynolds 数 $Re = yu/\nu \approx 130$,或无量纲距离 $y^+ \approx 30$。剪切外层中,分子黏性作用效应不明显,湍流脉动占主导地位,湍流已充分发展,无量纲主流方向速度 $u^+ = u/u_\tau$ 与无量纲距离 $y^+ = yu_\tau/\nu$ 的对数成正比,因此该子层亦称为对数层,式中 $u_\tau = (\tau_w/\rho)^{1/2}$ 为壁面摩擦速度。

在黏性底层之外,根据大量实验数据和计算结果分析归纳,无压力梯度的湍流边界层的混合长度 l_m 计算公式如下:

$$l_m = \begin{cases} \kappa y, & y/\delta \leqslant \lambda/\kappa \quad (7.34) \\ \lambda\delta, & y/\delta > \lambda/\kappa \quad (7.35) \end{cases}$$

其中 δ 是边界层的厚度,为壁面至流速为边界层外流速 99%处的距离;κ,λ 为经验常数,由实验确定。不同学者推荐不同的 κ,λ 值组合,如有的取 $\kappa = 0.435$,$\lambda = 0.09$;有的取 $\kappa = 0.41$,$\lambda = 0.085$;有的取 $\kappa = 0.41$,$\lambda = 0.08$[8]。

在黏性底层内部,为考虑壁面处流体速度梯度大而导致分子黏性应力大,以及湍流脉动受壁面作用而被抑制两种效应,van Driest[9] 提出不同于该层外部混合长度形式的修正公式:

$$l_m = \kappa y\left[1 - \exp\left(-\frac{y\,(\tau_w/\rho)^{1/2}}{A\nu}\right)\right] = \kappa y\left[1 - \exp(y^+/A)\right], \quad A = 26 \tag{7.36}$$

(3) 充分发展的湍流管流

对于圆管内充分发展的湍流(通常出现在距管口较远处,即 $x > D$,其中 D 为管道直径),混合长度可用 Nikurades[7] 公式计算:

$$l_m/R = 0.14 - 0.08(1 - y/R)^2 - 0.06(1 - y/R)^4 \tag{7.37}$$

其中 R 为管道半径,y 是以轴线为原点的径向坐标,上式适用的 Reynolds 数范围为 $Re = 1.1 \times 10^5 \sim 3.2 \times 10^6$。

2. 混合长度模型讨论

混合长度模型在处理边界层和射流一类比较简单的湍流问题方面,取得了很大的成功,能获得与实验值比较一致的结果。直到目前,它仍然在广泛使用之中,且上述处理二维问题的混合长度模型已被推广至三维流动[10-11]。

但是,混合长度理论有很大的局限性:

① 它把湍流系数仅看成流场局部位置点的函数,脉动应力只与当地均流速度梯度成正比,如果当地均流速度梯度为零,则湍流黏性系数为零。显然管道中心线上的流动不是这样的。实际上,体现湍流脉动的湍流黏性系数是流动状态的函数,而流动状态受对流和扩散的影响,与湍流历史(上游情况)及其脉动强度都有关,需要从整个流场间的关联来研究才能反映物理的真实性。

② 对一些较为复杂的流动问题,如回流流动、带压力梯度的边界层流动等,难以得到合

理的混合长度公式，无法用混合长度模型。

7.3.2 单方程模型

为了体现湍流流场中对流和扩散作用的影响及不同空间位置点间的关联，需要把确定湍流黏性系数的主要特征量作为因变量，构建它们的微分方程，讨论它们的时空演化过程。这就导致用建立和求解微分方程来确定湍流黏性系数的方法。

只用一个微分方程来构建湍流黏性系数与均流值间关系的模型，称为单方程模型(一方程模型)。由 Kolmogorov 和 Prandtl 于 1942 年左右提出[12]。

1. Kolmogorov 和 Prandtl 假设

类似 Prandtl 提出的混合长度理论，将分子热运动和湍流涡团脉动做类比，由于分子黏性与分子运动速度和分子平均自由程的乘积成正比，因此设想湍流黏性系数应同湍流脉动的特征速度与特征长度的乘积成正比。将湍流脉动动能 k 的平方根 $\sqrt{k}$ 选作湍流脉动的特征速度，令湍流脉动的长度尺度为 l，Kolmogorov 和 Prandtl 各自提出湍流黏性系数的以下表达式：

$$\mu_t = c'_\mu \rho k^{1/2} l \tag{7.38}$$

其中 c'_μ 为经验常数。按照此式确定 μ_t，问题归结到如何确定湍流脉动动能 k 和脉动尺度 l。

2. 单方程模型

单方程模型通过建立和求解一个关于湍流动能 k 的微分方程，并仿照混合长度理论，给出湍流脉动长度尺度 l 的代数方程，来得到湍流黏性系数，从而使湍流控制方程封闭。

湍流动能 k 的输运方程可以从动量方程推导得出，此处仅给出推导思路，具体推导可参见相关文献[13-14]。为建立 k 的微分方程，可以将张量形式写出的 Navier-Stokes 方程瞬态动量方程的速度变量 u_i 做 Reynolds 分解后，减去时均值速度 $\bar{u}_i$ 的动量方程，从而得到脉动速度 u'_i 的动量方程。再将该方程乘以脉动速度 u'_i，并将乘积因子 u'_i 移入微分符号之内演算，得到关于脉动量乘积 $u'_iu'_i$ 的输运方程。进而对 $u'_iu'_i$ 的方程实施 Reynolds 时间平均运算，从而得到关于脉动关联项 $\overline{u'_iu'_i}$ 的输运方程。按照 k 的定义式(7.22)，即得到了 k 的方程。

$$\underbrace{\frac{\partial(\rho k)}{\partial T}}_{(a)} + \underbrace{\frac{\partial(\rho u_j k)}{\partial x_j}}_{(b)} = -\underbrace{\frac{\partial}{\partial x_i}(u_i p')}_{(c)} - \underbrace{\frac{\partial}{\partial x_i}\left(\frac{\rho\, \overline{u_i u'_j u'_j}}{2}\right)}_{(d)} + \underbrace{\frac{\partial}{\partial x_j}\left(\mu\frac{\partial k}{\partial x_j}\right)}_{(e)}$$

$$-\underbrace{\rho\,\overline{u'_iu'_j}\frac{\partial u_i}{\partial x_j}}_{(f)} - \underbrace{\mu\left(\overline{\frac{\partial u'_i}{\partial x_j}\frac{\partial u'_i}{\partial x_j}}\right)}_{(g)} \tag{7.39}$$

上式各项代表湍流脉动动能不同的变化，(a)为当地瞬时变化率(非稳态项)，(b)为对流传输，(c)为压力引起的传递，(d)为脉动动能的扩散传递，(e)为分子黏性引起的扩散传递，(f)为时均流动传递给脉动流动的能量(脉动动能产生项)，(g)为分子黏性作用使脉动动能转化为热能的耗散量。

可以看到，在构成湍流脉动动能 $k=\overline{u'_iu'_i}/2$ 方程的推演中，又引入了新的未知脉动关联量，如(c)，(d)和(g)项中的 $\overline{u'_ip'}$，$\rho\overline{u'_iu'_ju'_j}$ 和 $\overline{\frac{\partial u'_i}{\partial x_j}\frac{\partial u'_i}{\partial x_j}}$ 等，为此要对这些量做近似处理，以使方程封闭。

将(c)和(d)视为脉动动能的扩散传递，并表示为扩散传递的常用形式

$$-\frac{\partial}{\partial x_i}\left(\overline{u'_ip'}+\frac{\rho\overline{u_iu'_ju'_j}}{2}\right)=\frac{\partial}{\partial x_i}\left(\frac{\mu_t}{\sigma_k}\frac{\partial k}{\partial x_i}\right) \tag{7.40}$$

对耗散项(g)，如用脉动动能 k 和脉动尺度 l 来表示，通过量纲分析，可以将此项表示为

$$\mu\overline{\left(\frac{\partial u'_i}{\partial x_j}\frac{\partial u'_i}{\partial x_j}\right)}=c_D\rho\frac{k^{3/2}}{l} \tag{7.41}$$

其中 c_D 为系数。

对于脉动动能产生项(f)，按照 Reynolds 应力假设，有

$$-\rho\overline{u'_iu'_j}\frac{\partial u_i}{\partial x_j}=\left[\mu_t\left(\frac{\partial u_i}{\partial x_j}+\frac{\partial u_j}{\partial x_i}\right)\right]\frac{\partial u_i}{\partial x_j} \tag{7.42}$$

将式(7.40)～式(7.42)代入式(7.39)，得到 k 的方程的最终形式为

$$\underbrace{\frac{\partial(\rho k)}{\partial t}}_{\text{非稳态项}}+\underbrace{\frac{\partial(\rho u_jk)}{\partial x_j}}_{\text{对流项}}=\underbrace{\frac{\partial}{\partial x_j}\left[\left(\mu+\frac{\mu_t}{\sigma_k}\right)\frac{\partial k}{\partial x_j}\right]}_{\text{扩散项}}+\underbrace{\mu_t\frac{\partial u_i}{\partial x_j}\left(\frac{\partial u_j}{\partial x_i}+\frac{\partial u_i}{\partial x_j}\right)}_{\text{产生项}}-\underbrace{c_D\rho\frac{k^{3/2}}{l}}_{\text{耗散项}} \tag{7.43}$$

其中 σ_k 称为湍流脉动动能的 Prandtl 数，其值在 1 左右。系数 c_D 在不同文献中取值不同，有取 0.08，0.22，0.38，0.164，0.092 等各种情况[8]。

为确定单方程模型(7.38)中的长度尺度 l，常用做法是采用混合长度模型中 l_m 的计算式。长度尺度 l 在数值上也可以跟混合长度 l_m 不同，以防止出现 μ_t 随 $\partial\bar{u}/\partial y$ 趋于零的问题，因此其比混合长度模型适应性更好。

单方程模型中利用 Boussinesq 逼近，求解湍流黏性的输运方程计算漩涡黏度，不需求解当地剪切层厚度的长度尺度。单方程模型计算湍流黏性系数时考虑了湍流脉动的对流和扩散效应，因此较零方程的混合长度模型要好。但由于单方程模型在确定脉动尺度时仍用代数式，即仍需事先给出长度尺度的分布，混合长度模型的局限性在单方程模型中照样存在。

单方程模型由于没有考虑长度尺度的变化，对一些流动尺度变换比较大的流动问题不太适合。比如平板射流问题，从有壁面影响流动突然变化到自由剪切流，流场尺度变化明显，此类模型计算误差比较大。此外，Spalart-Allmaras 单方程模型中的输运变量在近壁处的梯度要比 k-ε 两方程模型中的小，这使得该类模型对粗糙网格带来的数值误差不太敏感。

7.4　k-ε 两方程模型

单方程模型在工程实际中通用性差，因此应用不多。要解决这些问题，需要再建立和求解一个关于湍流脉动尺度的微分方程。这样就形成了所谓的两方程模型。

7.4.1 标准的 k-ε 两方程模型

1. 标准的 k-ε 两方程模型的定义

为了考虑对流和扩散对湍流尺度的影响，除了湍流动能 k 的方程以外，还需建立湍流尺度 l 的微分方程。在初期，人们尝试了各种各样的湍流尺度微分方程，但都不太成功。后来发现，用各向同性耗散率 ε 作为变量，建立微分方程，并将方程(7.41)变换为耗散率模拟式 $l = k^{3/2}/\varepsilon$，从而计算出湍流尺度 l 的方法，在应用中比较成功。

因此，在 k 的方程基础上，再引入一个关于脉动动能耗散率 ε 的方程，便构成了 k-ε 两方程模型，称为标准的 k-ε 两方程模型。它是由 Launder 和 Spalding 于 1972 年提出的[15]。

湍流动能耗散率 ε 与脉动尺度 l 相关，用它来解决用代数方程确定脉动尺度的问题，进一步解决单方程模型存在的局限性。

湍流动能耗散率 ε 的定义为

$$\varepsilon = \frac{\mu}{\rho}\overline{\left(\frac{\partial u'_i}{\partial x_j}\frac{\partial u'_i}{\partial x_j}\right)} = \nu\overline{\left(\frac{\partial u'_i}{\partial x_j}\frac{\partial u'_i}{\partial x_j}\right)} \tag{7.44}$$

再按式(7.41)，得到 k，l 间的关系为

$$\varepsilon = c_D k^{3/2}/l \tag{7.45}$$

于是湍流黏性系数 μ_t 的表达式(7.38)可改写为

$$\mu_t = c'_\mu \rho k^{1/2} l = (c'_\mu c_D)\rho k^2 \frac{1}{c_D k^{3/2}/l} = \frac{c_\mu \rho k^2}{\varepsilon} \tag{7.46}$$

其中

$$c_\mu = c'_\mu c_D \tag{7.47}$$

湍流动能耗散率 ε 的输运方程也可以从动量方程推导得到。为构造关于 ε 的微分方程，与构造关于 k 的方程思路一样，将张量形式写出的 Navier-Stokes 方程中 i 方向的瞬态动量方程做 Reynolds 分解后，减去 i 方向的时均值动量方程，从而得到 i 方向脉动量的动量方程。再将该方程对 x_j 求导，并乘以 $2\nu(\partial u'_i/\partial x_j)$，进而对所得方程实施 Reynolds 时间平均运算，整理、归纳，并利用 ε 的定义式(7.44)，可以得到关于 ε 的方程的严格形式[13]：

$$\begin{aligned}
\underbrace{\frac{\partial(\rho\varepsilon)}{\partial t}}_{(a)} + \underbrace{\frac{\partial(\rho u_j\varepsilon)}{\partial x_j}}_{(b)} = & -\underbrace{2\mu\frac{\partial u_i}{\partial x_j}\left(\overline{\frac{\partial u'_k}{\partial x_j}\frac{\partial u'_k}{\partial x_i}} + \overline{\frac{\partial u'_j}{\partial x_k}\frac{\partial u'_i}{\partial x_k}}\right)}_{(c)} \underbrace{- 2\nu\frac{\partial}{\partial x_i}\left(\overline{\frac{\partial u'_i}{\partial x_j}\frac{\partial p'}{\partial x_j}}\right) + \mu\frac{\partial^2\varepsilon}{\partial x_j\partial x_j}}_{(d)} \\
& -\underbrace{2\frac{\mu^2}{\rho}\overline{\left(\frac{\partial^2 u'_i}{\partial x_j\partial x_k}\frac{\partial^2 u'_i}{\partial x_j\partial x_k}\right)}}_{(e)} - \underbrace{2\mu\overline{\left(\frac{\partial u'_i}{\partial x_j}\frac{\partial u'_k}{\partial x_j}\frac{\partial u'_i}{\partial x_k}\right)}}_{(f)} \\
& -\underbrace{\rho\frac{\partial\overline{u'_j\varepsilon}}{\partial x_j}}_{(g)} - \underbrace{2\mu\left(\overline{u'_k\frac{\partial u'_i}{\partial x_j}}\frac{\partial u_i}{\partial x_j\partial x_k}\right)}_{(h)}
\end{aligned} \tag{7.48}$$

可以看到，此式除了 ε 之外，又引入了更高阶的脉动项乘积的时均值。为了将方程进一步简化，需对右端各项做出一定简化假设，从而使方程封闭。

(c)项括号内两项的结构与 ε 的定义式很相似，视为 ε 的产生项，将其近似表为

$$(\mathrm{c}) = c_1 \frac{\varepsilon}{k}\mu_t \frac{\partial u_i}{\partial x_j}\left(\frac{\partial u_i}{\partial x_j} + \frac{\partial u_j}{\partial x_i}\right) \tag{7.49}$$

(d)和(h)两项可以表示成均值流动参数高阶导数或一阶和高阶导数的乘积，相对其他各项影响较小，可以略去不计：

$$(\mathrm{d}) \approx 0, \quad (\mathrm{h}) \approx 0 \tag{7.50}$$

(e)和(f)两项表示分子黏性作用而引起的耗散及湍流漩涡脉动的产生率。在高 Reynolds 数下，可以认为与分子黏性无关，而近似表示为

$$(\mathrm{e}) + (\mathrm{f}) = c_2 \rho \frac{\varepsilon^2}{k} \tag{7.51}$$

(g)项表示湍流脉动速度引起 ε 的扩散，可以表示为

$$(\mathrm{g}) = \frac{\partial}{\partial x_j}\left(\frac{\mu_t}{\sigma_\varepsilon}\frac{\partial \varepsilon}{\partial x_j}\right) \tag{7.52}$$

将式(7.49)～式(7.52)代入式(7.48)，得到如下简化了的 ε 的方程：

$$\underbrace{\frac{\partial(\rho\varepsilon)}{\partial t}}_{\text{非稳态项}} + \underbrace{\frac{\partial(\rho u_j \varepsilon)}{\partial x_j}}_{\text{对流项}} = \underbrace{\frac{\partial}{\partial x_j}\left[\left(\mu + \frac{\mu_t}{\sigma_\varepsilon}\right)\frac{\partial \varepsilon}{\partial x_j}\right]}_{\text{扩散项}} + \underbrace{\frac{c_1 \varepsilon}{k}\mu_t \frac{\partial u_i}{\partial x_j}\left(\frac{\partial u_j}{\partial x_i} + \frac{\partial u_i}{\partial x_j}\right)}_{\text{产生项}} - \underbrace{c_2 \rho \frac{\varepsilon^2}{k}}_{\text{消失项}} \tag{7.53}$$

其中 c_1, c_2 为经验常数。

引入 ε 函数及其相应的微分方程后，关于 k 的方程(7.43)可改写为

$$\underbrace{\frac{\partial(\rho k)}{\partial t}}_{\text{非稳态项}} + \underbrace{\frac{\partial(\rho u_j k)}{\partial x_j}}_{\text{对流项}} = \underbrace{\frac{\partial}{\partial x_j}\left[\left(\mu + \frac{\mu_t}{\sigma_k}\right)\frac{\partial k}{\partial x_j}\right]}_{\text{扩散项}} + \underbrace{\mu_t \frac{\partial u_i}{\partial x_j}\left(\frac{\partial u_j}{\partial x_i} + \frac{\partial u_i}{\partial x_j}\right)}_{\text{产生项}} - \underbrace{\rho\varepsilon}_{\text{耗散项}} \tag{7.54}$$

2．标准 k-ε 两方程模型的湍流控制方程组

采用标准的 k-ε 两方程方程模型之后，湍流控制方程得以封闭。对无质量传输的湍流对流换热问题，所要求解的微分方程包括连续方程、动量方程、能量方程以及 k-ε 方程。这组方程的通用形式就是包含有 k，ε 的方程的时均形式的通用对流扩散方程(7.25)，其三维直角坐标系的展开形式为

$$\frac{\partial(\rho\phi)}{\partial t} + \frac{\partial(\rho u\phi)}{\partial x} + \frac{\partial(\rho v\phi)}{\partial y} + \frac{\partial(\rho w\phi)}{\partial z} = \frac{\partial}{\partial x}\left(\Gamma\frac{\partial \phi}{\partial x}\right) + \frac{\partial}{\partial y}\left(\Gamma\frac{\partial \phi}{\partial y}\right) + \frac{\partial}{\partial z}\left(\Gamma\frac{\partial \phi}{\partial z}\right) + S \tag{7.55}$$

不同函数 ϕ，相应于不同的微分方程，对应不同的扩散系数和源项。令

$$\begin{aligned} G_k &= \mu_t \frac{\partial u_i}{\partial x_j}\left(\frac{\partial u_j}{\partial x_i} + \frac{\partial u_i}{\partial x_j}\right) \\ &= \mu_t\left\{2\left[\left(\frac{\partial u}{\partial x}\right)^2 + \left(\frac{\partial v}{\partial y}\right)^2 + \left(\frac{\partial w}{\partial z}\right)^2\right] + \left(\frac{\partial u}{\partial y} + \frac{\partial v}{\partial x}\right)^2 + \left(\frac{\partial u}{\partial z} + \frac{\partial w}{\partial x}\right)^2 + \left(\frac{\partial v}{\partial z} + \frac{\partial w}{\partial y}\right)^2\right\} \end{aligned} \tag{7.56}$$

则控制方程组中对应的各个方程及其扩散系数与源项见表 7.2。

相对于层流，这一组方程中引入了三个系数 c_1, c_2, c_μ 以及三个常数 $\sigma_k, \sigma_\varepsilon, \sigma_T$，目前对这六个参数的经验取值人们认识比较一致，其值列于表 7.3。

表 7.2 直角坐标系下湍流标准的 k-ε 两方程模型控制方程

方程	ϕ	扩散系数 Γ	源项 S
连续	1	0	0
x 动量	u	$\mu_{\text{eff}}=\mu+\mu_t$	$-\frac{\partial p}{\partial x}+\frac{\partial}{\partial x}\left(\mu_{\text{eff}}\frac{\partial u}{\partial x}\right)+\frac{\partial}{\partial y}\left(\mu_{\text{eff}}\frac{\partial v}{\partial x}\right)+\frac{\partial}{\partial z}\left(\mu_{\text{eff}}\frac{\partial w}{\partial x}\right)$
y 动量	v	$\mu_{\text{eff}}=\mu+\mu_t$	$-\frac{\partial p}{\partial y}+\frac{\partial}{\partial x}\left(\mu_{\text{eff}}\frac{\partial u}{\partial x}\right)+\frac{\partial}{\partial y}\left(\mu_{\text{eff}}\frac{\partial v}{\partial x}\right)+\frac{\partial}{\partial z}\left(\mu_{\text{eff}}\frac{\partial w}{\partial x}\right)$
z 动量	w	$\mu_{\text{eff}}=\mu+\mu_t$	$-\frac{\partial p}{\partial z}+\frac{\partial}{\partial x}\left(\mu_{\text{eff}}\frac{\partial u}{\partial x}\right)+\frac{\partial}{\partial y}\left(\mu_{\text{eff}}\frac{\partial v}{\partial x}\right)+\frac{\partial}{\partial z}\left(\mu_{\text{eff}}\frac{\partial w}{\partial x}\right)$
湍动能	k	$\mu+\frac{\mu_t}{\sigma_k}$	$G_k-\rho\varepsilon$
耗散率	ε	$\mu+\frac{\mu_t}{\sigma_\varepsilon}$	$\frac{\varepsilon}{k}(c_1G_k-c_2\rho\varepsilon)$
能量	T	$\frac{\mu}{p_r}+\frac{\mu_t}{\sigma_T}$	视具体问题而定

表 7.3 k-ε 两方程模型中的经验常数取值[8]

c_μ	c_1	c_2	σ_k	σ_ε	σ_T
0.09	1.44	1.92	1.0	1.3	0.9～1.0

3. 标准 k-ε 两方程模型的控制方程数值解法及其适用性

在将湍流各类求解变量写成如式(7.25)的对流扩散型方程的统一表达式后,我们就可按照前面讲的处理对流扩散方程的数值方法编制通用的计算程序。它适用于各种不同的求解变量,各变量间的差别仅在于广义扩散系数、广义源项以及初值边界条件这三个方面的不同。

采用标准 k-ε 两方程模型求解湍流问题,其适用性需强调以下几点:

(1) 经验常数问题

表 7.3 中给出的常数值,主要依据某些特殊条件下的试验结果而定。它们对计算结果影响很大,特别是系数 c_1,c_2 的值,当其变化 5%时,可引起射流喷射率 20%的变化。虽然这些值在近年来发表的文献中比较一致,但是研究的问题不同,可能也会有一些出入。在数值计算过程中应当针对特定问题,参考相关文献寻求更合理的取值。

(2) 处理强旋流和弯曲流动时会造成失真

标准的 k-ε 两方程模型较之零方程模型和单方程模型有了较大的改进,在科学研究和工程应用中得到了很好的检验和广泛的应用。但是由于该模型将湍流黏性系数 μ_t 作为各向同性的标量来处理 Reynolds 应力各个分量,因此不能反映强旋流和弯曲流动情况下湍流各向异性的特征,造成计算结果失真。为此,在标准的 k-ε 两方程模型基础上,近年来发展了一些改进的 k-ε 两方程模型,如非线性 k-ε 两方程模型、多尺度 k-ε 两方程模型、重整化 k-ε 两方程模型、可实现 k-ε 两方程模型等,本书随后将对其做简要介绍。

(3) 不适合处理低 Reynolds 数的近壁湍流

标准的 k-ε 两方程模型是针对发展比较充分的高 Reynolds 数湍流建立的，其 Reynolds 数以湍流脉动动能的平方根作为速度参考量，称为湍流 Reynolds 数。在高湍流 Reynolds 数区域，分子黏度 μ 的影响远小于湍流黏度 μ_t 的影响。但是在近壁面区域的黏性底层和过渡层，湍流发展并不充分，湍流 Reynolds 数低，μ 的影响不比 μ_t 的影响小，且在黏性底层，μ 的影响还大于 μ_t 的影响，此时系数 c_μ 将与 Reynolds 数相关，标准的 k-ε 两方程模型需要修改。为此，发展了壁面函数法和低 Reynolds 数 k-ε 两方程模型来解决此问题。

7.4.2　改进的 k-ε 两方程模型

针对标准的 k-ε 两方程模型在使用上的局限性，近年来发展了多种改进方案。以下简要介绍几种改进的 k-ε 两方程模型的基本思想，相关推演和使用细节可参见有关文献。

1. 非线性 k-ε 两方程模型

为了反映湍流脉动所形成的正应力的各向异性特征，有文献提出对线性湍流应力的本构关系式(7.20)进行修正，增加由速度梯度乘积构成的非线性项。对不可压流体，其表达式为[1]

$$-\rho\overline{u'_i u'_j} = -\frac{2}{3}\rho k\delta_{i,j} + \mu_t\left(\frac{\partial u_i}{\partial x_j} + \frac{\partial u_j}{\partial x_i}\right) + \frac{\rho\delta_{i,j}}{3}\sum_{m=1}^{3} c_{\tau,m}\frac{k^3}{\varepsilon^2}S_{m,l,l} - \rho\sum_{m=1}^{3} c_{\tau,m}\frac{k^3}{\varepsilon^2}S_{m,i,j} \tag{7.57}$$

其中

$$S_{1,i,j} = \frac{\partial u_i}{\partial x_l}\frac{\partial u_j}{\partial x_l} \tag{7.58a}$$

$$S_{2,i,j} = \frac{1}{3}\left(\frac{\partial u_i}{\partial x_l}\frac{\partial u_l}{\partial x_j} + \frac{\partial u_j}{\partial x_l}\frac{\partial u_l}{\partial x_i}\right) \tag{7.58b}$$

$$S_{3,i,j} = 7\frac{\partial u_l}{\partial x_i}\frac{\partial u_l}{\partial x_j} \tag{7.58c}$$

$$\mu_t = c_\mu\rho k^2/\varepsilon,\quad c_\mu = 0.09 \tag{7.58d}$$

系数 $c_{\tau,1}, c_{\tau,2}, c_{\tau,3}$ 与模型有关[8]。将式(7.57)代入 Reynolds 时均方程，经过演绎，可以得到类似于标准 k-ε 两方程模型一样的控制方程组，但动量方程中的有效压力和源项表达式变得复杂得多。文献[16]对直角坐标系下的二维问题给出了相关项的详细表达式，可供参考。

非线性 k-ε 两方程模型又称为各向异性的 k-ε 两方程模型，它能考虑到湍流流场中同一地点上湍流脉动所造成的附加扩散作用的各向异性的特征。为了改进对湍流传热问题的预测能力，文献[17]还提出了能考虑湍流热扩散率各向异性的 k-ε 两方程模型，并对平面管道内均匀壁温和均匀热流两种边界条件下充分发展的对流换热进行模拟，得到与实验数据比较一致的结果。

2. 多尺度的 k-ε 两方程模型

标准 k-ε 两方程模型是一个单时间和单空间尺度的模型，不符合湍流脉动实际包含了很宽的时空尺度范围，因此处理圆形射流、尾流、浮升力流动和分离流时，常常不能得到好的模拟结果。为此，学者们提出了湍流迁移的多尺度模型。

较为常用的两尺度模型，将湍流涡划分为尺度较大的载能涡和尺度较小的耗能涡两种。前者从主流中获得能量，即产生脉动能；后者则耗散脉动能。这样脉动动能谱可以区分为产生区和转移区。记产生区的 k 和 ε 分别为 k_P 与 ε_P，其中 ε_P 为载能涡向耗能涡转移的速率；记转移区的 k 和 ε 分别为 k_t 与 ε_t，其中 ε_t 为脉动能耗散成热能的速率，则大尺度涡的 k-ε 两方程模型为[1]

$$\frac{\partial(\rho k_P)}{\partial t}+\frac{\partial(\rho u_j k_P)}{\partial x_j}=\frac{\partial}{\partial x_j}\left[\left(\mu+\frac{\mu_t}{\sigma_{kP}}\right)\frac{\partial k_P}{\partial x_j}\right]+G_k-\rho\varepsilon_P \tag{7.59}$$

$$\frac{\partial(\rho \varepsilon_P)}{\partial t}+\frac{\partial(\rho u_j \varepsilon_P)}{\partial x_j}=\frac{\partial}{\partial x_j}\left[\left(\mu+\frac{\mu_t}{\sigma_{\varepsilon P}}\right)\frac{\partial \varepsilon_P}{\partial x_j}\right]+c_{P1}\frac{G_k^2}{\rho k_P}+c_{P2}\frac{G_k\varepsilon_P}{k_P}-c_{P3}\frac{\rho\varepsilon_P^2}{k_P} \tag{7.60}$$

而小尺度涡的 k-ε 两方程模型为

$$\frac{\partial(\rho k_t)}{\partial t}+\frac{\partial(\rho u_j k_t)}{\partial x_j}=\frac{\partial}{\partial x_j}\left[\left(\mu+\frac{\mu_t}{\sigma_{kt}}\right)\frac{\partial k_t}{\partial x_j}\right]+\rho\varepsilon_P-\rho\varepsilon_t \tag{7.61}$$

$$\frac{\partial(\rho \varepsilon_t)}{\partial t}+\frac{\partial(\rho u_j \varepsilon_t)}{\partial x_j}=\frac{\partial}{\partial x_j}\left[\left(\mu+\frac{\mu_t}{\sigma_{\varepsilon t}}\right)\frac{\partial \varepsilon_t}{\partial x_j}\right]+c_{t1}\frac{\rho\varepsilon_P^2}{k_t}+c_{t2}\frac{\rho\varepsilon_P\varepsilon_t}{k_t}-c_{t3}\frac{\rho\varepsilon_t^2}{k_t} \tag{7.62}$$

其中大尺度涡的脉动动能产生率 G_k 由式(7.56)确定，而小尺度涡的产生率恰是大尺度涡的脉动能转移率，即式(7.61)和式(7.62)中的 $\rho\varepsilon_P$ 相当于式(7.59)和式(7.60)中的 G_k。不同文献对各系数的取值可参见文献[8]。

在求得全场的 k_P 与 k_t 后，每个局部地点的总湍流脉动动能 $k=k_P+k_t$，进而按照以下计算式之一算出湍流动力黏度 μ_t：

$$\mu_t=c_\mu\rho k^2/\varepsilon_P,\quad c_\mu=0.09 \tag{7.63}$$

$$\mu_t=c_\mu\rho k k_P/\varepsilon_P,\quad c_\mu=0.10 \tag{7.64}$$

以上两式均用 ε_P 来确定 μ_t，表明湍流的长度标度主要取决于载能涡而与耗散涡关系不大。至于时间尺度，对载能涡，为脉动动能产生的时间尺度 $\rho k/G_k$；而对耗散涡，则是耗散率时间尺度 k/ε，因此这种模型又称为多时间尺度模型。

采用多尺度 k-ε 两方程模型来计算不同射流、尾流以及后台阶和矩形肋片绕流，都得到与实验数据较为一致的结果[18-19]。

3. 重整化群 k-ε 两方程模型

对于充分发展的湍流，Yakhot 和 Orzag[20]通过将非稳态 Navier-Stokes 方程围绕某一平衡态做统计展开，并对湍流脉动频谱做滤波处理，从理论上导出高 Reynolds 数的重整化群(Renormalization Group，RNG) k-ε 两方程模型，其形式与标准 k-ε 两方程模型方程(7.53)和(7.54)以及 μ_t 的表达式(7.46)完全一样，所不同的只是方程中相关的五个系数的值是由理论分析得出的，而不是按照实验数据来定的。这些系数的最新结果是[21]

$$\begin{cases} c_\mu=0.085,\quad c_1=1.42-\dfrac{\eta(1-\eta/\eta_0)}{1+\beta\eta^3} \\ c_2=1.68,\quad \sigma_k=0.717\,9,\quad \sigma_\varepsilon=0.717\,9 \end{cases} \tag{7.65}$$

其中 c_1 不再是常数，

$$\begin{cases} \eta=Sk/\varepsilon,\quad S=(2S_{i,j}S_{i,j})^{1/2} \\ S_{i,j}=\dfrac{1}{2}\left(\dfrac{\partial u_i}{\partial x_j}+\dfrac{\partial u_j}{\partial x_i}\right),\quad \eta_0=4.38,\quad \beta=0.015 \end{cases} \tag{7.66}$$

系数 c_1 计算中引入了主流的时均应变率 $S_{i,j}$，这样，c_1 值不仅与流动情况相关，且在同一问题中还是空间坐标的函数，因此它能更好地处理高应变率和流线弯曲程度大的流动。

4. 可实现的 *k*-*ε* 两方程模型

文献[22]指出，标准 k-ε 两方程模型对时均应变率特别大的情形，有可能导致负的正应力，这是不符合实际的。为使计算结果符合物理规律，需要对正应力进行某种数学约束，认为湍流动力黏度算式中的系数 c_μ 不应是常数，而应该与应变率联系起来，从而提出了可实现的 k-ε 两方程模型：k 的方程形式不变，系数 c_μ 和 ε 的方程形式改变。变化后的 ε 的方程为

$$\frac{\partial(\rho\varepsilon)}{\partial t}+\frac{\partial(\rho u_j\varepsilon)}{\partial x_j}=\frac{\partial}{\partial x_j}\left[\left(\mu+\frac{\mu_t}{\sigma_\varepsilon}\right)\frac{\partial\varepsilon}{\partial x_j}\right]+c_1\rho S\varepsilon-c_2\rho\frac{\varepsilon^2}{k+\sqrt{\nu\varepsilon}} \tag{7.67}$$

其中

$$\sigma_\varepsilon=1.2,\quad c_2=1.9,\quad c_1=\max\left\{0.43,\frac{\eta}{5+\eta}\right\} \tag{7.68}$$

方程(7.67)中的 S 与方程(7.68)中的 η 的定义和重整化 k-ε 两方程模型中的式(7.66)一样。而确定 $\mu_t=\rho c_\mu k^2/\varepsilon$ 的系数 c_μ 变为

$$c_\mu=\frac{1}{A_0+A_S U^* k/\varepsilon} \tag{7.69}$$

其中

$$A_0=4.0 \tag{7.70a}$$

$$A_S=\sqrt{6}\cos\phi,\quad \phi=\frac{1}{3}\arccos(\sqrt{6}W),\quad W=\frac{S_{i,j}S_{j,k}S_{k,i}}{(S_{i,j}S_{i,j})^{3/2}} \tag{7.70b}$$

$$U^*=\sqrt{S_{i,j}S_{i,j}+\Omega^*_{i,j}\Omega^*_{i,j}},\quad \Omega^*_{i,j}=\Omega_{i,j}-2\varepsilon_{i,j,k}\omega_k,\quad \Omega_{i,j}=\overline{\Omega}_{i,j}-\varepsilon_{i,j,k}\omega_k \tag{7.70c}$$

这里 $S_{i,j}$ 的定义同式(7.66)，$\overline{\Omega}_{i,j}$ 是从角速度为 ω_k 的参考系中观察到的时均转动速率，对无旋转的流场，$U^*=\sqrt{S_{i,j}S_{i,j}}$。

由于可实现的 k-ε 两方程模型在湍流黏度公式中引入了与旋转和曲率有关的内容，而改变后的 ε 的方程中的产生项不再包含 k 的方程中的产生项 G_k，能更好地表示不同湍流谱的能量转化，且方程右端两项，即使在 k 值很小或为零时，也不会出现奇异；因此，该模型能更有效地用于各种不同类型的湍流流动模拟，包括带旋转的均匀剪切流，包含有射流和混合流的自由流动、管道流动、边界层流动及有分离的流动。

上述几种 k-ε 两方程模型都是在高湍流 Reynolds 数下的标准 k-ε 两方程模型基础上所做的改进，仍然只适用于湍流充分发展的流动区域。对于分子黏性影响大的近壁面区域，还应该按照近壁区的处理方法来使用 k-ε 两方程模型。

7.5　近壁区使用 *k*-*ε* 两方程模型

由于标准的 k-ε 两方程模型及其一些改进模型不适合处理低 Reynolds 数下的近壁湍

流，所以人们提出了两种解决此问题的方法：标准的 k-ε 两方程模型/壁面函数法和低 Reynolds 数 k-ε 两方程模型法。两种方法对应的计算网格如图 7.2 所示。以下分别予以简要介绍。

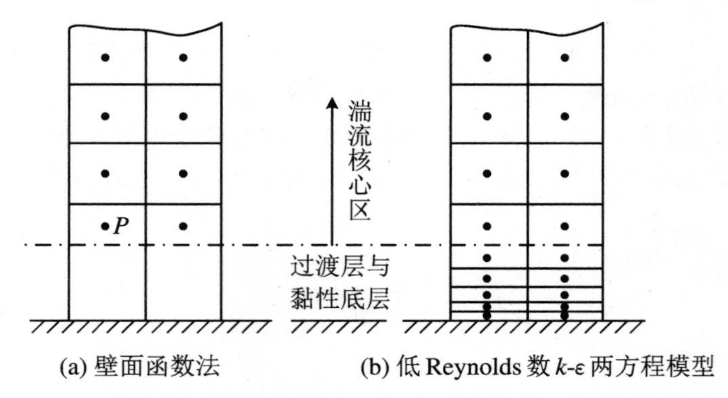

图 7.2　近壁区流动使用 k-ε 两方程模型的两种计算网格

7.5.1　壁面函数法

1. 基本思想

对于湍流充分发展的核心流动区域使用标准的 k-ε 两方程模型或其改进模型求解；对壁面分子黏性影响明显的区域，直接用半经验公式将壁面上的物理量与湍流核心区内的求解量联系起来，而不对壁面区内流动求解，也就是将求解的第一个内节点布置在近壁区域的对数律成立的区域里，即湍流充分发展的区域，其内不再配置任何节点，如图 7.2 所示。壁面函数公式相当于一座桥梁，把壁面值与计算区内节点的值联系起来[23]。

2. 第一个内节点动量方程中 u 和能量方程中 T 与壁面函数值间的关联

在湍流充分发展的对数律层，无量纲速度和温度服从对数律分布。流体力学理论所得到的速度表达式为

$$u^+ = \frac{u}{u_\tau} = \frac{1}{\kappa}\ln\frac{yu_\tau}{\nu} + B = \frac{1}{\kappa}\ln y^+ + B = \frac{1}{\kappa}\ln(Ey^+) \tag{7.71}$$

其中 $u_\tau = \sqrt{\tau_w/\rho}$ 称为壁面摩擦速度；$\kappa = 0.4\sim0.42$ 为 von Karman 常数；$B = 5.0\sim5.5$，$\ln E = \kappa B$ 为经验常数。这里只有时均值而不含湍流参数。

为了体现湍流脉动效应，需扩展 u^+，y^+ 的定义，使其包含脉动量的影响：

$$y^+ = \frac{y(c_\mu^{1/4}k^{1/2})}{\nu} \tag{7.72a}$$

$$u^+ = \frac{u(c_\mu^{1/4}k^{1/2})}{\tau_w/\rho} \tag{7.72b}$$

并引入无量纲温度 T^+：

$$T^+ = \frac{(T - T_w)(c_\mu^{1/4}k^{1/2})}{q_w/(\rho c_p)} \tag{7.72c}$$

采用以上定义后，速度和温度的对数分布律就表示为[14]

$$u^{+}=\frac{1}{\kappa}\ln(Ey^{+}) \tag{7.73a}$$

$$T^{+}=\frac{\sigma_T}{\kappa}\ln(Ey^{+})+\sigma_T P \tag{7.73b}$$

其中函数 P 是试验结果整理出来的与分子 Prandtl 数 Pr 和湍流 Prandtl 数 σ_T 相关的参数，其表达式取为[28]

$$P=9.24\left(\frac{Pr}{\sigma_T}-1\right)\left(\frac{Pr}{\sigma_T}\right)^{-1/4}(1+0.28\mathrm{e}^{-0.007Pr/\sigma_T}) \tag{7.74}$$

将式(7.73)用于对数律层内所设置的第一个内节点 P，并按照无量纲量的定义式(7.72)，则节点 P 与壁面相平行的流速 u_P 以及温度 T_P 应满足

$$\frac{u_P(c_\mu^{1/4}k_P^{1/2})}{\tau_w/\rho}=\frac{1}{\kappa}\ln\left[E\frac{y_P(c_\mu^{1/4}k_P^{1/2})}{\nu}\right] \tag{7.75a}$$

$$\frac{(T_P-T_w)(c_\mu^{1/4}k_P^{1/2})}{q_w/(\rho c_P)}=\frac{\sigma_T}{\kappa}\ln\left[E\frac{y_P(c_\mu^{1/4}k_P^{1/2})}{\nu}\right]+\sigma_T P \tag{7.75b}$$

其中壁面切应力 τ_w 和壁面热流率 q_w 正是工程计算中的主要求解量。

3．第一个内节点与壁面间区域当量黏性系数$(\boldsymbol{\mu}_t)_{eq}$和当量导热系数$(\boldsymbol{\lambda}_t)_{eq}$的确定

有

$$\tau_w=(\mu_t)_{eq}\frac{u_P-u_w}{y_P} \tag{7.76a}$$

$$q_w=(\lambda_t)_{eq}\frac{T_P-T_w}{y_P} \tag{7.76b}$$

其中 u_w，T_w 分别为壁面上的速度和温度。对静止壁，$u_w=0$，联立式(7.75a)和式(7.76a)，得到

$$(\mu_t)_{eq}=\left[\frac{y_P(c_\mu^{1/4}k_P^{1/2})}{\nu}\right]\frac{\mu}{\ln(Ey_P^{+})/\kappa}=\frac{y_P^{+}}{u_P^{+}}\mu \tag{7.77a}$$

这里 μ 为分子黏性系数。类似地，联立式(7.75b)和式(7.76b)，得到

$$(\lambda_t)_{eq}=\frac{y_P^{+}\mu c_P}{\sigma_T[\ln(Ey_P^{+})/\kappa+P]}=\frac{y_P^{+}}{T_P^{+}}Pr\cdot\lambda \tag{7.77b}$$

其中 λ 为分子导热系数。有了$(\mu_t)_{eq}$和$(\lambda_t)_{eq}$，就可按照式(7.76a)和式(7.76b)计算壁面剪应力和热流密度。

4．第一个内节点 P 上 k_p 和 ε_p 的确定

k_p 的值按 k 的方程计算，其边界条件取为$(\partial k/\partial y)_w=0$，其中 y 为垂直于壁面的坐标。在第一个节点控制容积内，k 的方程源项中的产生项 G_k 和耗散项 ε，按局部平衡假定计算，即在控制体内，G_k 和 ε 各自相等，按以下式来计算[24]：

$$(G_k)_P\approx\tau_w\left(\frac{\partial u}{\partial y}\right)_P=\frac{\tau_w^2}{\rho\kappa(c_\mu^{1/4}k^{1/2})y_P} \tag{7.78}$$

$$\varepsilon_P=\frac{c_\mu^{3/4}k_P^{3/2}}{\kappa y_P} \tag{7.79}$$

P 点上 ε 的值，直接按式(7.79)确定，而不解关于 ε 的方程。

5. 标准 k-ε 两方程模型/壁面函数法的数值计算及其评述

壁面函数给出的一组代数关系式(7.76)～(7.79)联系了壁面上最重要的求解物理量与湍流旺盛区域流动量之间的关系，这些关系式也规定了求解湍流流场变量（平均速度、温度、k 和 ε）在壁面上的边界条件。因此，采用标准 k-ε 两方程模型，辅以壁面函数关系，并针对具体问题的实际情况和要求，再规定壁面以外的其他边界条件，就可对具有壁面条件的湍流换热问题做数值求解了。对于二维对流换热，控制方程组共有 $u, v, p, T, k, \varepsilon$ 六个待求变量，其中 u, v, T, k, ε 的控制方程可以写成统一的对流扩散形式，其离散格式的选取以及速度与压力 p 之间耦合关系的处理，都可按照本书前面章节所讲的方法进行。

计算实践表明，壁面函数法计算效率高，工程实用性强，经济实惠。但是，这种方法并未对近壁区域内部的流动进行细致研究，特别是对于黏性底层，分子黏性作用并没有有效计算，不能反映近壁处黏性底层和过渡层内的实际速度和温度分布变化。另外，这种方法对于存在流动分离和再附的壁面湍流，计算效果不太好。

7.5.2 低 Reynolds 数 k-ε 两方程模型

为使基于 k-ε 两方程模型的数值计算方法能从高湍流 Reynolds 数（$Re_t = \rho k^2/(\mu\varepsilon)$）区域一直进行到 $Re_t = 0$ 的固体壁面上，并能够有效描述近壁面黏性底层的分子黏性作用，许多研究湍流的学者提出对标准的 k-ε 两方程模型进行修正的方案，使修正后的模型能够适应不同 Re_t 下的计算区域，这就是各式各样的低 Reynolds 数 k-ε 两方程模型[8]。这里只介绍 Jones 和 Launder 提出的这类模型[25]。

Jones 和 Launder 认为，要把适用于高 Reynolds 数的 k-ε 两方程模型推广到黏性底层区域，需做三个方面的修正：

(1) 为了能够体现分子黏性的影响，控制方程的扩散系数必须包含湍流扩散和分子扩散两部分；

(2) 控制方程中的相关系数 c_μ, c_1, c_2 必须考虑不同流态的影响，即要考虑湍流 Reynolds 数 Re 的影响。

(3) 在 k 的方程中应考虑壁面附近脉动动能的耗散并非各向同性这一因素。

按照这一思路，他们提出如下低 Reynolds 数 k-ε 两方程模型：

$$\frac{\partial(\rho k)}{\partial t} + \frac{\partial(\rho u_j k)}{\partial x_j} = \frac{\partial}{\partial x_j}\left[\left(\mu + \frac{\mu_t}{\sigma_k}\right)\frac{\partial k}{\partial x_j}\right] + G_k - \rho\varepsilon - \left|2\mu\left(\frac{\partial k^{1/2}}{\partial n}\right)^2\right| \tag{7.80}$$

$$\frac{\partial(\rho\varepsilon)}{\partial t} + \frac{\partial(\rho u_j\varepsilon)}{\partial x_j} = \frac{\partial}{\partial x_j}\left[\left(\mu + \frac{\mu_t}{\sigma_\varepsilon}\right)\frac{\partial \varepsilon}{\partial x_j}\right] + \frac{c_1\varepsilon}{k}G_k|f_1| - c_2\rho\frac{\varepsilon^2}{k}|f_2| + \left|2\frac{\mu\mu_t}{\rho}\left(\frac{\partial^2 u}{\partial n^2}\right)^2\right| \tag{7.81}$$

其中

$$\mu_t = c_\mu\,|f_\mu|\,\rho\frac{k^2}{\varepsilon} \tag{7.82}$$

u 为平行于壁面的速度分量，n 为壁面的法向坐标。以上三式中符号| |内部分即为区别高 Re 数模型和低 Re 数模型的部分，其系数的计算式为

$$
\begin{cases}
f_1 \approx 1.0 \\
f_2 = 1.0 - 0.3\exp(-Re_t^2) \\
f_\mu = \exp[-2.5/(1 + Re_t/50)] \\
Re_t = \rho k^2/(\mu\varepsilon)
\end{cases}
\tag{7.83}
$$

易见,当 Re_t 很大时,f_1,f_2,f_μ 都趋近于1。

相对高 Re 数下的标准 k-ε 两方程模型,除了对系数 c_1,c_2,c_μ 的修正外,Jones 和 Launder 的模型中在 k 和 ε 的方程中各引进一附加项。k 的方程中的附加项 $-2\mu(\partial k^{1/2}/\partial n)^2$ 旨在考虑黏性底层内脉动动能的耗散为非各向同性这一因素。在高 Re_t 数区域,此项很小,可以略去不计,耗散项主要是各向同性的耗散;而在黏性底层里,这项的作用逐渐增大,而各向同性部分则逐渐减小直至在壁面上消失。ε 的方程中的附加项 $2\dfrac{\mu\mu_t}{\rho}\left(\dfrac{\partial^2 u}{\partial n^2}\right)^2$ 是为了使 k 的计算结果与某些实验测量值更符合而加入的。

使用低 Reynolds 数 k-ε 两方程模型进行计算时,湍流核心区和黏性底层都使用统一的计算方法。k,ε 的方程在固壁边界上取为

$$
k = 0, \quad \varepsilon = 0
$$

由于黏性底层速度梯度大,且距壁面越近,梯度越大,故在黏性底层中应布置较密的网格,且离壁面越近,网格应越密。

文献[26]建议,在 $Re_t < 150$ 的局部湍流区域不能再使用高 Reynolds 数 k-ε 两方程模型,而要采用低 Reynolds 数 k-ε 两方程模型进行计算。

低 Reynolds 数 k-ε 两方程模型目前已发展了多种形式,文献[8]列了16种,可供参考。

7.6 Reynolds 应力方程模型(RSM)

前面所讲的两方程模型,都是采用各向同性的湍流动力黏度来计算湍流应力的。这些模型难于考虑旋转流动及流动方向表面曲率变化的影响。为此,有必要对 Reynolds 方程中的湍流脉动应力直接建立微分方程而进行求解。这就是 Reynolds 应力方程模型(Reynolds Stress equation Model,RSM),亦称为二阶矩模型(second-order model)。

7.6.1 Reynolds 应力方程[1,24]

考察一个有浮力作用的非旋转黏性流体系统,设其满足 Boussinesq 近似,即控制方程各项除了与浮力作用相关的密度变化外,其他各项密度变化的影响略去不计。将其相应的 Navier-Stokes 方程中的瞬时量表示成时均值和脉动值之和,并从此式减去 Reynolds 时均方程,可得 i 方向和 j 方向的脉动速度方程分别为

$$
\frac{\partial(\rho u'_i)}{\partial t} + \frac{\partial(\rho u'_k u_i)}{\partial x_k} + \frac{\partial(\rho u_k u'_i)}{\partial x_k} + \frac{\partial(\rho u'_k u'_i)}{\partial x_k} = -\frac{\partial p'}{\partial x_i} + \rho' g_i + \frac{\partial}{\partial x_k}\left(\mu\frac{\partial u'_i}{\partial x_k} - \rho\overline{u'_i u'_k}\right)
\tag{7.84a}
$$

$$\frac{\partial(\rho u'_j)}{\partial t}+\frac{\partial(\rho u'_k u_j)}{\partial x_k}+\frac{\partial(\rho u_k u'_j)}{\partial x_k}+\frac{\partial(\rho u'_k u'_j)}{\partial x_k}=-\frac{\partial p'}{\partial x_j}+\rho' g_j+\frac{\partial}{\partial x_k}\left(\mu\frac{\partial u'_j}{\partial x_k}-\rho\overline{u'_j u'_k}\right) \tag{7.84b}$$

以 u'_j 乘以式(7.84a)，u'_i 乘以式(7.84b)，所得结果相加，再取时均，将浮力项中的 ρ' 通过关系式

$$\rho'=-\rho\beta T'$$

换为 T' 表示，整理后可得以下 Reynolds 应力方程：

$$\underbrace{\frac{\partial(\rho\overline{u'_i u'_j})}{\partial t}}_{\text{非稳态项}}+\underbrace{\frac{\partial(\rho u_k\overline{u'_i u'_j})}{\partial x_k}}_{\text{对流项}C_{i,j}}=\underbrace{\frac{\partial}{\partial x}\left[\mu\frac{\partial(\overline{u'_i u'_j})}{\partial x_k}\right]}_{\text{分子黏性扩散项}(D_L)_{i,j}}+\underbrace{\frac{\partial}{\partial x_k}(-\rho\overline{u'_i u'_j u'_k}-\overline{p'u'_i}\delta_{j,k}-\overline{p'u'_j}\delta_{i,k})}_{\text{湍流脉动扩散项}(D_T)_{i,j}}$$
$$\underbrace{-\rho\beta(g_i\overline{u'_j T'}+g_j\overline{u'_i T'})}_{\text{浮力产生项}G_{i,j}}+\underbrace{\left(-\rho\overline{u'_i u'_k}\frac{\partial u_j}{\partial x_k}-\rho\overline{u'_j u'_k}\frac{\partial u_i}{\partial x_k}\right)}_{\text{应力产生项}P_{i,j}}$$
$$+\underbrace{\overline{p'\left(\frac{\partial u'_i}{\partial x_j}+\frac{\partial u'_j}{\partial x_i}\right)}}_{\text{活力应变再分配项}E_{i,j}}\underbrace{-2\mu\overline{\frac{\partial u'_i}{\partial x_k}\frac{\partial u'_j}{\partial x_k}}}_{\text{耗散项}\varepsilon_{i,j}} \tag{7.85}$$

它是关于二阶对称张量 $\overline{u'_i u'_j}$ 写出的方程，由于下标 $i,j=1,2,3$，该方程对应六个分量方程。方程各项中，除了含 $\overline{u'_i u'_j}$ 的项，在湍流脉动扩散项 $(D_T)_{i,j}$、浮力产生项 $G_{i,j}$、压力应变项 $E_{i,j}$ 以及耗散项 $\varepsilon_{i,j}$ 中还包含其他未知的关联项，方程本身不能封闭。其中浮力产生项 $G_{i,j}$ 中含有的脉动温度的二阶关联项 $\overline{u'_i T'}$ 是 Reynolds 热流密度，随后要建立关于它的微分方程而直接求解，不必对其模化，而其余几项必须补充能把这些项与低阶关联量和时均量联系起来的关系式，即给出各项的模型，才能得到有意义的封闭的 Reynolds 应力方程。以下给出这些相关项的模型方程。

(1) 湍流脉动扩散项 $(D_T)_{i,j}$

Daly 和 Harlow 给出如下广义梯度扩散模型[27]：

$$(D_T)_{i,j}=c_s\frac{\partial}{\partial x_k}\left(\frac{\rho k}{\varepsilon}\overline{u'_k u'_l}\frac{\partial\overline{u'_i u'_j}}{\partial x_l}\right) \tag{7.86}$$

其中系数 c_s 由实验数据确定。文献[24]认为，使用上式有可能导致数值上的不稳定性，因此推荐使用下式：

$$(D_T)_{i,j}=\frac{\partial}{\partial x_k}\left(\frac{\mu_t}{\sigma_k}\frac{\partial\overline{u'_i u'_j}}{\partial x_k}\right)=\frac{\partial}{\partial x_k}\left(\rho c_k\frac{k^2}{\varepsilon}\frac{\partial\overline{u'_i u'_j}}{\partial x_k}\right) \tag{7.87}$$

其中 μ_t 为标准 k-ε 两方程模型的湍动黏度，σ_k，c_k 为经验常数。

(2) 压力应变项 $E_{i,j}$

压力应变项称为再分配项，它的存在是 Reynolds 应力模型和 k-ε 两方程模型的最大区别。之所以称之为再分配项，是因为在 $i=j$ 时，如果应用相同下标求和约定，Reynolds 应力方程就转化为湍流动能方程；而由连续方程，此项在求和后为零，表示该项对湍流动能总量没有贡献，即它不能产生湍流脉动动能，但对各个不同的坐标方向，这一项是不为零的，表示在湍流输运中，它起到将湍流动能在各个不同应力分量间重新分配的作用。压力分配项有多种形式模式，相对用得普遍的形式为[28]

$$E_{i,j} = (E_1)_{i,j} + (E_2)_{i,j} + (E_3)_{i,j} + (E_w)_{i,j} \tag{7.88}$$

其中$(E_1)_{i,j}$是慢的压力应变项，$(E_2)_{i,j}$是快的压力应变项，$(E_3)_{i,j}$是浮力所致的压力应变项，$(E_w)_{i,j}$是壁面反射的压力应变项，分别按以下式子计算：

$$(E_1)_{i,j} = -c_1\rho\frac{\varepsilon}{k}\left(\overline{u'_iu'_j} - \frac{2}{3}k\delta_{i,j}\right) \tag{7.89}$$

$$(E_2)_{i,j} = -c_2\left(P_{i,j} - \frac{1}{3}P_{k,k}\delta_{i,j}\right) \tag{7.90}$$

$$(E_3)_{i,j} = -c_3\left(G_{i,j} - \frac{1}{3}G_{k,k}\delta_{i,j}\right) \tag{7.91}$$

$$\begin{aligned}(E_w)_{i,j} = {} & c'_1\rho\frac{\varepsilon}{k}\left(\overline{u'_ku'_m}n_kn_m\delta_{i,j} - \frac{3}{2}\overline{u'_iu'_k}n_jn_k - \frac{3}{2}\overline{u'_ju'_k}n_in_k\right)\frac{k^{3/2}}{c_l\varepsilon d} \\ & + c'_2\left[(E_2)_{k,m}n_kn_m\delta_{i,j} - \frac{3}{2}(E_2)_{i,k}n_jn_k - \frac{3}{2}(E_2)_{j,k}n_in_k\right]\frac{k^{3/2}}{c_l\varepsilon d}\end{aligned} \tag{7.92}$$

式中 n_k 是壁面单位法向矢量的x_k 分量，d 是所研究位置到固壁的距离。

(3) 黏性耗散项 $\varepsilon_{i,j}$

该项表示分子黏性对 Reynolds 应力产生的耗散。按照大尺度涡承担动能输运，小尺度涡承担耗散，可以把小尺度涡团看成各向同性的，据此，耗散项可以写成

$$\varepsilon_{ij} = \frac{2}{3}\rho\varepsilon\delta_{i,j} \tag{7.93}$$

将式(7.87)～式(7.93)代入式(7.85)后，就可得到求解的 Reynolds 应力微分方程：

$$\begin{aligned}\frac{\partial(\rho\overline{u'_iu'_j})}{\partial t} + \frac{\partial(\rho u_k\overline{u'_iu'_j})}{\partial x_k} = {} & \frac{\partial}{\partial x_k}\left[\left(\mu + \rho c_k\frac{k^2}{\varepsilon}\right)\frac{\partial(\overline{u'_iu'_j})}{\partial x_k}\right] + P_{i,j} + G_{i,j} \\ & - c_1\rho\frac{\varepsilon}{k}\left(\overline{u'_iu'_j} - \frac{2}{3}k\delta_{i,j}\right) - c_2\left(P_{i,j} - \frac{1}{3}P_{k,k}\delta_{i,j}\right) \\ & - c_3\left(G_{i,j} - \frac{1}{3}G_{k,k}\delta_{i,j}\right) + (E_w)_{i,j} - \frac{2}{3}\rho\varepsilon\delta_{i,j}\end{aligned} \tag{7.94}$$

其中

$$P_{i,j} = -\left(\rho\overline{u'_iu'_k}\frac{\partial u_j}{\partial x_k} + \rho\overline{u'_ju'_k}\frac{\partial u_i}{\partial x_k}\right) \tag{7.95a}$$

$$P_{k,k} = -2\rho\overline{u'_ku'_k}\frac{\partial u_k}{\partial x_k} \tag{7.95b}$$

$$G_{i,j} = -\rho\beta(g_i\overline{u'_jT'} + g_j\overline{u'_iT'}) \tag{7.95c}$$

$$G_{k,k} = -2\rho\beta g_k\overline{u'_kT'} \tag{7.95d}$$

而$(E_w)_{i,j}$由式(7.92)给出。方程中各系数取如下值：$c_k = 0.09$，$c_1 = 1.8$～2.8，$c_2 = 0.4$～0.6，$c_3 = 0.3$～0.5，$c'_1 = 0.5$，$c'_2 = 0.3$，$c_l = 0.39$[8]。

7.6.2　二阶矩标量输运方程

如果需要对能量或组分进行计算，则要建立针对标量函数 ϕ(如温度或组分浓度)的脉动关联量 $\rho\overline{u'_i\phi'}$的输运方程。这种关联量既存在于 ϕ 为因变量的时均值控制方程中，又可

能出现在与 ϕ 方程耦合的其他方程中，如受浮力影响的 Reynolds 应力方程中就含有 $\rho\overline{u_i'T'}$，它代表湍流热流密度。建立标量函数 ϕ 的脉动关联量 $\rho\overline{u_i'\phi'}$ 的输运方程的方式类似于建立 Reynolds 应力方程，以下以建立 $\rho\overline{u_i'T'}$ 的方程为例说明之。

用 u_i' 乘以 T' 为因变量的微分方程，加上用 T' 乘以 u_i' 为因变量的微分方程，再取时均，便可得到如下关于 $\rho\overline{u_i'T'}$ 的微分方程：

$$\underbrace{\frac{\partial(\rho\overline{u_i'T'})}{\partial t}}_{\text{非稳态项}}+\underbrace{\frac{\partial(\rho u_k\overline{u_i'T'})}{\partial x_k}}_{\text{对流项}C_{iT}}=\underbrace{\frac{\partial}{\partial x_k}(-\rho\overline{u_i'u_k'T'}-\overline{p'T'}\delta_{i,k})}_{\text{湍流扩散项}D_{iTt}}+\underbrace{\frac{\partial}{\partial x_k}\left(\frac{\lambda}{c_p}\overline{u_i'\frac{\partial T'}{\partial x_k}}+\mu\overline{T'\frac{\partial u_i'}{\partial x_k}}\right)}_{\text{分子扩散项}D_{iTl}}$$
$$\underbrace{-\left(\rho\overline{u_i'u_k'}\frac{\partial T}{\partial x_k}+\rho\overline{u_k'T'}\frac{\partial u_i}{\partial x_k}\right)-\beta\rho g_i\overline{T'^2}}_{\text{脉动热流产生项}P_{iT}}$$
$$\underbrace{-(\rho a+\mu)\overline{\frac{\partial u_i'}{\partial x_k}\frac{\partial T'}{\partial x_k}}}_{\text{分子耗散项}\varepsilon_{iT}}\quad\underbrace{+\overline{p'\frac{\partial T'}{\partial x_i}}}_{\text{压力温度梯度关联项}E_{iT}}\tag{7.96}$$

和推导 Reynolds 应力方程一样，Reynolds 热流率方程(7.96)中也出现了一些高阶关联项和一些非热流率的二阶关联项，需要对这些项建立模型才能使方程封闭。

湍流扩散项 D_{iTt} 和分子扩散项 D_{iTl} 采用梯度模型模拟，其扩散总和 D_{iT} 取为

$$D_{iT}=D_{iTt}+D_{iTl}=\frac{\partial}{\partial x_k}\left[\left(c_T\frac{k^2}{\varepsilon}+a\right)\frac{\partial\rho\overline{u_i'T'}}{\partial x_k}\right]\tag{7.97}$$

脉动热流产生项 P_{iT} 一部分由平均运动引起，另一部分由浮力引起，其中 T'^2 是新的未知量，通过建立它的微分方程来求解，整个产生项不需另外模拟。

分子耗散项 ε_{iT} 在高 Reynolds 数湍流系统，一般满足局部各向同性条件，这项可以忽略不计。

压力温度关联项 E_{iT} 类似 Reynolds 应力方程中的压力应变项，通常它的作用是降低 $\rho\overline{u_i'T'}$，限制 $\rho\overline{u_i'T'}$ 的增长。该项需要建立模型进行模化，采用的表达式为

$$E_{iT}=(E_1)_{iT}+(E_2)_{iT}+(E_3)_{iT}\tag{7.98}$$

其中

$$(E_1)_{iT}=-c_{T1}\frac{\varepsilon}{k}\rho\overline{u_i'T'}\tag{7.99a}$$

$$(E_2)_{iT}=c_{T2}\rho\overline{u_l'T'}\frac{\partial u_i}{\partial x_l}\tag{7.99b}$$

$$(E_3)_{iT}=-c_{T3}\beta\rho g_i\overline{T'^2}\tag{7.99c}$$

将式(7.97)、式(7.99)代入式(7.96)并忽略分子耗散项，得到求解的湍流热流率方程为

$$\frac{\partial(\rho\overline{u_i'T'})}{\partial t}+\frac{\partial(\rho u_k\overline{u_i'T'})}{\partial x_k}$$
$$=\frac{\partial}{\partial x_k}\left[\left(c_T\rho\frac{k^2}{\varepsilon}+\rho a\right)\frac{\partial\overline{u_i'T'}}{\partial x_k}\right]-\left(\rho\overline{u_i'u_k'}\frac{\partial T}{\partial x_k}+\rho\overline{u_k'T'}\frac{\partial u_i}{\partial x_k}\right)$$
$$-(1+c_{T3})\rho\beta g_i\overline{(T'^2)}-c_{T1}\frac{\varepsilon}{k}\rho\overline{u_i'T'}+c_{T2}\rho\overline{u_l'T'}\frac{\partial u_i}{\partial x_l}\tag{7.100}$$

式中各系数取为 $c_T=0.07, c_{T1}=3.2, c_{T2}=0.5, c_{T3}=0.5$。[8]

为建立关于$\overline{T'^2}$的求解微分方程，用 $2T'$乘以 T'的微分方程，再取时均，进而对其中的扩散项采用梯度模型模化，可得

$$\frac{\partial \overline{T'^2}}{\partial t}+\frac{\partial (u_k \overline{T'^2})}{\partial x_k}=\frac{\partial}{\partial x_k}\left[\left(c_\theta \frac{k^2}{\varepsilon}+a\right)\frac{\partial \overline{T'^2}}{\partial x_k}\right]-2\overline{u'_k T'}\frac{\partial T}{\partial x_k}-2\varepsilon_\theta \tag{7.101}$$

其中 ε_θ 为分子黏性耗散项，可以建立模型模化，亦可建立关于它的求解微分方程。系数 $c_\theta=0.13$。

7.6.3 Reynolds 应力模型的封闭方程组及其求解

对于考虑浮力影响的三维湍流换热问题，除了五个时均变量（u, v, w, p, T）外，Reynolds 应力方程(7.94)和热流率方程(7.100)引入六个 Reynolds 应力变量（$\overline{u'_i u'_j}$）、三个 Reynolds 热流率变量（$\overline{u'_i T}$），且同时引入脉动温度平方（$\overline{T'^2}$）、湍流动能 k 和湍动能耗散率 ε 三个变量，在建立关于$\overline{T'^2}$的微分方程(7.101)中又引入了该方程中的耗散变量 ε_θ。因此，总共有 18 个变量。而包括连续、动量、能量、Reynolds 应力、Reynolds 热流率、$\overline{T'^2}$的微分方程总共有 15 个，为使方程组封闭，还需补充关于三个变量 $k, \varepsilon, \varepsilon_\theta$ 的微分方程。它们分别是

$$\frac{\partial(\rho k)}{\partial t}+\frac{\partial(\rho u_k k)}{\partial x_k}=\frac{\partial}{\partial x_k}\left[\left(\mu+\rho c_k \frac{k^2}{\varepsilon}\right)\frac{\partial k}{\partial x_k}\right]+\frac{P_{k,k}}{2}+\frac{G_{k,k}}{2}-\rho\varepsilon \tag{7.102}$$

$$\frac{\partial(\rho\varepsilon)}{\partial t}+\frac{\partial(\rho u_k \varepsilon)}{\partial x_k}=\frac{\partial}{\partial x_k}\left[\left(\mu+\rho c_\varepsilon \frac{k^2}{\varepsilon}\right)\frac{\partial \varepsilon}{\partial x_k}\right]+c_{\varepsilon 1}\frac{\varepsilon}{k}\frac{P_{k,k}}{2}+c_{\varepsilon 3}\frac{\varepsilon}{k}\frac{G_{k,k}}{2}-c_{\varepsilon 2}\rho\frac{\varepsilon^2}{k} \tag{7.103}$$

$$\frac{\partial(\rho\varepsilon_\theta)}{\partial t}+\frac{\partial(\rho u_k \varepsilon_\theta)}{\partial x_k}=\frac{\partial}{\partial x_k}\left[\left(\rho a+\rho c_\eta \frac{k^2}{\varepsilon}\right)\frac{\partial \varepsilon_\theta}{\partial x_k}\right]-c_{\eta 1}\rho\frac{\varepsilon}{k}\overline{u'_k T'}\frac{\partial T}{\partial x_k}-c_{\eta 2}\rho\frac{\varepsilon}{k}\varepsilon_\theta \tag{7.104}$$

式中系数分别为 $c_\varepsilon=0.07, c_{\varepsilon 1}=1.44, c_{\varepsilon 2}=1.92, c_{\varepsilon 3}=1.44\sim 1.92, c_\eta=0.1, c_{\eta 1}=2.5, c_{\eta 2}=2.5$。[8]

于是方程组得以封闭，可以采用前面讲过的数值求解方法求解。需要说明的是，由于从 Reynolds 应力方程的三个正应力项方程可以得到脉动动能 $k=\overline{u'_i u'_i}/2$，因此有的文献[29]不把 k 作为一个独立的变量处理，不引进 k 的方程，但多数文献将 k 的方程列入控制方程之一，本书采用此种做法。

需指出，以上所导出的 Reynolds 应力方程、Reynolds 热流率方程及其他微分方程都考虑了浮力作用，且是在满足 Boussinesq 假设基础上得到的。对于强迫对流换热问题，只要去掉上述方程中与浮力相关的项，就得到其相应的较为简化的方程，这里不再单独列出。

7.6.4 Reynolds 应力方程模型在近壁面的处理

与标准的 k-ε 两方程模型一样，Reynolds 应力方程模型仅适用于高湍流 Re 数的情形。在固壁附近，由于分子黏性作用增强，湍流脉动受阻，湍流 Re 数很小，上述方程不再有效。

因此,要对此区做特别的处理。与标准的 k-ε 两方程模型一样,大体有以下几种方法。

1. 壁面函数法

类似标准的 k-ε 两方程模型,对离开壁面黏性底层的第一个内节点赋值,并规定时均速度和温度在边界上的当量动力黏度或当量导热系数。对于强迫对流换热问题,第一个内节点 $P(y_P^+>11.5)$所给定的条件如下[30-31]:

(1) 第一个节点至壁面区间的当量动力黏度

$$\mu_t = \frac{\rho u^* y_P \kappa}{\ln(E y_P^+)} \tag{7.105a}$$

其中 κ 为 von Karman 常数,取 $\kappa=0.41$,$u^*=\sqrt{\tau_w/\rho}$。

(2)

$$k_P = c_\mu^{-0.5}(u^*)^2,\quad c_\mu = 0.09 \tag{7.105b}$$

(3)

$$\varepsilon_P = \frac{(u^*)^3}{\kappa y_P} \tag{7.105c}$$

(4) 湍流应力

$$\begin{cases} \overline{u'v'} = -(u^*)^2 + y_P\dfrac{\partial p}{\partial x}, & \overline{(u')^2} = 5.1(u^*)^2 \\ \overline{(v')^2} = 1.0(u^*)^2, & \overline{(w')^2} = 2.3(u^*)^2 \end{cases} \tag{7.105d}$$

(5) 垂直壁面 Reynolds 热流

$$-\overline{v'T'} = \frac{q_w}{\rho c_P} - \lambda\frac{\partial T}{\partial y} \tag{7.105e}$$

(6) 主流方向的 Reynolds 热流

$$\overline{u'T'} = -C\,\overline{v'T'},\quad C\text{ 为某一常数} \tag{7.105f}$$

(7) 温度的对数分布律

$$\frac{T-T_w}{q_w/(\rho c_P\sqrt{\tau_w/\rho})} = \frac{1}{\kappa'}\ln(E_c y_P^+),\quad \kappa' = 0.465, E_c = 4.75 \tag{7.105g}$$

由此可以按式(7.75b)导出壁面上当量导热系数 λ_t。

由于速度、温度的对数分布律是从强迫对流边界层流动中总结出来的,对于自然对流问题不一定适用。文献[32]采用以下公式对第一个内节点的 k,ε 赋值:

$$k = (u^*)^2/\sqrt{c_\mu},\quad \varepsilon = (u^*)^4/(0.41\nu y^+) \tag{7.106}$$

对速度、温度,则不采用对数分布律来确定壁面上的当量扩散系数,而直接利用分子扩散系数的值。计算结果与采用低 Re 数模型的计算结果一致。

2. 采用低 Re 数的 Reynolds 应力模型或低 Re 数的 k-ε 两方程模型

对强迫对流换热问题,发展了多种形式的低 Re 数的 Reynolds 应力模型。基本思想都是修正高 Re 数的 Reynolds 应力模型中的扩散项及其压力应变再分配项的表达式,以使模型方程可以直接应用到壁面上。文献[33]对多种这类模型做了比较。关于低 Re 数的 Reynolds 热流密度模型,目前报道的还比较少,是一个有待深入研究的课题。

对自然对流问题则采用低 Re 数的 k-ε 两方程模型。由于自然对流情况比较复杂，使用不同的低 Re 数的 k-ε 两方程模型计算有效性会有所不同[34]。

7.7　代数应力方程模型

由于 Reynolds 应力方程模型要解一组很大的微分方程组，显得过于复杂，计算量大，因此学者们从简化计算着想，将 Reynolds 应力方程模型中的应力导数项用不包含导数的代数表达式来代替，从而形成了简化的代数应力方程模型（Algebraic Stress equation Model, ASM）。这些代数方程可通过不同近似假设得到，重点在于处理对流项和扩散项。以下介绍两种得到代数方程的简化方案。

1. 采用局部平衡假设，使微分方程中对流项和扩散项近似相等[1]

对于准稳态强迫对流湍流，不计固壁反射的影响，由式(7.94)，得如下代数应力方程：

$$P_{i,j} - c_1\rho\frac{\varepsilon}{k}\left(\overline{u'_iu'_j} - \frac{2}{3}k\delta_{i,j}\right) - c_2\left(P_{i,j} - \frac{1}{3}P_{k,k}\delta_{i,j}\right) - \frac{2}{3}\rho\varepsilon\delta_{i,j} = 0 \quad (7.107)$$

即

$$\overline{u'_iu'_j} = \frac{k}{c_1\rho\varepsilon}\left[P_{i,j} - c_2\left(P_{i,j} - \frac{1}{3}P_{k,k}\delta_{i,j}\right) - \frac{2}{3}\rho\varepsilon\delta_{i,j}\right] + \frac{2}{3}k\delta_{i,j} \quad (7.108)$$

同样，按照式(7.100)可得对应于上述条件的如下代数热流率方程：

$$\overline{u'_iT'} = \frac{k}{c_{T1}\varepsilon}\left[-\left(\overline{u'_iu'_k}\frac{\partial T}{\partial x_k} + \overline{u'_kT'}\frac{\partial u_i}{\partial x_k}\right) + c_{T2}\,\overline{u'_lT'}\frac{\partial u_i}{\partial x_l}\right] \quad (7.109)$$

2. 假定雷诺应力的对流项与扩散项之差正比于湍流动能的对流项和扩散项之差[35]

该假设表示

$$\frac{\mathrm{D}(\rho\overline{u'_iu'_i})}{\mathrm{D}t} - D_{i,j} \approx \frac{\overline{u'_iu'_j}}{k}\left[\frac{\mathrm{D}(\rho k)}{\mathrm{D}t} - D^{(k)}_{i,j}\right] \quad (7.110)$$

其中 $D_{i,j}$ 和 $D^{(k)}_{i,j}$ 分别为 Reynolds 应力方程和湍流动能方程中对应的扩散项，$\overline{u'_iu'_j}/k$ 为比例系数。对于准稳态强迫对流湍流，不计固壁反射的影响，由式(7.94)和式(7.102)，有相应的简化形式：

$$\frac{\mathrm{D}(\rho\overline{u'_iu'_i})}{\mathrm{D}t} - D_{i,j} = P_{i,j} - c_1\rho\frac{\varepsilon}{k}\left(\overline{u'_iu'_j} - \frac{2}{3}k\delta_{i,j}\right) - c_2\left(P_{i,j} - \frac{1}{3}P_{k,k}\delta_{i,j}\right) - \frac{2}{3}\rho\varepsilon\delta_{i,j}$$

$$\frac{\mathrm{D}(\rho k)}{\mathrm{D}t} - D^{(k)}_{i,j} = \frac{P_{k,k}}{2} - \rho\varepsilon$$

将以上两式代入式(7.110)，得到如下代数应力方程：

$$\frac{\overline{u'_iu'_j}}{k}\left(\frac{P_{k,k}}{2} - \rho\varepsilon\right) = P_{i,j} - c_1\rho\frac{\varepsilon}{k}\left(\overline{u'_iu'_j} - \frac{2}{3}k\delta_{i,j}\right) - c_2\left(P_{i,j} - \frac{1}{3}P_{k,k}\delta_{i,j}\right) - \frac{2}{3}\rho\varepsilon\delta_{i,j} \quad (7.111)$$

同样,将该假设用于湍流热流率微分方程,其比例系数改为$\overline{u'_iT'}/k$,可以得到相应于上面条件的湍流热流密度代数方程:

$$\frac{\overline{u'_iT'}}{k}\left(\frac{P_{k,k}}{2}-\rho\varepsilon\right)=-\left(\rho\overline{u'_iu'_k}\frac{\partial T}{\partial x_k}+\rho\overline{u'_kT'}\frac{\partial u_i}{\partial x_k}\right)-c_{T1}\frac{\varepsilon}{k}\rho\overline{u'_iT'}+c_{T2}\rho\overline{u'_lT'}\frac{\partial u_i}{\partial x_l} \tag{7.112}$$

由上述两种方法所得到的 Reynolds 应力和热流率代数方程式(7.108)与式(7.109),或者式(7.111)与式(7.112)中的变量 k 和ε 满足如下k-ε 微分方程:

$$\frac{\partial(\rho k)}{\partial t}+\frac{\partial(\rho u_kk)}{\partial x_k}=\frac{\partial}{\partial x_k}\left[\left(\mu+\rho c_k\frac{k^2}{\varepsilon}\right)\frac{\partial k}{\partial x_k}\right]+\frac{P_{k,k}}{2}-\rho\varepsilon \tag{7.113}$$

$$\frac{\partial(\rho\varepsilon)}{\partial t}+\frac{\partial(\rho u_k\varepsilon)}{\partial x_k}=\frac{\partial}{\partial x_k}\left[\left(\mu+\rho c_\varepsilon\frac{k^2}{\varepsilon}\right)\frac{\partial\varepsilon}{\partial x_k}\right]+c_{\varepsilon1}\frac{\varepsilon}{k}\frac{P_{k,k}}{2}-c_{\varepsilon2}\rho\frac{\varepsilon^2}{k} \tag{7.114}$$

于是,六个 Reynolds 应力方程和三个热流率代数方程,与相应的时均连续、动量、能量以及k-ε 共七个微分方程相结合,就构成了强迫对流代数应力模型的封闭方程组。这种在k-ε 两微分方程模型基础上附加代数方程而构成封闭方程的模型方法,有的文献中用符号 k-ε-A 来表示。

对于自然对流问题,如果不计壁面反射效应,按照第二种构成代数方程的假设,将 Reynolds 应力方程(7.94)和热流率方程(7.100)分别结合湍流动能 k 的方程(7.102),进行适当换算,即可得到 Reynolds 应力和热流率的如下代数方程:

$$-\overline{u'_iu'_j}=\frac{k}{c_1\rho\varepsilon}\cdot\frac{(c_2-1)P_{i,j}+(c_3-1)G_{i,j}-\frac{2}{3}\delta_{i,j}\left[c_2\frac{P_{k,k}}{2}+c_3\frac{G_{k,k}}{2}+(c_1-1)\rho\varepsilon\right]}{1+\left(\frac{P_{k,k}+G_{k,k}}{2\rho\varepsilon}-1\right)\Big/c_1} \tag{7.115}$$

$$-\overline{u'_iT'}=\frac{k}{c_{T1}\rho\varepsilon}\cdot\frac{\rho\overline{u'_iu'_k}\frac{\partial T}{\partial x_k}+\rho\overline{u'_kT'}\frac{\partial u_i}{\partial x_k}+(1+c_{T3})\rho\beta g_i\overline{T'^2}-c_{T2}\rho\overline{u'_lT'}\frac{\partial u_i}{\partial x_l}}{1+\left(\frac{P_{k,k}+G_{k,k}}{2\rho\varepsilon}-1\right)\Big/c_{T1}} \tag{7.116}$$

将关于$\overline{T'^2}$的微分方程(7.87)中的黏性耗散项 ε_θ 用如下模型方程表示:

$$\varepsilon_\theta=\frac{c_{\theta1}\varepsilon}{k}T'^2 \tag{7.117}$$

并按对流项和扩散项局部平衡构成代数方程的第一种简化假设,得到$\overline{T'^2}$的代数方程

$$\overline{T'^2}=-\frac{k}{c_{\theta1}\varepsilon}\overline{u'_kT'}\frac{\partial T}{\partial x_k} \tag{7.118}$$

式中系数 $c_{\theta1}=0.62$,其余系数取值同前[8]。

相应于自然对流的 k-ε 方程为式(7.102)和式(7.103)。

代数应力方程模型在壁面处的处理类似于二阶矩的 Reynolds 应力微分方程模型,不再重述。目前,这种模型虽不像 k-ε 模型那样应用广泛,但可以用于 k-ε 模型不能满足要求的场合以及不同的输运假设对计算精度影响不太明显的场合,如对非圆形截面管道内的弯曲和二次流、燃烧室内的旋转流、旋转空腔内的湍流等的模拟,由于其流动特征与湍流正应力

的各向异性密切相关，因此使用标准的 k-ε 两方程模型得不到理想的结果，而代数应力模型十分有效[8]。可以说它是一种经济适用的算法，以至有的学者认为，该模型是当前最有应用前景的湍流模型[26]。

参 考 文 献

[1] Chen C J, Jaw S Y. Fundamentals of turbulence modeling[M]. Washington DC: Taylor & Francis, 1998.

[2] Markatos N C. The mathematical modeling of turbulence flows[J]. Appl Math Modeling, 1986, 10: 190-220.

[3] Orszag S A. Numerical simulation of turbulence flows[M]//Frost W, Moulden T H. Handbook of turbulence. New York: Plenum Press, 1977: 281-313.

[4] Moin P, Mahesh K. Direct numerical simulation: a tool in turbulence research[J]. Ann Rev Fluid Mech., 1998, 30: 39-78.

[5] Moin P. Progress in large eddy simulation of turbulent flows[C]//AIAA Paper, 1997: 97-15761.

[6] Hinze J O. Turbulence[M]. New York: McGraw-Hill Book Company, 1975: 1-80.

[7] Rodi W. Turbulence models and their application in hydraulics[M]. 2nd ed. Delft: IAHR, 1984: 9-46.

[8] 陶文铨. 数值传热学[M]. 2 版. 西安：西安交通大学出版社，2001：342-345，349，364-371，373，385-387.

[9] van Driest E R. On turbulent flow near a wall[J]. J Aero Sci., 1956, 23: 1007-1011.

[10] Cebeci T, Smith A M O. Analysis of turbulent boundary layers[M]. New York: Academic Press, 1974.

[11] Baldwin B S, Lomax H. Thin-layer approximation and algebraic model for separated turbulent flows [C]. AIAA Paper, 1978: 78-257.

[12] Kolmogorov A N. Turbulent flow equations of incompressible fluid[J]. Bulletin of Academic of Science of Soviet Union, Physics Series, 1942, 6(1/2): 56-58 (in Russian).

[13] 陶文铨. 数值传热学[M]. 西安：西安交通大学出版社，1988：628-637.

[14] Versteeg H K, Malalasekera W. An introduction to computational fluid dynamics: the finite volume method[M]. New York: Wiley, 1995.

[15] Launder B E, Spalding D B. Lectures in mathematical models of turbulence[M]. London: Academic Press, 1972.

[16] Acharya S, Dutta S, Myrum T A, et al. Periodically developed flow and heat transfer in a ribbed duct[J]. Int J Heat Mass Transer., 1992, 36(8): 2069-2082.

[17] Torii S, Yang W J. Heat transfer analysis of turbulent parallel Couette flows using anisotropic k-ε model[J]. Numer Heat Transfer: Part A, 1997, 31: 223-234.

[18] Zeidan E, Djilali N. Multiple-time scale turbulence model: computations of flow over a square rib [J]. AIAA Journal, 1996, 34(5): 626-629.

[19] Kim S W, Chen C P. A multiple-time-scale turbulence model based on variable partitioning of the turbulent kinetic energy spectrum[J]. Numer Heat Transfer: Part B, 1989, 16: 193-211.

[20] Yakhot V, Orzag S A. Renormalization group analysis of turbulence: basic theory[J]. J Scient Comput, 1986, 1: 3-11.

[21] Speziale C G, Thangam S. Analysis of an RNG based turbulence model for separated flows[J]. Int J

Eng Sci.,1992,10：1379-1388.

[22] Shih T H,Liou W W,Shabbir A,et al. A new k-εeddy viscosity model for high Reynolds number turbulent flows[J]. Comput Fluids,1995,24(3)：227-238.

[23] Launder B E,Spalding D B. The numerical computation of turbulent flows[J]. Comput Methods Appl Mech Eng,1974,3：269-289.

[24] Fluent Inc. FLUENT User's Guide[Z]. Fluent Inc,2003.

[25] Jones W P,Launder B E. The calculation of low-Reynolds-number phenomena with a two-equation model of turbulence[J]. Int J Heat Mass Transfer,1973,16：1119-1130.

[26] Ramadhyani S. Two-equation and second-moment turbulence models for convective heat transfer [M]//Minkowycz W J,Sparrow E M. Advances in numerical heat transfer. Washington DC：Taylor & Francis,1997,1：171-199.

[27] Daly B J,Harlow F H. Transport equation of turbulence[J]. Phys Fluids,1970,13：2634-2639.

[28] 王福军.计算流体动力学分析：CFD 软件原理与应用[M].北京：清华大学出版社,2004：134-135.

[29] Mashayek F. Turbulent gas-solid flows：Part Ⅰ：Direct simulation and Reynolds stress closures[J]. Numer Heat Transfer：Part B：Fundamental,2002,41(1)：1-29.

[30] Farhanieh B,Davidson L,Sunden B. Employment of second-moment closure for calculation of turbulent recirculating flows in complex geometries with collocated variable arrangement[J]. Int J Numer Methods Fluids,1993,16：525-544.

[31] Launder B E,Samaraweera D S A. Application of a second-moment turbulence closure to heat and mass transport in thin shear flows：1 & 2-dimensional transport[J]. Int J Heat Mass Transfer,1979, 22(12)：1631-1643.

[32] Barakos G,Mitsoulis E. Natural convection flow in a square cavity revisited：laminar and turbulent models with wall functions[J]. Int J Numer Method Fluids,1994,18：685-719.

[33] So S M C,Lai Y G,Zhang H S. Second-order near-wall turbulence closures：a review[J]. AIAA Journal,1991,29(11)：1819-1835.

[34] Henkes R A W M. Natural convection bounder layer[D]. Delft：Delft University of Technology, 1990.

[35] Rodi W. A new algebraic relation for calculating the Reynolds stress[J]. ZAMM, 1976, 56： 219-221.

习　　题

7.1　按照湍流的 Reynolds 时均概念和性质式(7.6)～式(7.7),从不可压缩流体运动的控制方程(7.8)～(7.10)出发,推导其湍流 Reynolds 时均控制方程组(7.12)～(7.14),并将该方程组以张量下标符号写成热物理中的通用形式。

7.2　为建立不可压流体湍流动能 k 的微分方程,可将以张量形式写出的 Navier-Stokes 方程的瞬态动量方程的速度 u_i 做 Reynolds 分解后,减去时均速度 $\overline{u_i}$ 的动量方程,以得到脉动速度 u_i' 的动量方程,再将该方程乘以脉动速度 u_i',并将乘积因子 u_i' 移入微分符号内演算,得到乘积 $u_i'u_i'$ 的输运方程,进而对 $u_i'u_i'$ 的方程实施 Reynolds 平均,从而得到脉动关联项 $\overline{u_i'u_i'}=2k$ 的输运方程。试按此思路推导方程(7.39),并对式中的某些项按照式(7.40)～式(7.42)的假设,推导湍流动能 k 的微分方程(7.43)。

7.3　写出三维直角坐标系下湍流动能 k 的输运方程(7.43)中产生项的求和展开式。

7.4　除零方程模型以外的其他所有包含微分方程的湍流模型,都要特别考虑固壁附近区域由于分子黏性影响增强所引起的湍流数值模拟的特殊性。试陈述处理近壁处湍流的数值方法。

第 8 章　离散化代数方程组的求解

本书第 4 章中，为了使大家对数值计算的全过程有一个基本的认识，我们已经对控制方程离散所形成的代数方程组的求解方法做了一些初步的介绍，讲述了直接解法中标量函数的三对角阵算法(TDMA)以及迭代解法的基本思想、常用的迭代方式和收敛判据等。

本章将在此基础上深化一步，根据热物理问题计算的实际需要，讲述三对角阵算法的拓展，进一步讨论迭代解法的收敛性问题，介绍加速收敛的一些新的迭代方法。尚未涉及的问题，请读者参考计算方法教材的有关内容。

8.1　代数方程组求解方法概要

微分方程经过离散化后，得到的是一组定义在求解节点上的如下代数方程组：

$$\boldsymbol{AX} = \boldsymbol{b} \tag{8.1}$$

其中 $\boldsymbol{b}$ 是已知的 N 维输入矢量，$\boldsymbol{X}$ 为待求的 N 维未知矢量，$\boldsymbol{A}$ 为 $N \times N$ 系数矩阵。当 $\boldsymbol{A}$ 中各元素与 $\boldsymbol{X}$ 无关时，方程组是线性的；当 $\boldsymbol{A}$ 中元素与 $\boldsymbol{X}$ 有关时，方程组是非线性的。对非线性代数方程组必须采用迭代方法求解。而这种迭代求解过程是一次一次将方程变为线化方程来求解的过程。因此，在代数方程组求解中，线性代数方程组的求解是最基本的。

通常，线性代数方程组解法分为直接解法和迭代解法两种。所谓直接解法，是指在不计舍入误差时，经过有限次数运算即可得到方程组精确解的方法，如各种消去法、矩阵分解法、求逆矩阵法等，其中 Gauss 消去法是最基本且有效的直接方法，而矩阵乘积分解($\boldsymbol{A} = \boldsymbol{LU}$)的 $\boldsymbol{LU}$ 分解法及其三对角阵算法(TDMA)实际上都可看成 Gauss 消去法的特殊形式。迭代解法是指将求解线性方程组的问题化为构造一个近似解序列，而逐次逼近方程组的精确解。按照构造近似序列的方式不同，迭代解法可以区分为显式点迭代解法和隐式块迭代解法，而块迭代解法中应用最为普遍的是线迭代和交替方向隐式迭代。按照这样区分的每种迭代方法，又都包含简单迭代(Jacobi 迭代)、Gauss-Seidel 迭代，以及逐次超松弛或逐次亚松弛(SOR/SUR)迭代三种实施方式。

直接解法和迭代解法各有其优缺点。直接解法的主要优点是精确，对于阶数不太高且系数矩阵为满秩的线性方程组，Gauss 消去法是最佳选择。但由于离散方程(8.1)的系数矩阵通常是大型的稀疏带状矩阵，方程阶数很高，除了三对角阵方程及可化为三对角阵处理的方程，可以采用比较简单的直接解法外，一般情况下，所需计算机的存储量极大，计算程序比较复杂，计算花费时间长，且在使用时还必须注意舍入误差的积累(通常采用主元消去法)。而迭代解法，没有舍入误差积累问题，所需存储量小，程序简单，计算时间相对节省，适合处理系数为稀疏带状矩阵的不同问题，特别是非线性问题。但是这种方法要确保迭代收敛和收敛得比较快，需要较多的知识和技巧；要获得精度较高的收敛解，需要比较高的迭代次数，计算量也大。因此，实际计算中应根据所求解问题的特点和要求，以及所使用计算机的性能，来决定采取何种代数解法。

对于非线性方程组，如果用迭代法求解，则迭代求解包含内、外两层迭代：一次次线化方程的过程称为外迭代，而对每一次对线化后的代数方程用迭代法求解的过程称为内迭代。非线性方程求解的迭代收敛，是指外迭代的最终收敛。需要指出的是，对于非线性方程的内迭代，每次求解方程的系数都有待于在外迭代中改进，因此没有必要把这些临时系数方程的真解求出来，可控制在适当时候中止内迭代，改进系数后进入下一轮次的外迭代求解。如果不是这样，则必须对临时系数的方程求出真解后方可进入下一轮迭代。处理非线性代数方程组时，对迭代中的线化代数方程采用直接解法将会花费更多计算时间，因此是不经济的。所以，对于计算热物理涉及的大多数非线性问题，线化后的求解方法也基本上采用迭代解法。

由于迭代解法的重要性，近年来，在前述的基本迭代方法基础上，发展了许多能够提高迭代收敛速度的新迭代求解方法，如块修正技术(Block-Correction Technique)、强隐迭代过程法(Strong Implicit Procedure，SIP)、多重网格法(Multi-Grid Algorithm，MGA)、共轭梯度法(Conjugate Gradient Algorithm，CGA)等。本章将分别对它们进行简要介绍。

8.2 拓展的三对角阵算法

在计算流体力学和计算热物理中得到广泛应用的标量三对角阵算法(TDMA)既是求解一维问题代数方程十分有效的直接解法，也被用于二维和三维问题离散代数方程迭代求解中的直接计算部分，它的求解思想还可拓展到某些其他情况下离散代数方程的处理，并派生出一些相应的算法。

以下介绍几种拓展的三对角阵算法。

8.2.1 块三对角阵算法(BTDMA)

第4章讲述的TDMA算法所针对的是一个标量函数。实际物理问题往往有多个因变量相互关联，在每个节点上离散代数方程由多个未知量彼此耦合。对于一维问题，在类似于只有一个标量函数时的边界条件下，三点离散格式所构成的矩阵形式的代数方程组仍然是三对角阵形式的，但是系数矩阵中每个元素不再是一个单一的数，而是一个阶数为变量个数的小方阵；每个节点上求解函数和方程组的右端元素也不再是标量，而是维数为变数个数的矢量。对这种耦合代数方程组如果不是采用顺序求解方法求解，而是采用联立同步求解，则可以采用由标量三对角阵算法拓展得到的块三角阵算法(Block TDMA)[1]。

设有 n 个因变量关联的块三对角方程组为

$$\boldsymbol{A}_j\boldsymbol{U}_{j-1}+\boldsymbol{B}_j\boldsymbol{U}_j+\boldsymbol{C}_j\boldsymbol{U}_{j+1}=\boldsymbol{D}_j,\quad j=1,2,\cdots,J-1,J \tag{8.2}$$

其中 $\boldsymbol{A}_j,\boldsymbol{B}_j,\boldsymbol{C}_j$ 均为$n\times n$ 的系数块矩阵,$\boldsymbol{U}_{j-1},\boldsymbol{U}_j,\boldsymbol{U}_{j+1}$为 n 维矢量函数。易见

$$\boldsymbol{A}_1=\boldsymbol{0},\quad \boldsymbol{C}_J=\boldsymbol{0} \tag{8.3}$$

当 $j=1$ 和 $j=2$ 时,按照式(8.2)分别有

$$\boldsymbol{B}_1\boldsymbol{U}_1+\boldsymbol{C}_1\boldsymbol{U}_2=\boldsymbol{D}_1 \tag{8.4}$$

$$\boldsymbol{A}_2\boldsymbol{U}_1+\boldsymbol{B}_2\boldsymbol{U}_2+\boldsymbol{C}_2\boldsymbol{U}_3=\boldsymbol{D}_2 \tag{8.5}$$

对式(8.4)两边左乘 $\boldsymbol{B}_1^{-1}$,对式(8.5)两边左乘 $\boldsymbol{A}_2^{-1}$,所得新的两式相减,消除 $\boldsymbol{U}_1$,可得

$$(\boldsymbol{B}_1^{-1}\boldsymbol{C}_1-\boldsymbol{A}_2^{-1}\boldsymbol{B}_2)\boldsymbol{U}_2-\boldsymbol{A}_2^{-1}\boldsymbol{C}_2\boldsymbol{U}_3=\boldsymbol{B}_1^{-1}\boldsymbol{D}_1-\boldsymbol{A}_2^{-1}\boldsymbol{D}_2 \tag{8.6}$$

将上式改写为

$$\boldsymbol{E}_2\boldsymbol{U}_2+\boldsymbol{F}_2\boldsymbol{U}_3=\boldsymbol{G}_2 \tag{8.7}$$

式中

$$\boldsymbol{E}_2=\boldsymbol{B}_1^{-1}\boldsymbol{C}_1-\boldsymbol{A}_2^{-1}\boldsymbol{B}_2,\quad \boldsymbol{F}_2=-\boldsymbol{A}_2^{-1}\boldsymbol{C}_2,\quad \boldsymbol{G}_2=\boldsymbol{B}_1^{-1}\boldsymbol{D}_1-\boldsymbol{A}_2^{-1}\boldsymbol{D}_2 \tag{8.8}$$

如此对 $j=3,4,\cdots,J$ 逐个向后,可得第 j 行方程消去 $\boldsymbol{U}_{j-1}$后的一般关系式为

$$\boldsymbol{E}_j\boldsymbol{U}_j+\boldsymbol{F}_j\boldsymbol{U}_{j+1}=\boldsymbol{G}_j \tag{8.9}$$

其系数的递推关系是

$$\boldsymbol{E}_j=\boldsymbol{E}_{j-1}^{-1}\boldsymbol{F}_{j-1}-\boldsymbol{A}_j^{-1}\boldsymbol{B}_j,\quad \boldsymbol{F}_j=-\boldsymbol{A}_j^{-1}\boldsymbol{C}_j,\quad \boldsymbol{G}_j=\boldsymbol{E}_{j-1}^{-1}\boldsymbol{G}_{j-1}-\boldsymbol{A}_j^{-1}\boldsymbol{D}_j,\quad j=2,3,\cdots,J \tag{8.10}$$

而

$$\boldsymbol{E}_1=\boldsymbol{B}_1,\quad \boldsymbol{F}_1=\boldsymbol{C}_1,\quad \boldsymbol{G}_1=\boldsymbol{D}_1 \tag{8.11}$$

当 $j=J$ 时,由于 $\boldsymbol{C}_J=\boldsymbol{0}$,故 $\boldsymbol{F}_J=\boldsymbol{0}$。于是有

$$\boldsymbol{U}_J=\boldsymbol{E}_J^{-1}\boldsymbol{G}_J \tag{8.12}$$

按照式(8.9),其回代式为

$$\boldsymbol{U}_j=\boldsymbol{E}_j^{-1}\boldsymbol{G}_j-\boldsymbol{E}_j^{-1}\boldsymbol{F}_j\boldsymbol{U}_{j+1},\quad j=J-1,J-2,\cdots,2,1 \tag{8.13}$$

因此,求解块三角阵代数方程组(8.2)的计算过程归结如下:按照式(8.3)、式(8.11)和式(8.10),从前至后计算消元递推系数 $\boldsymbol{E}_j,\boldsymbol{F}_j,\boldsymbol{G}_j(j=1,2,\cdots,J)$;再按式(8.12)和式(8.13)从后至前进行回代计算所求矢量函数 $\boldsymbol{U}_j(j=J,J-1,\cdots,2,1)$。

8.2.2　环形三对角阵算法(CTDMA)

在热物理中,有一类具有周期性边界条件的问题,例如无端点回路的流动和传热,周期性变化且充分发展的通道流动和传热等。虽然离散代数方程是相邻三节点间的关系式,但是由于计算区域的首末位置重合或者定义的物理量相同,无法利用它们的边界条件将首末节点上离散方程的三节点关系式化为两节点关系式,从而不能直接利用 TDMA 算法求解。但可以利用三对角阵算法的求解思路,而发展出所谓的环形三对角阵算法[1-2]。

设周期性计算区域离散为 N 个节点,第 1 个节点与第 N 个节点重合,或物理量完全相同,实际需求解的节点数为 $N-1$。对任意节点 j,三点式离散代数方程为

$$A_j\phi_j=B_j\phi_{j+1}+C_j\phi_{j-1}+D_j,\quad j=1,2,\cdots,N-1 \tag{8.14}$$

并规定

$$j=1,\quad \phi_{j-1}=\phi_{N-1} \tag{8.15a}$$

$$j = N-1, \quad \phi_{j+1} = \phi_1 \tag{8.15b}$$

直接求解的 TDMA 算法将求解过程区分成消元和回代两步。在消元步中，利用起始节点的离散方程只包含两个未知数，从前至后，逐个把离散方程(8.14)中的 ϕ_{j-1} 消去，使方程由三点式关系变为两点式关系。

但在周期性边界条件下，首末节点离散方程无法化为两点关系式，不能像 TDMA 的消元过程那样，消元后所建立的递推关系只含有两个未知数。因此，需要寻求有别于 TDMA 算法消元过程的递推关系。

假定适合周期性边界条件下的消元递推关系式可以写成

$$\phi_j = E_j\phi_{j+1} + F_j\phi_{N-1} + G_j \tag{8.16}$$

这是一个把任意 ϕ_j 既与它的邻点 $j+1$ 上的 ϕ_{j+1} 相联系，又与最后一个求解节点 $N-1$ 上的 ϕ_{N-1} 相联系的关系式。它仍然是一个三点关系式，但是有一个固定点 $N-1$。设法求出 ϕ_{N-1} 是完成 CTDMA 的重要环节。以下首先推演式(8.16)中各系数与方程(8.14)中各系数间的关系。

对 $j=1$，由方程(8.14)，(8.15a)，(8.16)，显然有

$$\phi_1 = (B_1/A_1)\phi_2 + (C_1/A_1)\phi_{N-1} + D_1/A_1$$

于是

$$E_1 = \frac{B_1}{A_1}, \quad F_1 = \frac{C_1}{A_1}, \quad G_1 = \frac{D_1}{A_1} \tag{8.17}$$

将方程(8.16)在 $j-1$ 点写出，再代入式(8.14)，合并整理，有

$$(A_j - C_jE_{j-1})\phi_j = B_j\phi_{j+1} + C_jF_{j-1}\phi_{N-1} + (D_j + C_jG_{j-1})$$

上式两边同除以 $A_j - C_jE_{j-1}$，再与式(8.16)比较，得到

$$E_j = \frac{B_j}{A_j - C_jE_{j-1}}, \quad F_j = \frac{C_jF_{j-1}}{A_j - C_jE_{j-1}}, \quad G_j = \frac{D_j + C_jG_{j-1}}{A_j - C_jE_{j-1}}, \quad j = 2,3,\cdots,N-2 \tag{8.18}$$

下面求出 ϕ_{N-1}。需要推演出另一个方程，联立求解得到 ϕ_{N-1}。

对 $j=N-1$，利用式(8.15b)，方程(8.14)可写成

$$A_{N-1}\phi_{N-1} = B_{N-1}\phi_1 + C_{N-1}\phi_{N-2} + D_{N-1} \tag{8.19}$$

令

$$p_1 = A_{N-1}, \quad q_1 = B_{N-1}, \quad r_1 = D_{N-1} \tag{8.20}$$

则式(8.19)可改写为

$$p_1\phi_{N-1} = q_1\phi_1 + C_{N-1}\phi_{N-2} + r_1 \tag{8.21}$$

由式(8.16)，有

$$\phi_1 = E_1\phi_2 + F_1\phi_{N-1} + G_1 \tag{8.22}$$

将式(8.22)代入式(8.21)，合并整理，得

$$(p_1 - q_1F_1)\phi_{N-1} = q_1E_1\phi_2 + C_{N-1}\phi_{N-2} + (r_1 + q_1G_1)$$

或写为

$$p_2\phi_{N-1} = q_2\phi_2 + C_{N-1}\phi_{N-2} + r_2 \tag{8.23}$$

其中

$$p_2 = p_1 - q_1F_1, \quad q_2 = q_1E_1, \quad r_2 = r_1 + q_1G_1$$

类似于式(8.21)和式(8.23)，有

$$p_{j-1}\phi_{N-1} = q_{j-1}\phi_{j-1} + C_{N-1}\phi_{N-2} + r_{j-1} \tag{8.24}$$

将方程(8.16)在 $j-1$ 点写出，并代入方程(8.24)，可以得到

$$p_j\phi_{N-1} = q_j\phi_j + C_{N-1}\phi_{N-2} + r_j \tag{8.25}$$

其中系数 p_j, q_j, r_j 的递推关系是

$$p_j = p_{j-1} - q_{j-1}F_{j-1},\quad q_j = q_{j-1}E_{j-1},\quad r_j = r_{j-1} + q_{j-1}G_{j-1},\quad j = 2,3,\cdots,N-2 \tag{8.26}$$

将式(8.25)在 $j=N-2$ 点写出，有

$$p_{N-2}\phi_{N-1} = (q_{N-2} + C_{N-1})\phi_{N-2} + r_{N-2} \tag{8.27a}$$

将式(8.16)在 $j=N-2$ 点写出，有

$$\phi_{N-2} = (E_{N-2} + F_{N-2})\phi_{N-1} + G_{N-2} \tag{8.27b}$$

联立式(8.27a)和式(8.27b)，可以解出 ϕ_{N-1}，得

$$\phi_{N-1} = \frac{r_{N-2} + G_{N-2}(q_{N-2} + C_{N-1})}{p_{N-2} - (q_{N-2} + C_{N-1})(E_{N-2} + F_{N-2})} \tag{8.28}$$

根据以上推演，环形三对角阵算法步骤如下：

(1) 按式(8.17)和式(8.18)计算系数 $E_j, F_j, G_j(j=1,2,\cdots,N-2)$。

(2) 按式(8.20)和式(8.26)计算系数 $p_j, q_j, r_j(j=1,2,\cdots,N-2)$。

(3) 按式(8.28)求出 ϕ_{N-1}。

(4) 按式(8.16)依次回代求出 $\phi_j(j=N-2,N-3,\cdots,2,1)$。

8.2.3　五对角阵算法 (PDMA)

从第5章的内容知道，当对流扩散方程采用高阶迎风格式离散时，一维问题得到的第 i 点的离散方程除了包含两个近邻点 $i\pm1$ 外，还包含两个远邻点 $i\pm2$，是一个有5个未知数的方程，系数矩阵为五对角阵。二维问题则围绕离散点 (i,j) 分别在两个方向上各有4个邻点 $(i\pm1,j)$，$(i\pm2,j)$ 及 $(i,j\pm1)$，$(i,j\pm2)$ 进入离散方程，构成9点格式。对上述9点格式的代数方程，一般用迭代法求解，但迭代中可分别对一个方向上的代数方程采用五对角阵算法，以增加迭代求解过程中的直接求解部分，从而有利于加速迭代收敛。下面介绍这种算法[3]。

所求解的代数方程组形式为

$$e_i\phi_{i-2} + a_i\phi_{i-1} + b_i\phi_i + c_i\phi_{i+1} + f_i\phi_{i+2} = d_i,\quad i = 1,2,\cdots,N-1,N \tag{8.29}$$

其矩阵表达式为

$$\begin{pmatrix} b_1 & c_1 & f_1 & & & & & \\ a_2 & b_2 & c_2 & f_2 & & & & \\ e_3 & a_3 & b_3 & c_3 & f_3 & & & \\ & \ddots & \ddots & \ddots & \ddots & \ddots & & \\ & & & e_{N-2} & a_{N-2} & b_{N-2} & c_{N-2} & f_{N-2} \\ & & & & e_{N-1} & a_{N-1} & b_{N-1} & c_{N-1} \\ & & & & & e_N & a_N & b_N \end{pmatrix} \begin{pmatrix} \phi_1 \\ \phi_2 \\ \phi_3 \\ \vdots \\ \phi_{N-1} \\ \phi_N \end{pmatrix} = \begin{pmatrix} d_1 \\ d_2 \\ d_3 \\ \vdots \\ d_{N-1} \\ d_N \end{pmatrix} \tag{8.30}$$

在利用边界条件后，首末两方程只有3个待求量，而首末第二个方程仅有4个待求量。类似于 TDMA 算法的思想，先自前向后消元，然后自后向前回代。由于末方程有3个未知量，要

通过消元后只剩下一个可以直接解出，则消元步需要进行两次：第一次消去所有的 e_j，第二次消去变化后的 a'_i。类似于三对角阵算法推导消元系数递推公式的做法，可以得到五对角阵两次消元过程的系数递推公式。以下给出其相应结果和算法的基本步骤：

（1）消去系数矩阵中全部的 e_j 元素，矩阵形式方程变为

$$\begin{pmatrix} b'_1 & c'_1 & f'_1 & & & & & \\ a'_2 & b'_2 & c'_2 & f'_2 & & & & \\ & a'_3 & b'_3 & c'_3 & f'_3 & & & \\ & & \ddots & \ddots & \ddots & \ddots & & \\ & & & & a'_{N-2} & b'_{N-2} & c'_{N-2} & f'_{N-2} \\ & & & & & a'_{N-1} & b'_{N-1} & c'_{N-1} \\ & & & & & & a'_N & b'_N \end{pmatrix} \begin{pmatrix} \phi_1 \\ \phi_2 \\ \phi_3 \\ \vdots \\ \phi_{N-1} \\ \phi_N \end{pmatrix} = \begin{pmatrix} d'_1 \\ d'_2 \\ d'_3 \\ \vdots \\ d'_{N-1} \\ d'_N \end{pmatrix} \tag{8.31}$$

其系数递推关系为

$$\begin{cases} a'_i = a_i - e_i b'_{i-1}/a'_{i-1}, \quad b'_i = b_i - e_i c'_{i-1}/a'_{i-1} \\ c'_i = c_i - e_i f'_{i-1}/a'_{i-1}, \quad d'_i = d_i - e_i d'_{i-1}/a'_{i-1} \\ f'_i = f_i, \quad e_1 = e_2 = a_1 = c_N = f_N = f_{N-1} = 0, \quad a'_0 = a'_1 = 1 \\ b'_0 = c'_0 = f'_0 = d'_0 = 0, \quad i = 1,2,3,\cdots,N \end{cases} \tag{8.32}$$

（2）消去式(8.31)系数矩阵中全部的 a'_i 元素，并将对角元变为 1 的上三角阵，矩阵形式方程变为

$$\begin{pmatrix} 1 & c''_1 & f''_1 & & & & \\ & 1 & c''_2 & f''_2 & & & \\ & & 1 & c''_3 & f''_3 & & \\ & & & \ddots & \ddots & \ddots & \\ & & & & 1 & c''_{N-2} & f''_{N-2} \\ & & & & & 1 & c''_{N-1} \\ & & & & & & 1 \end{pmatrix} \begin{pmatrix} \phi_1 \\ \phi_2 \\ \phi_3 \\ \vdots \\ \phi_{N-1} \\ \phi_N \end{pmatrix} \begin{pmatrix} d''_1 \\ d''_2 \\ d''_3 \\ \vdots \\ d''_{N-1} \\ d''_N \end{pmatrix} \tag{8.33}$$

其系数递推关系为

$$\begin{cases} c''_i = \dfrac{c'_i - a'_i f''_{i-1}}{b'_i - a'_i c''_{i-1}}, \quad f''_i = \dfrac{f'_i}{b'_i - a'_i c''_{i-1}}, \quad d''_i = \dfrac{d'_i - a'_i d''_{i-1}}{b'_i - a'_i c''_{i-1}} \\ c''_0 = f''_0 = d''_0 = 0, \quad i = 1,2,3,\cdots,N \end{cases} \tag{8.34}$$

（3）回代求出方程(8.33)的解：

$$\begin{cases} \phi_i = d''_i - c''_i \phi_{i+1} - f''_i \phi_{i+2} \\ \phi_{N+1} = \phi_{N+2} = 0, \quad i = N, N-1, \cdots, 2, 1 \end{cases} \tag{8.35}$$

8.3 迭代解法的收敛性

第 4 章我们简要介绍了迭代解法的基本思想和几种常用的基本迭代方法。下面，我们

从迭代格式的构成方式来讨论迭代解的收敛速度问题，以及加速迭代收敛的方法。

8.3.1　迭代格式的一般构成方式

设所求解的线性代数方程组为式(8.1)。为了构造它的迭代求解格式，通常将矩阵 $\boldsymbol{A}$ 分解为两个矩阵和的形式，即

$$\boldsymbol{A} = \boldsymbol{M} - \boldsymbol{N} \tag{8.36}$$

于是，方程(8.1)改写为

$$\boldsymbol{MX} = \boldsymbol{NX} + \boldsymbol{b} \tag{8.37}$$

按照上式，可构造如下迭代求解格式：

$$\boldsymbol{MX}^{(n+1)} = \boldsymbol{NX}^{(n)} + \boldsymbol{b} \tag{8.38}$$

式中 $\boldsymbol{X}^{(n+1)}$ 和 $\boldsymbol{X}^{(n)}$ 分别为第 $n+1$ 次和第 n 次迭代的近似解。上式又可写成

$$\boldsymbol{X}^{(n+1)} = \boldsymbol{M}^{-1}\boldsymbol{NX}^{(n)} + \boldsymbol{M}^{-1}\boldsymbol{b} = \boldsymbol{HX}^{(n)} + \boldsymbol{d} \tag{8.39}$$

其中 $\boldsymbol{H}=\boldsymbol{M}^{-1}\boldsymbol{N}$ 称为迭代矩阵。

为了便于分析迭代的误差特性，讨论迭代收敛速度，以下引入几个相关的参量：

定义收敛解 $\boldsymbol{X}$ 与迭代解之间的偏差为迭代误差 $\boldsymbol{\varepsilon}$，则第 n 次迭代解的迭代误差为

$$\boldsymbol{\varepsilon}^{(n)} = \boldsymbol{X} - \boldsymbol{X}^{(n)} \tag{8.40}$$

定义两次迭代之间的迭代函数差为 $\boldsymbol{\delta}$，则第 $n+1$ 次与第 n 次迭代之间函数差为

$$\boldsymbol{\delta}^{(n+1)} = \boldsymbol{X}^{(n+1)} - \boldsymbol{X}^{(n)} \tag{8.41}$$

定义第 n 次迭代后原方程的余量为 $\boldsymbol{r}^{(n)}$，则

$$\boldsymbol{r}^{(n)} = \boldsymbol{b} - \boldsymbol{AX}^{(n)} \tag{8.42}$$

这三个量的意义不同，但在迭代达到收敛时，它们均应趋于零。

8.3.2　迭代法的收敛速度

将式(8.37)减去式(8.38)，并利用迭代误差函数定义式(8.40)，立即可得

$$\boldsymbol{M\varepsilon}^{(n+1)} = \boldsymbol{N\varepsilon}^{(n)} \tag{8.43}$$

即

$$\boldsymbol{\varepsilon}^{(n+1)} = \boldsymbol{M}^{-1}\boldsymbol{N\varepsilon}^{(n)} = \boldsymbol{H\varepsilon}^{(n)} \tag{8.44}$$

此式给出了经过一次迭代之后误差的演化规律。显然，迭代收敛要求 $\lim\limits_{n\to\infty}\boldsymbol{\varepsilon}^{(n)}=\boldsymbol{0}$。迭代的目标就是逐步减少这个误差直至到 0，而迭代收敛速度与迭代矩阵 $\boldsymbol{H}$ 的结构特性相关，而这些特性体现在它的特征值和特征矢量上[4]。令 $\boldsymbol{H}$ 的特征值和对应的特征矢量分别为 λ_k 和 $\boldsymbol{g}_k$，则有

$$\boldsymbol{Hg}_k = \lambda_k\boldsymbol{g}_k,\quad k = 1,2,\cdots,N \tag{8.45}$$

这里 N 为代数方程组未知数的个数。假设 $\boldsymbol{g}_k$ 在 N 维空间是完备的(即 N 维空间里的任意一个向量均可由特征矢量的线性组合构成)，那么迭代初始误差矢量 $\boldsymbol{\varepsilon}^{(0)}$ 可通过特征矢量表达为

$$\boldsymbol{\varepsilon}^{(0)} = \sum_{k=1}^{N}\alpha_k\boldsymbol{g}_k \tag{8.46}$$

其中 α_k 为系数常数。由式(8.44)，可得

$$\boldsymbol{\varepsilon}^{(n)} = \boldsymbol{H}\boldsymbol{\varepsilon}^{(n-1)} = \boldsymbol{H}^2\boldsymbol{\varepsilon}^{(n-2)} = \cdots = \boldsymbol{H}^n\boldsymbol{\varepsilon}^{(0)} \tag{8.47}$$

将式(8.46)代入式(8.47),并利用式(8.45),可以得到

$$\boldsymbol{\varepsilon}^{(n)} = \sum_{k=1}^{N} \alpha_k (\lambda_k)^n \boldsymbol{g}_k \tag{8.48}$$

此式表明,要使 $n \to \infty$ 时,$\boldsymbol{\varepsilon}^{(n)} \to \boldsymbol{0}$,其充分必要条件是所有特征值的绝对值 $|\lambda_k|$ 小于1。特征值中绝对值最大者称为矩阵的谱半径,故迭代收敛的充分必要条件是迭代矩阵 $\boldsymbol{H}$ 的谱半径小于1。记谱半径为 $\rho(\boldsymbol{H}) = |\lambda_1|$,则在经过一定的迭代次数之后,式(8.48)右端的主导项为含 λ_1 的项,有

$$\boldsymbol{\varepsilon}^{(n)} \approx \alpha_1 (\lambda_1)^n \boldsymbol{g}_1 \tag{8.49}$$

如果要求收敛误差小于 ε_0,则达到这一要求所需要的迭代次数应满足如下关系式:

$$\alpha_1 (|\lambda_1|)^n = \alpha_1 [\rho(\boldsymbol{H})]^n \approx \varepsilon_0$$

于是得到

$$n \approx \frac{\ln(\varepsilon_0/\alpha_1)}{\ln|\lambda_1|} = \frac{\ln(\varepsilon_0/\alpha_1)}{\ln\rho(\boldsymbol{H})} = \frac{-\ln(\varepsilon_0/\alpha_1)}{-\ln\rho(\boldsymbol{H})} \tag{8.50}$$

由此可知,n 与 $-\ln\rho(\boldsymbol{H})$ 成反比。当迭代矩阵的谱半径接近于1时,n 将很大,收敛速度会很慢。通常称 $-\ln\rho(\boldsymbol{H})$ 为收敛速率[4]。

以上分析利用了迭代矩阵的谱半径,但计算一个矩阵的谱半径是很困难的。以下介绍一种变通办法。按照迭代函数差 $\boldsymbol{\delta}$ 和迭代误差 $\boldsymbol{\varepsilon}$ 的定义式(8.41)和式(8.40),有

$$\boldsymbol{\delta}^{(n+1)} = \boldsymbol{X}^{(n+1)} - \boldsymbol{X}^{(n)} = (\boldsymbol{X}^{(n+1)} - \boldsymbol{X}) - (\boldsymbol{X}^{(n)} - \boldsymbol{X}) = -\boldsymbol{\varepsilon}^{(n+1)} + \boldsymbol{\varepsilon}^{(n)} \tag{8.51}$$

利用式(8.49),式(8.51)化为

$$\boldsymbol{\delta}^{(n+1)} \approx (1-\lambda_1)\lambda_1^n \alpha_1 \boldsymbol{g}_1, \quad \boldsymbol{\delta}^{(n)} \approx (1-\lambda_1)\lambda_1^{n-1}\alpha_1 \boldsymbol{g}_1 \tag{8.52}$$

由此可得

$$\rho(\boldsymbol{H}) = |\lambda_1| \approx \frac{\|\boldsymbol{\delta}^{(n+1)}\|}{\|\boldsymbol{\delta}^{(n)}\|} \tag{8.53}$$

这里 $\|\boldsymbol{a}\|$ 表示矢量 $\boldsymbol{a}$ 的模。利用式(8.49)和式(8.52),有

$$\boldsymbol{\varepsilon}^{(n)} = \boldsymbol{X} - \boldsymbol{X}^{(n)} \approx \frac{\boldsymbol{\delta}^{(n+1)}}{1-\lambda_1}$$

由此得到

$$\|\boldsymbol{\varepsilon}^{(n)}\| \approx \frac{\|\boldsymbol{\delta}^{n+1}\|}{1-\rho(\boldsymbol{H})} \tag{8.54}$$

利用式(8.53)和式(8.54)预估出的 $\rho(\boldsymbol{H})$ 和 $\|\boldsymbol{\varepsilon}^{(n)}\|$ 就可得到满足预定要求所需要的迭代次数 n[4]。

8.3.3 判断迭代收敛的常用做法

1. 迭代收敛的含义

由于迭代通常不能得到方程组的精确解,一般给定一个精度控制小量 ε_0,当迭代解误差满足 $\|\boldsymbol{\varepsilon}^{(n)}\| = \|\boldsymbol{X} - \boldsymbol{X}^{(n)}\| \leqslant \varepsilon_0$ 时,则称迭代收敛,并将 $\boldsymbol{X}^{(n)}$ 作为方程组的迭代近似解。

2．判断迭代收敛的常用做法

按照式(8.54)，迭代误差既与相邻两次迭代解之差 $\boldsymbol{\delta}^{(n+1)}=\boldsymbol{X}^{(n+1)}-\boldsymbol{X}^{(n)}$ 有关，还与迭代矩阵的谱半径有关，因此，判断收敛与否的严格做法，应先利用式(8.53)预估出 $\rho(\boldsymbol{H})$，再利用式(8.54)求出 $\|\boldsymbol{\varepsilon}^{(n)}\|$，进而看 $\|\boldsymbol{\varepsilon}^{(n)}\|$ 是否小于或等于 ε_0，从而做出相应判断。

实际使用中，一般有两种简化做法[5]：

(1) 规定相邻两次迭代函数之差 $\|\boldsymbol{\delta}^{(n+1)}\|=\|\boldsymbol{X}^{(n+1)}-\boldsymbol{X}^{(n)}\|$ 或相对差 $\dfrac{\|\boldsymbol{X}^{(n+1)}-\boldsymbol{X}^{(n)}\|}{\|\boldsymbol{X}^{(n)}\|}$ 小于允许值。此法由于没有考虑到迭代矩阵谱半径对迭代误差的影响，有时不能真实反映迭代收敛程度，特别是当谱半径与 1 相近时，虽然相邻两次迭代解的差值已经很小，迭代误差却仍然很大。

(2) 规定离散方程的迭代余量 $\|\boldsymbol{r}^{(n)}\|=\|\boldsymbol{b}-\boldsymbol{A}\boldsymbol{X}^{(n)}\|$ 小于一定的值。由迭代余量定义式(8.42)，可得

$$\boldsymbol{A}\boldsymbol{\varepsilon}^{(n)}=\boldsymbol{r}^{(n)} \tag{8.55}$$

该式表明，迭代过程中余量的减小伴随着迭代误差的减小，且衰减的量级大体相当。它与迭代矩阵特征无关，因此在判断迭代收敛程度时，此法优于前一种做法。特别在非线性方程组的迭代计算中处理内外两种迭代时，便于对迭代收敛所要求的余量衰减量级做不同的规定：外迭代收敛，余量下降应达到迭代误差的精度要求；而内迭代则可降低个数量级，以便既快速又合理地改进方程系数，开始下一层次的外迭代计算。

8.3.4　影响迭代收敛速度的因素

不同迭代方法有不同的收敛速度，而影响迭代收敛速度的因素大致如下[2]：

(1) 迭代方法将边界条件的影响传入到求解点的范围和快慢。一轮迭代所传入的范围越广、越快，迭代收敛越快。如 Jacobi 点迭代，每完成一轮迭代，边界条件的影响仅能传到与边界相邻的那些节点，传入范围仅限一个网格，且收敛速度与扫描方向无关。若采用 Gauss-Seidel(G-S)点迭代，设扫描方向为从左至右，则每完成一轮迭代，左边界的影响就会传到整个计算域，但其他边界影响也只能传入一个网格。因此 G-S 点迭代要比 Jacobi 点迭代收敛快，且受扫描方向的影响。当用线迭代时，如 G-S 线迭代，自左向右扫描，不仅左边界的影响逐步传入，且在每列直接求解中，上、下端点的影响也全部传入该列各节点上。一轮迭代完成时，除右边界的影响只传入一个网格外，其余边界的影响全部传入计算区。因此线 G-S 迭代比点 G-S 迭代收敛快。ADI 的 G-S 迭代，包含两个不同方向的线扫描，完成一次迭代，即把全部边界影响传入，相应的收敛速度又提高一步。由此可知，加速边界条件影响向计算区域的传入以及增加迭代计算中的直接求解成分，可以提高收敛速度。近年来，发展了比 ADI 迭代方法隐式关联性更强、直接解法比例更高的强隐过程(Strong Implicit Procedure，SIP)迭代法[6]来求解非对称稀疏矩阵代数方程组；还发展了不需选择松弛因子参数，而迭代收敛速度不低于松弛迭代，每次迭代都是一个直接求解过程的共轭梯度(Conjugate Gradient，CG)算法[7]。原始 CG 算法可解常物性均分网格上系数矩阵为正定对称的扩散问题，而发展的 CG 系列算法可以解非均分网格、非对称系数矩阵的扩散和对流扩散问题[5]。

(2) 迭代方法使计算区域逐步达到满足物理上守恒定律要求的程度和快慢。我们求解

的代数方程组,是由物理问题所满足的微分控制方程在确定边界条件下,相对一个特定的离散网格系统,选用某种离散方法而推演得到的。代数方程组的准确解,必须使控制方程在求解区域任意控制容积满足物理上的守恒定律。而迭代解在收敛之前,都不同程度地偏离这个基本要求。一个好的迭代方法,应使守恒量在计算域内尽快达到平衡。按照这个思想,热物理计算中,发展了称为加速迭代收敛的块修正技术。

(3) 网格尺度对迭代误差矢量 $\boldsymbol{\varepsilon}^{(n)}$ 中不同波长分量衰减过程的影响。$\boldsymbol{\varepsilon}^{(n)}$ 的不同波长分量在不同尺度的网格中,衰减速率大为不同。长波分量的误差在稠密网格上衰减慢,而短波分量的误差在稀疏网格上衰减慢,难以在单一尺度网格中使不同波长的误差分量在迭代中协调一致地变小。这就造成单一网格上进行迭代计算不易收敛。为此,又发展起促使不同波长误差分量能协调一致衰减的多重网格迭代[8]。

8.4 加速迭代收敛的块修正技术

前面说过,促使计算区域内物理量的守恒,可以提高迭代解法的收敛速度。基于这一认识,为了进一步提高块迭代的收敛速度,可以在通常的块迭代过程完成后而开始下一轮迭代之前,采用逐块修正技术,使其在每一块上的总体守恒关系得到满足,进而用修正后的解作为下一次迭代的初值开始下一轮迭代。

如图 8.1 所示,设求解问题为一平面导热问题,选用区域离散化的点中心网格(外节点法)离散。

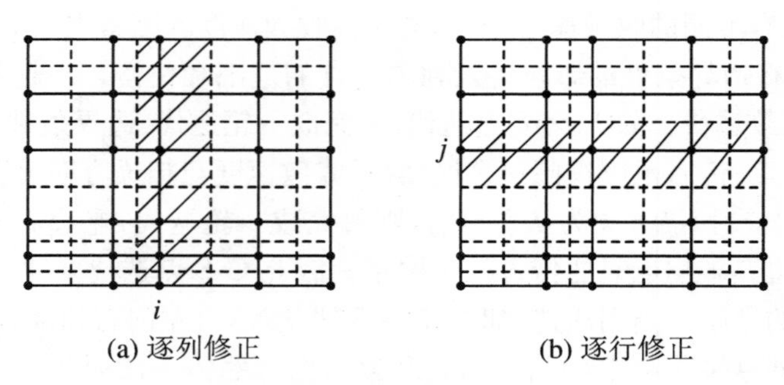

图 8.1 块修正技术示意图

现采取 ADI 迭代并用加块修正技术求解离散代数方程组。以下略去 ADI 迭代过程,考察块修正技术如何实施。

二维导热问题相应于节点 P 的离散代数方程组为

$$a_P T_P = a_E T_E + a_W T_W + a_N T_N + a_S T_S + b \tag{8.56}$$

迭代求解未收敛之前,计算域内任意一块上所有节点都不能满足上式,而各自会有一个迭代余量。设一轮迭代后,温度场在任意节点 P 的当前值为 T_P^*,则其余量 R_P 为

$$R_P = a_P T_P^* - a_E T_E^* - a_W T_W^* - a_N T_N^* - a_S T_S^* - b \tag{8.57}$$

它的绝对值大小可以反映温度场的收敛程度。为了提高选定的 ADI 迭代的收敛速度,在完成 ADI 的一轮迭代正常计算后,不认为此轮迭代已经完成,而是再加入一个块修正过程:要

求块上各节点有一个共同的修正值$\overline{T'_i}$(或$\overline{T'_j}$),即在做列扫描时,每列的修正值满足$\overline{T'_i}=\overline{T'_P}=\overline{T'_N}=\overline{T'_S}$,而做行扫描时,每行的修正值满足$\overline{T'_j}=\overline{T'_P}=\overline{T'_E}=\overline{T'_W}$;并要求同一块上所有节点余量之和等于零,即

$$\begin{aligned}\sum R_P=&\sum a_P(T_P^*+\overline{T'_P})-\sum a_E(T_E^*+\overline{T'_E})-\sum a_W(T_W^*+\overline{T'_W})\\&-\sum a_N(T_N^*+\overline{T'_N})-\sum a_S(T_S^*+\overline{T'_S})-\sum b\\=&\ 0\end{aligned}\tag{8.58}$$

于是可以得到在做列扫描时求列块上的修正值$\overline{T'_i}$的代数方程为

$$\begin{aligned}&\Big[\sum_j(a_P-a_N-a_S)\Big]\overline{T'_P}\\&=\Big(\sum_j a_E\Big)\overline{T'_E}+\Big(\sum_j a_W\Big)\overline{T'_W}+\sum_j(a_ET_E^*+a_WT_W^*+a_NT_N^*+a_ST_S^*+b-a_PT_P^*)\end{aligned}\tag{8.59}$$

而在做行扫描时求行块上的修正值$\overline{T'_j}$的代数方程为

$$\begin{aligned}&\Big[\sum_i(a_P-a_E-a_W)\Big]\overline{T'_P}\\&=\Big(\sum_i a_N\Big)\overline{T'_N}+\Big(\sum_i a_S\Big)\overline{T'_S}+\sum_i(a_ET_E^*+a_WT_W^*+a_NT_N^*+a_ST_S^*+b-a_PT_P^*)\end{aligned}\tag{8.60}$$

方程(8.59)和(8.60)中的求和范围分别为求解节点的行数和列数。利用边界条件,方程均可化为三对角阵方程组,可以用三对角阵解法求解。具体做法是,在做完一轮通常的 ADI 迭代后,先在 x 方向按照方程(8.59)逐列扫描,求出修正值$\overline{T'_i}$,再以校正后的值 $T_P=T_P^*+\overline{T'_P}$作为新的$T_P^*$ 值,在 y 方向逐行扫描,求出修正值$\overline{T'_j}$,加到列扫描后的 T_P^* 上,即完成了整个修正过程及一轮迭代。

如果取块中心法(内节点法)离散且边界条件为第二、三类,则采用附加源项法来处理边界条件,边界上不需单独设立计算节点。利用边界条件,求解方程亦为三对角阵方程组。

块修正过程,就是要让修正的块在平均意义上满足方程,符合能量守恒。这样虽然在一轮 ADI 迭代中增加了一些计算量,但它促进了方程更快地满足守恒定律要求,使得迭代收敛速度比单纯利用 ADI 迭代要快。

8.5 时间相关法

所谓时间相关法,是一种把稳态问题化为非稳态问题求解的方法。这种方法由于数学问题提法相对简单,相应的数值解法比较成熟,在计算流体力学中得到了广泛应用,特别是处理定常跨声速流动问题。在计算热物理问题中,对于一些不容易找到合适迭代初值的椭圆型问题,也有一定的应用。

我们知道,物理中的稳态问题是相应的非稳态问题在一定的初始条件和边界条件下经

过长时间演化过程而成的一个渐近解。时间相关法就是在稳态问题的控制方程中添加一个时间导数项，然后按照非稳态问题离散求解。当时间步推进到足够长时，其解将不再发生改变(变化极小)，即解已达到稳定，将其作为稳态问题的解。非稳态问题求解每推进一个时间步，对应着稳态问题迭代求解进行了一轮迭代。如二维问题的涡流函数解法中，其流函数 ψ 与涡函数 ω 所满足的方程为

$$\frac{\partial^2 \psi}{\partial x^2}+\frac{\partial^2 \psi}{\partial y^2}=-\omega \tag{8.61}$$

采用交替方向隐式格式离散并迭代求解，则迭代求解的代数方程为

$$-a_{i,j}\psi_{i-1,j}^{(n+1/2)}+b_{i,j}\psi_{i,j}^{(n+1/2)}-c_{i,j}\psi_{i+1,j}^{(n+1/2)}=d^{(n)} \tag{8.62a}$$

$$-\overline{a_{i,j}}\psi_{i,j-1}^{(n+1)}+\overline{b_{i,j}}\psi_{i,j}^{(n+1)}-\overline{c_{i,j}}\psi_{i,j+1}^{(n+1)}=d^{(n+1/2)} \tag{8.62b}$$

式中用小括号包起来的上标表示迭代次数，1/2 表示迭代只完成一半。而

$$a_{i,j}=c_{i,j}=\frac{1}{\Delta x^2},\quad b_{i,j}=\frac{2}{\Delta x^2},\quad d^{(n)}=\frac{\psi_{i,j-1}^{(n)}-2\psi_{i,j}^{(n)}+\psi_{i,j+1}^{(n)}}{\Delta y^2}+\omega_{i,j} \tag{8.63a}$$

$$\overline{a_{i,j}}=\overline{c_{i,j}}=\frac{1}{\Delta y^2},\quad \overline{b_{i,j}}=\frac{2}{\Delta y^2},\quad d^{(n+1/2)}=\frac{\psi_{i-1,j}^{(n+1/2)}-2\psi_{i,j}^{(n+1/2)}+\psi_{i+1,j}^{(n+1/2)}}{\Delta x^2}+\omega_{i,j} \tag{8.63b}$$

迭代计算从假设的某个试探解开始，直到达到收敛精度要求，使两次迭代之值相差很小。

如用时间相关法求解方程(8.61)，则在方程中添加一非稳态项 $A\partial\psi/\partial t$，使其为

$$A\frac{\partial \psi}{\partial t}+\frac{\partial^2 \psi}{\partial x^2}+\frac{\partial^2 \psi}{\partial y^2}=-\omega \tag{8.64}$$

采用交替方向隐式格式对该方程进行离散，可以得到与式(8.62)形式相同的代数方程

$$-a_{i,j}\psi_{i-1,j}^{n+1/2}+b_{i,j}\psi_{i,j}^{n+1/2}-c_{i,j}\psi_{i+1,j}^{n+1/2}=d^{n} \tag{8.65a}$$

$$-\overline{a_{i,j}}\psi_{i,j-1}^{n+1}+\overline{b_{i,j}}\psi_{i,j}^{n+1}-\overline{c_{i,j}}\psi_{i,j+1}^{n+1}=d^{n+1/2} \tag{8.65b}$$

但这里的上标代表的是时间向前推进的步数，且方程系数与右端项有的添加了与时间导数项有关的内容，

$$a_{i,j}=c_{i,j}=\frac{1}{\Delta x^2},\quad b_{i,j}=\frac{2A}{\Delta t}+\frac{2}{\Delta x^2} \tag{8.66a}$$

$$d^{(n)}=\frac{2A}{\Delta t}\psi_{i,j}^{(n)}+\frac{\psi_{i,j-1}^{(n)}-2\psi_{i,j}^{(n)}+\psi_{i,j+1}^{(n)}}{\Delta y^2}+\omega_{i,j} \tag{8.66b}$$

$$\overline{a_{i,j}}=\overline{c_{i,j}}=\frac{1}{\Delta y^2},\quad \overline{b_{i,j}}=\frac{2A}{\Delta t}+\frac{2}{\Delta y^2} \tag{8.66c}$$

$$d^{(n+1/2)}=\frac{2A}{\Delta t}\psi_{i,j}^{(n+1/2)}+\frac{\psi_{i-1,j}^{(n+1/2)}-2\psi_{i,j}^{(n+1/2)}+\psi_{i+1,j}^{(n+1/2)}}{\Delta x^2}+\omega_{i,j} \tag{8.66d}$$

按照方程(8.65a)和(8.65b)，一个一个时间步向前推进求解，直到两相邻时间步所算之值的差别小于规定的要求而停止计算，得到的解不再变化，即为稳态的解。

不难看出，在确定的边界条件下，两种算法等价，结果相同。

另外，作为一个调节参数 A，我们可以任意选取。A 为正值相当于迭代的欠松弛，A 为负值相当于迭代的超松弛，松弛作用的大小取决于 $2A/\Delta t$。因此可通过调整 $2A/\Delta t$ 而使非稳态计算尽快达到稳态。

对于非线性稳态问题，需要一次一次地化为线性问题迭代求解，代数方程的一组系数变

为另一组系数的过程也类似于非稳态问题前进了一个时间步。由非稳态问题的物理特性知道，系统的惯性越大，则演化过程越慢。类似地，为防止稳态非线性问题两次迭代之间函数的变化过大，以致迭代不能收敛，可以用时间相关法将稳态问题变为非稳态问题处理，通过调节组合参数 $2A/\Delta t$ 的取值，使其达到亚松弛的效应，以保证非线性迭代计算的收敛性。

8.6　强隐过程迭代法

对一般的流动和热物理问题的控制方程离散所得到的代数方程组，其线化后的系数矩阵多是非对称的大型稀疏矩阵，采用通常适合求解满秩或近满秩系数矩阵的完全 $\boldsymbol{LU}$ 分解法是不经济的。为此，Stone 于 1968 年提出了一种基于矩阵不完全 $\boldsymbol{LU}$ 分解法的求解技术，文献中称之为强隐过程(Strong Implicit Procedure，SIP)方法[6]。它是一种迭代求解法，近年来，在热物理计算中受到重视，得到广泛应用。由于推导矩阵不完全分解的相关公式需要较多的关于矩阵计算方面的知识和技巧，对此，我们不做详细推演，读者可以参考有关的文章和书籍[5]。以下简要介绍该方法的基本思路。

设矩阵形式的离散方程组为式(8.1)，将矩阵 $\boldsymbol{A}$ 按式(8.36)做和分解。要求分解的矩阵 $\boldsymbol{M}$ 是矩阵 $\boldsymbol{A}$ 的一个很好近似，$\boldsymbol{N}$ 是一个小矩阵。所谓“小”矩阵，是指 $\boldsymbol{N}$ 应满足条件 $\boldsymbol{NX}\approx 0$。所谓不完全分解，是指将矩阵 $\boldsymbol{M}$ 而不是矩阵 $\boldsymbol{A}$ 做上、下三角阵的 $\boldsymbol{LU}$ 乘积分解，且要求确定 $\boldsymbol{L}$ 和 $\boldsymbol{U}$ 的方法简单。此即

$$\boldsymbol{M} = \boldsymbol{A} + \boldsymbol{N} = \boldsymbol{LU} \tag{8.67}$$

将方程(8.1)改写为

$$(\boldsymbol{A} + \boldsymbol{N})\boldsymbol{X} = (\boldsymbol{A} + \boldsymbol{N})\boldsymbol{X} + (\boldsymbol{b} - \boldsymbol{AX}) \tag{8.68}$$

或

$$\boldsymbol{MX} = \boldsymbol{MX} + (\boldsymbol{b} - \boldsymbol{AX}) \tag{8.69}$$

如果 $\boldsymbol{A}$ 的近似矩阵 $\boldsymbol{M}$ 能够得到，则可以构成如下迭代格式：

$$\boldsymbol{MX}^{(n+1)} = \boldsymbol{MX}^{(n)} + (\boldsymbol{b} - \boldsymbol{AX}^{(n)}) \tag{8.70}$$

即

$$\boldsymbol{M}(\boldsymbol{X}^{(n+1)} - \boldsymbol{X}^{(n)}) = \boldsymbol{b} - \boldsymbol{AX}^{(n)} \tag{8.71}$$

利用式(8.67)以及迭代函数差 $\boldsymbol{\delta}$ 和迭代余量 $\boldsymbol{r}$ 的定义式(8.41)和式(8.42)，上式变为

$$\boldsymbol{LU\delta}^{(n+1)} = \boldsymbol{r}^{(n)} \tag{8.72}$$

引入中间计算量 $\boldsymbol{Z}$，使其满足

$$\boldsymbol{Z} = \boldsymbol{U\delta} \tag{8.73}$$

则最终的迭代计算关系式为

$$\begin{cases} \boldsymbol{LZ}^{(n+1)} = \boldsymbol{r}^{(n)} \\ \boldsymbol{U\delta}^{(n+1)} = \boldsymbol{Z}^{(n+1)} \end{cases} \tag{8.74}$$

迭代解出 $\boldsymbol{\delta}^{(n+1)}$ 后，由 $\boldsymbol{\delta}^{(n+1)} = \boldsymbol{X}^{(n+1)} - \boldsymbol{X}^{(n)}$ 即可从前一次的迭代值 $\boldsymbol{X}^{(n)}$ 算出本次迭代值 $\boldsymbol{X}^{(n+1)}$。由以上分析易见，只要能找到 $\boldsymbol{M}$ 做乘积分解的下三角阵 $\boldsymbol{L}$ 和上三角阵 $\boldsymbol{U}$，迭代计算就很容易进行。

确定 $\boldsymbol{L}$ 和 $\boldsymbol{U}$ 的简单方法[5]是让 $\boldsymbol{L}$ 和 $\boldsymbol{U}$ 均为稀疏三角阵，且非零元素所在位置与矩阵 $\boldsymbol{A}$ 一致。进而根据矩阵乘积运算法则，推知矩阵 $\boldsymbol{M}$ 的稀疏结构形态以及各元素与 $\boldsymbol{L}$ 和 $\boldsymbol{U}$ 中元素的对应关系。再假定矩阵 $\boldsymbol{N}$ 具有与 $\boldsymbol{M}$ 一样的稀疏结构形态，并按照 $\boldsymbol{N}$ 为小矩阵的要求，另加上一些合理的简化近似假设[6]，就可以先得到矩阵 $\boldsymbol{N}$ 中各元素的表达式。将 $\boldsymbol{N}$ 中的元素和 $\boldsymbol{A}$ 中的对应元素相加，即得 $\boldsymbol{M}$ 中元素的表达式。有了 $\boldsymbol{M}$ 中元素的表达式及这些元素与 $\boldsymbol{L}$ 和 $\boldsymbol{U}$ 中元素的对应关系，通过对照比较，即可最终得到 $\boldsymbol{L}$ 和 $\boldsymbol{U}$ 中各元素的值。

SIP 方法计算过程是迭代进行的，而每轮迭代更新时，全部内节点同时联立求解，各节点间的隐式关联程度远高于一般迭代方法，因此称之为强隐迭代。它特别适合求解各向异性材料的导热问题和对流换热问题。但这种方法的一轮迭代计算中，确定中间计算量 $\boldsymbol{Z}$ 的各分量和确定求解量 $\boldsymbol{\delta}$ 的各分量的扫描方向刚好相反，因而不适于非结构网格的计算。

8.7 多重网格法

多重网格法是将迭代求解过程放置在不同尺度的网格上进行的一种迭代，是提高迭代收敛速度非常有效的方法，近年来在流动和传热问题的数值计算中得到了广泛的应用。

8.7.1 多重网格法的基本思想

多重网格法基于迭代误差矢量的衰减过程与迭代求解方程的网格尺度密切相关的特性[2]。对此，我们用一个简单的例子予以说明。

考察一个一维稳态有源扩散问题，其简化控制方程为

$$\frac{\mathrm{d}^2\phi}{\mathrm{d}x^2} = f(x) \tag{8.75}$$

在均匀网格上对节点 j 做中心差分离散，得如下代数方程：

$$\phi_{j+1} - 2\phi_j + \phi_{j-1} = \Delta x^2 f_j \tag{8.76}$$

采用 G-S 点迭代法自左向右求解，有迭代式

$$\phi_{j-1}^{(n+1)} - 2\phi_j^{(n+1)} + \phi_{j+1}^{(n)} = \Delta x^2 f_j \tag{8.77}$$

令迭代误差函数为 ε，则有

$$\phi_{j-1} = \phi_{j-1}^{(n+1)} + \varepsilon_{j-1}^{(n+1)}, \quad \phi_j = \phi_j^{(n+1)} + \varepsilon_j^{(n+1)}, \quad \phi_{j+1} = \phi_{j+1}^{(n)} + \varepsilon_{j+1}^{(n)}$$

将以上三式代入式(8.76)，并减去式(8.77)，得迭代误差函数在迭代中的演化方程为

$$\varepsilon_{j-1}^{(n+1)} - 2\varepsilon_j^{(n+1)} + \varepsilon_{j+1}^{(n)} = 0 \tag{8.78}$$

如前所述，稳态问题的一次迭代过程，相应于非稳态问题一个时间步的步进过程。在对非稳态问题做格式稳定性分析时，我们采用 von Neumann 方法分析误差函数在时间过程中的变化特性，同样，亦可用该方法分析迭代误差函数在迭代过程中的演化特性。令

$$\varepsilon_j^{(n)} = \mathrm{e}^{\mathrm{i}kx_j} \tag{8.79}$$

则有

$$\varepsilon_j^{(n+1)} = g\mathrm{e}^{\mathrm{i}kx_j}, \quad \varepsilon_{j-1}^{(n+1)} = g\mathrm{e}^{\mathrm{i}k(x_j-\Delta x)}, \quad \varepsilon_{j+1}^{(n)} = \mathrm{e}^{\mathrm{i}k(x_j+\Delta x)} \tag{8.80}$$

式中 k 为波数，g 表示误差函数相应于波数为 k 的分量的振幅在一次迭代中的衰减程度，称为衰减因子。波数 k 和它对应的波长 λ 之积为 2π。将式(8.80)代入式(8.78)，得

$$ge^{ik(x_j-\Delta x)} - 2ge^{ikx_j} + e^{ik(x_j+\Delta x)} = 0 \tag{8.81}$$

于是有

$$g = \frac{e^{ik\Delta x}}{2-e^{-ik\Delta x}} = \frac{\cos(k\Delta x)+i\sin(k\Delta x)}{2-\cos(k\Delta x)+i\sin(k\Delta x)} = \frac{\cos\theta+i\sin\theta}{2-\cos\theta+i\sin\theta} \tag{8.82}$$

式中 $\theta = k\Delta x$ 为辐角。由此可得迭代衰减因子的模为

$$|g| = \left|\frac{\cos\theta+i\sin\theta}{2-\cos\theta+i\sin\theta}\right| = \frac{1}{[(2-\cos\theta)^2+\sin^2\theta]^{1/2}} \tag{8.83}$$

现选择几个不同的 θ 值，考察 $|g|$ 的变化情况：当 $\theta=\pi/10,\pi/2,\pi$ 时，有 $|g|=0.914, 1/\sqrt{5}$, 1/3。这说明，随着 θ 增大，$|g|$ 逐渐减小，即迭代衰减加快。连续做5次迭代，则不同 θ 下迭代误差将衰减到 $(|g|)^5 \approx 6.4\times10^{-1}, 1.8\times10^{-2}, 4.1\times10^{-3}$，可见差别很大。由于 $\theta=k\Delta x=2\pi\Delta x/\lambda$，网格步长 Δx 一定，较大的 θ 值对应波长较短的高频分量，较小的 θ 值对应波长较长的低频分量。这样，在某一固定网格上迭代时，误差中的短波分量由于具有较大的 θ，而一开始就迅速衰减，但长波分量却因只有较小 θ 而衰减缓慢，所以迭代收敛速度变慢。为了使误差中的长波分量也具有高的衰减率，则需要增大网格的步长，以使迭代在大 θ 条件下进行。

多重网格法就是为了解决上述在固定网格上实施迭代所存在的问题而发展起来的[8-9]，目的在于使迭代计算中，由不同波长的误差分量能得到比较均匀一致的衰减，促进迭代收敛。这种方法将迭代在步长尺度不同的多套网格上进行：先在步长小的细网格上迭代，以使短波误差分量衰减掉，随之转到较粗网格上进行迭代，使次短波误差分量衰减掉，再进一步转到更粗些网格上迭代，如此下去，逐步把各种波长的误差分量基本上衰减掉。完成粗网格计算后，再由粗网格依次返回到各级细网格上进行计算。如此反复多次，最后在最细网格上得到满足迭代精度要求的解。

8.7.2　多重网格法的实施

多种网格法，要在几套不同步长的疏密网格上对代数方程组循环求解。为方便计算，相邻两种网格间步长比通常取作2，每重网格上的迭代计算仍用前面章节所述的方法，一般采用松弛的交替方向隐式迭代。到了最稀疏的大步长网格，有时网格节点数已经不多，也可直接求解。以下针对求解方程(8.1)，即 $\boldsymbol{AX}=\boldsymbol{b}$，讨论实施多种网格计算的主要相关问题。

1. 多重网格法中的两种不同求解方法

根据所选择的迭代求解对象不同，多重网格法有两种不同的求解方法：一是除在最细网格上求解未知量 $\boldsymbol{X}$ 自身外，在其他网格上求解未知量的迭代误差量或修正量 $\boldsymbol{\varepsilon}^k$，称之为修正法(Correction Scheme, CS)[9]；二是不同疏密程度的网格上所计算和传递的都是未知量 $\boldsymbol{X}$ 本身，称之为完全逼近方式(Full Approximation Scheme, FAS)[8]。前者只能用于线性代数方程求解，而后者既可用于线性代数方程，也可用于非线性代数方程。在流动和热物理问题数值计算中，大多是非线性问题，因此一般使用后者。

2. 网格间的数据传递和计算流程

令最细网格重数为 M，最疏网格重数为1，对其中任意的第 k 重网格，相关量标注上标 k。不同网格间的数据转移，从密网格到疏网格的传递称为限定，用符号 $\boldsymbol{I}_k^{k-1}$ 表示，谓之限定算子；而从疏网格到密网格的传递称为延拓（或插值），用符号 $\boldsymbol{I}_{k-1}^{k}$ 表示，谓之延拓（或插值）算子。以下介绍上述两种不同的求解方法的实施过程。

（1）修正值法

该法仅在最密网格上以未知数 $\boldsymbol{X}$ 作为求解对象。令在某个初值下迭代数次后得到近似值 $\bar{\boldsymbol{X}}^k$，此时方程的迭代余量 $\boldsymbol{r}^k$ 为

$$\boldsymbol{r}^k = \boldsymbol{b}^k - \boldsymbol{A}^k\bar{\boldsymbol{X}}^k \tag{8.84}$$

令 $\boldsymbol{X}^k$ 为该重上的准确解，则该重上迭代误差 $\boldsymbol{\varepsilon}^k$ 是

$$\boldsymbol{\varepsilon}^k = \boldsymbol{X}^k - \bar{\boldsymbol{X}}^k \tag{8.85}$$

准确解满足的方程为

$$\boldsymbol{0} = \boldsymbol{b}^k - \boldsymbol{A}^k\boldsymbol{X}^k \tag{8.86}$$

对于线性方程，$\boldsymbol{A}$ 不随 $\boldsymbol{X}^k$ 改变，因此有

$$\boldsymbol{A}^k\boldsymbol{X}^k - \boldsymbol{A}^k\bar{\boldsymbol{X}}^k = \boldsymbol{A}^k(\boldsymbol{X}^k - \bar{\boldsymbol{X}}^k) = \boldsymbol{A}^k\boldsymbol{\varepsilon}^k \tag{8.87}$$

综合以上四式，得误差矢量在迭代中随余量变化的演化方程：

$$\boldsymbol{A}^k\boldsymbol{\varepsilon}^k = \boldsymbol{r}^k \tag{8.88}$$

除了最密网格，修正法在其他网格上均以误差矢量作为求解对象。当在最密网格迭代的收敛速度逐渐变慢时，转入第 $k-1$ 重计算，相应于式(8.88)的计算方程为

$$\boldsymbol{A}^{k-1}\boldsymbol{\varepsilon}^{k-1} = \boldsymbol{I}_k^{k-1}\boldsymbol{r}^k \tag{8.89}$$

其右端源项是由第 k 重网格计算的余量通过限定算子作用转移来的。如果网格只有两重，则在对式(8.89)迭代数次后，将求解结果传回第 k 重网格（最密网格），并按下式更新该重网格上的近似解：

$$\bar{\boldsymbol{X}}_{\text{new}}^k = \bar{\boldsymbol{X}}_{\text{old}}^k + \boldsymbol{I}_{k-1}^k\boldsymbol{\varepsilon}^{k-1} \tag{8.90}$$

其中 $\bar{\boldsymbol{X}}_{\text{new}}^k$ 和 $\bar{\boldsymbol{X}}_{\text{old}}^k$ 分别为第 k 重网格上改进的新值和上一次迭代循环在第 k 重网格上迭代所算出的旧值。

如果网格重数多于两重，则按式(8.89)迭代数次得到 $\boldsymbol{\varepsilon}^{k-1}$ 后，随之计算第 $k-1$ 重上的余量 $\boldsymbol{r}^{k-1} = \boldsymbol{I}_k^{k-1}\boldsymbol{r}^k - \boldsymbol{A}^{k-1}\boldsymbol{\varepsilon}^{k-1}$，再按式(8.89)往下计算 $\boldsymbol{\varepsilon}^{k-2}$，如此下去，直到最疏网格层，得到 $\boldsymbol{\varepsilon}^{k-1},\boldsymbol{\varepsilon}^{k-2},\cdots,\boldsymbol{\varepsilon}^1$；进而按式(8.90)一重重返回，依次得到更新的 $\boldsymbol{\varepsilon}^2,\boldsymbol{\varepsilon}^3,\cdots,\boldsymbol{\varepsilon}^{k-1}$，当达到最密网格时，就求出未知量在多重网格一个循环中的更新值 $\bar{\boldsymbol{X}}_{\text{new}}^k$。这一循环过程常需进行多次，直到在最密网格达到收敛要求。

（2）完全逼近方法

对于非线性方程，方程(8.87)不成立，因此无法得到误差方程(8.88)，只能基于求解原始未知量的方程。设在最密的一重网格 k 上开始迭代计算，当收敛速度逐步减慢时，转移到较粗的第 $k-1$ 重网格继续迭代计算。此时在第 $k-1$ 重网格上所求解的仍然是第 k 重网格上正确解的一个近似值，记为 $\bar{\boldsymbol{X}}^{k-1}$，所求解的代数方程的矩阵形式为

$$\boldsymbol{A}^{k-1}\bar{\boldsymbol{X}}^{k-1} = \boldsymbol{b}^{k-1} + \boldsymbol{I}_k^{k-1}(\boldsymbol{b}^k - \boldsymbol{A}^k\bar{\boldsymbol{X}}^k) \tag{8.91}$$

对线性代数方程，$\boldsymbol{A}^{k-1}$ 和 $\boldsymbol{b}^{k-1}$ 中的各元素是常数，但对非线性方程，$\boldsymbol{A}^{k-1}$ 中的各元素要根据第 k 重网格已得到的解 $\bar{\boldsymbol{X}}^k$ 的值确定。$\boldsymbol{b}^k - \boldsymbol{A}^k\bar{\boldsymbol{X}}^k$ 是第 k 重网格上的计算余量。由于第

$k-1$ 重上所求解的是第 k 重网格上的解，因此要把该余量从第 k 重网格传递到第 $k-1$ 重网格上。传递方法通过限定算子 $\boldsymbol{I}_k^{k-1}$ 来确定。

如果只有两重网格，则在第 $k-1$ 重网格上迭代进行到一定程度时，再把所得解 $\bar{\boldsymbol{X}}^{k-1}$ 传递回第 k 重网格上，以改进密网格上的解。令第 k 重网格限定过程之前迭代计算出的值为 $\bar{\boldsymbol{X}}_{\text{old}}^k$，即式(8.91)中的 $\bar{\boldsymbol{X}}^k$，第 k 重网格上的改进解为 $\bar{\boldsymbol{X}}_{\text{new}}^k$，则

$$\bar{\boldsymbol{X}}_{\text{new}}^k = \bar{\boldsymbol{X}}_{\text{old}}^k + \boldsymbol{I}_{k-1}^k(\bar{\boldsymbol{X}}^{k-1} - \boldsymbol{I}_k^{k-1}\bar{\boldsymbol{X}}_{\text{old}}^k) \tag{8.92}$$

其中 $\boldsymbol{I}_k^{k-1}\bar{\boldsymbol{X}}_{\text{old}}^k$ 表示通过限定算子将第 k 重网格算得的解转移到第 $k-1$ 重网格上，而 $\bar{\boldsymbol{X}}^{k-1}-\boldsymbol{I}_k^{k-1}\bar{\boldsymbol{X}}_{\text{old}}^k$ 表示第 $k-1$ 重网格上得到的解的修正值，这个修正值再通过延拓算子 $\boldsymbol{I}_{k-1}^k$ 传递到第 k 重网格上，以修正第 k 重网格上前一轮迭代所算的旧值，从而获得第 k 重网格上的改进解。再以此改进值开始下一循环的迭代计算，直到在最密网格上达到迭代收敛条件。

当网格多于两重时，不同网格间数据传递的限定和延拓（插值）过程与两重网格类似。但此时第 $k-1$ 重网格上的迭代计算次数不必过多，即可将解向第 $k-2$ 重网格传递，在第 $k-2$ 重网格上形成第 k 重网格解的一组代数方程，其形式同式(8.91)，只要把相应的上标指数各减 1 即可。如此下去，一直到最疏那重网格（相应地，$k-1=1$）时，可以将代数方程迭代求解到满足一定的收敛精度要求，进而再一重重逐步延拓（插值）到最密网格上，以得到最密网格上的改进值，完成多重网格计算的此轮循环。如此反复多次，直到在最密网格上达到收敛要求。

3. 确定限定算子 $\boldsymbol{I}_k^{k-1}$ 和延拓算子 $\boldsymbol{I}_{k-1}^k$ 的常用方法

确定限定算子的常用方法有两种：直接引入，即将密网格上的值直接引入到疏网格对应位置上；就近平均，即按照疏网格上节点位置，取其附近密网格节点的值做平均。对于二维问题，确定延拓（插值）算子的常用方法也有两种：双线性插值和双二次插值，即按两个坐标方向的几何位置做线性插值或二次插值。

4. 不同网格间的迭代循环方式

常用迭代循环方式有三种，即 V 循环、W 循环和 FMG 循环，对应的示意图分别如图 8.2(a)～(c)所示。其中 h 表示最密网格的步长，从上至下，步长成倍增加，网格从密到疏，其数据传递是限制过程；从下至上，步长成倍缩小，网格从疏到密，其数据传递是延拓过程。图中箭头方向标注了不同循环计算过程的走向，圆圈中的数字表示在不同重网格上计算的迭代次数，无数字的矩形框表示网格循环到此，要求解达到规定的收敛要求。

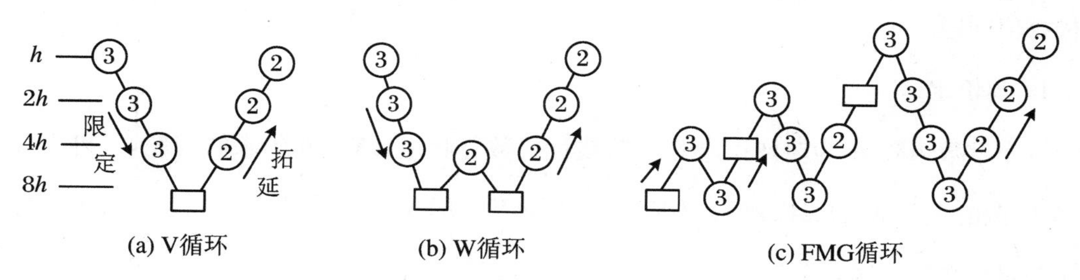

图 8.2　多重网格法的三种循环方式

V 循环是最常用的形式。图 8.2(a)所示的这种 V 循环为四重网格，从最密网格起算一重重逐步转入下一级疏网格，这个限制过程称为前光顺，以逐步消除误差中的长波分量。到

了最疏层后，迭代一定的次数，再一重重转至上一级密网格计算，这个延拓过程又称后光顺，以消除延拓过程中引入的短波分量误差，直到最密网格。

W 循环(图 8.2(b))在限制过程到达最疏网格后，其延拓过程只做了一重转换就转过头来重新将近似解限制到最疏网格上，进而再进行完整的延拓过程。这种做法能更有效地使长波分量误差衰减。

FMG 循环(图 8.2(c))是一种完全多重网格(full multigrid)循环。它从最疏网格开始迭代计算，在达到一定精度要求的收敛解后，才将解延拓到较密一级的网格上；随之进入到一个两重网格的 V 循环，限制到最疏网格，再返回做延拓，在密网格上要求解达到收敛(左边第二个黑圆圈)要求；此后再延拓至更密一重网格，开始一个三重 V 形网格的循环。如此下去，一直到获得最密网格上的解，才算结束多重网格计算的一轮循环。由于起步迭代从最疏网格开始，容易得到满足收敛条件的解，因此迭代计算有一个好的初场，这对加速整个迭代过程的收敛有利；循环包含多个不同重数的 V 循环，且要求在不同网格上达到一定收敛条件后，再转入下一个 V 循环计算，这便于用 Richardson 外推法来估算离散截断误差[10]。

8.8 共轭梯度法

共轭梯度(Conjugate Gradient，CG)法是一类迭代解法，但在每一轮迭代中都是直接求解的。它先是用来求解系数矩阵 $\boldsymbol{A}$ 是对称正定的代数方程组，进而推广到 $\boldsymbol{A}$ 为非对称的情况，并发展成一系列算法。这类算法，对于一个 N 阶的线性代数方程组，最多不超过 N 次迭代即可求得其精确解，收敛速度比常规的 G-S 迭代、ADI 迭代和松弛迭代都要快，且不像松弛迭代法那样常为选择最佳松弛因子犯难。它是与消元法一样的精确解法，但是在大型稀疏系数矩阵下，只需存贮非零元素，较消元法所需存贮量小得多。近年来，这种方法受到普遍的重视，得到广泛的应用。以下介绍它的基本思想和实施方法。

8.8.1 共轭梯度法的基本思想

为阐明共轭梯度的基本思想，先从一个等价定理说起，进而说明如何求解一个二次函数的极小值问题。

1. 等价定理

一个系数矩阵 $\boldsymbol{A}$ 为对称正定的 N 阶线性代数方程组 $\boldsymbol{AX}=\boldsymbol{b}$ 的求解问题，等价于一个按 $\boldsymbol{A}$ 所做的关于 $\boldsymbol{X}$ 的二次函数 $f(\boldsymbol{X})=\frac{1}{2}\boldsymbol{X}^{\mathrm{T}}\boldsymbol{AX}-\boldsymbol{b}^{\mathrm{T}}\boldsymbol{X}$ 的极小值求解问题。式中上标 T 表示矢量的转置。这是因为

$$f(\boldsymbol{X})=\frac{1}{2}\boldsymbol{X}^{\mathrm{T}}\boldsymbol{AX}-\boldsymbol{b}^{\mathrm{T}}\boldsymbol{X}=\frac{1}{2}\sum_{i,j=1}^{N}a_{i,j}x_ix_j-\sum_{i=1}^{N}b_ix_i \tag{8.93}$$

它的极值点(驻点)应满足

$$\frac{\partial f(\boldsymbol{X})}{\partial x_k} = \sum_{j=1}^{N} a_{k,j}x_j - b_k = 0, \quad k = 1,2,\cdots,N \tag{8.94}$$

此式表明,二次函数的极值点能使代数方程组满足,即是代数方程组的解。

进而考察该极值点是极大或是极小。由于

$$\frac{\partial^2 f(\boldsymbol{X})}{\partial x_i \partial x_j} = a_{i,j}, \quad i,j = 1,2,\cdots,N \tag{8.95}$$

于是在极值点 $\boldsymbol{X}^*$ 的邻域 $\boldsymbol{t}$ 处,有

$$f(\boldsymbol{X}^* + \boldsymbol{t}) - f(\boldsymbol{X}^*) = \sum_{i,j=1}^{N} \frac{\partial^2 f(\boldsymbol{X}^*)}{\partial x_i \partial x_j} t_i t_j = \sum_{i,j=1}^{N} a_{i,j} t_i t_j \tag{8.96}$$

由于 $\boldsymbol{A}$ 正定,当 $\boldsymbol{t} = (t_1, t_2, \cdots, t_N)^{\mathrm{T}} \neq \boldsymbol{0}$ 时,有

$$\boldsymbol{t}^{\mathrm{T}} \boldsymbol{A} \boldsymbol{t} = \sum_{i,j=1}^{N} a_{i,j} t_i t_j > 0 \tag{8.97}$$

即

$$f(\boldsymbol{X}^* + \boldsymbol{t}) - f(\boldsymbol{X}^*) > 0 \tag{8.98}$$

这就是说,满足代数方程组解的二次函数的极值点是该函数的极小值点。如果能求得二次函数 $f(\boldsymbol{X})$ 的极小值点,也就求得了代数方程组 $\boldsymbol{AX} = \boldsymbol{b}$ 的解。

2. 求解二次函数极小值的途径

欲对 $f(\boldsymbol{X})$ 直接求在定义域 $\mathbf{R}^N$ 上的极小值点是困难的,一般可通过在 $\mathbf{R}^N$ 的某些给定搜索方向 $\boldsymbol{p}^{(k)}$ 上,逐次求得向 $f(\boldsymbol{X})$ 的极小值过渡的极小值序列 $\{\boldsymbol{X}^{(k)}\}$,要求该序列的极限就是 $f(\boldsymbol{X})$ 的极小值。

在 R^N 上取 $\boldsymbol{X}^{(0)}$ 为 $f(\boldsymbol{X})$ 的最小值的初始近似,并给出从 $\boldsymbol{X}^{(0)}$ 点出发的一个方向 $\boldsymbol{p}^{(0)}$,进而在方向(直线) $\boldsymbol{X}^{(0)} + \alpha\boldsymbol{p}^{(0)}$ 上求出 $f(\boldsymbol{X})$ 的最小值的第二个近似点 $\boldsymbol{X}^{(1)}$。再取方向 $\boldsymbol{p}^{(1)}$,在方向(直线) $\boldsymbol{X}^{(1)} + \alpha\boldsymbol{p}^{(1)}$ 上求出 $f(\boldsymbol{X})$ 的最小值的第三个近似点 $\boldsymbol{X}^{(2)}$。如此下去,就得到 $f(\boldsymbol{X})$ 极小化的近似序列 $\{\boldsymbol{X}^{(k)}\}$,该序列的极限就是 $f(\boldsymbol{X})$ 取极小值的点。实施这个过程要解决两个问题,即如何定搜索方向 $\boldsymbol{p}^{(k)}$,又如何由 $\boldsymbol{X}^{(k)}$ 和 $\boldsymbol{p}^{(k)}$ 求得 $f(\boldsymbol{X})$ 在 $\boldsymbol{X}^{(k)} + \alpha\boldsymbol{p}^{(k)}$ 方向上的极小化序列点 $\boldsymbol{X}^{(k+1)}$。先讨论第二个问题。

对确定的 $\boldsymbol{X}^{(k)}$ 和 $\boldsymbol{p}^{(k)}$,$\boldsymbol{X}^{(k+1)}$ 将只与 α 相关。令

$$\begin{aligned}\varphi(\alpha) &= f(\boldsymbol{X}^{(k)} + \alpha\boldsymbol{p}^{(k)}) \\ &= \frac{1}{2}(\boldsymbol{X}^{(k)} + \alpha\boldsymbol{p}^{(k)})^{\mathrm{T}} \boldsymbol{A} (\boldsymbol{X}^{(k)} + \alpha\boldsymbol{p}^{(k)})(\boldsymbol{X}^{(k)} + \alpha\boldsymbol{p}^{(k)}) - \boldsymbol{b}^{\mathrm{T}}(\boldsymbol{X}^{(k)} + \alpha\boldsymbol{p}^{(k)})\end{aligned}$$

则 $f(\boldsymbol{X})$ 在方向 $\boldsymbol{X}^{(k)} + \alpha\boldsymbol{p}^{(k)}$ 上的极小值点应满足

$$\frac{\mathrm{d}\varphi(\alpha)}{\mathrm{d}\alpha} = \alpha(\boldsymbol{p}^{(k)})^{\mathrm{T}} \boldsymbol{A} \boldsymbol{p}^{(k)} + (\boldsymbol{p}^{(k)})^{\mathrm{T}}(\boldsymbol{AX}^{(k)} - \boldsymbol{b}) = 0$$

记满足上式解的 α 为 α_k,则有

$$\alpha_k = -\frac{(\boldsymbol{p}^{(k)})^{\mathrm{T}}(\boldsymbol{AX}^{(k)} - \boldsymbol{b})}{(\boldsymbol{p}^{(k)})^{\mathrm{T}} \boldsymbol{A} \boldsymbol{p}^{(k)}}$$

令

$$\boldsymbol{g}^{(k)} = \boldsymbol{AX}^{(k)} - \boldsymbol{b} = \nabla f(\boldsymbol{X}^{(k)}) \tag{8.99}$$

即 $\boldsymbol{g}^{(k)}$ 为 $f(\boldsymbol{X})$ 在 $\boldsymbol{X}^{(k)}$ 上的梯度(或称斜量),于是有

$$\alpha_k = -\frac{(\boldsymbol{p}^{(k)})^{\mathrm{T}}\boldsymbol{g}^{(k)}}{(\boldsymbol{p}^{(k)})^{\mathrm{T}}\boldsymbol{A}\boldsymbol{p}^{(k)}} \tag{8.100}$$

而

$$\boldsymbol{X}^{(k+1)} = \boldsymbol{X}^{(k)} + \alpha_k\boldsymbol{p}^{(k)} \tag{8.101}$$

且由于 $\boldsymbol{X}^{(k+1)}$是 $\boldsymbol{X}^{(k)}+\alpha_k\boldsymbol{p}^{(k)}$方向上 $f(\boldsymbol{X})$的最小值的近似点，故总有

$$f(\boldsymbol{X}^{(k+1)}) < f(\boldsymbol{X}^{(k)})$$

由此可知，对于给定的 $\boldsymbol{X}^{(0)}$和方向序列$\{\boldsymbol{p}^{(k)}\}$，由式(8.100)和式(8.101)就可得到使 $f(\boldsymbol{X})$逐渐变小的序列$\{\boldsymbol{X}^{(k)}\}$。只要 $\boldsymbol{p}^{(k)}$取得恰当，$\{\boldsymbol{X}^{(k)}\}$就能够很快收敛于 $f(\boldsymbol{X})$在 $\mathbf{R}^N$ 上的极小值点$\boldsymbol{X}^*$，即方程组 $\boldsymbol{AX}=\boldsymbol{b}$ 的解。

进而讨论如何选取搜索方向序列$\{\boldsymbol{p}^{(k)}\}$的问题。最初人们取 $f(\boldsymbol{X})$的负梯度方向 $-\nabla f(\boldsymbol{X}^{(k)})$ 作为 $\boldsymbol{p}^{(k)}$，从而构成了所谓的梯度法，或称最速下降法。但梯度法只有线性收敛速率，且其收敛因子依赖 $f(\boldsymbol{X})$的二阶导数矩阵 $H(\boldsymbol{X})$的特征值 λ，当 $H(\boldsymbol{X})$的条件数 $\rho=|\lambda|_{\max}/|\lambda|_{\min}$ 很大而成为病态矩阵时，会严重影响此法的收敛速度[11]。为此，将 $f(\boldsymbol{X})$的负梯度方向改为矩阵 $\boldsymbol{A}$ 的一组共轭向量系，发展成共轭梯度法。

设$\{\boldsymbol{p}^{(k)}\}_0^m$ 是 $\mathbf{R}^N$ 上的非零向量系，$\boldsymbol{A}$ 为正定矩阵。如果$\{\boldsymbol{p}^{(k)}\}$满足

$$(\boldsymbol{p}^{(i)})^{\mathrm{T}}\boldsymbol{A}\boldsymbol{p}^{(j)} = 0, \quad i \neq j \tag{8.102}$$

则称$\{\boldsymbol{p}^{(k)}\}_0^m$ 为 $\boldsymbol{A}$ 的共轭向量系。共轭向量系具有以下性质：① 在 $\mathbf{R}^N$ 上线性无关；② 其 $m\leqslant N-1$，即共轭向量系中向量个数不会超过 N；③ 以$\{\boldsymbol{p}^{(k)}\}_0^m$ 为迭代方向做出的迭代系列$\{\boldsymbol{X}^{(k)}\}$满足

$$(\boldsymbol{g}^{(k)})^{\mathrm{T}}\boldsymbol{p}^{(i)} = 0, \quad i = 0,1,2,\cdots,k-1 \tag{8.103}$$

即 $f(\boldsymbol{X})$在 $\boldsymbol{X}^{(k)}$上的梯度(或斜量)$\boldsymbol{g}^{(k)}$与共轭向量 $\boldsymbol{p}^{(1)},\boldsymbol{p}^{(2)},\cdots,\boldsymbol{p}^{(k-1)}$正交。按照第三条性质，如能找到矩阵 $\boldsymbol{A}$ 的包含N 个向量组成的共轭向量系$\{\boldsymbol{p}^{(k)}\}_0^{N-1}$，则以该组向量作为迭代方向所得到的最后一个点 $\boldsymbol{X}^{(n)}$的梯度 $\boldsymbol{g}^{(N)}$正交于共轭向量系中的所有向量，而这些向量是线性无关的，因此只能有 $\boldsymbol{g}^{(N)}=\boldsymbol{AX}^{(N)}-\boldsymbol{b}=\boldsymbol{0}$。这就是说，至多迭代 N 次，理论上讲方程已满足准确解了。当然，实际计算总是会有一定的数值误差。

为构造共轭向量系$\{\boldsymbol{p}^{(k)}\}_0^{N-1}$，取 $\boldsymbol{X}^{(0)}\in\mathbf{R}^N$，令 $\boldsymbol{p}^{(0)}=-\boldsymbol{g}^{(0)}=\boldsymbol{r}^{(0)}=\boldsymbol{b}-\boldsymbol{AX}^{(0)}$，按照式(8.100)和式(8.101)可得 α_0 和 $\boldsymbol{X}^{(1)}$；进而得 $\boldsymbol{g}^{(1)}=\boldsymbol{r}^{(1)}=\boldsymbol{b}-\boldsymbol{AX}^{(1)}$，并假定可以由 $\boldsymbol{p}^{(0)}$和 $\boldsymbol{g}^{(1)}$导出 $\boldsymbol{p}^{(1)}$。如此下去，设由 $\boldsymbol{p}^{(k-1)}$和 $\boldsymbol{g}^{(k)}$可推得的 $\boldsymbol{p}^{(k)}$具有以下递推关系：

$$\boldsymbol{p}^{(k)} = -\boldsymbol{g}^{(k)} + \beta_{k-1}\boldsymbol{p}^{(k-1)} = \boldsymbol{r}^{(k)} + \beta_{k-1}\boldsymbol{p}^{(k-1)} \tag{8.104}$$

利用共轭向量的基本性质，可以证明[11]，β_{k-1}应满足

$$\beta_{k-1} = \frac{(\boldsymbol{g}^{(k)})^{\mathrm{T}}\boldsymbol{A}\boldsymbol{p}^{(k-1)}}{(\boldsymbol{p}^{(k-1)})^{\mathrm{T}}\boldsymbol{A}\boldsymbol{p}^{(k-1)}} \tag{8.105}$$

综上所述，共轭梯度法(共轭斜量法)的基本思想可以总结为：一个系数为正定矩阵 $\boldsymbol{A}$ 的N 阶代数方程组$\boldsymbol{AX}=\boldsymbol{b}$ 的求解问题等价于用$\boldsymbol{A}$ 构成的一个二次函数的极小值的求解问题；而为了求解该二次函数的极小值，采用正定矩阵 $\boldsymbol{A}$ 的共轭向量系作为搜索极小值的迭代方向，在最多不超过方程组阶数 N 的迭代计算后，就可得到某个收敛要求下的极小值，即满足代数方程组的解。

8.8.2 共轭梯度法的实施步骤

为简化算法的书写，先将式(8.100)中的 α_k 和式(8.105)中的 β_k 改写为等价的简化

形式：

$$\alpha_k=-\frac{(\boldsymbol{p}^{(k)})^{\mathrm{T}}\boldsymbol{g}^{(k)}}{(\boldsymbol{p}^{(k)})^{\mathrm{T}}\boldsymbol{A}\boldsymbol{p}^{(k)}}=-\frac{(-\boldsymbol{g}^{(k)}+\beta_{k-1}\boldsymbol{p}^{(k-1)})^{\mathrm{T}}\boldsymbol{g}^{(k)}}{(\boldsymbol{p}^{(k)})^{\mathrm{T}}\boldsymbol{A}\boldsymbol{p}^{(k)}}=\frac{(\boldsymbol{r}^{(k)})^{\mathrm{T}}\boldsymbol{r}^{(k)}}{(\boldsymbol{p}^{(k)})^{\mathrm{T}}\boldsymbol{A}\boldsymbol{p}^{(k)}} \tag{8.106}$$

$$\begin{aligned}\beta_k&=\frac{(\boldsymbol{g}^{(k+1)})^{\mathrm{T}}\boldsymbol{A}\boldsymbol{p}^{(k)}}{(\boldsymbol{p}^{(k)})^{\mathrm{T}}\boldsymbol{A}\boldsymbol{p}^{(k)}}=\frac{(\boldsymbol{g}^{(k+1)})^{\mathrm{T}}(\boldsymbol{A}\boldsymbol{X}^{(k+1)}-\boldsymbol{A}\boldsymbol{X}^{(k)})/\alpha_k}{(\boldsymbol{p}^{(k)})^{\mathrm{T}}\boldsymbol{A}\boldsymbol{p}^{(k)}}\\&=\frac{1}{\alpha_k}\frac{(\boldsymbol{g}^{(k+1)})^{\mathrm{T}}(\boldsymbol{g}^{(k+1)}-\boldsymbol{g}^{(k)})}{(\boldsymbol{p}^{(k)})^{\mathrm{T}}\boldsymbol{A}\boldsymbol{p}^{(k)}}=-\frac{(\boldsymbol{p}^{(k)})^{\mathrm{T}}\boldsymbol{A}\boldsymbol{p}^{(k)}}{(\boldsymbol{g}^{(k)})^{\mathrm{T}}\boldsymbol{p}^{(k)}}\frac{(\boldsymbol{g}^{(k+1)})^{\mathrm{T}}\boldsymbol{g}^{(k+1)}}{(\boldsymbol{p}^{(k)})^{\mathrm{T}}\boldsymbol{A}\boldsymbol{p}^{(k)}}\\&=-\frac{(\boldsymbol{g}^{(k+1)})^{\mathrm{T}}\boldsymbol{g}^{(k+1)}}{(\boldsymbol{g}^{(k)})^{\mathrm{T}}(-\boldsymbol{g}^{(k)}+\beta_{k-1}\boldsymbol{p}^{(k-1)})}=-\frac{(\boldsymbol{g}^{(k+1)})^{\mathrm{T}}\boldsymbol{g}^{(k+1)}}{(\boldsymbol{g}^{(k)})^{\mathrm{T}}(-\boldsymbol{g}^{(k)}+\beta_{k-1}\boldsymbol{p}^{(k-1)})}\\&=\frac{(\boldsymbol{r}^{(k+1)})^{\mathrm{T}}\boldsymbol{r}^{(k+1)}}{(\boldsymbol{r}^{(k)})^{\mathrm{T}}\boldsymbol{r}^{(k)}}\end{aligned} \tag{8.107}$$

记矢量点乘为 $\boldsymbol{a}^{\mathrm{T}}\boldsymbol{b}=(\boldsymbol{a},\boldsymbol{b})$，共轭梯度法求解代数方程组 $\boldsymbol{AX}=\boldsymbol{b}$ 的算法如下：

(1) 假定初场为 $\boldsymbol{X}^{(0)}$。

(2) 计算初余量 $\boldsymbol{r}^{(0)}=\boldsymbol{b}-\boldsymbol{AX}^{(0)}$。

(3) 令 $\boldsymbol{p}^{(0)}=\boldsymbol{r}^{(0)}$。

(4) For $k=0,1,2,\cdots$ until $\boldsymbol{r}^{(k)}<$tolerance (余量<允许值)

$$\begin{aligned}\alpha_k&=(\boldsymbol{r}^{(k)},\boldsymbol{r}^{(k)})/(\boldsymbol{A}\boldsymbol{p}^{(k)},\boldsymbol{p}^{(k)})\\\boldsymbol{X}^{(k+1)}&=\boldsymbol{X}^{(k)}+\alpha_k\boldsymbol{p}^{(k)}\\\boldsymbol{r}^{(k+1)}&=\boldsymbol{r}^{(k)}-\alpha_k\boldsymbol{A}\boldsymbol{p}^{(k)}\\\beta_k&=(\boldsymbol{r}^{(k+1)},\boldsymbol{r}^{(k+1)})/(\boldsymbol{r}^{(k)},\boldsymbol{r}^{(k)})\\\boldsymbol{p}^{(k+1)}&=\boldsymbol{r}^{(k+1)}+\beta_k\boldsymbol{p}^{(k)}\end{aligned}$$

End

8.8.3　预处理的共轭梯度(Preconditioned CG, PCG)法

共轭梯度法迭代的收敛速度取决于矩阵 $\boldsymbol{A}$ 的条件数。条件数越大，收敛越慢。对于流动和热物理问题离散代数方程，其条件数大约正比于某个坐标方向上节点数的平方，如果每个方向均取为100个节点，则条件数将达到 10^4，这将使共轭梯度法迭代收敛速度变慢。

为了减小矩阵条件数对减缓迭代收敛速度的影响，适合处理系数为大型稀疏矩阵的代数方程，发展了预处理的共轭梯度法。其基本思想是，寻找 $\boldsymbol{A}$ 的一个近似矩阵 $\boldsymbol{M}$，使

$$\boldsymbol{A}=\boldsymbol{M}+\boldsymbol{E}$$

矩阵 $\boldsymbol{M}$ 的特征值分布比较集中，从而条件数小，同时又便于对方程 $\boldsymbol{MX}=\boldsymbol{d}$ 求解；$\boldsymbol{E}$ 是个小矩阵，类似于强隐迭代法中的矩阵 $\boldsymbol{N}$，计算中无需真正求出。而选择 $\boldsymbol{M}$ 的方法有多种，最常用的是不完全上、下三角分解(***ILU***)，这种分解法又有不同实施方式，其中Cholesky不完全分解法是常用方法之一。这里不再仔细介绍，可参考有关文献[12-13]。

选定好 $\boldsymbol{M}$ 后，PCG法实施过程如下：

(1) 假定初场为 $\boldsymbol{X}^{(0)}$。

(2) 计算初余量 $\boldsymbol{r}^{(0)}=\boldsymbol{b}-\boldsymbol{AX}^{(0)}$。

(3) 取 $\boldsymbol{p}^{(0)},\boldsymbol{S}^{(0)}=10^{30}$。

(4) For $k=1,2,\cdots$ until $\boldsymbol{r}^{(k)}<$tolerance (余量<允许值)

求解

$$MZ^{(k)} = r^{(k-1)}$$
$$S_k = (r^{(k-1)}, Z^{(k)})$$
$$\beta_k = S_k / S_{k-1}$$
$$p^{(k)} = Z^{(k)} + \beta_k p^{(k-1)}$$
$$\alpha_k = S_k / (Ap^{(k)}, p^{(k)})$$
$$X^{(k+1)} = X^{(k)} + \alpha_k p^{(k)}$$
$$r^{(k)} = r^{(k-1)} - \alpha_k A p^{(k)}$$

End

8.8.4 系数矩阵非对称时的共轭梯度法

对于非均匀网格、无结构网格上离散的代数方程组，其系数都是非对称的。但对于对流扩散问题，即使在均匀网格下，其离散方程的系数矩阵也是非对称的。但 CG 方法基于的是系数矩阵正定(对称)的代数方程的求解等价于由该矩阵所构成的二次型函数的极小值求解，非对称系数矩阵方程无法构成这种等价的二次型函数，因此，不能直接利用 CG 方法求解。如何将 CG 方法推广到系数为非对称矩阵时的方程，对有效求解实际物理过程的离散代数方程的意义更重要。

为此，对非对称系数矩阵 $\boldsymbol{A}$ 构成的代数方程组 $\boldsymbol{AX}=\boldsymbol{b}$，先要将方程进行转化，使其方程的系数矩阵对称，而后再用 CG 方法。最直接的做法是将方程两边左乘 $\boldsymbol{A}$ 的转置矩阵 $\boldsymbol{A}^{\mathrm{T}}$，则方程组变为

$$\boldsymbol{A}^{\mathrm{T}}\boldsymbol{AX} = \boldsymbol{A}^{\mathrm{T}}\boldsymbol{b}$$

由于 $\boldsymbol{A}^{\mathrm{T}}\boldsymbol{A}$ 构成一个对称矩阵，则对上面的方程组可以直接应用 CG 法。为克服 $\boldsymbol{A}$ 具有较大的条件数而导致收敛速度变慢的问题，需要对 $\boldsymbol{A}$ 进行预处理。

由于解非对称系数矩阵方程的重要性，目前已发展了一系列不同类型的相关 CG 算法，这里不再详述，可参看文献[14]和[15]等。

参 考 文 献

[1] 郭宽良.数值计算传热学[M].合肥：安徽科学技术出版社，1987：77-79，82-83.

[2] 陶文铨.数值传热学[M].2 版.西安：西安交通大学出版社，2001：266-270，276-280，284-286.

[3] 刘顺隆，郑群.计算流体力学[M].哈尔滨：哈尔滨工业大学出版社，1998：78-79.

[4] 傅德薰，马延文.计算流体力学[M].北京：高等教育出版社，2002：115-117.

[5] 陶文铨.数值传热学的近代进展[M].北京：科学出版社，2000：269-270，283-290，297-302.

[6] Stone H L. Iterative solution of implicit approximations of multidimensional partial differential equations[J]. SIAM J Numer Anal，1968，5(3)：530-558.

[7] 奚梅成.数值分析方法[M].合肥：中国科学技术大学出版社，2007：207-212.

[8] Brandt A. Multi-level adaptive solutions to boundary-value problems[J]. Math Comput，1977，31：330-390.

[9] Hackbusch W. Multi-grid methods and applications[M]. Berlin：Springer-Verlag，1985.

[10] Celik I，Zhang W M. Application of Richadson extrapolation to some simple turbulent flow

calculation[J]. FED, 1993, 158: 29-38.

[11] 王德人. 非线性方程组解法与最优化方法[M]. 北京：高等教育出版社，1979：139-153，160-162.

[12] Kershaw D S. The incomplete Cholesky-conjugate gradient method for the iterative solution of systems of linear equations[J]. J Comput Physics, 1978, 26: 43-65.

[13] Sheen S C, Wu J L. Solution of the pressure correction equation by the preconditioned conjugate gradient method[J]. Numer Heat Transfer, 1997, 32: 215-230.

[14] Alexander P. Non-symmetric CG-like schemes and the finite element solution of the advection-dispersion equation[J]. Int J Numer Methods Fluids, 1993, 17: 955-974.

[15] van der Vorst H A. Bi-CGSTAB: a fast and smoothy converging variant of Bi-CG for the solution of non-symmetric linear systems[J]. SIAM J Sci Stat Comput, 1992, 13: 631-644.

习　题

8.1 编写三对角阵算法（TDMA）和块三对角阵算法（BTDMA）的计算程序。

8.2 编写环形三对角阵算法（CTDMA）和五对角阵算法（PDMA）的计算程序。

8.3 线性代数方程组 $\boldsymbol{AX}=\boldsymbol{b}$ 的迭代求解格式为 $\boldsymbol{X}^{(n+1)}=\boldsymbol{HX}^{(n)}+\boldsymbol{d}$，其中 $\boldsymbol{H}$ 称为迭代矩阵，随系数矩阵 $\boldsymbol{A}$ 的分裂形式 $\boldsymbol{A}=\boldsymbol{M}-\boldsymbol{N}$ 中的非奇异矩阵 $\boldsymbol{M}$ 的选择不同而不同。当把矩阵 $\boldsymbol{A}$ 分裂为主对角阵（除主对角元素以外其余各元素均为零）、下三角阵 $\boldsymbol{L}$（除主对角左下元素以外其余元素为零）、上三角阵 $\boldsymbol{U}$（除主对角右上元素以外其余各元素为零）的如下求和形式 $\boldsymbol{A}=\boldsymbol{D}-\boldsymbol{L}-\boldsymbol{U}$ 时，验证：

(1) Jacobi 迭代：$\boldsymbol{M}=\boldsymbol{D},\boldsymbol{N}=\boldsymbol{L}+\boldsymbol{U}$，而 $\boldsymbol{H}=(\boldsymbol{D}-\boldsymbol{L})^{-1}\boldsymbol{U}=\boldsymbol{I}-(\boldsymbol{D}-\boldsymbol{L})^{-1}\boldsymbol{A},\boldsymbol{d}=\boldsymbol{D}^{-1}\boldsymbol{b}$；

(2) Gauss-Seidel 迭代：$\boldsymbol{M}=\boldsymbol{D}-\boldsymbol{L},\boldsymbol{N}-\boldsymbol{U}$，而 $\boldsymbol{H}=(\boldsymbol{D}-\boldsymbol{L})^{-1}\boldsymbol{U}=\boldsymbol{I}-(\boldsymbol{D}-\boldsymbol{L})^{-1}\boldsymbol{A},\boldsymbol{d}=(\boldsymbol{D}-\boldsymbol{L})^{-1}\boldsymbol{b}$。

8.4 线性代数方程组迭代求解收敛的充分必要条件是迭代矩阵的谱半径 $\rho(\boldsymbol{H})<1$。按照这一要求，讨论方程组

$$\begin{pmatrix}10 & 3 & 1\\ 2 & -10 & 3\\ 1 & 3 & 10\end{pmatrix}\begin{pmatrix}x_1\\ x_2\\ x_3\end{pmatrix}=\begin{pmatrix}14\\ -5\\ 14\end{pmatrix}$$

的以下性质：

(1) Jacobi 迭代的收敛性；

(2) Gauss-Seidel 迭代的收敛性；

(3) 从判断系数矩阵 $\boldsymbol{A}$ 是不是严格对角占优的，亦可判断 Jacobi 迭代和 Gauss-Seidel 迭代是否收敛，从而说明两种判断收敛性方法的一致性。

8.5 用共轭梯度方法求解以下三对角线性代数方程组，并与 TDMA 解法进行比较：

$$\begin{pmatrix}2 & 1 & 0 & 0\\ -1 & 2 & -1 & 0\\ 0 & -1 & 2 & -1\\ 0 & 0 & -1 & 2\end{pmatrix}\begin{pmatrix}x_1\\ x_2\\ x_3\\ x_4\end{pmatrix}=\begin{pmatrix}3\\ 2\\ 2\\ 3\end{pmatrix}$$

8.6 试用多重网格法计算以下无源二维稳态导热问题的温度场分布：

$$\begin{cases}\dfrac{\partial^2 T}{\partial x^2}+\dfrac{\partial^2 T}{\partial y^2}=0, & 0\leqslant x\leqslant 1, 0\leqslant y\leqslant 1\\ T(x,0)=T(x,1)=1\\ T(0,y)=T(1,y)=0\end{cases}$$

取三重网格，最密网格层为每边 32 等分，最疏网格层为每边 8 等分，中间层为每边 16 等分。分别采用单重网格的交替方向线迭代和多重网格方法求解该问题，并比较两种方法的收敛速度和所需计算时间。

第9章 网格生成

数值计算方法把在连续空间定义的物理问题离散成在网格节点上定义，因此，网格生成是数值计算的基础。由于实际流动和热物理中的问题大多数发生在复杂区域内，故不规则区域内网格生成显得格外重要。此前，我们所讨论的问题多是在规则区域上产生的，本章将主要针对非规则复杂区域的网格生成进行讨论，首先从总体上介绍网格生成技术的概要情况，进而着重讲述贴体网格的生成技术，最后简要介绍一些自适应网格问题。

9.1 网格生成技术概要

流动和热物理中复杂计算区域所采用的网格大体上分为结构网格和非结构网格两大类，如图9.1所示。

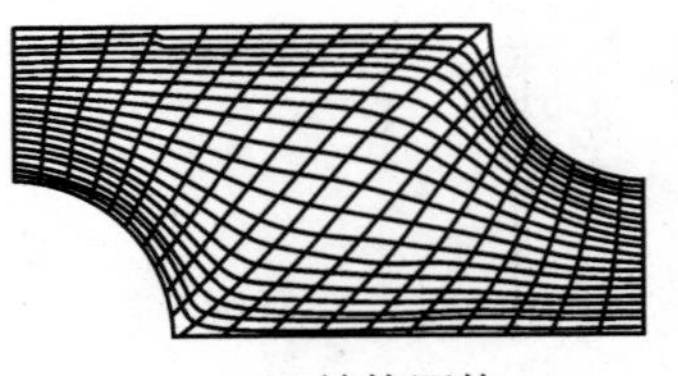

(a) 结构网格

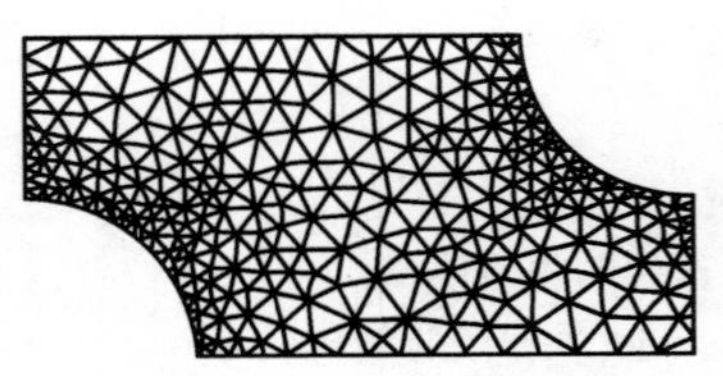

(b) 非结构网格

图9.1 两类网格

结构网格的生成技术相对成熟，其特点是任意一个节点的位置都可通过一定的规则给予命名，它与其他相邻节点之间的联结关系固定不变且隐含在所生成的网格之中，故不必专门设置数据来确认网格节点间的联系。一般数值计算中所采用的正交和非正交曲线坐标系所生成的网格都是结构网格。而贴体网格是结构网格中最重要的一类，它把物理空间中的非规则区域变换到计算空间上的规则区域，生成方式基本上都是做一个特定的坐标转换。实现转换的方法包括保角变换法、代数方法和微分方程法：

(1) 保角变换法根据复变函数中的保角变换理论，利用单一映射或连续映射得到物理域边界和计算域边界间的对应关系，进而利用边界上的对应关系生成计算域内的节点。这种方法可以保证物理平面上所生成的网格的正交性，但是仅适用于二维问题，且除了复变函数理论中的一些成熟的变换关系式可以利用外，要想找到一般复杂区域到规则区域之间的变换关系往往是不可能的，通常只能将保角变换法和其他方法结合起来使用，才有可能收到好的效果。本书对此不再讨论,有兴趣的读者可参看相关文献[1-2]。

(2) 代数法生成网格是通过一些代数关系式,把物理空间中不规则的区域转化为计算空间上的规则区域。最简单的做法是,对给定的物理边界,采用一些初等函数变换即可达到目的,其物理与计算空间的边界和内部节点的对应关系均按这些初等变换式来确定。例如,所谓边界规范化方法或剪切变换生成贴体网格就属这一类。对于一般情况则规定边界值条件,再利用已知的边界值进行中间插值来生成内部网格。这需要在转换之前构思网格的形状,再引入插值公式,选择合适的数学表达式来联系物理空间和计算空间之间的换算关系。代数生成法要求生成的网格光滑,接近正交。这种方法简便灵活,所耗机时很少,也可在一定范围内控制网格的形状和密度,目前已经发展得较为完善;但其通用性差,自动化程度不高,需要较多的人工干预,所生成的网格质量一般。

(3) 微分方程法是通过求解偏微分方程来生成贴体网格的。如果物理空间边界是封闭的,则采用椭圆型偏微分方程,其中 Laplace 方程和 Poisson 方程是较常用的两种;如果物理区域是不封闭的,则可采用抛物型或双曲型偏微分方程。用椭圆型偏微分方程生成贴体网格,适应性强,在整个区域内部网格比较光顺,在边界附近网格的正交性较其他方法好,且可根据网格的疏密安排要求,通过调整 Poisson 方程的源项以实现人工控制,因此所生成的网格质量高,是当前应用最广泛的微分方程生成网格法。采用抛物型或双曲型偏微分方程生成网格,由于用步进法求解,较椭圆型方程计算时间少得多,它们主要用于一些外流或内流问题计算中。但双曲型方程容易引起网格振荡;抛物型方程虽不会产生网格振荡,但求解中所需的参考网格点的生成及其行进步长的确定都相当费机时。

在结构网格中,除了在整个计算区域内构建一种形式的网格外,还发展了一种称为块结构的网格,又称组合网格。这种网格根据实际问题的特点把整个求解域划分为几个小区块,而在每一小区块上生成不同的结构网格。按照区块交界处的联结方式,又区分为非重叠的拼接式网格和部分区域有重叠的搭接式网格两种。不同区块之间的联系和信息传递,通过设定一定的规则来确定[3]。采用块结构网格的好处在于,能够照顾到不同计算区域自身的特点,对复杂的物理空间有更好的适应性;网格生成相对容易;便于采用并行算法求解代数方程。因此,这种网格在流动和热物理问题计算中有着广泛的应用。

非结构网格是一种没有固定结构的网格,其节点的编号命名无一定规则,甚至随意编号,每个节点的邻点个数也不是固定不变的。它是基于这样的假设而提出的:二维和三维空间中最简单的形状分别是三角形和四面体,任何平面或空间区域都可被三角形或四面体填满。也就是说,任何二维或三维区域总可划分成任意的三角形单元或四面体单元的网格。由于这种网格结构上的无规性,除了每个单元及其节点的信息都必须存储外,与它相邻的单元的编号等也要存储起来作为彼此关联的信息;因此非结构网格的存储量大,且生成网格和在网格上求解具体问题所需要的计算机时长。但正是因为这种网格没有对网格节点的结构性限制,易于控制网格单元的大小、形状和网格点的位置,方便网格的自动生成、自适应处理以及并行计算的实施。它较结构网格具有更大的灵活性,对不规则的物理空间计算区域,具有很强的适应能力。生成非结构网格的方法大致分为三类:前沿推进法、Delaunay 三角形化方法和其他方法。限于篇幅,我们不做进一步讨论,感兴趣的读者可以参考文献[3]。

高质量的网格还应与数值求解的动态过程结合起来。这个过程是指用最适合求解问题所需要的方式来生成网格,在解的梯度大的地方网格能自动加密,而在解的梯度小的地方网格自动变得稀疏,从而改进计算精度,使数值误差在解域内分布趋于均匀。显然,这一过程需要反复多次才能完成,也就是需要迭代式进行,即先在所生成的网格上计算,再分析所算结果的分布状况,进而改进网格疏密配置,并在改进后的网格上重算,以达到用最合适的方式来布置节点并确定它们之间的关联。这种在计算过程中根据解的分布特性而建立的适合解的要求的网格,称为自适应网格。现有的关于网格自适应化的方法大致分为两类:一类是网格细化法(h 方法),通过网格的进一步细化来实现自适应目标;另一类为重新分布法(r 方法),指保持单元或节点数不变而通过重新分布节点位置实现自适应目标。生成自适应网格过程包括两个基本步骤:根据初步生成的网格的计算结果,确定什么样的网格为优化网格,从而定下相应的误差指针;改进已初步生成的网格以达到优化的要求。对于复杂流动和热物理问题求解,网格的自适应化对最终计算结果的准确性有重要意义。近年来,自适应网格的研究取得了显著的进展[4-5]。

作为网格生成技术的基础内容,以下我们重点围绕结构网格中的贴体网格进行讨论。

9.2 贴体坐标和贴体坐标转换

9.2.1 贴体坐标和贴体网格

流动和热物理过程的控制方程最一般的形式是以矢量写出来的。这些矢量形式的方程可以在任意坐标系下写出其投影形式。选取什么样的坐标,也就是用什么样的表象来描述物理过程,要依照不同问题的特点,使其求解方便,并保证解的稳定性和精确性。

理想的坐标系是求解区域的边界与坐标系的坐标轴一一平行的坐标系,这种坐标称为贴体坐标。在贴体坐标下所建立的计算网格,就叫贴体网格。直角坐标系是矩形区域的贴体坐标系,球坐标是球形区域的贴体坐标系。采用贴体坐标系的最大好处是便于边界条件的离散化处理;其次是对一些具有对称特征的计算域,可以减少自变量的数目。如充分发展的圆管内流动问题,流速在直角坐标系下为二维问题,但在圆柱坐标系下则是一个一维问题。

数学上已经有 14 种正交曲线坐标系[6],如柱坐标、球坐标、极坐标、双极坐标、椭圆坐标等,它们能使某些特定的非规则区域的边界与这些坐标系的坐标方向一致。因此,对于求解区域具有这种特征的问题,就可直接选用相应的曲线坐标作为贴体坐标。

9.2.2 贴体坐标转换及其要求

对于物理空间一般的复杂求解区域,其边界不可能与已有的各种曲线坐标系正好符合,因此需要采用坐标转换的数学手段来构造与之相适应的贴体坐标系,以使求解区域得以简化。构成贴体坐标转换,必须使所有物理边界都取作坐标线或坐标面。这样,在物理空间,复杂求解域就与取值不一样的贴体坐标线(或面)簇贴合,而把这些贴体坐标线(或面)簇放到转换后的直角坐标计算平面,与它们对应的是一簇簇的直线(或直面)。于是物理空间上的一个复杂求解区域转换到计算空间就成为一个规则的简单区域。

以二维问题为例，如图 9.2 所示，设在 xy 物理平面上定义有一个复杂的求解区域 $ABCD$，选择某种坐标转换

$$\xi = \xi(x, y), \quad \eta = \eta(x, y) \tag{9.1}$$

如果它能将物理平面上的非规则区域 $ABCD$ 变为 $\xi\eta$ 计算平面上的一个规则的矩形区域 $A^*B^*C^*D^*$，且矩形 $A^*B^*C^*D^*$ 的每条边相应 $\xi\eta$ 平面上的一条坐标线，并与物理平面复杂区域 $ABCD$ 上的边界线一一对应，则(ξ, η)就是我们要找的与物理空间复杂区域边界相适应的贴体坐标。贴体坐标系在 xy 物理平面上是曲线坐标(ξ, η)，其物理边界均是对应某个 ξ 值或 η 值的坐标线；而在 $\xi\eta$ 计算平面上，它是直角坐标。

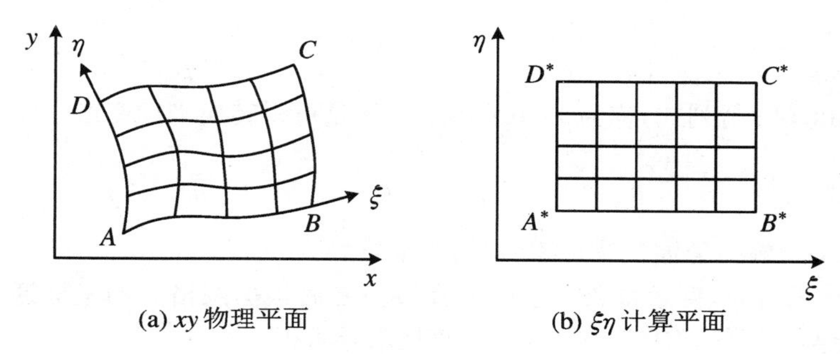

(a) xy 物理平面　　(b) $\xi\eta$ 计算平面

图 9.2　贴体坐标示意图

由于在计算平面上的计算区域是规则的矩形，边界为平行于坐标轴的直线，因此生成计算平面上的网格很容易。如最简单的均分网格，只要给出每个坐标方向的节点总数要求就可以了。但要将计算平面上生成的网格映射到物理平面上，从而生成物理平面上的贴体网格，却并非那么容易。所谓贴体网格生成，不只是在计算平面生成网格，而且要根据计算平面上已生成的各个网格节点的坐标(ξ, η)，找出物理平面上对应的网格节点坐标(x, y)，也就是要确定转换关系式(9.1)。这个过程称为贴体坐标和贴体网格的生成过程。

对贴体坐标转换，有如下一些基本要求[7-8]：① 转换函数是单值的，转换节点一一对应；② 物理平面上的网格线光滑，以提供连续的转换导数；③ 物理平面上解域内部的网格疏密程度易于控制；④ 网格线应尽可能避免过于倾斜，以减小截断误差；⑤ 网格线尽可能与边界垂直，以利于处理边界条件。

9.2.3　贴体坐标系下的导数变换

贴体坐标是从物理空间到计算空间的转换坐标。在计算空间实施求解，必须先把在物理空间写出的控制方程改在计算空间写出，因此需要推导出两个坐标间导数的变换关系。

仍以二维问题为例。式(9.1)表示从物理平面 xy 到计算平面 $\xi\eta$ 的转换，称为正变换；而从计算平面 $\xi\eta$ 到物理平面 xy 的转换称为反变换，表示为

$$x = x(\xi, \eta), \quad y = y(\xi, \eta) \tag{9.2}$$

由式(9.1)，有

$$d\xi = \xi_x dx + \xi_y dy, \quad d\eta = \eta_x dx + \eta_y dy$$

写成矩阵形式：

$$\begin{pmatrix} d\xi \\ d\eta \end{pmatrix} = \begin{bmatrix} \xi_x & \xi_y \\ \eta_x & \eta_y \end{bmatrix} \begin{pmatrix} dx \\ dy \end{pmatrix} \tag{9.3}$$

式中下标表示对相应坐标求偏导。由式(9.2),有

$$\begin{pmatrix} dx \\ dy \end{pmatrix} = \begin{bmatrix} x_\xi & x_\eta \\ y_\xi & y_\eta \end{bmatrix} \begin{pmatrix} d\xi \\ d\eta \end{pmatrix} \tag{9.4}$$

以上两式中的 2 阶矩阵分别对应正、反变换的 Jacobi 矩阵。比较以上两式,得

$$\begin{bmatrix} \xi_x & \xi_y \\ \eta_x & \eta_y \end{bmatrix} = \begin{bmatrix} x_\xi & x_\eta \\ y_\xi & y_\eta \end{bmatrix}^{-1} = \frac{1}{J}\begin{bmatrix} y_\eta & -x_\eta \\ -y_\xi & x_\xi \end{bmatrix} \tag{9.5}$$

其中

$$J = \begin{vmatrix} x_\xi & x_\eta \\ y_\xi & y_\eta \end{vmatrix} = x_\xi y_\eta - x_\eta y_\xi = \begin{vmatrix} \xi_x & \xi_y \\ \eta_x & \eta_y \end{vmatrix}^{-1} \tag{9.6}$$

是坐标转换的 Jacobi 行列式,称为 Jacobi 因子。于是可得转换坐标变量之间的微分关系为

$$\xi_x = \frac{y_\eta}{J}, \quad \xi_y = \frac{-x_\eta}{J}, \quad \eta_x = \frac{-y_\xi}{J}, \quad \eta_y = \frac{x_\xi}{J} \tag{9.7}$$

式中 $\xi_x,\xi_y,\eta_x,\eta_y$ 称为坐标变换式(9.1)的度量系数。

在贴体网格求解时,度量系数一般由坐标转换之后根据网格点的坐标通过差分方法求得,而非采用转换方程的式(9.1)或式(9.2)直接求导求得。

利用上述微分关系,可以推导任意连续函数在两种坐标的导数变化关系。对于一阶偏导数,有

$$\frac{\partial}{\partial x} = \frac{y_\eta}{J}\frac{\partial}{\partial \xi} - \frac{y_\xi}{J}\frac{\partial}{\partial \eta}, \quad \frac{\partial}{\partial y} = -\frac{x_\eta}{J}\frac{\partial}{\partial \xi} + \frac{x_\xi}{J}\frac{\partial}{\partial \eta} \tag{9.8}$$

对于二阶偏导数,有

$$\begin{aligned} \frac{\partial^2}{\partial x^2} &= \frac{\partial}{\partial x}\left(\frac{y_\eta}{J}\frac{\partial}{\partial \xi} - \frac{y_\xi}{J}\frac{\partial}{\partial \eta}\right) \\ &= \frac{y_\eta}{J}\frac{\partial}{\partial \xi}\left(\frac{y_\eta}{J}\frac{\partial}{\partial \xi}\right) - \frac{y_\xi}{J}\frac{\partial}{\partial \eta}\left(\frac{y_\eta}{J}\frac{\partial}{\partial \xi}\right) + \frac{y_\eta}{J}\frac{\partial}{\partial \xi}\left(-\frac{y_\xi}{J}\frac{\partial}{\partial \eta}\right) - \frac{y_\xi}{J}\frac{\partial}{\partial \eta}\left(-\frac{y_\xi}{J}\frac{\partial}{\partial \eta}\right) \end{aligned} \tag{9.9a}$$

$$\begin{aligned} \frac{\partial^2}{\partial y^2} &= \frac{\partial}{\partial y}\left(-\frac{x_\eta}{J}\frac{\partial}{\partial \xi} + \frac{x_\xi}{J}\frac{\partial}{\partial \eta}\right) \\ &= -\frac{x_\eta}{J}\frac{\partial}{\partial \xi}\left(-\frac{x_\eta}{J}\frac{\partial}{\partial \xi}\right) + \frac{x_\xi}{J}\frac{\partial}{\partial \eta}\left(-\frac{x_\eta}{J}\frac{\partial}{\partial \xi}\right) - \frac{x_\eta}{J}\frac{\partial}{\partial \xi}\left(\frac{x_\xi}{J}\frac{\partial}{\partial \eta}\right) + \frac{x_\xi}{J}\frac{\partial}{\partial \eta}\left(\frac{x_\xi}{J}\frac{\partial}{\partial \eta}\right) \end{aligned} \tag{9.9b}$$

$$\begin{aligned} \frac{\partial^2}{\partial x \partial y} &= \frac{\partial}{\partial y}\left(\frac{y_\eta}{J}\frac{\partial}{\partial \xi} - \frac{y_\xi}{J}\frac{\partial}{\partial \eta}\right) \\ &= \frac{-x_\eta}{J}\frac{\partial}{\partial \xi}\left(\frac{y_\eta}{J}\frac{\partial}{\partial \xi}\right) + \frac{x_\xi}{J}\frac{\partial}{\partial \eta}\left(\frac{y_\eta}{J}\frac{\partial}{\partial \xi}\right) - \frac{x_\eta}{J}\frac{\partial}{\partial \xi}\left(-\frac{y_\xi}{J}\frac{\partial}{\partial \eta}\right) + \frac{x_\xi}{J}\frac{\partial}{\partial \eta}\left(-\frac{y_\xi}{J}\frac{\partial}{\partial \eta}\right) \end{aligned} \tag{9.9c}$$

对 Laplace 算子,将式(9.9a)和式(9.9b)相加,并将乘积求导项展开,再利用 Jacobi 因子求偏导的如下表达式:

$$\begin{aligned} J_\xi &= y_\eta x_{\xi\xi} + x_\xi y_{\xi\eta} - x_\eta y_{\xi\xi} - y_\xi x_{\xi\eta} \\ J_\eta &= y_\eta x_{\xi\eta} + x_\xi y_{\eta\eta} - x_\eta y_{\xi\eta} - y_\xi x_{\eta\eta} \end{aligned} \tag{9.10}$$

可以得到

$$\frac{\partial^2}{\partial x^2}+\frac{\partial^2}{\partial y^2}=\frac{1}{J^2}\Big[(x_\eta^2+y_\eta^2)\frac{\partial^2}{\partial\xi^2}+(x_\xi^2+y_\xi^2)\frac{\partial^2}{\partial\eta^2}$$
$$-2(x_\xi x_\eta+y_\xi y_\eta)\frac{\partial^2}{\partial\eta\partial\xi}+(x_\eta x_{\xi\eta}+y_\eta y_{\xi\eta}-x_\xi x_{\eta\eta}-y_\xi y_{\eta\eta})\frac{\partial}{\partial\xi}$$
$$+(x_\xi x_{\xi\eta}+y_\xi y_{\xi\eta}-x_\eta x_{\xi\xi}-y_\eta y_{\xi\xi})\frac{\partial}{\partial\eta}-(x_\eta^2+y_\eta^2)\frac{J_\xi}{J}\frac{\partial}{\partial\xi}$$
$$-(x_\xi^2+y_\xi^2)\frac{J_\eta}{J}\frac{\partial}{\partial\eta}+(x_\xi x_\eta+y_\xi y_\eta)\frac{J_\eta}{J}\frac{\partial}{\partial\xi}+(x_\xi x_\eta+y_\xi y_\eta)\frac{J_\xi}{J}\frac{\partial}{\partial\eta}\Big] \tag{9.11}$$

合并同阶导数项,并以简化形式写出,有

$$\frac{\partial^2}{\partial x^2}+\frac{\partial^2}{\partial y^2}=\frac{1}{J^2}\left(\alpha\frac{\partial^2}{\partial\xi^2}-2\beta\frac{\partial^2}{\partial\xi\partial\eta}+\gamma\frac{\partial^2}{\partial\eta^2}+\tau\frac{\partial}{\partial\xi}+\sigma\frac{\partial}{\partial\eta}\right) \tag{9.12}$$

其中

$$\alpha=x_\eta^2+y_\eta^2,\quad \beta=x_\xi x_\eta+y_\xi y_\eta,\quad \gamma=x_\xi^2+y_\xi^2 \tag{9.13a}$$
$$\tau=(x_\eta D_y-y_\eta D_x)/J,\quad \sigma=(y_\xi D_x-x_\xi D_y)/J \tag{9.13b}$$
$$D_x=\alpha x_{\xi\xi}-2\beta x_{\xi\eta}+\gamma x_{\eta\eta},\quad D_y=\alpha y_{\xi\xi}-2\beta y_{\xi\eta}+\gamma y_{\eta\eta} \tag{9.13c}$$

4. 应用贴体坐标的解题过程

应用贴体坐标求解流动和热物理问题的解题过程如下:

(1) 生成贴体网格。在计算平面上选定与物理平面上复杂求解域相对应的求解区域,给定边界条件,应用不同方法求出两平面内部节点的对应关系,即式(9.1)或其反函数。它们可以是解析的,也可是数值的。这是本章要讨论的基本内容。

(2) 将控制方程和定解条件在贴体坐标下写出并离散。

(3) 在计算平面求解离散代数方程,并将解传递至物理平面。

本章的余下部分将就生成贴体网格和自适应网格的主要方法进行逐一介绍,而对方程在贴体坐标下离散以及求解问题不再叙述。本章介绍的贴体网格生成方法主要包含代数方法和微分方程方法;自适应网格生成方法中,则简要介绍了网格重新分布法(r 方法)中的均匀分布法和变分法。

9.3 生成贴体网格的代数方法

所谓代数方法生成贴体网格,是指通过一些代数关系式来实现贴体坐标转换和生成贴体网格。本节讨论一些常用的这类方法。

9.3.1 边界规范化方法

边界规范化方法系指采用一些简单的初等函数变换生成贴体网格的方法。不同的初等函数具有不同的特性，采用不同的初等函数组合，不仅可以把物理空间一些不规则的计算区域变为计算空间中的规则区域，而且可以根据求解问题的特点，在物理空间生成疏密不同的网格。以下举例说明之。

1. 二维曲边形通道

如图 9.3(a)所示的先收缩而后扩散的二维通道，下边和上边的曲线形状函数分别为 $y_1(x)$ 和 $y_2(x)$（$0 \leqslant x \leqslant 2$）。可采用使上、下规范化的坐标转换

$$\xi = ax, \quad \eta = b\,\frac{y - y_1(x)}{y_2(x) - y_1(x)} \tag{9.14}$$

从而将物理平面非规则的区域变换为计算平面上的矩形区域（图 9.3(b)）。式中的 a 和 b 为调节系数。按照该变换在物理平面和计算平面所生成的贴体网格也示于图中。

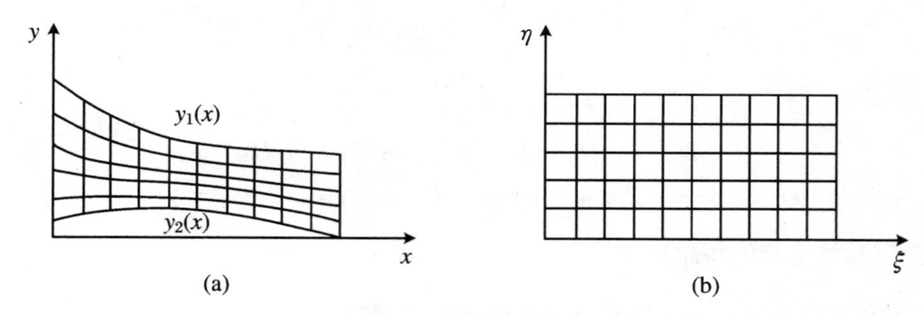

图 9.3　二维弯曲通道

2. 二维叶栅绕流

如图 9.4(a)所示，物理平面上计算区域为叶栅的进气区域、绕流区域以及出流区域，其绕流区域为非规则的复杂区域。进、出流的远方接近均匀流，而靠近叶栅部位流场变化较大。为精确模拟这类特性的流场，可引用如下初等变换[9]：

$$\xi = \xi(x) = \begin{cases} e^{x} & x < 0 \\ 1 + x, & 0 \leqslant x \leqslant 1 \\ 3 - e^{1-x}, & x > 1 \end{cases} \tag{9.15a}$$

$$\eta = \eta(y) = \frac{y - y_l}{y_u - y_l} \tag{9.15b}$$

由于函数 e^x 能将 x 为 $(-\infty, 0)$ 的区间变为 ξ 为 $(0,1)$ 的区间，函数 $3 - e^{1-x}$ 能将 x 为 $(1, \infty)$

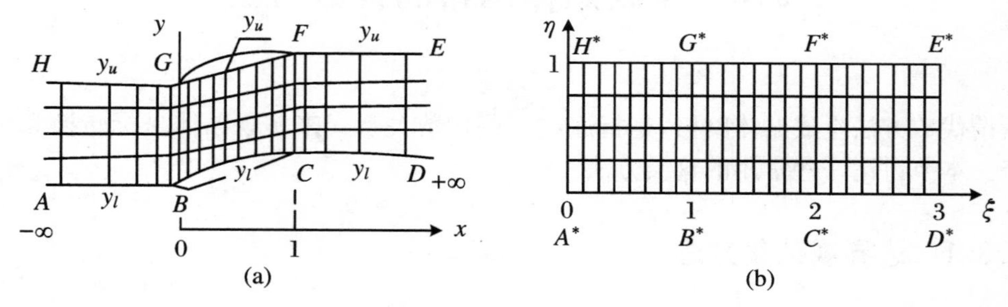

图 9.4　二维叶栅绕流

的区间变为 ξ 为(2,3)的区间，而非规则的叶栅绕流区通过边界规范化变化(9.15b)可以规范化，从而物理平面上有着不同几何结构特性和流动特性的计算区域变成了计算平面上规则的计算区域，计算平面上均匀划分的网格对应物理平面上符合实际流场特性要求的疏密不同的贴体网格，如图 9.4(a)和(b)所示。

9.3.2　插值方法

前面给出的用初等函数变换使边界规范化而生成贴体网格的方法，可用范围是很有限的。对于更复杂的情形，用代数法生成贴体网格所使用的基本方法是插值法。插值法利用已知的边界值进行中间插值来生成网格。这就要求在实施坐标转换前，先构思物理空间上网格的形态，再选择适当的插值方式，引入相应的数学表达式来联系物理空间和计算空间坐标变量之间的联系。常用的插值方式为：只需插值点函数值的 Lagrange 插值；既要插值点函数值，又要插值其一阶导数值的二重 Hermite 插值。为了提高网格生成质量，这两种插值方式一般并不用来直接生成网格，而是用在其他生成网格的方法之中。用插值法生成网格的方法有多种，最简单的是双界面法，复杂些的有无限插值法和多面法。限于篇幅，我们介绍前两种。

1．常用的插值公式

对于代数法生成网格的插值法，常用的插值公式有两类：

(1) Lagrange 插值公式：设已知边界上各点 $\xi_1,\xi_2,\cdots,\xi_N\,(0\leqslant\xi_i\leqslant L)$ 的函数值为 $\boldsymbol{r}(\xi_i)\,(1\leqslant i\leqslant N)$，则在 $0\leqslant\xi\leqslant L$ 范围内任意点 ξ 的函数 $\boldsymbol{r}(\xi)$ 的值按下式计算：

$$\boldsymbol{r}(\xi)=\sum_{i=1}^{N}L_i(\xi)\boldsymbol{r}(\xi_i) \tag{9.16}$$

其中 $L_i(\xi)$ 为 Lagrange 插值函数，形式为

$$L_i(\xi)=\prod_{\substack{j=1\\ i\neq j}}^{N}\frac{\xi-\xi_j}{\xi_i-\xi_j}=\frac{(\xi-\xi_1)\cdots(\xi-\xi_{i-1})(\xi-\xi_{i+1})\cdots(\xi-\xi_N)}{(\xi_i-\xi_1)\cdots(\xi_i-\xi_{i-1})(\xi_i-\xi_{i+1})\cdots(\xi_i-\xi_N)} \tag{9.17}$$

(2) Hermite 插值：相应上述提法的插值公式为

$$\boldsymbol{r}(\xi)=\sum_{i=1}^{N}H_i(\xi)\boldsymbol{r}(\xi_i)+\sum_{i=1}^{N}\overline{H}_i(\xi)\boldsymbol{r}'(\xi_i) \tag{9.18}$$

其中插值函数 $H_i(\xi)$ 和 $\overline{H}_i(\xi)$ 的形式分别为

$$H_i(\xi)=\left[1-2(\xi-\xi_i)\sum_{\substack{j=1\\ i\neq j}}^{N}\frac{1}{\xi_i-\xi_j}\right]L_i^2(\xi),\quad \overline{H}_i(\xi)=(\xi-\xi_i)L_i^2(\xi) \tag{9.19}$$

式中上标“′”表示对变量 ξ 求导。

2．单向插值的双边界法

对于在二维物理平面上由四条曲线边界所构成的非规则区域，只需规定一对不直接相连的边界上的坐标对应关系，就可在一个曲线坐标方向上进行插值而生成贴体网格。它是一种单向插值，称为双边界法。

设在物理平面上有如图 9.5(a)所示的非规则区域 $ABCD$，四条边 AB，BC，CD，DA 分

别用 b,r,t,l 标记，要求变为计算平面上如图 9.5(b)所示的规则区域。若选定上、下(或者左、右)两条边界上的 η 值(或者 ξ 值)，分别设为 η_b,η_t(或者 ξ_l,ξ_r)，于是上、下边界上的 x,y 仅随 ξ(左、右边界仅随 η)而变。现只讨论选取上、下边界的情况：令该两边界上的 x,y 随 ξ 变化的关系定为

$$\begin{cases} x_b = x_b(\xi), & y_b = y_b(\xi) \\ x_t = x_t(\xi), & y_t = y_t(\xi) \end{cases} \tag{9.20a}$$

为简单起见，取计算平面 $\xi\eta$ 上的坐标值为 $0\leqslant\xi\leqslant1,0\leqslant\eta\leqslant1$，于是上式可写成

$$\begin{cases} x_b = x(\xi,0), & y_b = y(\xi,0) \\ x_t = x(\xi,1), & y_t = y(\xi,1) \end{cases} \tag{9.20b}$$

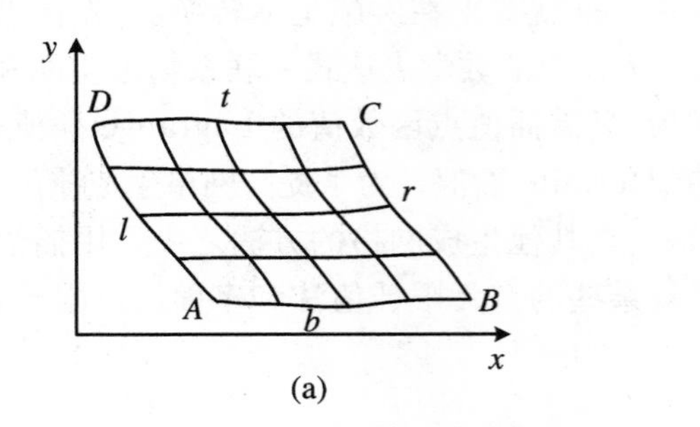

(a)

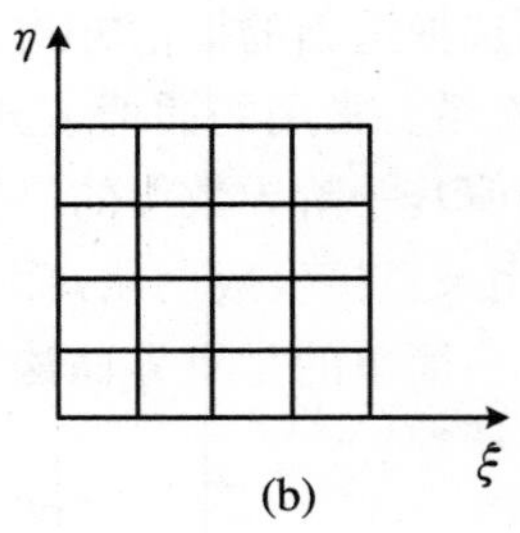

(b)

图 9.5　单向插值的双边界法

为了确定计算平面上的规则网格节点所对应的物理平面非规则区域内的曲线网格节点，可利用以上给定的上、下边界值条件进行插值，最简单的插值方式就是沿 η 方向的 Lagrange 线性插值，即

$$\begin{cases} x(\xi,\eta) = x(\xi,0)L_b(\eta) + x(\xi,1)L_t(\eta) \\ y(\xi,\eta) = y(\xi,0)L_b(\eta) + y(\xi,1)L_t(\eta) \end{cases} \tag{9.21}$$

其中

$$L_b(\eta) = 1-\eta,\quad L_t(\eta) = \eta \tag{9.22}$$

这种简单插值生成的网格，在物理平面上与边界相交的网格线不垂直于边界。为能生成与边界正交的网格，需采用 Hermite 插值，此时，还需给定上、下边界上的导数值关系。

3. 无限插值法

对二维问题，双边界法仅规定了两条非规则边界上的(x,y)和(ξ,η)间的对应关系，在 ξ 或者 η 中的一个方向上进行插值。如果同时在四条不规则边界上规定它们的对应关系，则可在 ξ,η 两个不同方向上分别进行插值。这是一种双向插值。因为它是对 $\xi\eta$ 平面整个计算范围内的空间位置所进行的插值，这些插值点可以认为是无限的，所以又称为无限插值。这种思想推广至三维就是三向插值，也是无限插值。

实施无限插值采用的是多步算法[3,10]：首先在一个方向上进行全域单向插值。然后在另一方向上对该方向给定的值与前一方向所插得的值之差进行全域单向插值；如果为三维问题，则再按第二步方式在第三个方向上做全域单向插值。最后，将不同方向插值计算结果求和。例如二维问题，实施步骤如下：

(1) 任意选择某一方向，如 ξ，根据给定的边界值关系 $\boldsymbol{r}_i=\boldsymbol{r}(\xi_i,\eta)$，在全域范围内做单向插值。令插值函数为 $\alpha_i(\xi)$，所得结果记为 $\boldsymbol{F}_1(\xi,\eta)$，则

$$F_1(\xi,\eta) = \sum_{i=1}^{2} \alpha_i(\xi) r(\xi,\eta) \tag{9.23}$$

这里 $\boldsymbol{r}_i = \boldsymbol{r}(\xi_i,\eta)$ 和 $\boldsymbol{F}_1(\xi,\eta)$ 都是矢量函数。$\boldsymbol{r}_i$ 的两个分量为 x_i, y_i，即

$$\boldsymbol{r}_i = \boldsymbol{r}(\xi_i,\eta) = \begin{pmatrix} x_i \\ y_i \end{pmatrix} = \begin{pmatrix} x(\xi_i,\eta) \\ y(\xi_i,\eta) \end{pmatrix} \tag{9.24}$$

(2) 对 $\eta = \eta_j$ 线上的差值 $\boldsymbol{r}(\xi,\eta_j) - \boldsymbol{F}_1(\xi,\eta_j)$ 在全域范围内进行 η 方向的插值。令插值函数为 $\beta_j(\eta)$，所得结果记为 $\boldsymbol{F}_2(\xi,\eta)$，有

$$\boldsymbol{F}_2(\xi,\eta) = \sum_{j=1}^{2} \beta_j(\eta)[\boldsymbol{r}(\xi,\eta_j) - \boldsymbol{F}_1(\xi,\eta_j)] \tag{9.25}$$

(3) 对以上两步结果求和，即为全域范围内的无限插值结果：

$$\boldsymbol{F}(\xi,\eta) = \boldsymbol{F}_1(\xi,\eta) + \boldsymbol{F}_2(\xi,\eta) \tag{9.26}$$

若在插值方向 ξ 和 η 上规定了多于两条供插值的等 ξ 线和等 η 线的条件，如分别有 L 条和 N 条，显然，将上面的插值表达式(9.23)和(9.25)中的求和上标"2"改写为"I"和"J"就可以了。无限插值在不同方向上的插值函数 $\alpha_i(\xi)$ 和 $\beta_j(\eta)$ 称为混合函数(blending function)，可有不同的选择形式，它的好坏对生成网格的好坏有重要作用。通常可采用 Lagrange 插值函数(9.17)。如果采用 Hermite 插值，则插值表达式(9.23)和(9.25)要改写为包含导数条件的形式(9.18)，相应的混合函数为 Hermite 插值函数(9.19)。

对于图 9.5(a)所示的非规则四边形，当转换为图 9.5(b)所示的正方形时，所给定的四条边界在两坐标系下的离散对应关系为

$$\begin{cases} x_b = x_b(\xi) = x(\xi,0), & y_b = y_b(\xi) = y(\xi,0) \\ x_t = x_t(\xi) = x(\xi,1), & y_t = y_t(\xi) = y(\xi,1) \end{cases} \tag{9.27a}$$

$$\begin{cases} x_l = x_l(\eta) = x(0,\eta), & y_l = y_l(\eta) = y(0,\eta) \\ x_r = x_r(\eta) = x(1,\eta), & y_r = y_r(\eta) = y(1,\eta) \end{cases} \tag{9.27b}$$

选择 Lagrange 线性插值函数作为无限插值混合函数，如第一步做 ξ 方向插值，则表达式(9.23)的投影形式为

$$F_{1x}(\xi,\eta) = (1-\xi)x_l(\eta) + \xi x_r(\eta) \tag{9.28a}$$

$$F_{1y}(\xi,\eta) = (1-\xi)y_l(\eta) + \xi y_r(\eta) \tag{9.28b}$$

第二步按式(9.25)进行 η 方向的插值，其投影形式为

$$\begin{aligned} F_{2x}(\xi,\eta) = &(1-\eta)x_b(\xi) + \eta x_t(\xi) \\ &- [(1-\eta)(1-\xi)x_l(0) + \eta(1-\xi)x_l(1) + (1-\eta)\xi x_r(0) + \eta\xi x_r(1)] \end{aligned} \tag{9.29a}$$

$$\begin{aligned} F_{2y}(\xi,\eta) = &(1-\eta)y_b(\xi) + \eta y_t(\xi) \\ &- [(1-\eta)(1-\xi)y_l(0) + \eta(1-\xi)y_l(1) + (1-\eta)\xi y_r(0) + \eta\xi y_r(1)] \end{aligned} \tag{9.29b}$$

最终的无限插值结果是

$$x(\xi,\eta) = F_{1x}(\xi,\eta) + F_{2x}(\xi,\eta) \tag{9.30a}$$

$$y(\xi,\eta) = F_{1y}(\xi,\eta) + F_{2y}(\xi,\eta) \tag{9.30b}$$

9.4 生成贴体网格的微分方程方法

贴体坐标生成过程的本质是寻求一种坐标变换，通过更换描述同一事物的表象，把物理平面上的不规则区域变换为计算平面上的规则区域。其做法是给定计算平面规则区域边界节点和物理平面非规则求解区域边界上节点的对应关系，要求出两平面内部对应节点的关系。显然，这在微分方程理论里是一个典型的边值问题，可以通过求解微分方程来解决。由于微分方程，特别是椭圆型微分方程有许多良好的性质，用微分方程生成的网格品质更高，因此，该方法（TTM 方法）在 Thompson，Thames 和 Martin 等人于 1974 年推出后[11]，在数值计算的各个领域得到了蓬勃发展，并形成一个分支领域——网格生成。目前，用椭圆型、双曲型和抛物型三类不同方程生成网格的技术都已发展起来，本节介绍其中最重要的一种——用椭圆型微分方程生成贴体网格的方法。

9.4.1 椭圆型微分方程生成网格的数学提法和物理比拟

1. 数学提法

网格生成过程是一个规定边值条件而求解内部区域各点对应关系的数学过程，而椭圆型偏微分方程恰是有效处理边值问题的一类方程，其解单值、连续、光滑，且易于调节。因此，选择用椭圆型方程生成贴体网格，能最好地体现对生成网格的要求。

最简单的椭圆型方程是线性 Laplace 方程，其次是在 Laplace 方程基础上附加有右端源项的 Poisson 方程，这两种方程都被广泛用于网格生成技术。

为了实现如式(9.1)表示的从物理平面变到计算平面的坐标转换，可把 ξ,η 看成物理平面 xy 上 Laplace 方程或者 Poisson 方程的解，即

$$\begin{cases}\nabla^2\xi = \xi_{xx} + \xi_{yy} = 0\\ \nabla^2\eta = \eta_{xx} + \eta_{yy} = 0\end{cases} \tag{9.31}$$

或

$$\begin{cases}\nabla^2\xi = \xi_{xx} + \xi_{yy} = P(\xi,\eta)\\ \nabla^2\eta = \eta_{xx} + \eta_{yy} = Q(\xi,\eta)\end{cases} \tag{9.32}$$

并在物理平面的求解区域边界上规定函数 $\xi(x,y)$ 和 $\eta(x,y)$ 的取值方法（即给定边界条件），这就构成了一个第一类边界条件的椭圆型求解问题。照理说是容易的，但是由于物理平面的求解域不规则，又会碰到不规则区域生成计算网格所面临的困难，且即使数值求解能够进行，要找到计算平面上由两族分别与 ξ,η 平行的线组成的矩形网格也是很难的。

但是，如果改到计算平面上考虑上述问题，情况就不一样了，因为计算平面上计算区域总可规则设置，且可取最简单的均分网格，在计算平面上做微分方程的离散求解是容易的。而从物理平面到计算平面的变换恰是从计算平面到物理平面的一个反变换，此时，ξ,η 是自变量，而 x,y 是因变量，把正变换要解的方程转化为反变换下对应的方程来求解，正变换求

解所遇到的困难就可迎刃而解。

以下分别给出相应方程(9.31)和(9.32)的反变换方程。按照前面推导的坐标转换下的 Laplace 算子表达式(9.12)，函数 ξ,η 的 Laplace 算子为

$$\begin{cases}\nabla^2\xi = \xi_{xx} + \xi_{yy} = \tau/J^2\\ \nabla^2\eta = \eta_{xx} + \eta_{yy} = \sigma/J^2\end{cases} \tag{9.33}$$

而相应的 τ,σ 由式(9.13)确定。将 τ,σ 的表达式代入上式，再与方程(9.32)比较，有

$$\begin{cases}x_\eta(\alpha y_{\xi\xi} - 2\beta y_{\xi\eta} + \gamma y_{\eta\eta}) - y_\eta(\alpha x_{\xi\xi} - 2\beta x_{\xi\eta} + \gamma x_{\eta\eta}) = J^3P(\xi,\eta)\\ y_\xi(\alpha x_{\xi\xi} - 2\beta x_{\xi\eta} + \gamma y_{\eta\eta}) - x_\xi(\alpha y_{\xi\xi} - 2\beta y_{\xi\eta} + \gamma y_{\eta\eta}) = J^3Q(\xi,\eta)\end{cases} \tag{9.34}$$

将第一式乘 x_ξ，第二式乘 x_η，然后两式相加；另将第一式乘 y_ξ，第二式乘 y_η，然后两式相加。利用 Jacobi 因子 J 的定义，即 $J = x_\xi y_\eta - x_\eta y_\xi$，可得

$$\begin{cases}\alpha x_{\xi\xi} - 2\beta x_{\xi\eta} + \gamma x_{\eta\eta} = -J^2[x_\xi P(\xi,\eta) + x_\eta Q(\xi,\eta)]\\ \alpha y_{\xi\xi} - 2\beta y_{\xi\eta} + \gamma y_{\eta\eta} = -J^2[y_\xi P(\xi,\eta) + y_\eta Q(\xi,\eta)]\end{cases} \tag{9.35}$$

这就是反变换下的 Poisson 方程。显然，反变换下的 Laplace 方程是

$$\begin{cases}\alpha x_{\xi\xi} - 2\beta x_{\xi\eta} + \gamma x_{\eta\eta} = 0\\ \alpha y_{\xi\xi} - 2\beta y_{\xi\eta} + \gamma y_{\eta\eta} = 0\end{cases} \tag{9.36}$$

设如图9.6所示的物理平面曲线边界的非规则区域变成了计算平面规则求解区域为 $\xi_1\leqslant\xi\leqslant\xi_2,\eta_1\leqslant\eta\leqslant\eta_2$，在两个方向上分别均分为 M 个和 N 个子块，即 $\Delta\xi=(\xi_2-\xi_1)/M$，$\Delta\eta=(\eta_2-\eta_1)/N$，如果取点中心网格(外节点法)，则 ξ 方向有 $M+1$ 个节点，η 方向有 $N+1$ 个节点。求解方程(9.35)和(9.36)所需给定的边值条件为

$$\begin{cases}x = x(\xi,\eta_1),\\ y = y(\xi,\eta_1),\end{cases}\quad \xi_1\leqslant\xi\leqslant\xi_2 \tag{9.37a}$$

$$\begin{cases}x = x(\xi_2,\eta),\\ y = y(\xi_2,\eta),\end{cases}\quad \eta_1\leqslant\eta\leqslant\eta_2 \tag{9.37b}$$

$$\begin{cases}x = x(\xi,\eta_2),\\ y = y(\xi,\eta_2),\end{cases}\quad \xi_1\leqslant\xi\leqslant\xi_2 \tag{9.37c}$$

$$\begin{cases}x = x(\xi_1,\eta),\\ y = y(\xi_1,\eta),\end{cases}\quad \eta_1\leqslant\eta\leqslant\eta_2 \tag{9.37d}$$

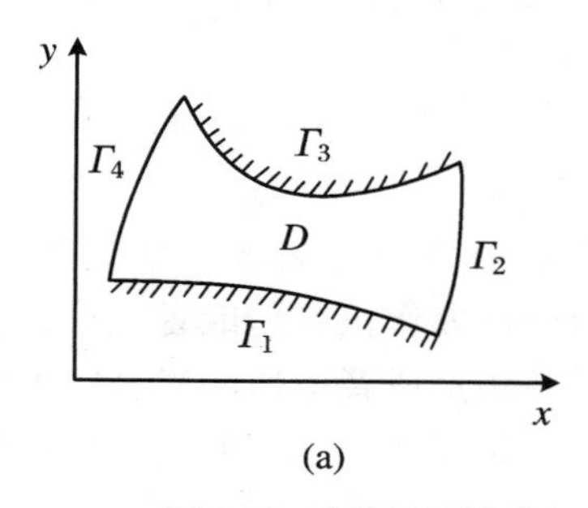

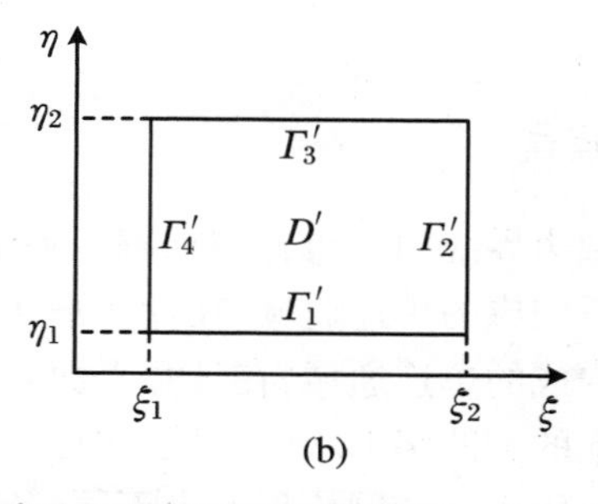

图9.6　曲线边界的非规则区域变为规则的矩形计算区域

反变换的两组方程已不再是简单的线性 Laplace 方程和 Poisson 方程，而是非线性的偏微分方程。可以按照第2章所讲的偏微分方程数学分类方法证明，转换方程仍然是椭圆型的，坐标转换不会改变方程的类型，因此椭圆型方程的基本数学特征是一样的。

对椭圆型微分方程,均用中心差分格式离散。对所得的非线性代数方程,采用迭代方法求解。

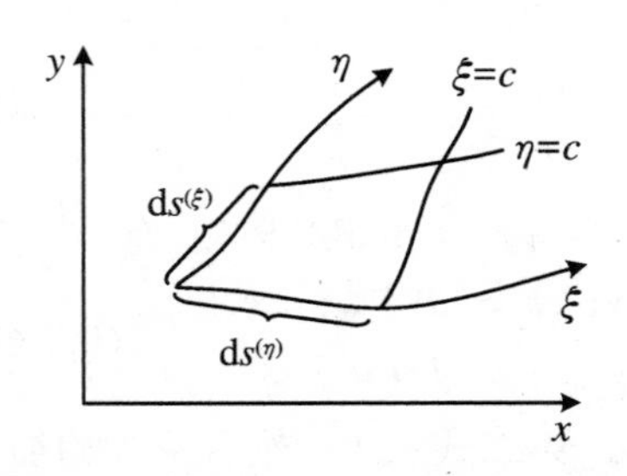

图 9.7 曲线坐标中的弧元示意图

反变换方程中的Jacobi因子J代表坐标转换的两平面上所计算的控制容积体积的胀缩程度,即 $dV = dxdy = Jd\xi d\eta$;而α,β,γ的定义表达式已在式(9.13)中给出。其中β反映曲线坐标的正交特性,当等ξ线和等η线局部正交时,其当地$\beta=0$。α和γ分别是曲线坐标η和ξ两方向上的度规系数,其平方根为曲线坐标转换的 Lame 系数。

如图 9.7 所示,物理平面任意弧元矢量$d\boldsymbol{r}$在曲线坐标η和ξ方向上的投影弧长ds_η和ds_ξ,即沿ξ和η为常数的网格线上的微分弧长$ds^{(\xi)}$和$ds^{(\eta)}$分别为

$$ds_\eta = ds^{(\xi)} = \sqrt{\alpha}d\eta, \quad ds_\xi = ds^{(\eta)} = \sqrt{\gamma}d\xi \tag{9.38}$$

2. 物理比拟

我们知道,对于有源和无源的稳态导热问题,其控制微分方程分别是 Laplace 方程和 Poisson 方程。在规定了边界的温度函数分布以后,导热扩散过程将最终使计算域内温度分布到达一个确定的稳态分布,其中热流率大的地方,温度高,反之则低。用等温线来描述解域内温度分布的特点,则有的区域等温线密,有的区域等温线疏。稳态导热问题的等温线分布是由给定的边界条件及其方程中的源项所确定的。为了获得好的计算效果,曲线坐标下的计算网格的疏密分布应该与等温线的疏密一致。因此,在用椭圆型方程生成贴体坐标网格时,为了生成高质量的网格,应根据物理问题的求解实际,通过调整边界条件的设置和选择合适的源项函数形式来控制网格的疏密分布。采用 Poisson 方程来生成网格,正是基于这种需要。

9.4.2 结构网格的拓扑形态和计算平面解域的选取

取决于物理平面上求解域是单连通的或多连通的,生成的结构网格的拓扑形态多种多样,相应的计算平面的规则几何区域也彼此不同。文献[12]列举了多种例子,有兴趣的读者可以参考。

1. 单连通域

求解区域边界线内不包含非求解区域的计算域,称为单连通域。对物理平面上由四条相交的曲线所构成的单连通域,在计算平面上将求解域取作正方形或者矩形;对由多于四条相交曲线所构成的单连通域,在计算平面可采用单一矩形或者连通的组合矩形作为求解域。如物理平面上的倒凹字形求解区域,在计算平面可以选择如图 9.8 所示的两种解域,相应地在物理平面上所生成的网格形态也不同。

2. 多连通域

求解区域包含非求解区域的计算域,称为多连通域。绕流问题是典型的多连通域。如机翼绕流,图 9.9 列出了两种常用的网格:O 型和 C 型。O 型网格如图 9.9(a)所示,网格线

一圈一圈地包围机翼，在最外层网格线上可以取得来流条件，其计算平面上矩形网格的一组对边构成周期性边界条件，在图示的边界 $\overset{\frown}{rs}$ 和 $\overset{\frown}{pq}$ 上，相同的 η 对应相同的(x,y)值。C型网格犹如一个变形的C一层层的布在机翼外面，网格线不闭合，在计算平面上对应 $\eta=0$ 的网格线的两端分别是物理平面上的 $\overset{\frown}{rs}$ 和 $\overset{\frown}{pq}$。

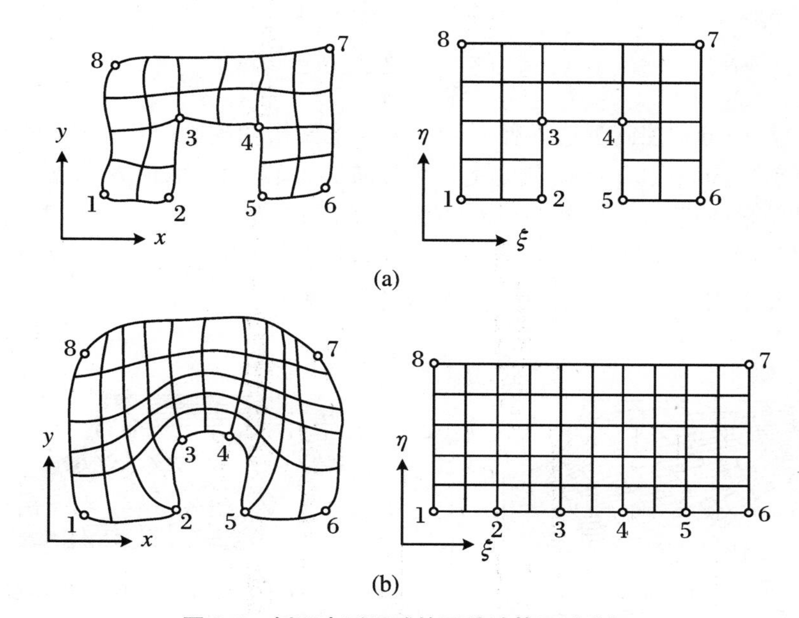

图9.8 倒凹字形区域的两种计算区域选择

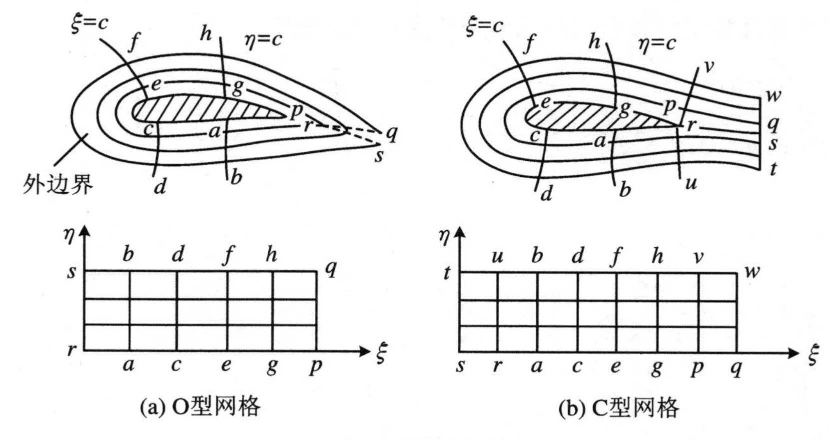

图9.9 机翼绕流两种网格

9.4.3 网格分布特性的控制方法

为了控制网格疏密分布及其正交特性，提高网格生成的质量，通常采用Poisson方程的反变换来生成网格。方程中的源函数 $P(\xi,\eta)$ 和 $Q(\xi,\eta)$ 起着这样的控制作用，称之为控制函数。如何选择好控制函数，对网格质量至关重要，但又比较困难。文献中常用的控制函数有以下几种[13]。

1. 用于控制边界附近网格疏密的源函数[12]

下列函数可以起到这种作用：

$$P(\xi) = -\sum_{i=1}^{M+1} a \frac{\xi - \xi_i}{|\xi - \xi_i|} \mathrm{e}^{-b|\xi-\xi_i|} \tag{9.39a}$$

$$Q(\eta) = -\sum_{i=1}^{N+1} \bar{a} \frac{\eta - \eta_i}{|\eta - \eta_i|} \mathrm{e}^{-\bar{b}|\eta-\eta_i|} \tag{9.39b}$$

其中 $P(\xi)$和 $Q(\eta)$分别控制近边界处 ξ 与 η 方向上网格的疏密；$M+1$ 和 $N+1$ 分别为 ξ 与 η 方向节点总数；a, b 和 $\bar{a}, \bar{b}$ 分别是 ξ 与 η 方向的调节常数，取值大于或等于零，具体值需通过数值试验来确定。图 9.10(a)示出了没有控制函数作用($P = Q = 0$)时由 Laplace 方程反变换生成的网格，而图 9.10(b)示出了 $P=0, Q\neq 0(\bar{a}=1.0, \bar{b}=1.5)$时，使 η 线向边界移动的网格。左下、右上的角点处过稀的 η 线改善最明显。

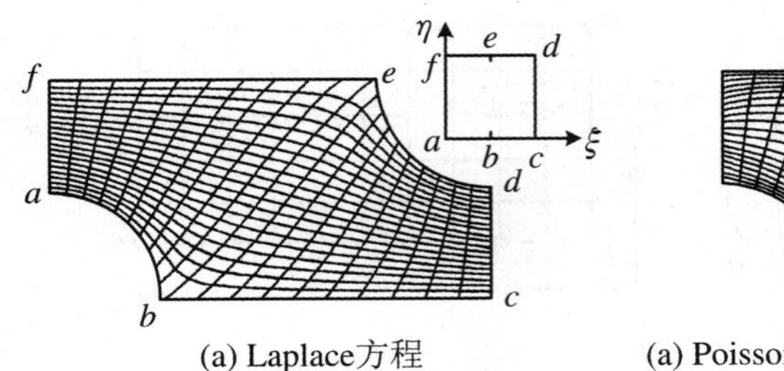

(a) Laplace方程

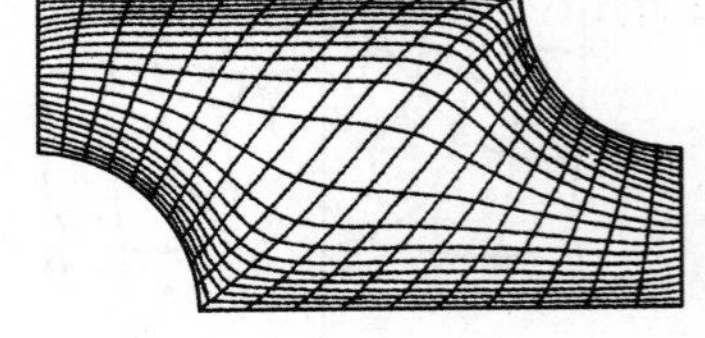
(a) Poisson方程：源为式(9.39), P=0, $Q\neq$0

图 9.10　两种方程生成的网格比较

2. 用于控制计算域内某个点附近网格疏密的源函数[12]

下列函数有这种作用：

$$\begin{aligned} P(\xi,\eta) = & -\sum_{m=1}^{M+1} a_m \frac{\xi - \xi_m}{|\xi - \xi_m|} \mathrm{e}^{-b_m|\xi-\xi_m|} \\ & -\sum_{i=1}^{l} c_i \frac{\xi - \xi_i}{|\xi - \xi_i|} \exp\{-d_i[(\xi-\xi_i)^2 + (\eta-\eta_i)^2]^{1/2}\} \end{aligned} \tag{9.40a}$$

$$\begin{aligned} Q(\xi,\eta) = & -\sum_{n=1}^{N+1} a_n \frac{\eta - \eta_n}{|\eta - \eta_n|} \mathrm{e}^{-b_n|\eta-\eta_n|} \\ & -\sum_{i=1}^{l} c_i \frac{\eta - \eta_i}{|\eta - \eta_i|} \exp\{-d_i[(\xi-\xi_i)^2 + (\eta-\eta_i)^2]^{1/2}\} \end{aligned} \tag{9.40b}$$

这里 $M+1$ 和 $N+1$ 的意义同式(9.39a)和式(9.39b)；两式右端第二项的求和上限“I”是网格线需要靠近的节点总数，(ξ_i, η_i)是这些点的坐标，需要预先给定；其余参数 a_m, b_m, a_n, c_i 和 d_i 由数值试验确定。

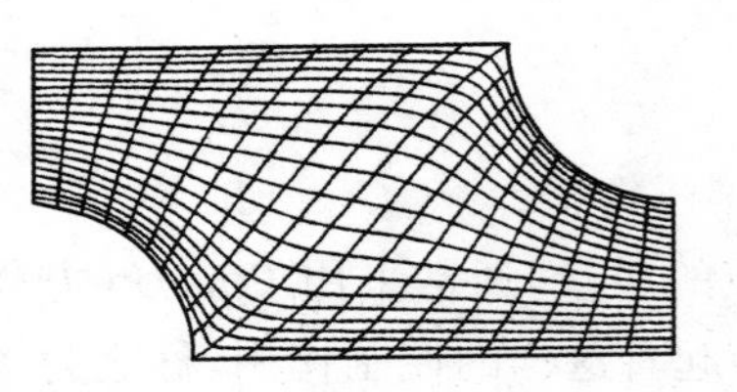
图 9.11　源为式(9.40)的 Poisson 方程生成的网格($P=0, Q\neq 0$)

图 9.11 示出了与图 9.10 相同的计算区域，但取上述控制函数 $P=0$，而 $Q\neq 0(a_n = b_n = 0, c_i = 20, d_i = 0.75)$所生成的网格。易见，相对于图 9.10(b)的网格，该网格在计算域中部的网格线分布有了明显改善。

3．用于控制边界上网格正交性的源函数

文献[14]取如下源函数来控制边界处网格的正交特性：

$$P(\xi,\eta)=\phi(\xi,\eta)(\xi_x^2+\xi_y^2),\quad Q(\xi,\eta)=\psi(\xi,\eta)(\eta_x^2+\eta_y^2) \tag{9.41}$$

其中 $\xi_x^2+\xi_y^2$ 和 $\eta_x^2+\eta_y^2$ 起着把边界上设定的网格线分布密度向计算区域内部传递的作用，而 $\phi(\xi,\eta)$ 和 $\psi(\xi,\eta)$ 是两个待定函数，其形式按照网格线与计算域边界局部平直和正交的要求来确定。将式(9.41)代入方程(9.35)，可得

$$\begin{cases}\alpha(x_{\xi\xi}+\phi x_\xi)-2\beta x_{\xi\eta}+\gamma(x_{\eta\eta}+\psi x_\eta)=0\\ \alpha(y_{\xi\xi}+\phi y_\xi)-2\beta y_{\xi\eta}+\gamma(y_{\eta\eta}+\psi y_\eta)=0\end{cases} \tag{9.42}$$

确定函数 ϕ 和 ψ 的步骤如下：

(1) 在计算域的等 η 边界线上确定 ϕ，在等 ξ 边界线上确定 ψ。确定条件为网格线与边界局部平直、正交。按照这一要求，可以推得[14]，在边界上有

$$\phi=-\frac{y_\xi y_{\xi\xi}+x_\xi x_{\xi\xi}}{x_\xi^2+y_\xi^2} \tag{9.43a}$$

$$\psi=-\frac{y_\eta y_{\eta\eta}+x_\eta x_{\eta\eta}}{x_\eta^2+y_\eta^2} \tag{9.43b}$$

(2) 利用上、下、左、右边界上所确定的函数 ϕ_t、ϕ_b、ψ_l、ψ_r，在两条等 η 线间的等 ξ 线上，ϕ 按 η 做线性插值；在两条等 ξ 线间的等 η 线上，ψ 按 ξ 做线性插值。

图 9.12(a)和图 9.12(b)分别示出了没有附加源项的 Laplace 方程反变换和按照上述方法附加了源项的 Poisson 方程的反变换所生成的网格。易见，网格线与边界间的正交性有了一定改善。但是，由于数值误差，也不可能完全正交。

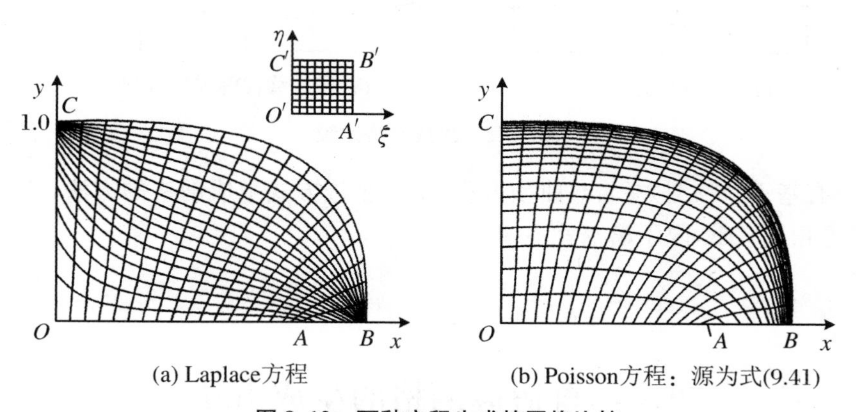

图 9.12　两种方程生成的网格比较

9.4.4　求解线性椭圆型方程的贴体网格生成方法

以上所介绍的贴体网格生成方法需要求解一个非线性的椭圆型偏微分方程，求解起来相当复杂，且求解精度也受到影响。值得注意的是，文献[15]中提出了一种求解线性椭圆型偏微分方程的贴体网格生成方法。下面将此方法的思路做简要介绍。

前面所介绍的贴体网格生成方法需要求解反变换下的 Poisson 方程(9.35)或者反变换

下的 Laplace 方程(9.36)。而实际上,由计算空间中的均匀网格如何对应到物理空间中的曲线网格,这个问题本身就是一个边值问题。另外,从计算空间到物理空间称为反变换,这完全是人为规定的,实际上这两个空间在数学上看来并无正、反的区别,由计算空间到物理空间的变换我们也可以称为"正变换"。这样,我们可以直接采用正变换的 Poisson 方程作为控制方程。我们可以将物理平面坐标设为(ξ,η),而将计算平面坐标设为(x,y),这样物理平面上的坐标是计算平面上 Laplace 方程或者 Poisson 方程的解,即

$$\begin{cases}\nabla^2\xi = \xi_{xx} + \xi_{yy} = 0,\\ \nabla^2\eta = \eta_{xx} + \eta_{yy} = 0,\end{cases} \quad 或 \quad \begin{cases}\nabla^2\xi = \xi_{xx} + \xi_{yy} = P(\xi,\eta)\\ \nabla^2\eta = \eta_{xx} + \eta_{yy} = Q(\xi,\eta)\end{cases}$$

采用上述方程,在计算平面的求解区域边界上规定函数 $\xi(x,y)$和 $\eta(x,y)$的取值方法(即给定物理平面上对应点的坐标),就构成了第一类边界条件的椭圆型方程求解问题。在计算平面内求解上述方程,即可得到物理平面上的贴体网格。将 Poisson 方程右端的源项设置为控制网格疏密及正交性的表达式,即可得到不同性质的贴体网格。

文献[15]发现,采用这两种方法产生的贴体网格并无实质性的差异(图 9.13)。采用线性椭圆型方程并加入控制源项之后生成的网格完全可以跟非线性椭圆型方程生成的网格相媲美。

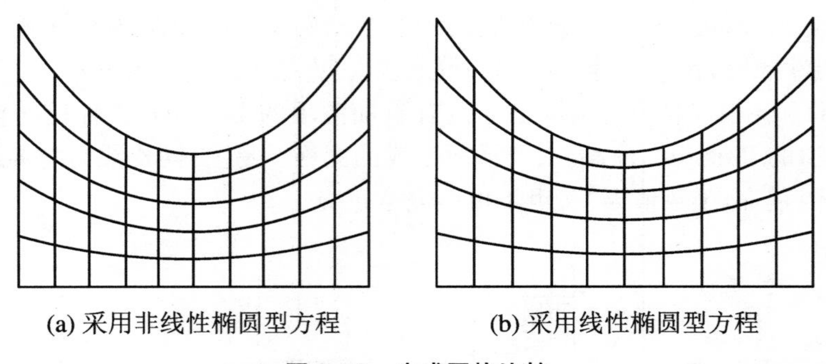

(a) 采用非线性椭圆型方程　　(b) 采用线性椭圆型方程

图 9.13　生成网格比较

此外,还有基于抛物型方程、双曲型方程,采用步进方式生成网格的方法,效率也很高,读者可以参考相关文献,限于篇幅就不细讲了。

9.5　自适应网格的生成方法

自适应网格是在计算过程中根据解的分布特性建立的满足解的要求的网格。它要求在解的梯度大的区域网格能自动加密,而在解变化平坦的区域网格自动变疏。这就意味着网格生成函数是问题解的某种函数。设非稳态二维平面问题的求解函数为 $\phi(x,y,t)$,物理坐标为(x,y),生成自适应网格的变换函数为(ξ,η),则

$$\begin{cases}\xi = \xi(x,y,\phi(x,y,t))\\ \eta = \eta(x,y,\phi(x,y,t))\end{cases} \tag{9.44}$$

由于空间各点的自适应网格曲线坐标都与当地函数相关，所以生成自适应网格过程与求解实际物理问题过程需同步进行。在计算平面内，以等 ξ 线和等 η 线构成直角坐标系，通常采用最简单的等距分割方法生成计算网格。

生成自适应网格的方法很多，且还在发展之中。以下简要介绍节点个数不变，而改变节点空间位置分布的网格重新分布法（r 方法）中的均匀分布法和变分法。

9.5.1　生成自适应网格的均匀分布法

1. 基本思想

均匀分布法是应用最广泛的一种自适应网格生成方法，由 Dwyer 等人提出[16-17]，其基本思想是：在求解过程中，根据解的分布变换情况，调整物理平面 xy 上网格节点分布，而不改变节点数量，使其沿着某一曲线坐标方向，通过任意两相邻节点的网格等值线间的差值以及求解变量间的差值保持均匀，即使映射计算平面 $\xi\eta$ 上始终保持网格间距均匀一致。

如图 9.14 所示，考虑物理平面 xy 上某条 $\xi=\text{const}$ 的网格曲线，用 s 表示沿该线的弧长，则 $\partial\phi/\partial s$ 表示求解函数沿 $\xi=\text{const}$ 曲线的梯度。显然梯度 $\partial\phi/\partial s$ 越大的区域，要求生成更稠密一些的等 η 线网格。而 $(\partial\phi/\partial s)\cdot \mathrm{d}s$ 是 $\xi=\text{const}$ 线上相距 $\mathrm{d}s$ 的两点上解函数的变化值。如果 $\partial\phi/\partial s$ 很大，则我们希望 $\mathrm{d}s$ 很小，以使物理平面上 η 线靠得很近，在两相邻 η 线间具有相同的 η 差值以及解函数 ϕ 的差值，而映射平面（计算平面）上的 $\mathrm{d}\eta$ 保持均匀。也就是说，自适应网格要求

$$\mathrm{d}\eta \propto \left|\frac{\partial\phi}{\partial s}\right|\cdot \mathrm{d}s = \text{const} \tag{9.45}$$

我们的目标就是在保持 $\mathrm{d}\eta$ 均匀下，求出不同梯度下相应的 $\mathrm{d}s$。但是，在 $\partial\phi/\partial s\to 0$ 的小梯度区域，上式中 $\mathrm{d}s$ 无法确定。因此，改用下面的公式来表达上式所体现的意义：

$$\mathrm{d}\eta = \left(1+b\left|\frac{\partial\phi}{\partial s}\right|\right)\cdot \mathrm{d}s = \text{const} \tag{9.46}$$

其中 b 为调节参数。进一步，如果我们将 $1+b\left|\dfrac{\partial\phi}{\partial s}\right|$ 看成与 $\mathrm{d}s$ 做乘积并得到常数结果时的某个权函数，并令满足这种要求的一般权函数为 $W(s)$，则相应于式(9.46)的表达式为

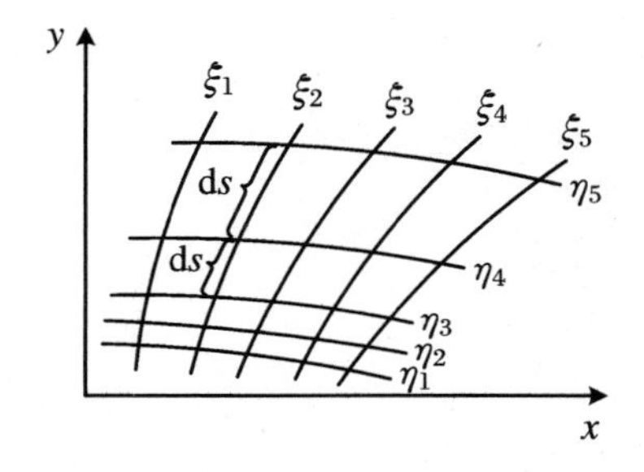

(a) 物理平面网格疏密随时要求不一

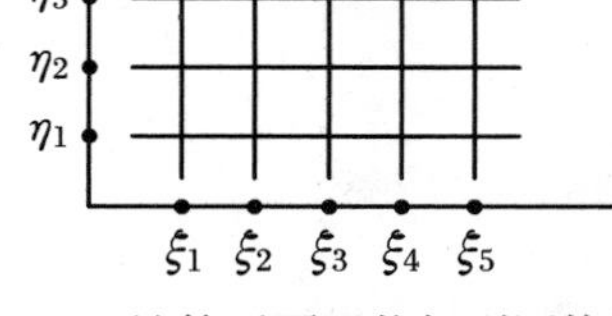

(b) 计算平面形状规则网格等距

图 9.14　自适应网格特性示意图

$$d\eta = W(s) \cdot ds = \text{const} \tag{9.47}$$

上式是沿着 $\xi=\text{const}$ 对 η 所做的自适应。同理,沿着 $\eta=\text{const}$ 对 ξ 做自适应,应有

$$d\xi = W(s) \cdot ds = \text{const} \tag{9.48}$$

显然,如果将 $W(s)$看成 ds 上的密度分布函数,则式(9.47)或式(9.48)分别表明 ξ 方向或η方向任意两相邻节点之间的质量分布是均匀的。这就体现了均匀分布法名称的含义。只要能使网格分布适应计算要求,权函数 $W(s)$就可以选择成不同的函数形式。

2. 权函数的选取

常用权函数如下:

(1) 取关键求解变量的梯度型函数[16]

$$W(s) = 1 + b\left|\frac{\partial \phi}{\partial s}\right| \tag{9.49}$$

(2) 取关键求解变量的一阶导数与二阶导数的线性组合[17]

$$W(s) = 1 + b\left|\frac{\partial \phi}{\partial s}\right| + c\left|\frac{\partial^2 \phi}{\partial s^2}\right| \tag{9.50}$$

(3) 取两个变量的一阶导数的线性组合,并在不同坐标方向取不同权函数[18]。如对压力为 p、主流方向为 ξ、速度为 u、垂直主流方向为 η、速度为 v 的流场,在 ξ 方向网格自适应处理的权函数取为

$$W_1(s) = 1 + \left|\frac{\partial p}{\partial s}\right| \tag{9.51}$$

而在 η 方向网格自适应处理的权函数取为

$$W_2(s) = 1 + \left|\frac{\partial u}{\partial s}\right| + \left|\frac{\partial v}{\partial s}\right| \tag{9.52}$$

在两个方向取不同权函数分别进行自适应处理,对多维问题是一种有效的方法。其可能引起的网格偏斜度的增加不会成为影响精度的因素。

3. 均匀分布法生成自适应网格的实施

由式(9.48),有

$$ds = \frac{d\xi}{W_1(s)} \tag{9.53}$$

这里权函数下标"1"表示两个不同的网格方向之一。取 $\xi=0$ 相应于 $s=0$,对上式做定积分,对 ξ 方向网格自适应有

$$\frac{s}{s_{\max}} = \frac{\displaystyle\int_0^{\xi} \frac{d\xi}{W_1(s)}}{\displaystyle\int_0^{\xi_{\max}} \frac{d\xi}{W_1(s)}} \tag{9.54}$$

同理,对 η 方向网格自适应有

$$\frac{s}{s_{\max}} = \frac{\displaystyle\int_0^{\eta} \frac{d\eta}{W_2(s)}}{\displaystyle\int_0^{\eta_{\max}} \frac{d\eta}{W_2(s)}} \tag{9.55}$$

于是，一旦自适应权函数 $W_1(s)$和 $W_2(s)$选定，就可以按照以上两式分别确定在 $\xi=\text{const}$ 和 $\eta=\text{const}$ 的网格线上自适应网格的网格点位置。

在计算平面上，为方便起见，一般取 $\Delta\xi=\Delta\eta=1$。映照到物理平面，令其对应的网格线的曲线弧长增量为 Δs_1 和 Δs_2。只要生成自适应网格的权函数 $W(s)$给定，Δs_1 和 Δs_2 总可按照式(9.54)和式(9.55)算出。于是在物理平面上，新的网格点位置相对原来网格点位置的变动为

$$\Delta x = \frac{x_\xi}{s_\xi}\Delta s_1 + \frac{x_\eta}{s_\eta}\Delta s_2,\quad \Delta y = \frac{y_\xi}{s_\xi}\Delta s_1 + \frac{y_\eta}{s_\eta}\Delta s_2 \tag{9.56}$$

而

$$s_\xi = \sqrt{\gamma} = \sqrt{x_\xi^2 + y_\xi^2},\quad s_\eta = \sqrt{\alpha} = \sqrt{x_\eta^2 + y_\eta^2} \tag{9.57}$$

因此，解得 Δx 和 Δy 后，加上变动前的坐标值，即得变动后新网格点的坐标值。

9.5.2　生成自适应网格的变分法

应用变分法来生成自适应网格的思想最早由文献[19]提出。该法综合考虑物理空间上所生成的网格应尽可能光滑、正交、大梯度处网格密集度高的要求，引入三个相应的度量参数并组成一个泛函，而应用变分法来获得自适应网格。

由于 Jacobi 因子 J 是坐标转换的物理平面与计算平面面积的比值(三维下是体积之比)，即

$$\mathrm{d}x\mathrm{d}y = |J|\,\mathrm{d}\xi\mathrm{d}\eta \tag{9.58}$$

因此 J 值在全域内的变化就反映了物理空间中控制容积的变化，$|J|$的大小能够反映物理空间网格的密集程度。如果把解的梯度有关的某个权函数 $W(x,y)$乘上 J，在全域内积分，就构成一个能反映网格分布疏密度的度量参数 I_D，

$$I_D = \iint_D W(x,y)\cdot J\cdot \mathrm{d}x\mathrm{d}y \tag{9.59}$$

因为$\nabla\xi$ 和$\nabla\eta$ 反映物理平面上网格分布的均匀程度，故作为全域范围内网格分布均匀性及网格光顺特性的一个度量参数可选为

$$I_S = \iint_D [(\nabla\xi)^2 + (\nabla\eta)^2]\mathrm{d}x\mathrm{d}y \tag{9.60}$$

由于网格正交时，必有$\nabla\xi\cdot\nabla\eta=0$，因此可将$\nabla\xi\cdot\nabla\eta$ 的值作为网格正交性的度量。为更好地反映网格在全域的正交特性，取正交性的度量参数为

$$I_O = \iint_D (\nabla\xi\cdot\nabla\eta)^2\cdot J^3\cdot \mathrm{d}x\mathrm{d}y \tag{9.61}$$

综合三方面因素考虑，将以上三个度量参数做线性组合，构成一个求变分的泛函

$$I = \lambda_S I_S + \lambda_O I_O + \lambda_D I_D \tag{9.62}$$

这里的线性组合系数 $\lambda_S,\lambda_O,\lambda_D$ 均为大于或等于零的常数。若 $\lambda_O=\lambda_D=0$，则可得到最光滑的变换；若 $\lambda_S=\lambda_D=0$，则可得到正交性最好的变换；若 $\lambda_S=\lambda_O=0$，则可得到有给定 Jacobi 因子 J 的变换。

为便于计算，将三个度量参数的积分转到计算平面上做。利用坐标变量间的微分关系式(9.7)，可以得到

$$I_S = \iint_{D^*} \frac{x_\xi^2 + x_\eta^2 + y_\xi^2 + y_\eta^2}{J} \mathrm{d}\xi \mathrm{d}\eta \tag{9.63a}$$

$$I_O = \iint_{D^*} (x_\xi x_\eta + y_\xi y_\eta)^2 \mathrm{d}\xi \mathrm{d}\eta \tag{9.63b}$$

$$I_D = \iint_{D^*} W \cdot J^2 \cdot \mathrm{d}\xi \mathrm{d}\eta \tag{9.63c}$$

其中 D^* 为计算平面上相应于物理平面积分区域 D 的区域。进一步，由式(9.62)得到求泛函 I 极小值的 Euler 方程：

$$\begin{cases} b_1 x_{\xi\xi} + b_2 x_{\xi\eta} + b_3 x_{\eta\eta} + a_1 y_{\xi\xi} + a_2 y_{\xi\eta} + a_3 y_{\eta\eta} = - J^2 \dfrac{\lambda_D}{2} W \dfrac{\partial W}{\partial x} \\ a_1 x_{\xi\xi} + a_2 x_{\xi\eta} + a_3 x_{\eta\eta} + c_1 y_{\xi\xi} + c_2 y_{\xi\eta} + c_3 y_{\eta\eta} = - J^2 \dfrac{\lambda_D}{2} W \dfrac{\partial W}{\partial y} \end{cases} \tag{9.64}$$

相关系数 a_i, b_i, c_i ($i=1$、2、3)的详细表达式见文献[12,19]。该方程用数值解法求解。获得 x, y 的解后，即得自适应网格点的相应位置。

变分法生成自适应网格，有坚实的数学基础，理论严格，但是计算工作量大。

参 考 文 献

[1] Davis R T. Numerical method for coordinate generation based on a mapping techniques[M]//Essers J A. Computational method for turbulent, transonic and viscous flows. New York: Hemisphere Pub Co., 1987:1-44.

[2] Ives D C. A modern look at conformal mapping including multiply connected regions[J]. AIAA Journal, 1976, 14:1006-1011.

[3] 陶文铨. 数值传热学的近代进展[M]. 北京：科学出版社，2000:24-27,43-83.

[4] Eismann P R. Adaptive grid generation[J]. Comput Meth Appl Mech Eng, 1987, 64:331-376.

[5] Jeng Y N, Liou Y C. A new adaptive grid generation by elliptic equations with orthogonality at all of the boundaries[J]. J Sci Comput, 1992, 7(1):63-80.

[6] 阿非肯. 矢量、张量与矩阵[M]. 曹高田，译. 北京：中国计量出版社，1986:94-135.

[7] Thompson J F. General curvilinear coordinate system[J]. Appl Math Comput, 1982, 10:1-30.

[8] Anderson D A, Tannehill J C, Pletcher R H. Computational fluid mechanics and heat transfer[M]. New York: CRC Press, 2020:519-521.

[9] Kuizrock J W, Novick A S. Transonic flow around compressor rotor blade elements[J]. ASME J. Fluids Eng, 1976, 97:598-607.

[10] Smith R E, Kudlimski R A, Verton L E, et al. Algebraic grid generation[J]. Comput Math Appl Meth Eng, 1987, 64:285-300.

[11] Thompson J F, Thames F C, Mastin C W. Atomatic numerical generation of body-fitted curvilinear coordinate system for field containing any number of arbitrary two-dimensional bodies[J]. J Comput Phys, 1974, 15: 299-319.

[12] Thompson J F, Warsi Z U A, Mastin C W. Numerical grid generation, foundation and applications [M]. New York: North-Holland, 1985.

[13] 陶文铨. 数值传热学[M]. 2 版. 西安：西安交通大学出版社，2001:448-452.

[14] Thomas P D, Middlecoeff J F. Direct control of the grid point distribution in meshes generated by

elliptic equations[J]. AIAA Journal,1980,18:652-656.

[15] 李传亮,孔祥言. 线性椭圆型方程的数值网格生成方法[J]. 水动力学研究与进展,2000,15(2):254-257.

[16] Dwyer H A,Kee R J,Sandert B R. Adaptive grid method for problems in fluid mechanics and heat transfer[J]. AIAA Journal,1980,18(10):1205-1210.

[17] Dwyer H A. Grid adaption for problem in fluid dynamics[J]. AIAA Journal,1984,22(2):1705-1712.

[18] Shyy W. An adaptive grid method for Navier-Stokes flow computation[J]. Appl Math Comput,1987,21:201-219.

[19] Brackbill J U. Coordinate system control: adaptive meshes[M]//Thompson J F. Numerical grid generation. New York: Elsevier,1982:277-294.

习 题

9.1 如图所示的平面二维扩散喷管几何形状可用如下函数来描述:

$$y = x^2, \quad 1.0 \leqslant x \leqslant 2.0$$

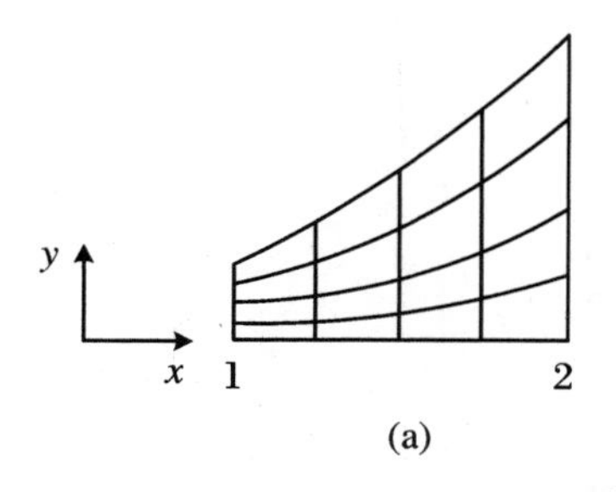

(a)

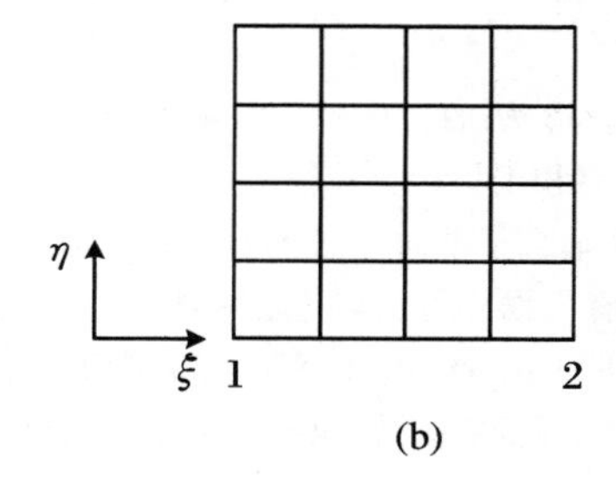

(b)

题 9.1 图

(1) 试采用边界规范化方法,寻求坐标变换 $\xi = \xi(x, y)$,$\eta = \eta(x, y)$,将不规则的物理平面计算区域变换成计算平面上的规则矩形区域。

(2) 取 $\Delta\xi = \Delta\eta = 0.25$,数值计算物理平面喷管内点(1.75,2.296 9)上变换几何参数 y_ξ,y_η 的值以及反变换 $x = x(\xi, \eta)$,$y = y(\xi, \eta)$ 的 Jacobi 因子 $J = x_\xi y_\eta - y_\xi x_\eta$ 的值。

(3) 比较由解析计算和数值差分计算得到的转换几何参数 η_x 的值。

9.2 用双边界线性插值法将物理平面上定义在 $0 \leqslant x \leqslant 1$ 区间上,上、下边界为

$$y_u = 1 + 0.2\sin(\pi x), \quad y_l = \cos(\pi x)$$

的不规则计算区域转换成计算平面上的规则矩形区域。

9.3 引入一般的二维平面坐标转换 $\xi = \xi(x, y)$,$\eta = \eta(x, y)$,利用链式求导法则、函数的导数和反函数导数间的关系,将物理平面上二维稳态对流-扩散方程的通用方程形式

$$\frac{\partial(\rho u\phi)}{\partial x} + \frac{\partial(\rho u\phi)}{\partial y} = \frac{\partial}{\partial x}\left(\Gamma\frac{\partial\phi}{\partial x}\right) + \frac{\partial}{\partial y}\left(\Gamma\frac{\partial\phi}{\partial y}\right) + S(x, y)$$

转换到计算平面上,推演计算平面上相应的通用形式方程为

$$\frac{\partial(\rho U\phi)}{\partial\xi} + \frac{\partial(\rho V\phi)}{\partial\eta} = \frac{\partial}{\partial\xi}\left[\frac{\Gamma}{J}\left(\alpha\frac{\partial\phi}{\partial\xi} - \beta\frac{\partial\phi}{\partial\eta}\right)\right] + \frac{\partial}{\partial\eta}\left[\frac{\Gamma}{J}\left(-\beta\frac{\partial\phi}{\partial\xi} + \gamma\frac{\partial\phi}{\partial\eta}\right)\right] + JS(\xi, \eta)$$

其中

$$U = uy_\eta - vx_\eta, \quad V = vx_\xi - uy_\xi$$

$$\alpha = x_\eta^2 + y_\eta^2, \quad \gamma = x_\xi^2 + y_\xi^2$$

$$\beta = x_\xi x_\eta + y_\xi y_\eta, \quad J = x_\xi y_\eta - x_\eta y_\varepsilon$$

9.4* 综合上机作业:数值实验题(用偏微分方程方法生成贴体坐标网格)。

为了用离散的数值方法计算轴对称喷管流场,需把喷管流动区域变换为矩形计算区域。试按图示的喷管形状、尺寸及流场入口边界和出口边界的特征,用求解椭圆型偏微分方程——Laplace 方程的方法,实现坐标转换,生成贴体网格系统。

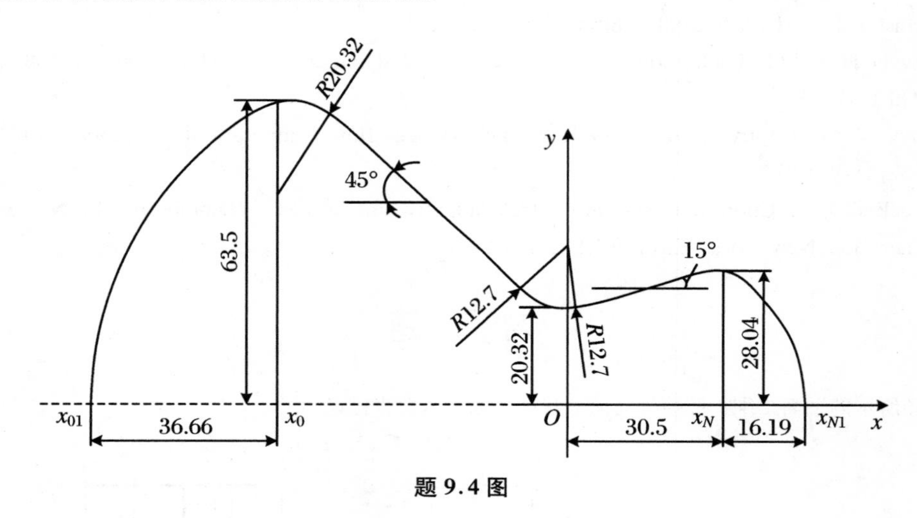

题 9.4 图

(1) 喷管形状:收敛圆弧—收敛锥—圆弧—圆弧—扩散锥。

入口边界和出口边界特征:

① 均为垂直于轴向 x 轴的直线;② 均为一段圆弧。

(2) 计算平面 $\xi\eta$ 上,取 $i_{\max}=41, j_{\max}=11$,且取 $\Delta\xi=\Delta\eta=1$。

(3) 物理平面 xy 上,要求喷管喉部附近网格较密。

① 喷管壁上对应的转换坐标 ξ 由下式确定:

$$\xi = \xi_N \frac{\operatorname{arsh}(Ax) - \operatorname{arsh}(Ax_0)}{\operatorname{arsh}(Ax_N) - \operatorname{arsh}(Ax_0)} \tag{1}$$

即反变换为

$$x = \frac{1}{A}\operatorname{sh}\left\{\frac{\xi}{\xi_N}[\operatorname{arsh}(Ax_N) - \operatorname{arsh}(Ax_0)] + \operatorname{arsh}(Ax_0)\right\} \tag{2}$$

其中 x_0 为喷管壁入口处的轴向坐标,x_N 为喷管壁出口处的轴向坐标,A 为调节参数,分别取 $A=0.5,1.0,1.5$。

② 喷管轴线上,以喉部为界,要保证喉部上、下游节点数与喷管壁喉部上、下游的节点数一致。为此,对垂直于 x 轴的进、出口边界,轴上 ξ 坐标转换与式(1)完全相同;对呈圆弧形的进、出口边界,以喉部为界,按变化了的式(1)分两段来计算:设喷管壁在喉部上游最邻近喉部的节点轴向坐标为 x_{IN},圆弧入口、出口边界的轴向坐标为 x_{01} 和 x_{N1},则喉部上游的喷管轴上转换为

$$\xi = \xi_{IN} \frac{\operatorname{arsh}(Ax) - \operatorname{arsh}(Ax_{01})}{\operatorname{arsh}(Ax_{IN}) - \operatorname{arsh}(Ax_{01})} \tag{3}$$

而喉部下游的喷管轴上转换为

$$\xi = \xi_{IN+1} + (\xi_{\max} - \xi_{IN+1}) \frac{\operatorname{arsh}(Ax) - \operatorname{arsh}(Ax_{IN+1})}{\operatorname{arsh}(Ax_{N1}) - \operatorname{arsh}(Ax_{IN+1})} \tag{4}$$

③ 进、出口边界按其规定的两种特征,分别取等距分割和等弧分割。

(4) 取 Laplace 方程作为正转换控制方程,在逆转换下求解,按轴对称情况取迭代初值,分别采用点迭代(Jacobi,G-S,SOR)、线(块)迭代(Jacobi,G-S,SOR)、ADI 迭代计算离散的代数方程。

(5) 写出作业报告,包括:

① 简述用 PDE 方法建立坐标转换的基础;

② 控制方程推演；定解条件(边界条件)的确定——几何分析及四边界的节点边值确定；
③ 计算方法——迭代法及初值选择；
④ 程序框图、源程序；
⑤ 计算结果——在图上画出物理平面上的网格线；
⑥ 结果分析、讨论；
⑦ 对此类作业的建议和要求。

第 10 章　热物理中的有限元法基础

有限元法是数值求解微分方程的另外一类基本方法。由于它对处理任意复杂的边界条件有很强的适应能力，这种方法在流动和热物理问题的 CFD/NHT 数值计算中，近年来受到普遍的重视，得到越来越广泛的应用。本章将对这种重要的数值方法的基础理论和在热物理中的应用做简单介绍，以使读者对这一方法的使用思路有初步的了解，为今后深入学习和开展相关的研究工作奠定基础。

限于篇幅，在介绍有关的数学理论时，原则上我们不做详细推演而直接给出结论，需要深究的读者可以参考专门的著作[1-5]。

10.1　有限元方法概要

有限元法基于数学上经典的变分原理和加权余量法，采用“分块逼近”的思想，将计算区域划分为互不重叠的称为“单元”的子区域，在每个单元体上选取若干个称为“节点”的函数插值点，把单元中的求解函数用一种规范化的插值函数的线性组合来近似，其线性组合的系数正是求解函数在节点上的函数值或导数值。进而，通过对单元体的积分获得单元体上的有限元方程，再对所有单元进行累加，获得总体解域上的有限元方程，通过求解总体有限元的离散代数方程，获得所有节点上的函数值。

这种“分块逼近”，再通过累加“整体合成”整个解域的离散代数方程的求解思想，起源于 20 世纪 40 年代，并随电子计算机的出现和发展得以迅速发展。1965 年之前，主要是固体力学工作者用来计算复杂的结构力学问题，发展了许多适应性很强的通用有限元程序，所解方程基本上是线性的偏微分方程。1965 年之后，该方法逐步推广到处理非线性微分方程，在流体力学和热物理问题的数值计算中得到了广泛的应用。现今，有限元方法已成为流动和热物理问题进行理论研究和解决实际工程问题的一个重要的数值计算手段。

有限元法与有限差分和有限容积方法一样，它们都是区域性的离散方法。其共性都是将连续区域上定义的微分方程的求解问题，变成在有限个离散子区域或离散节点上定义，把求解微分方程的问题变成求解离散节点上的代数方程问题。也就是说，它们都具有“离散化、代数化”的数值方法本质。有限元法也可通过选择不同的差分离散格式，或在积分控制容积内选择不同的插值函数型线，以得到不同形式和离散精度的代数方程。这意味着，有限差分、有限容积和有限元三种离散方法在构成离散方程时都有灵活性。但是，它们之间也有差异。其主要区别如下：

(1) 有限差分法和有限容积法是点近似，用网格点上的值来近似表达连续函数，近似解一般不能保证解的光滑性。有限元法是分段近似(分片或分块)，在单元内，近似解是连续解析的，而单元之间解是连续的。因此，有限元得到的解是充分光滑的近似解，在单元内导数存在，单元间的边界上其解满足相容性条件。

(2) 有限差分法收敛性的意义为：当步长趋近于零时，解域内任意节点的差分近似解趋近于微分方程在该点的准确解。而有限元法的收敛性是指积分意义下的，即单元积分区域趋于零时，单元的加权积分值趋近于零。有限容积法的收敛性与有限元法一致，但有限容积法的权函数始终是1。

(3) 有限差分法和有限容积法对于复杂的计算区域适应性差，处理边界条件常会遇到一定的困难。虽然近年来发展的网格生成技术可以克服这一弱点，但是带来编程的复杂性和计算工作量的极大增加。有限元法对于区域的划分没有特别的限制，这对处理具有复杂边界的实际问题既方便又灵活，还可依照实际问题的物理特点，合理安排单元网格的疏密。有限元法处理未知的自由边界和不同介质的交界面也比较容易。

(4) 有限容积法和有限元法虽然都是用积分方法进行离散的，并都要选择积分区域内的函数分布型线，但是有限容积法所选择的型线函数一旦积分完成后就不再具有任何意义。它的每个积分子区域只对应一个离散节点，该点定义的函数值代表积分控制体内函数的平均值。所积分的函数是物理问题对应的守恒型控制方程，各项物理意义明确，要求积分出来的离散方程在每个控制体内满足物理上的守恒原理。但有限元法中，型线一旦选定，就始终被认定为与求解量相关，它在建立离散方程和处理求解结果时都要应用。有限元法控制方程在积分之前需乘上一个权函数，要求积分区域上控制方程余量加权积分后的平均值为零，其控制方程形式不一定是守恒型的。有限元法的一个单元总会设置多个节点。

(5) 有限元法求解步骤几乎是统一的，因此易于编制通用程序。有限容积法次之，有限差分法则相对欠缺。但有限差分法在构造离散格式上更灵活，易于构造新的格式。从计算工作量看，对于同一物理问题有限元的工作量要大于有限差分法和有限容积法。从理论发展的成熟程度看，有限差分法已有一整套定性分析理论，其次是有限容积法，而有限元法相对滞后一些，例如对于计算中的数值误差分析和改进方法、离散方程的稳定性和守恒性分析方法，有限元法尚待建立有效的理论。

总之，三种数值方法的特点不一，各有其优点和缺点。对于不同的实际问题，我们应扬长避短，灵活应用，以期有最好的使用效果。

以下先扼要介绍有限元法的数学基础——变分原理和 Ritz 法、加权余量和 Galerkin 法，进而讲述有限元法的思想和实施步骤，以及其在计算热物理中的应用。限于篇幅，所述内容都是基础性的。

10.2 变分原理和 Ritz 法

10.2.1 变分原理的基本概念及变分运算法则

1. 基本概念

变分原理，是指以变分形式来描述物理过程的规律。用数学语言表述则为：如果存在于某个函数空间 D 中的物理状态函数 u，决定了一个依赖于它的泛函 $J(u)$，则在一切可能的物理状态中，真实的物理状态是 D 中使泛函 $J(u)$ 取极值的那个函数。

泛函，是指函数的函数，即以函数作为自变量的函数。变分问题则是求泛函极值的问题。变分法是研究泛函求极值的方法。因此，变分原理实际上就是用变分法求解物理规律的原理。

实际物理问题中，存在大量的变分问题，如光学中“光线沿着用时最短的路径传播”的 Fermat 原理，力学中“Lagrange 最小作用量原理”“Hamilton 原理”“最小势能原理”等。以下用经典的最速下降线为例来说明。

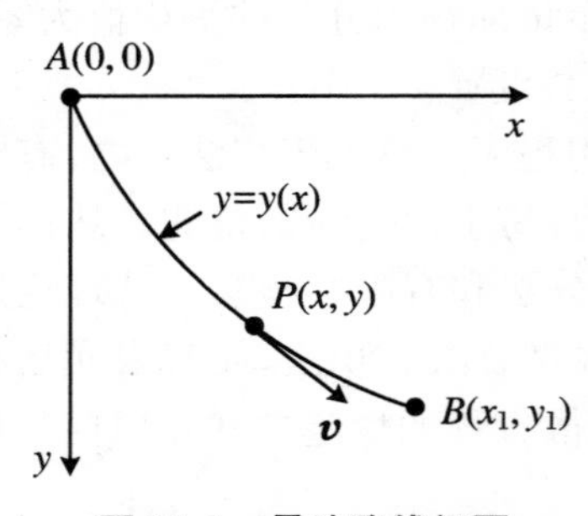

图 10.1　最速降线问题

如图 10.1 所示，设在同一铅垂平面但不在同一铅垂直线的两定点 A 和 B，用某条光滑曲线 $y = y(x)$ 联结起来。现使一质量为 m 的质点沿曲线从 A 点无摩擦地自由下滑至 B 点。试确定沿哪条曲线下滑所需的时间最短。

这是一个求取极小值条件的物理问题。直接建立描述过程的微分方程比较困难，但如果寻求以函数 $y = y(x)$ 作为自变量的泛函而建立变分表达式，则求解就变得简捷直观。

在图 10.1 所示坐标下，根据无摩擦条件，质点下滑中机械能守恒，到达 B 点时的速度与自由落体下降相同高度时的速度相同。做自由落体时速度值为

$$v = \sqrt{2gy} = \frac{\mathrm{d}s}{\mathrm{d}t} \tag{10.1}$$

而沿曲线 $y = y(x)$，

$$\mathrm{d}s = \sqrt{\mathrm{d}x^2 + \mathrm{d}y^2} = \sqrt{1 + y'^2}\,\mathrm{d}x \tag{10.2}$$

于是有

$$\mathrm{d}t = \sqrt{\frac{1 + y'^2}{2gy}}\,\mathrm{d}x$$

从 A 点到 B 点自由下滑时所需时间为

$$t = \int_0^{x_1} \sqrt{\frac{1 + y'^2}{2gy}} \mathrm{d}x \tag{10.3}$$

即下滑所需时间 t 是曲线 $y = y(x)$ 的函数，是一个泛函。最速下降线问题就是求这个泛函的极小值问题，或称变分问题。也就是，在满足端点条件

$$y(0) = 0, \quad y(x_1) = y_1$$

的一次可微连续函数集合中，寻找使泛函(10.3)取极小值的函数 $y = y(x)$。求泛函的极值与求函数的极值解法类似。函数取极值的条件是函数的微分为零；泛函取极值，则其变分为零。因此求泛函(10.3)的极值，就是求解变分式

$$\delta t(y, y') = 0 \tag{10.4}$$

这里符号 δ 表示变分。

何谓变分呢？泛函自变量 $y(x)$ 的增量称为自变量的变分，记为

$$\delta y = y(x) - y_0(x) = \varepsilon\eta(x) \tag{10.5}$$

其中 ε 是一个与 x 无关的小量，$\eta(x)$ 是一个任意的光滑连续函数。由图 10.2 显然可知，在固定端点处，$\delta y = 0$。如果泛函自变量的增量是 δy，则相应泛函 $J(y, y')$ 的增量是

$$\Delta J = J(y + \delta y, y' + \delta y') - J(y, y')$$

对小量 δy 和 $\mathrm{d}y'$ 做 Taylor 展开，有

$$J(y + \delta y, y' + \delta y') = J(y, y') + \frac{\partial J}{\partial y}\delta y + \frac{\partial J}{\partial y'}\delta y' + \cdots$$

于是泛函的增量为

$$\Delta J = \frac{\partial J}{\partial y}\delta y + \frac{\partial J}{\partial y'}\delta y' + \cdots$$

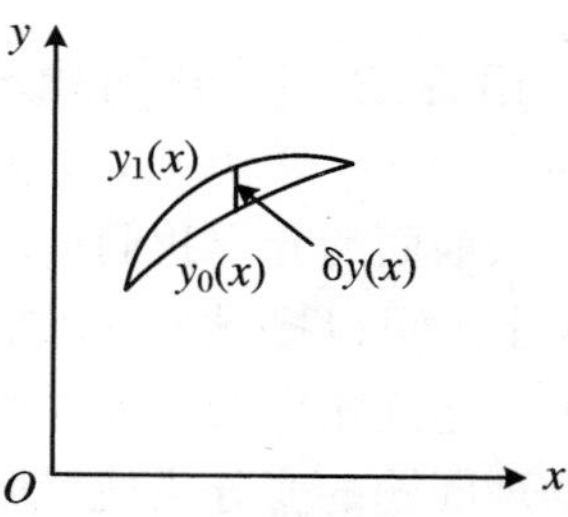

图 10.2 泛函自变量的变分

忽略高阶小量，**定义泛函增量的线性部分为泛函的变分**，记为

$$\delta J = \frac{\partial J}{\partial y}\delta y + \frac{\partial J}{\partial y'}\delta y' \tag{10.6}$$

更一般地，若泛函由多个函数 $y_1, y_2, \cdots, y_n$ 确定，即

$$J = J(y_1, \cdots, y_n, y_1', \cdots, y_n', \cdots, y_1^{(k)}, \cdots, y_n^{(k)}) \tag{10.7}$$

则泛函的变分定义为

$$\delta J = \sum_{i=1}^{n} \frac{\partial J}{\partial y_i}\delta y_i + \sum_{i=1}^{n} \frac{\partial J}{\partial y_i'}\delta y_i' + \cdots + \sum_{i=1}^{n} \frac{\partial J}{\partial y_i^{(k)}}\delta y_i^{(k)} \tag{10.8}$$

2. 变分的运算法则

$$\delta(J_1 + J_2) = \delta J_1 + \delta J_2 \tag{10.9}$$

$$\delta(J_1 J_2) = J_1 \delta J_2 + J_2 \delta J_1 \tag{10.10}$$

$$\delta\left(\frac{J_1}{J_2}\right) = \frac{J_2 \delta J_1 - J_1 \delta J_2}{J_2^2} \tag{10.11}$$

$$\delta\left(\frac{\mathrm{d}^n y}{\mathrm{d}x^n}\right) = \frac{\mathrm{d}^n}{\mathrm{d}x^n}(\delta y) \tag{10.12}$$

$$\delta\int_{x_1}^{x_2} F(x, y, y')\mathrm{d}x = \int_{x_1}^{x_2} \delta F(x, y, y')\mathrm{d}x \tag{10.13}$$

运算法则(10.9)～(10.11)表明，泛函的变分与函数的微分运算相同；而法则(10.12)和(10.13)表明，变分号与微分号或者积分号之间可以交换计算次序。

泛函变分可按以下定理计算：泛函 $J[y(x),y'(x)]$在 $y=y(x)$处的变分等于 $J[y(x)+\varepsilon\delta y(x),y'(x)+\varepsilon\delta y'(x)]$对 ε 的导数在$\varepsilon=0$ 时的取值，即

$$\delta J=\left.\frac{\partial J[y(x)+\varepsilon\delta y(x),y'(x)+\varepsilon\delta y'(x)]}{\partial\varepsilon}\right|_{\varepsilon=0}\tag{10.14}$$

于是，泛函取极值的条件可写成

$$\delta J=\left.\frac{\partial J[y(x)+\varepsilon\delta y(x),y'(x)+\varepsilon\delta y'(x)]}{\partial\varepsilon}\right|_{\varepsilon=0}=0\tag{10.15}$$

至于泛函的极值是极大还是极小，可类似函数极值是取极大还是取极小的方法来判断，即在 $\delta J(y_0)=0$ 且 $\delta^2 J(y_0)>0$ 时，$J(y_0)$为极小值；而在 $\delta J(y_0)=0$，且 $\delta^2 J(y_0)<0$ 时，$J(y_0)$ 为极大值。

以上结论也适用于由多个函数确定的泛函。

10.2.2 微分问题与变分问题的等价关系

从前面的介绍我们可以清楚地看出，要描述物理过程，只要建立了相应该过程的泛函，数学上就可以描述为泛函求极值的变分问题，可通过变分法来求解。对同一个物理问题，我们可以建立相应的微分方程，求解此微分方程可以得到该问题的物理状态。显然，对于同一个物理问题的变分描述和微分描述，两者求解所得的最终结果应该是一致的。

实际上，对许多物理问题，我们都已建立了相应的微分方程描述，但不一定直接给出它们的变分描述。能否从物理问题的微分方程出发，寻求该问题的泛函，进而用变分法来求解？反过来，如果我们已经建立了一个物理过程的变分问题，能否将它转化为微分问题求解呢？这就是变分问题和微分问题的等价性问题。

以下讨论这些等价关系及其成立的条件。由于一些相关的定理涉及函数内积和算子的概念，故先做必要介绍。

1. 函数内积与算子的有关概念

(1)（函数内积）两函数 u,v 的乘积在其定义域Ω 上的积分，称作这两个函数在该区域上的内积，记作

$$\langle u,v\rangle=\int_\Omega uv\mathrm{d}\Omega\tag{10.16}$$

(2)（算子）若内积空间中某一集合 D 和另一集合R 建立了某种一一对应的关系，即 D 中任一元素u 对应R 中的一个元素$L(u)$，则称 L 为算子。集合 D 称为算子L 的定义域，集合 R 称为算子L 的值域。如对散度算子$\nabla\cdot$，有

$$\nabla\cdot\boldsymbol{u}=\frac{\partial u_1}{\partial x_1}+\frac{\partial u_2}{\partial x_2}+\frac{\partial u_3}{\partial x_3}\tag{10.17}$$

其定义域 D 是一次可微矢量函数的集合，其值域 R 是微分后所生成函数的集合。

(3)（线性算子）对于任意实数 α,β，如果算子 L 满足

$$L(\alpha u_1+\beta u_2)=\alpha L(u_1)+\beta L(u_2),\quad u_1,u_2\in D,\ \alpha u_1+\beta u_2\in D\tag{10.18}$$

则称 L 为线性算子。

(4)(伴随算子)做 $L(u)$ 和另一函数 v 的内积 $\langle L(u),v\rangle$。通过分部积分使微分算子全部转移到 v 上,得到算子转移后包含边界项的一般公式为

$$\langle L(u),v\rangle=\langle u,L^*(v)\rangle+\int_S[F(v)G(u)-F(u)G^*(v)]\mathrm{d}s \tag{10.19}$$

其中 S 是内积积分区域的边界面,F 和 G 是在分部积分中自然形成的与边界条件相关的微分算子。则称算子 L^* 为 L 的伴随算子。

(5)(自伴算子)如果 $L^*=L$,则称 L 为自伴算子。此时,算子 G 亦为自伴的,即 $G^*=G$。

(6)(本质边界条件和自然边界条件)规定式(10.19)中 $F(u)$ 的那一类条件称为本质边界条件,规定 $G(u)$ 的那一类条件称为自然边界条件。可以在积分区域的边界上规定任一类边界条件,但本质边界条件确定了解的唯一性,必须在某些边界点上满足本质边界条件,解才能唯一。自伴问题的边界条件可写成

$$\begin{cases}F(u)=f, & \text{在 } S_1 \text{ 上}\\ G(u)=g, & \text{在 } S_2 \text{ 上}\\ S=S_1+S_2\end{cases} \tag{10.20}$$

对于二阶偏微分方程,表示本质边界条件的 $F(u)$ 是规定边界上的函数值,即常说的第一类边界条件;表示自然边界条件的 $G(u)$ 则是规定边界上的函数导数值,即常说的第二类或第三类边界条件。

(7)(对称算子)对于定义域 D 上满足齐次边界条件的自伴算子,总有

$$\langle L(u),v\rangle=\langle u,L(v)\rangle,\quad u,v\in D \tag{10.21}$$

则称这种自伴算子 L 为对称算子。

(8)(正算子)对于线性算子 L 的定义域 D 内任意一个非零元素 u,如果都有

$$\langle L(u),u\rangle>0,\quad u\in D \tag{10.22}$$

则称 L 为正算子。

(9)(算子方程)如果在算子 L 的值域 R 中给定一个元素 p,有

$$L(u)=p,\quad u\in D \tag{10.23}$$

则称该等式为算子 L 的方程。

微分方程问题均可转化为算子方程问题,相应的算子就是微分算子。

下面以负 Laplace 算子 $-\Delta$ 为例,考察齐次边界条件下该算子的性质,即考察

$$\begin{cases}L(u)=-\Delta u=-\left(\dfrac{\partial^2 u}{\partial x^2}+\dfrac{\partial^2 u}{\partial y^2}\right), & (x,y)\in\Omega\\ u\,|_\Gamma=0, \quad \text{或} \quad \left.\dfrac{\partial u}{\partial n}\right|_\Gamma=0\end{cases} \tag{10.24}$$

中的算子 $-\Delta$ 的性质。

对定义域内任意两个函数 u,v 和任意实数 α,β,都有

$$-\Delta(\alpha u+\beta v)=\alpha(-\Delta u)+\beta(-\Delta v)$$

因此,负 Laplace 算子 $-\Delta$ 是线性算子。又

$$\langle-\Delta u,v\rangle=-\iint_\Omega\Delta u\cdot v\mathrm{d}\Omega=-\iint_\Omega[\nabla\cdot(\nabla u\cdot v)-\nabla u\cdot\nabla v]\mathrm{d}\Omega$$

$$= \iint_{\Omega} \nabla u \cdot \nabla v \mathrm{d}\Omega - \oint_{\Gamma} \frac{\partial u}{\partial n} v \mathrm{d}\Gamma = \iint_{\Omega} \nabla u \cdot \nabla v \mathrm{d}\Omega \tag{10.25}$$

同样可得

$$\langle -\Delta v, u \rangle = \iint_{\Omega} \nabla v \cdot \nabla u \mathrm{d}\Omega$$

因此有

$$\langle -\Delta u, v \rangle = \langle -\Delta v, u \rangle = \langle u, -\Delta v \rangle$$

即 $-\Delta$ 是对称算子。又按照式(10.25),有

$$\langle -\Delta u, u \rangle = \iint_{\Omega} \nabla u \cdot \nabla u \mathrm{d}\Omega = \iint_{\Omega} (\nabla u)^2 \mathrm{d}\Omega > 0$$

故 $-\Delta$ 是正算子。

综合以上分析,可知齐次边界条件下的负 Laplace 算子 $-\Delta$ 是线性对称正算子。

有了这些概念,我们可以给出某些微分问题和变分问题的等价性定理。对于同一个物理问题,可以基于微分方程来进行数学描述,也可以基于泛函变分的概念进行数学描述,那么这个微分方程描述和泛函变分描述应该具有彼此对应的关系。限于篇幅,我们均已略去有关定理的证明,读者可以参考相关的数学书。

2. 对称正算子方程的变分原理

定理 10.1 设 L 是对称正算子。若算子方程和相应的齐次边界条件构成的微分问题

$$\begin{cases} L(u) = p, & \text{在 } \Omega \text{ 中} \\ F(u) = 0, & \text{在 } S_1 \text{ 上} \\ G(u) = 0, & \text{在 } S_2 \text{ 上} \end{cases} \tag{10.26}$$

存在解 $u = u_0$,则 u_0 所满足的充分必要条件是泛函

$$J(u) = \langle L(u), u \rangle - 2\langle p, u \rangle \tag{10.27}$$

在 $u = u_0$ 处取极小值。

这个定理告诉我们,某一类微分方程的求解问题,可以转化为泛函求极值的变分问题来解,也就是用变分原理来解,这就为微分方程的求解开辟了一条新的途径。

例 10.1 试将满足齐次边界条件的 Poisson 方程

$$\begin{cases} \Delta u = p, & \text{在 } \Omega \text{ 中} \\ u = 0, & \text{在 } S \text{ 上} \end{cases} \tag{10.28}$$

的求解转换为变分问题求解,其中 S 是 Ω 的边界

解 前面已证,负 Laplace 算子是对称正算子。正算子乘以 -1 即变为负算子,因此正算子与负算子并无本质差异。按照上述定理,从以上 Poisson 方程可以构造如下泛函:

$$J(u) = \langle \Delta u, u \rangle - 2\langle p, u \rangle = \int_{\Omega} \Delta u \cdot u \mathrm{d}\Omega - 2\int_{\Omega} pu \mathrm{d}\Omega$$

对右边第一项做分部积分,有

$$\int_{\Omega} \Delta u \cdot u \mathrm{d}\Omega = -\int_{\Omega} (\nabla u)^2 \mathrm{d}\Omega + \int_{S} \frac{\partial u}{\partial n} u \mathrm{d}s = -\int_{\Omega} (\nabla u)^2 \mathrm{d}\Omega$$

于是泛函可写成

$$J(u) = -\int_{\Omega} (\nabla u)^2 \mathrm{d}\Omega - 2\int_{\Omega} pu \mathrm{d}\Omega \tag{10.29}$$

求解 Poisson 微分方程的问题等价于求该泛函的极值问题,即求下列变分问题的解:

$$\begin{cases} \delta J(u) = -\int_{\Omega}[\nabla u \cdot \nabla(\delta u) + p\delta u]\mathrm{d}\Omega = 0 \\ u\,|_{S} = 0 \end{cases} \tag{10.30}$$

3. 自伴算子方程非齐次边界条件的变分原理

定理 10.2　设 L 是自伴算子。若算子方程和相应的非齐次边界条件构成的微分问题

$$\begin{cases} L(u) = p, & \text{在 } \Omega \text{ 中} \\ F(u) = f, & \text{在 } S_1 \text{ 上} \\ G(u) = g, & \text{在 } S_2 \text{ 上} \end{cases} \tag{10.31}$$

存在解 $u = u_0$,则 u_0 所满足的充分必要条件是泛函

$$J(u) = \langle L(u), u\rangle - 2\langle p, u\rangle - \langle f, G(u)\rangle_{S_1} + \langle g, F(u)\rangle_{S_2} \tag{10.32}$$

在 $u = u_0$ 处取极小值。其中 $S = S_1 + S_2$ 是 Ω 的边界。

该定理告诉我们,某些非齐次边界条件的微分问题,只要算子是自伴的,就可以转化为变分问题求解。

例 10.2　考察一平面无热源的均质稳态导热问题,相应的微分方程和非齐次边界条件为

$$\begin{cases} \dfrac{\partial}{\partial x}\left(\lambda\dfrac{\partial T}{\partial x}\right) + \dfrac{\partial}{\partial y}\left(\lambda\dfrac{\partial T}{\partial y}\right) = 0, \quad (x, y) \in \Omega \\ T\,|_{S_1} = T_0 \\ \lambda\dfrac{\partial T}{\partial n}\bigg|_{S_2} = q_0 \end{cases} \tag{10.33}$$

解　利用上述非齐次条件下的变分原理,微分方程相应的泛函为

$$J(T) = \langle L(T), T\rangle - \left\langle T_0, \lambda\frac{\partial T}{\partial n}\right\rangle_{S_1} + \langle q_0, T\rangle_{S_2}$$

$$= \iint_{\Omega} T\,\nabla\cdot(\lambda\,\nabla T)\mathrm{d}\Omega - \int_{S_1} T_0\left(\lambda\frac{\partial T}{\partial n}\right)\mathrm{d}s + \int_{S_2} q_0 T\mathrm{d}s \tag{10.34a}$$

将右端第一项做分部积分,得

$$\iint_{\Omega} T\,\nabla\cdot(\lambda\,\nabla T)\mathrm{d}\Omega = -\iint_{\Omega}\lambda(\nabla T)^2\mathrm{d}\Omega + \int_{S}\lambda\frac{\partial T}{\partial n}T\mathrm{d}s$$

$$= -\iint_{\Omega}\lambda(\nabla T)^2\mathrm{d}\Omega + \int_{S_1} T_0\lambda\frac{\partial T}{\partial n}\mathrm{d}s + \int_{S_2} q_0 T\mathrm{d}s$$

将上式代入式(10.34a),得泛函

$$J(T) = -\iint_{\Omega}\lambda(\nabla T)^2\mathrm{d}\Omega + 2\int_{S_2} q_0 T\mathrm{d}s \tag{10.34b}$$

其微分问题等价于下面变分问题的解:

$$\begin{cases} \delta J(T) = -2\left\{\int_{\Omega}[\lambda\,\nabla T \cdot \nabla(\delta T)]\mathrm{d}\Omega - \int_{S_2} q_0\delta T\mathrm{d}s\right\} = 0 \\ T\,|_{S_1} = T_0 \end{cases} \tag{10.35}$$

4. 变分问题转化为微分问题——Euler 方程

变分问题的求解,最早是通过将其转化为微分方程来解的。这类由变分问题转化来的微分方程称为 Euler 方程。以下仅以单变量函数在固定端点条件下的泛函为例做简要说明。

定理 10.3 若函数 $y=y(x)$满足固定端点条件 $y(x_1)=y_1, y(x_2)=y_2$,且使泛函

$$J(y)=\int_{x_1}^{x_2}F(x,y,y')\mathrm{d}x \tag{10.36}$$

取极值,则函数 $y(x)$必满足以下的 Euler 方程:

$$F_y-\frac{\mathrm{d}}{\mathrm{d}x}(F_{y'})=F_y-F_{xy'}-F_{yy'}y'-F_{y'y'}y''=0 \tag{10.37}$$

例 10.3 试求平面上联结任意两点(x_1,y_1)和(x_2,y_2)之间路程最短的曲线。

解 设通过这两点的曲线方程为 $y(x)$,满足固定边界点条件 $y(x_1)=y_1, y(x_2)=y_2$,并由 $y(x)$构成曲线长度的泛函为

$$J(y)=\int_{x_1}^{x_2}\sqrt{1+y'^2}\mathrm{d}x$$

其路程最短曲线自然是该泛函的极小值。可以通过变分法来求,亦可通过由泛函转化来的 Euler 方程来求。相应该泛函的 $F(x,y,y')=\sqrt{1+y'^2}$,有

$$\frac{\partial F}{\partial y}=0,\quad \frac{\partial F}{\partial y'}=\frac{y'}{(1+y'^2)^{1/2}},\quad \frac{\mathrm{d}}{\mathrm{d}x}(F_{y'})=\frac{y''}{(1+y'^2)^{3/2}}$$

其 Euler 方程可化为

$$y''=0$$

积分,并利用端点条件,得

$$y=\frac{y_2-y_1}{x_2-x_1}x+\frac{y_1x_2-y_2x_1}{x_2-x_1}$$

即路程最短曲线为通过两点的直线。其最短距离为

$$d=\min J(x)=\int_{x_1}^{x_2}\sqrt{1+\left(\frac{y_2-y_1}{x_2-x_1}\right)^2}\mathrm{d}x=[(x_2-x_1)^2+(y_2-y_1)^2]^{1/2}$$

这个简单例子显示了把变分问题转为微分问题处理的过程。

10.2.3 Ritz 法

考察了变分问题和微分问题的等价特性后,进而讨论该如何计算变分问题。Ritz 方法是求泛函极值所对应函数的近似方法。

对于给定的泛函 $J(u)$,Ritz 法的基本步骤如下:

(1) 在函数 u 的定义空间 D 中,选定一组线性无关的基函数序列$\{\phi_j\}(j=1,2,\cdots,n)$,构成试探的近似解

$$u_n=\sum_{j=1}^{n}\alpha_j\phi_j \tag{10.38}$$

其中 $\alpha_j(j=1,2,\cdots,n)$是待定系数。所谓基函数,是指在此函数空间中的任意一个函数,都能用基函数的线性组合(10.38)来构成近似表达。近似解应满足齐次本质边界条件和泛函

$J(u)$对 u 所要求的连续性和可微性。即泛函最高阶导数为 m 阶，则 u_n 应是m 阶导数平方可积的函数。

(2) 将近似解代入泛函表达式，得

$$J(u_n) = J\left(\sum_{j=1}^{n} \alpha_j \phi_j\right) \tag{10.39}$$

因为基函数$\{\phi_j\}(j=1,2,\cdots,n)$是选定的已知函数，所以泛函变成为待定系数 $\alpha_1,\alpha_2,\cdots,\alpha_n$ 的多元函数，泛函极值问题化为多元函数求极值的问题。

(3) 为使泛函值极小，泛函对 $\alpha_i(i=1,2,\cdots,n)$的偏导分别为零，即

$$\frac{\partial J(u_n)}{\partial \alpha_i} = \frac{\partial J\left(\sum_{j=1}^{n} \alpha_j \phi_j\right)}{\partial \alpha_i} = 0, \quad i = 1,2,\cdots,n \tag{10.40}$$

由此得到关于待定系数 $\alpha_1,\alpha_2,\cdots,\alpha_n$ 的n 阶代数方程组。

(4) 求解代数方程组，得到待定系数 $\alpha_1,\alpha_2,\cdots,\alpha_n$，从而得到近似解函数 u_n。

例如，对于对称正算子 L 的方程$L(u)=p$，按变分原理所构成的泛函为式(10.27)。将近似解式(10.38)代入式(10.27)，泛函变为

$$J(u_n) = \left\langle L\left(\sum_{j=1}^{n} \alpha_j \phi_j\right), \sum_{j=1}^{n} \alpha_j \phi_j \right\rangle - 2\left\langle p, \sum_{j=1}^{n} \alpha_j \phi_j \right\rangle \tag{10.41}$$

为使 $J(u_n)$取极小值，应有

$$\frac{\partial J(u_n)}{\partial \alpha_i} = \left\langle L(\phi_i), \sum_{j=1}^{n} \alpha_j \phi_j \right\rangle + \left\langle L\left(\sum_{j=1}^{n} \alpha_j \phi_j\right), \phi_i \right\rangle - 2\langle p, \phi_i \rangle = 0 \tag{10.42}$$

其中 $i=1,2,\cdots,n$。依据对称算子的性质，上面的方程可改写为

$$\sum_{j=1}^{n} \alpha_j \langle L(\phi_j), \phi_i \rangle = \langle p, \phi_i \rangle, \quad i = 1,2,\cdots,n \tag{10.43}$$

这是一个含有 n 个未知数$\alpha_1,\alpha_2,\cdots,\alpha_n$ 的线性代数方程组，写成矩阵形式为

$$\boldsymbol{A\alpha} = \boldsymbol{b} \tag{10.44}$$

其中

$$\begin{aligned} \boldsymbol{A} &= (a_{ij}), \quad a_{ij} = \langle \phi_i, L(\phi_j) \rangle \\ \boldsymbol{b} &= (b_i), \quad b_i = \langle \phi_i, p \rangle \\ \boldsymbol{\alpha} &= (\alpha_1, \alpha_2, \cdots \alpha_n)^{\mathrm{T}} \end{aligned} \tag{10.45}$$

10.3　加权余量法和 Galerkin 法

当微分算子是自伴算子(对称算子是其中的特例)时，可以将其转化为相应的变分问题处理，通过 Ritz 法求得方程的近似解。然而，流体力学和热物理中的方程通常是非线性的，有的方程虽为线性的，但算子也不一定是自伴的。它们都不能按照上述的变分原理找到微分方程的泛函，将微分问题转化成变分问题处理，Ritz 法不适用。

以下所讲的加权余量法则对微分方程的算子不加限制，它适用于一般的微分方程问题。

10.3.1 加权余量法的基本思想和解题步骤

加权余量法的基本思想是通过将方程余量与权函数正交化的途径，即将方程余量加权积分且取零，把微分方程转化为代数方程，通过求解代数方程来获得微分方程的近似解。

下面，我们通过讲述它的解题步骤来阐明余量、加权、正交等概念，理解它的基本思想并掌握它的计算过程。

一般微分问题可写为

$$\begin{cases} L(u) = p, & \boldsymbol{x} \in \Omega \\ F(u) = f, & \boldsymbol{x} \in S_1 \\ G(u) = g, & \boldsymbol{x} \in S_2 \end{cases} \tag{10.46}$$

式中 $\boldsymbol{x}$ 为函数 u 的自变量矢量，可为单变量或者多变量，如自变量为三维空间坐标，则 $\boldsymbol{x}$ 为 (x_1, x_2, x_3)。S_1 和 S_2 是 Ω 的边界。在 S_1 上 u 满足本质边界条件，而在 S_2 上 u 满足自然边界条件。相应的边界条件算子 F 和 G 由微分算子 L 在进行算子转移运算中确定，见式(10.19)。

加权余量法求解该问题的步骤如下：

(1) 在函数定义域内选取线性无关的完备的基函数序列$\{\phi_j\}(j=1,2,\cdots,n)$，且使基函数满足全部边界条件及一定的连续性要求。

(2) 用基函数的线性组合构造函数的近似解

$$u_n = \sum_{j=1}^{n} \alpha_j \phi_j \tag{10.47}$$

其中$\{\alpha_j\}(j=1,2,\cdots,n)$为待定系数。近似解必须有足够的连续性要求，使得 $L(u_n) \neq 0$。若 L 是 m 阶微分算子，则 u_n 必须为 m 阶导数存在且平方可积的函数。

(3) 确定方程余量 ε。它是近似解代入方程后对准确解方程的偏离，即

$$\varepsilon = L(u_n) - p \tag{10.48}$$

则 ε 是函数自变量和近似解待求系数$\{\alpha_j\}(j=1,2,\cdots,n)$的函数。

(4) 选取 n 个线性无关的完备序列的权函数 $W_i(i=1,2,\cdots,n)$，令方程余量 ε 与每个权函数 W_i 正交，即令它们的内积为零，以使方程余量尽可能小：

$$\langle \varepsilon, W_i \rangle = \int_{\Omega} [L(u_n) - p] W_i \mathrm{d}\Omega = 0, \quad i = 1,2,\cdots,n \tag{10.49a}$$

即

$$\int_{\Omega} \Big[L\Big(\sum_{j=1}^{n} \alpha_j \phi_j\Big) - p\Big] W_i \mathrm{d}\Omega = 0, \quad i = 1,2,\cdots,n \tag{10.49b}$$

由此得到 n 个关于$\{\alpha_j\}(j=1,2,\cdots,n)$的代数方程组。

(5) 求解代数方程组(10.49b)，获得系数$\{\alpha_j\}(j=1,2,\cdots,n)$；代入近似解式(10.47)，得到近似解 u_n。

对于非线性微分算子 L，由式(10.49b)得到非线性代数方程，可通过线化迭代求解。对于线性算子 L，利用线性算子的性质，可以得到线性代数方程。此时，方程(10.49b)可改写为

$$\Big\langle \sum_{j=1}^{n} \alpha_j L(\phi_j), W_i \Big\rangle = \langle p, W_i \rangle, \quad i = 1,2,\cdots,n$$

即

$$\sum_{j=1}^{n}\alpha_j\langle W_i, L(\phi_j)\rangle = \langle W_i, p\rangle,\quad i = 1,2,\cdots,n \tag{10.50}$$

这是关于 α_j 的一组线性代数方程组，写成矩阵形式为

$$\boldsymbol{A\alpha} = \boldsymbol{b} \tag{10.51}$$

其中

$$\begin{aligned} \boldsymbol{A} &= (a_{ij}),\quad a_{ij} = \langle W_i, L(\phi_j)\rangle \\ \boldsymbol{b} &= (b_i),\quad b_i = \langle W_i, p\rangle \\ \boldsymbol{\alpha} &= (\alpha_1, \alpha_2, \cdots, \alpha_n)^{\mathrm{T}} \end{aligned} \tag{10.52}$$

权函数的选取对加权余量法的计算精度具有重要的意义。选取不同的权函数，就得到不同的加权余量方法。

10.3.2　常用的几种加权余量法

1. 点配置法

点配置法取 Dirac δ 函数作为权函数，即

$$W_i = \delta(x - x_i),\quad i = 1,2,\cdots,n \tag{10.53}$$

δ 函数定义为

$$\delta(x - x_i) = \begin{cases} 0, & x \neq x_i \\ \infty, & x = x_i \end{cases} \tag{10.54}$$

δ 函数具有如下性质：对于 $|x - x_i| \leqslant r$ 的小区域 Ω_i，有

$$\int_{\Omega_i} f(x)\delta(x - x_i)\mathrm{d}x = f(x_i),\quad x_i \in \Omega_i \tag{10.55a}$$

$$\int_{\Omega_i} \delta(x - x_i)\mathrm{d}x = 0,\quad x_i \notin \Omega_i \tag{10.55b}$$

点配置法的加权余量法满足

$$\langle \varepsilon(x, \alpha_1, \alpha_2, \cdots, \alpha_n), \delta(x - x_i)\rangle = 0$$

按照 δ 函数的性质(10.55a)，有

$$\varepsilon(x_i, \alpha_1, \alpha_2, \cdots, \alpha_n) = 0 \tag{10.55c}$$

上式表明，在配置点 x_i 上函数余量 ε 为零，方程在选定的配置点上成立。对于线性微分算子，矩阵形式的一般代数方程组(10.51)中的系数和右端项分别为

$$\begin{cases} a_{ij} = \langle \delta(x - x_i), L(\phi_j(x))\rangle = L(\phi_j(x_i)) \\ b_i = \langle \delta(x - x_i), p(x)\rangle = p(x_i) \end{cases} \tag{10.56}$$

2. 矩量法

设 r 为解域内任意一点至坐标原点的距离，矩量法将 r 的各幂次的矩量取作权函数，即

$$W_i = r^{i-1},\quad i = 1,2,\cdots,n \tag{10.57a}$$

一维下，则为

$$W_i = x^{i-1},\quad i = 1,2,\cdots,n \tag{10.57b}$$

对任意算子,矩量法的加权余量满足

$$\langle \varepsilon, x^{i-1} \rangle = 0, \quad i = 1,2,\cdots,n$$

对于线性算子,矩阵形式的一般代数方程组(10.51)中的系数和右端项分别为

$$a_{ij} = \langle x^{i-1}, L(\phi_j) \rangle, \quad b_i = \langle x^{i-1}, p \rangle$$

3. 最小二乘法

定义函数余量 ε 自身的内积作为近似解 u_n 在整个解域上的总体误差 F,并按总体误差 F 最小的要求来确定的权函数,就是最小二乘法的权函数。于是总体误差定义为

$$F = \langle \varepsilon, \varepsilon \rangle = \left\langle \sum_{j=1}^{n} \alpha_j L(\phi_j) - p, \sum_{j=1}^{n} \alpha_j L(\phi_j) - p \right\rangle = F(\alpha_1, \alpha_2, \cdots, \alpha_n) \quad (10.58)$$

要使 F 最小,须要求

$$\frac{\partial F}{\partial \alpha_i} = \frac{\partial}{\partial \alpha_i}\left(\int_\Omega \varepsilon^2 \mathrm{d}\Omega\right) = 2\int_\Omega \varepsilon \frac{\partial \varepsilon}{\partial \alpha_i} \mathrm{d}\Omega = 0, \quad i = 1,2,\cdots,n$$

即

$$\int_\Omega \varepsilon \frac{\partial \varepsilon}{\partial \alpha_i} \mathrm{d}\Omega = 0, \quad i = 1,2,\cdots,n \quad (10.59)$$

上式正好满足加权余量法中余量与某个权函数内积为零的要求。所以,最小二乘法选取的权函数就是

$$W_i = \frac{\partial \varepsilon}{\partial \alpha_i}, \quad i = 1,2,\cdots,n \quad (10.60)$$

如为线性算子,

$$\varepsilon = L\left(\sum_{j=1}^{n} \alpha_j \phi_j\right) - p = \sum_{j=1}^{n} \alpha_j L(\phi_j) - p \quad (10.61)$$

$$W_i = \frac{\partial \varepsilon}{\partial \alpha_i} = L(\phi_i) \quad (10.62)$$

相应于矩阵形式的一般代数方程组(10.51)中的系数和右端项分别为

$$a_{ij} = \langle L(\phi_i), L(\phi_j) \rangle, \quad b_i = \langle L(\phi_i), p \rangle \quad (10.63)$$

4. Galerkin 法

将权函数取为基函数的方法,称为 Galerkin 法。它是应用最广泛的一种加权余量法。

$$W_i = \phi_i, \quad i = 1,2,\cdots,n \quad (10.64)$$

Galerkin 法的加权余量满足

$$\langle \varepsilon, \phi_i \rangle = 0, \quad i = 1,2,\cdots,n \quad (10.65)$$

如线性算子,相应于一般代数方程组(10.51)中的系数和右端项分别为

$$a_{ij} = \langle \phi_i, L(\phi_j) \rangle, \quad b_i = \langle \phi, p \rangle \quad (10.66)$$

为使用方便,Galerkin 法加权余量方程(10.65)可以写成另一种等价形式:

$$\langle \varepsilon, \delta u \rangle = 0 \quad (10.67)$$

即在加权余量式中用待求函数的变分 δu 替代基函数 ϕ_i。依照函数的近似表达式(10.47),

$$\delta u = \sum_{i=1}^{n} \phi_i \delta \alpha_i \quad (10.68)$$

其中 $\delta\alpha_i$ 是待定系数 α_i 的增量。两种表达式的等价性证明如下：

将式(10.65)两边乘以增量 $\delta\alpha_i$，得

$$\delta\alpha_i\langle\varepsilon,\phi_i\rangle = 0$$

利用内积性质，有

$$\langle\varepsilon,\phi_i\delta\alpha_i\rangle = 0$$

对 i 从 1 到 n 求和，得

$$\sum_{i=1}^{n}\langle\varepsilon,\phi_i\delta\alpha_i\rangle = 0$$

将求和号移入内积内，有

$$\left\langle\varepsilon,\sum_{i=1}^{n}\phi_i\delta\alpha_i\right\rangle = 0$$

依式(10.68)，上式即为等价表达式(10.67)。

容易证明，在微分问题存在变分原理，即能够找到相应的泛函，可以化为变分问题处理时，Galerkin 法和 Ritz 法等价。

在例 10.2 中，我们按照变分原理，得到了平面无热源的均质稳态导热问题的微分方程(10.33)，在非齐次边界条件下转换为变分问题处理的方程(10.35)。下面，我们用 Galerkin 法考察同一微分方程(10.33)。由加权余量表达式(10.67)，有

$$\iint_{\Omega}\left[\frac{\partial}{\partial x}\left(\lambda\frac{\partial T}{\partial x}\right)+\frac{\partial}{\partial y}\left(\lambda\frac{\partial T}{\partial y}\right)\right]\delta T\mathrm{d}\Omega = 0$$

即

$$\iint_{\Omega}\nabla\cdot[(\lambda\nabla T)\delta T]\mathrm{d}\Omega-\iint_{\Omega}(\lambda\nabla T)\cdot\nabla(\delta T)\mathrm{d}\Omega = 0$$

依 Green-Gauss 公式(或称奥高公式)，上式转化为

$$\iint_{\Omega}(\lambda\nabla T)\cdot\nabla(\delta T)\mathrm{d}\Omega=\oint_{S}\left(\lambda\frac{\partial T}{\partial n}\right)\delta T\mathrm{d}s=\int_{S_1}\left(\lambda\frac{\partial T}{\partial n}\right)\delta T\mathrm{d}s+\int_{S_2}\left(\lambda\frac{\partial T}{\partial n}\right)\delta T\mathrm{d}s$$

代入方程(10.33)的边界条件，得

$$\begin{cases}\iint_{\Omega}[\lambda\nabla T\cdot\nabla(\delta T)]\mathrm{d}\Omega=\int_{S_2}q_0\delta T\mathrm{d}s\\ T|_{S_1}=T_0\end{cases}\tag{10.69}$$

对照变分问题相应的求解方程(10.35)，两者等同。再用选定基函数的线性组合代入以上方程，积分得到具有相同待定系数的代数方程组。因此近似求解变分问题的 Ritz 法与近似求解微分问题的 Galerkin 法相互等价。但是，当微分问题不存在变分原理时，Ritz 法无能为力，而 Galerkin 法则没有这种限制。

在上面介绍的四种加权余量方法中，Galerkin 法和最小二乘法可以作为有限元的基础，但配置法和矩量法都不便用于有限元法。由于 Galerkin 法可以发展成为弱形式，容许利用降低了连续性要求的基函数，容许部分满足边界条件，因此在流动和热物理问题的有限元法中，普遍采用的是 Galerkin 法。

10.3.3　Galerkin 加权余量法的积分表达形式

在用 Galerkin 法求解一般微分问题时，除了微分控制方程本身需要达到余量接近于零

的要求之外，还需要满足本质边界条件（即本质边界条件对应的余量需接近于零）及自然边界条件（即自然边界条件余量需接近于零）的要求。

根据上述三类要求在积分式中的不同反映方式，作为出发点的方程余量加权积分可取以下几种表达形式：

1. Galerkin 法的一般积分表达式

前面所讲的式(10.65)或等价形式(10.67)，就是 Galerkin 法的一般积分表达式。对一般微分问题(10.46)，即为

$$\int_{\Omega}[L(u_n)-p]\phi_i \mathrm{d}\Omega = 0 \tag{10.70a}$$

或等价形式

$$\int_{\Omega}[L(u_n)-p]\delta u \mathrm{d}\Omega = 0 \tag{10.70b}$$

从一般积分表达式出发，已经满足了微分方程余量接近于零的要求，但本质边界条件及自然边界条件的要求尚未达到。这些要求需要在基函数和近似解的选取中满足，即构造近似解 u_n 的基函数必须满足全部的边界条件，因而近似解 u_n 也必须满足全部的边界条件。要构造这样的近似解是非常困难的。

我们可以注意到，在泛函变分法及相应的 Ritz 法里，对非齐次的自然边界条件，在构造泛函表达式中有所体现，使得在泛函取极值的变分式中，自然边界条件自动满足，不再作为定解条件列出。这就为 Ritz 法求解的基函数选取减少了限制条件，带来了方便。那么，对于 Galerkin 法，同样也可将自然边界条件放到积分表达式中，使其以加权积分的形式平均地得以满足。这样构造的近似解，只需严格满足本质边界条件就行。为把自然边界条件反映到积分表达式中，可采用弱解积分表达式和强解积分表达式两种形式。

2. 弱解积分表达式

对 Galerkin 法的一般积分表达式(10.70)进行分部积分，并将自然边界条件代入表达式，选取满足齐次本质边界条件的基函数构造近似解，由此所得到的积分表达式称为弱解积分表达式。

用弱解积分表达式作为 Galerkin 法求解的出发点，降低了近似函数的连续可微性要求，由它们所产生的解，一般并不满足微分方程对函数的连续可微性要求，因此称为弱解。

设微分问题(10.46)中的 L 为 m 阶算子，且 m 为偶数，对(10.70a)做分部积分，得

$$\int_{\Omega}[L(u_n)-p]\phi_i \mathrm{d}\Omega = -\int_{\Omega}cD(u_n)D(\phi_i)\mathrm{d}\Omega + \int_{S}G(u_n)F(\phi_i)\mathrm{d}s - \int_{\Omega}p\phi_i \mathrm{d}\Omega \tag{10.71}$$

分部积分使微分算子转移至基函数（即 Galerkin 法的权函数）ϕ_i，直到 u 和 ϕ_i 具有同阶导数。D 为 $m/2$ 阶微分算子，F 和 G 是在分部积分中自然形成的与本质边界条件和自然边界条件相关的微分算子，c 为分部积分运算中得到的系数，$S=S_1+S_2$ 是 Ω 的边界。如果选定权函数 ϕ_i 满足齐次本质边界条件，即

$$F(\phi_i) = 0, \quad \boldsymbol{x} \in S_1 \tag{10.72}$$

则

$$\int_S G(u_n)F(\phi_i)\mathrm{d}s = \int_{S_2} G(u_n)F(\phi_i)\mathrm{d}s = \int_{S_2} gF(\phi_i)\mathrm{d}s \tag{10.73}$$

将式(10.73)代入式(10.71),得弱解积分表达式

$$\int_\Omega cD(u_n)D(\phi_i)\mathrm{d}\Omega = \int_{S_2} gF(\phi_i)\mathrm{d}s - \int_\Omega p\phi_i\mathrm{d}\Omega \tag{10.74a}$$

或等价形式

$$\int_\Omega cD(u_n)D(\delta u)\mathrm{d}\Omega = \int_{S_2} gF(\delta u)\mathrm{d}s - \int_\Omega p\delta u\mathrm{d}\Omega \tag{10.74b}$$

从上式出发构造近似解 $u_n = \sum_{j=1}^{n}\alpha_j\phi_j$。由于 D 是 $m/2$ 阶微分算子,因此 u_n 只需对 $m/2$ 阶导数平方可积就可以了,这就降低了对 u_n 的连续性要求,从而也降低了对基函数选取的连续性要求。将近似解代入式(10.47),有

$$\int_\Omega cD\Big(\sum_{j=1}^{n}\alpha_j\phi_j\Big)D(\phi_i)\mathrm{d}\Omega = \int_{S_2} gF(\phi_i)\mathrm{d}s - \int_\Omega p\phi_i\mathrm{d}\Omega$$

如线性算子,有

$$\sum_{j=1}^{n}\alpha_j\int_\Omega cD(\phi_j)D(\phi_i)\mathrm{d}\Omega = \int_{S_2} gF(\phi_i)\mathrm{d}s - \int_\Omega p\phi_i\mathrm{d}\Omega$$

于是 Galerkin 法的弱解形式的线性代数方程组为

$$\boldsymbol{A\alpha} = \boldsymbol{b} \tag{10.75}$$

其中

$$\begin{cases} \boldsymbol{A} = (a_{ij}), \quad a_{ij} = \int_\Omega cD(\phi_j)D(\phi_i)\mathrm{d}\Omega \\ \boldsymbol{b} = (b_i), \quad b_i = \int_{S_2} gF(\phi_i)\mathrm{d}s - \int_\Omega p\phi_i\mathrm{d}\Omega \\ \boldsymbol{\alpha} = (\alpha_1, \alpha_2, \cdots, \alpha_n)^{\mathrm{T}} \end{cases} \tag{10.76}$$

以上的阐述针对的是偶阶算子 L。若 L 为奇阶算子,同样可以通过分部积分做算子转移,直到作用于 u 和 ϕ_i 的导数相差一阶时为止,由此也可得到弱解积分表达式。

3. 强解积分表达式

将方程余量加权积分和自然边界条件余量加权积分的线性组合取为零,由此得到的积分表达式称为强解积分表达式。

在 Galerkin 法中,方程余量 $\varepsilon = L(u_n) - p$ 的权函数就是基函数 ϕ_i,方程余量加权的积分为 $\langle\varepsilon,\phi_i\rangle_\Omega$;而自然边界条件余量 $\hat{\varepsilon} = G(u_n) - g$ 的权函数选为本质边界条件相应的函数 $F(\phi_i)$,其余量加权积分为 $\langle\hat{\varepsilon},F(\phi_i)\rangle_{S_2}$。

取上述两个积分的线性组合为零,得强解积分表达式

$$\langle\varepsilon,\phi_i\rangle_\Omega - \langle\hat{\varepsilon},F(\phi_i)\rangle_{S_2} = 0$$

即

$$\int_\Omega [L(u_n) - p]\phi_i\mathrm{d}\Omega - \int_{S_2}[G(u_n) - g]F(\phi_i)\mathrm{d}s = 0 \tag{10.77a}$$

或等价形式

$$\int_\Omega [L(u_n) - p]\delta u\mathrm{d}\Omega - \int_{S_2}[G(u_n) - g]F(\delta u)\mathrm{d}s = 0 \tag{10.77b}$$

上面所给的自然边界条件余量权函数的选取方式，以及所采用的两余量加权积分的线性组合形式，是为了对上面的强解积分表达式经过分部积分后，在一定条件下，可以和自然边界条件余量的权积分中的部分项相抵消。事实上，对强解积分表达式进行分部积分，如果加上基函数满足本质边界条件的要求，则变为了弱解积分表达式。

强解积分表达式的近似解 u_n 必须满足微分算子 L 的 m 阶平方可积要求，这比弱解积分表达式只要微分算子 D 满足 $m/2$ 阶平方可积的连续性要求高。如二阶微分方程，从强解积分表达式出发，所选基函数应有二阶导数平方可积的光滑程度，而弱解积分表达式只要一阶导数平方可积。

相对 Galerkin 法的一般积分表达式，强解积分表达式的优点在于自动满足了自然边界条件，使得构成的近似解只需满足本质边界条件。

综合看上述三种积分表达式，弱解形式的优点更为突出。因此，有限元法中通常采用弱解积分形式作为分析的基础。

例 10.4 写出下列平面无热源的均质稳态导热问题的 Galerkin 法的三种积分表达式，并说明从它们出发，对构造近似解函数的要求：

$$\begin{cases} \dfrac{\partial}{\partial x}\left(\lambda \dfrac{\partial T}{\partial x}\right)+\dfrac{\partial}{\partial y}\left(\lambda \dfrac{\partial T}{\partial y}\right)=0, \quad (x,y)\in\Omega \\ T|_{S_1}=T_0 \\ \lambda \dfrac{\partial T}{\partial n}\Big|_{S_2}=q_0 \end{cases} \tag{10.78}$$

解 (1) 由式(10.70b)，Galerkin 法的一般积分表达式为

$$\int_\Omega \left[\frac{\partial}{\partial x}\left(\lambda \frac{\partial T}{\partial x}\right)+\frac{\partial}{\partial y}\left(\lambda \frac{\partial T}{\partial y}\right)\right]\delta T \mathrm{d}\Omega = 0 \tag{10.79}$$

从此式出发求解，构造的近似解函数 T_n 必须同时满足本质和自然边界条件，且二阶导数平方可积。

(2) 对以上 Galerkin 法的一般积分表达式做分部积分，有

$$\iint_\Omega \left[\frac{\partial}{\partial x}\left(\lambda \frac{\partial T}{\partial x}\right)+\frac{\partial}{\partial y}\left(\lambda \frac{\partial T}{\partial y}\right)\right]\delta T \mathrm{d}\Omega$$

$$=\iint_\Omega \nabla(\lambda \nabla T)\delta T \mathrm{d}\Omega = -\iint_\Omega \lambda \nabla T \cdot \nabla(\delta T)\mathrm{d}\Omega + \int_{S_1}\lambda \frac{\partial T}{\partial n}\delta T \mathrm{d}s + \int_{S_2}\lambda \frac{\partial T}{\partial n}\delta T \mathrm{d}s$$

由本质边界条件 $T|_{S_1}=T_0$，有 $\delta T|_{S_1}=0$，这相当于选取的基函数满足齐次本质边界条件；而自然边界条件为 $\lambda \dfrac{\partial T}{\partial n}\Big|_{S_2}=q_0$。将这两个条件代入分部积分式，得到对应于式(10.74b)的 Galerkin 法的弱解积分表达式

$$\iint_\Omega \lambda\left(\frac{\partial T}{\partial x}\frac{\partial(\delta T)}{\partial x}+\frac{\partial T}{\partial y}\frac{\partial(\delta T)}{\partial y}\right)\mathrm{d}\Omega = \int_{S_2} q_0 \delta T \mathrm{d}s \tag{10.80}$$

上式对应式(10.74b)。从上式出发求解，自然边界条件在公式中自动满足，近似解只需满足本质边界条件。经过分部积分运算，积分式中函数 T 从原来包含二阶导数变为只有一阶导数，因此近似函数 T_n 只需要一阶导数平方可积，弱解积分形式降低了对近似解的连续要求，使我们可以选择比较简单的基函数。

(3) 按给定的本质边界条件 $F(T)=T$，得 $F(\delta T)=\delta T$。由式(10.77b)，得 Galerkin 法

的强解积分表达式

$$\int_{\Omega}\left[\frac{\partial}{\partial x}\left(\lambda\frac{\partial T}{\partial x}\right)+\frac{\partial}{\partial y}\left(\lambda\frac{\partial T}{\partial y}\right)\right]\delta T\mathrm{d}\Omega-\int_{S_2}\left(\lambda\frac{\partial T}{\partial n}-q_0\right)\delta T\mathrm{d}s=0 \tag{10.81}$$

从上式求解，自然边界条件在积分式中平均得到满足，近似解只需满足本质边界条件。由于积分表达式中含有函数 T 的二阶导数，近似解至少为二阶导数平方可积。

10.4　有限元法的基本原理和解题步骤

有限元法是以变分法或加权余量法为基础，吸收有限差分的离散化思想，采用分块逼近技术而形成的一种系统数值计算方法。本节讨论它的基本原理和解题步骤。

10.4.1　常规的 Galerkin 法或 Ritz 法求解微分问题所遇到的困难

一是基函数选取和近似解的构成问题：不仅要求基函数是线性无关的完备序列函数，而且要满足齐次本质边界条件并有足够的连续可微性。对于非齐次本质边界条件问题，还要构造满足非齐次边界条件的特解。对于边界形状复杂的问题，要在整个求解域上选择这样的基函数，构造这样的近似解是很困难的。

二是即使选定了能满足要求的基函数和近似解，代入积分表达式，积分计算一般也是十分繁琐的，尤其对于复杂计算区域，更为突出。

正因如此，尽管 Galerkin 法和 Ritz 法在 20 世纪初期就提出来了，但一直未得到有效的应用。由于电子计算机的出现，人们想到按照差分划分网格的原理把求解区域剖分成有限个称为单元的子域，将 Galerkin 法或 Ritz 法用于每个单元上去进行分块逼近，从而可以克服上述困难，并发展成计算效率很高的有限元法。

10.4.2　有限元法的基本思想

简而言之，有限元法的基本原理就是分块逼近、总体合成。展开讲，其基本思想可归纳为以下几点：

(1) 解域分块离散化：将求解区域划分为若干个互连而不重叠的、有一定几何形状的子区域，这些子区域称为单元或者元素。

(2) 基函数规则化：Galerkin 法和 Ritz 法求解的主要困难是基函数在总体上选取且没有一定的规则。但对于有限元法，基函数是在单元上选取并按一定规则构造的，总体基函数可以看作由单元基函数所组成。求解区域有多少个节点，就在每个节点选择一个（两个或多个）基函数。基函数在节点上的值取为 1，而在其他节点以及与这个节点不相邻的单元中全部为 0。单元中的近似解由求解函数在单元节点上的值或其导数值通过基函数线性插值构成，因此单元基函数又称为单元插值函数或形状函数。易见，除了边界节点相应的基函数外，其余所有基函数都满足齐次本质边界条件；而对于本质边界条件所对应的边界上节点的基函数，可以构造特解。

(3) 单元有限元方程规范化：每个单元的近似解由规则化的基函数作为插值函数、由节点待求函数值或导数值做系数的线性组合所构成，代入单元 Galerkin 或 Ritz 积分表达式，在几何形状简单规则的单元上，积分比较容易，并对同类型单元形成相同的规范化单元有限元方程，这就解决了 Galerkin 法或 Ritz 法在复杂区域上计算积分的困难。

(4) 总体合成条理化：得到规范化的单元有限元方程后，按照一定规则对其累加，进行边界条件处理，最终形成总体求解的有限元方程。这些过程严谨有序、条理清晰、有规可循。

10.4.3 有限元法的解题步骤

有限元法解题包含以下七步：

(1) 区域剖分：根据解域形状特征和实际物理问题要求，将解域剖分为有限个大小不一、形状规则的几何单元，并确定单元节点数量和总体节点数量，按一定要求进行单元和节点的编号。

(2) 确定单元基函数：按照单元中节点数量和对近似解的可微性要求，选择满足一定条件的插值函数作为单元基函数。

(3) 写出单元的积分表达式：按照 Galerkin 法或变分原理，建立起与微分方程等价的积分表达式。由于 Galerkin 法较变分法有更好的适应性，以下只采用 Galerkin 积分表达式。

(4) 单元分析：将单元用插值形式写出的近似解代入积分表达式进行积分，得到节点函数或其导数作为待定系数的代数方程组(或常微分方程组)，即单元有限元方程。

(5) 总体合成：将单元有限元方程按照一定法则进行累加，形成总体有限元方程。总体有限元方程未知数正是节点上的求解参量——函数或其导数值。

(6) 边界条件处理：因为自然边界条件一般在积分表达式中得到满足，故边界条件处理要解决的问题是使本质边界上的节点函数值满足给定的本质边界条件。解决方法是通过对总体有限元方程按照一定的法则进行一定的修正。

(7) 解有限元方程，计算待求物理量：如果为代数方程，则按照代数方程直接解法或迭代解法求解；如果为常微分方程，则依照对时间坐标的精度要求，选择常微分方程的相应解法求解。

归纳以上步骤，也可以说有限元法解题基本上有两大步：前四步归于第一大步——化整为零，把总体问题分割到一个个小单元上处理，构成单元有限元方程；后三步归于第二大步——集零为整，把单元上的有限元方程整合成满足边界条件要求的总体有限元方程，求解得出要求的未知物理量。

10.5 有限元法解题步骤分析

本节结合热物理中的一个具体微分问题，分析有限元法的解题步骤。为一般起见，分析内容并不完全局限于所列的问题，一些相关的理论和方法也伴随所讲的问题进行阐述，从而不再安排单独的章节来讲解，以节省篇幅。

考虑以下平面稳态导热问题：

$$\begin{cases}\dfrac{\partial}{\partial x}\left(\lambda\dfrac{\partial T}{\partial x}\right)+\dfrac{\partial}{\partial y}\left(\lambda\dfrac{\partial T}{\partial y}\right)+\dot{Q}=0, & (x,y)\in\Omega\\ T|_{S_1}=T_0\\ \lambda\dfrac{\partial T}{\partial n}\Big|_{S_2}=q_0\end{cases}\tag{10.82}$$

其中 $\dot{Q}, T_0, q_0, \lambda$ 均为给定的常值。解域和边界示于图 10.3，其中左、右边界为 S_1，上、下边界为 S_2。

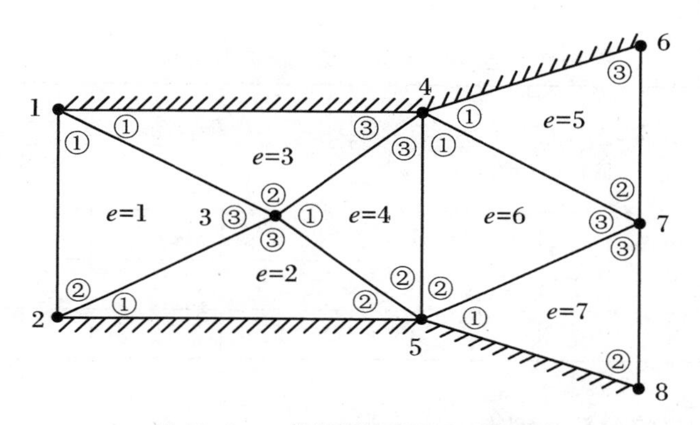

图 10.3　二维问题有限元区域剖分

10.5.1　区域剖分

1. 划分单元，确定节点

区域剖分是将求解区域分割为彼此相连但不重叠的称为单元的子区域。单元的形状和大小，可以人为选取，一般为规则的，但形状可以不同，大小可以不一。

对于一维问题，将求解线段区域划分成若干个线段子域，每个子线段长度可以不一样。对于二维问题，一般把解域划分为若干三角形或四边形，可以是直边的，也可曲边的。对于三维问题，通常将解域划分为若干个四面体或六面体，可以是直面的，也可以是曲面的。

单元分布疏密和单元尺寸大小依据问题的物理特性来决定。一般说来，物理量变化剧烈的区域，单元尺寸相对要小，单元布置相对要密。

对如图 10.3 所示的求解解域，用三角形单元剖分为 7 个子区域。

单元划分后，在每个元素上选择若干个节点，它可以是角点，也可以是边界上的点或内点。同类型单元节点数量和排列方式一般应该相同。这样，由相同类型单元得到相同的计算公式。

2. 对节点进行编号

序号有三种，即单元号、单元节点号和总体节点号，需要分别编写。

(1) 单元号：全解域单元按顺序统一编号，记为 $e=1,2,\cdots,E$，其中 E 是区域单元总数。

(2) 单元节点号：又称局部节点号。对每个单元的节点，以相同的顺序，统一按逆时针或者顺时针编号，记为 $i=1,2,\cdots,I$，其中 I 是单元节点数。

(3) 总体节点号：全解域节点按照一定的顺序统一编号，记为 $n=1,2,\cdots,N$，其中 N 为节点总数。编号原则是尽量使同一单元内的节点号比较接近。这是因为总体矩阵非零元素的半带宽等于各单元中总体节点号之差的最大值加 1，尽量减少单元内节点号的差值可以使总体有限元方程系数矩阵的带宽较小，从而减少带状矩阵的存储量。

在图 10.3 中，给出了这三种编号，其中单元节点号数字有圆圈。

3. 用连缀表列出各单元节点和总体节点号之间的对应关系

连缀如表 10.1 所示。

表 10.1　连缀表：单元节点与总体节点间的关系

e / n / i	1	2	3	4	5	6	7
1	1	2	1	3	4	4	5
2	2	5	3	5	7	5	8
3	3	3	4	4	6	7	7

4. 列出节点的坐标位置数据表

通过表格列出节点的坐标位置。

5. 分别列出本质边界和自然边界上的节点号及其相应的边界值

在计算程序中，以上两项均通过输入语句送入这些数据，供计算时使用。为节省篇幅，这里不再罗列坐标和边界条件的相关数据表。

10.5.2　确定单元基函数

1. 构造单元基函数的基本原则

有限元中的单元基函数可按照一定的规则选取和确定。设任意单元 e 的基函数为向量函数 $\boldsymbol{N}$，

$$\boldsymbol{N}^{\mathrm{T}} = (N_1, N_2, \cdots, N_I) \tag{10.83}$$

这里的上标 T 表示列矢量的转置。若单元中的近似函数记为 $T^{(e)}$，它可以通过单元基函数的线性组合表示，

$$T^{(e)} = \sum_{i=1}^{I} T_i^{(e)} N_i = (\boldsymbol{T}^I)^{\mathrm{T}} \cdot \boldsymbol{N} \tag{10.84a}$$

使用具有相同下标的项的**求和约定**，上式常简写为

$$T^{(e)} = T_i^{(e)} N_t = (\boldsymbol{T}^I)^{\mathrm{T}} \cdot \boldsymbol{N}, \quad i = 1,2,\cdots,I \tag{10.84b}$$

其中 $T_i^{(e)}$ 为待定系数，$\boldsymbol{T}^I$ 是具有 I 个待定系数分量构成的矢量函数，其转置为

$$(\boldsymbol{T}^I)^{\mathrm{T}} = (T_1^{(e)}, T_2^{(e)}, \cdots, T_I^{(e)}) \tag{10.85}$$

构造单元基函数的原则是：使近似表达式(10.84)中的系数 $T_i^{(e)}$ 正好是相应节点上的待求参数值(函数值或其导数值)。这就要求单元基函数满足某种特定的插值条件，这样的基函数称为插值基函数，通常也称为单元形状函数或形函数。

单元插值基函数包含两类：① 一类仅以函数值作为节点参数，每个节点只有一个参数，称为 Lagrange 插值函数；② 另一类以函数值及其导数作为节点参数，每个节点有两个或两个以上参数，称为 Hermite 插值函数。一个节点上定义的参数数量称为该节点的自由度；单元中所有节点自由度的总和，称为单元的自由度。

有限元中最常用的单元基函数是不同幂次的多项式函数。为了保证由它们插值构成的单元近似解收敛于求解函数，如求解函数最高阶导数为 r 阶，则单元基函数应满足以下连续性要求：

① 完备性：单元内至少应是 r 次完整的多项式；

② 协调性：在不同单元的边界上应具有 $r-1$ 阶的连续导数。

按照以上原则，构造 Lagrange 插值基函数 $N_i(\boldsymbol{x}_j)$ 所必须满足的插值条件为

$$N_i(\boldsymbol{x}_j) = \delta_{ij} = \begin{cases} 1, & i = j, \\ 0, & i \neq j, \end{cases} \quad i, j = 1, 2, \cdots, I \tag{10.86}$$

式中 $\boldsymbol{x}_j$ 是单元第 j 号节点的空间坐标。

而 Hermite 插值基函数 $H_{li}(\boldsymbol{x}_j)$ 所必须满足的插值条件是：

$$\frac{\mathrm{d}^k}{\mathrm{d}x^k} H_{li}(\boldsymbol{x}_j) = \delta_{ij}\delta_{lk} = \begin{cases} 1, & i = j \text{ 且 } l = k \\ 0, & \text{其他} \end{cases} \tag{10.87}$$

其中 $H_{li}(\boldsymbol{x}_j)$ 是单元第 i 号节点所对应的 l 阶 Hermite 插值基函数；$\boldsymbol{x}_j$ 是单元第 j 号节点的空间坐标。函数导数阶次指标 $l, k = 0, 1, 2, \cdots, K$。这里 K 是节点参数的函数的导函数的最高阶数，它的值按照求解问题对近似解的协调性要求来确定，即 r 阶导数的微分方程在单元边界上具有 $r-1$ 阶连续导数。因此，Hermite 插值基函数既能保证边界上函数的连续性，又可保证导数的连续性。限于篇幅，以下仅介绍 Lagrange 插值基函数的构成。

2. 构造单元 Lagrange 插值基函数的方法

一般选取多项式函数，再根据插值条件和节点的坐标位置条件，即可构造关于多项式系数的代数方程，从而导出相应的系数，得到单元插值基函数。

(1) 一维线性单元

每个单元只取首尾两端点作为节点，依 Lagrange 插值条件，单元基函数是线性多项式

$$N_i = a_i + b_i x, \quad i = 1, 2 \tag{10.88}$$

且满足

$$N_i(x_j^{(e)}) = a_i + b_i x_j^{(e)} = \delta_{ij}, \quad i, j = 1, 2 \tag{10.89}$$

其中 $x_j^{(e)}$ 是 e 单元第 j 号节点的坐标。由此构成关于 a_1, a_2, b_1, b_2 四个未知数的代数方程组，解后代入式(10.88)，得到一维单元基函数

$$N_i = \frac{x_j^{(e)} - x}{x_j^{(e)} - x_i^{(e)}}, \quad i, j = 1, 2 \text{ 且 } i \neq j \tag{10.90}$$

为便于单元分析，通常将基函数在无量纲局部坐标下表示。一维局部坐标通常有两种定义方式：

① 将单元两端点的局部坐标分别定义为 0 和 1,即坐标转换式为

$$\xi = \frac{x - x_1^{(e)}}{x_2^{(e)} - x_1^{(e)}} \tag{10.91}$$

对照式(10.90),可得单元插值基函数

$$N_1 = 1 - \xi, \quad N_2 = \xi \tag{10.92}$$

对于这种局部坐标的一维标准单元,其坐标变量范围是区间[0,1]。

② 将单元两端点的局部坐标分别定义为 -1 和 1,则有

$$\xi = \frac{2x - (x_2^{(e)} + x_1^{(e)})}{x_2^{(e)} - x_1^{(e)}} \tag{10.93}$$

对照式(10.90),得到单元插值基函数

$$N_1 = \frac{1}{2}(1 - \xi), \quad N_2 = \frac{1}{2}(1 + \xi) \tag{10.94}$$

对于这种局部坐标的一维标准单元,其坐标变量范围是区间[-1,1]。

两种一维标准单元如图 10.4 所示,其中图 10.4(a)对应坐标转换式(10.91),而图 10.4(b) 对应坐标转换式(10.93)。

图 10.4 两种一维线段标准单元

(2) 平面线性三角形单元

最简单的 Lagrange 线性插值基函数为

$$N_i = a_i + b_i x + c_i y, \quad i = 1,2,3 \tag{10.95}$$

三个单元节点分别对应三个单元插值基函数。记节点坐标为$(x_i^{(e)}, y_i^{(e)})(i=1,2,3)$,则式(10.95)满足的插值条件为

$$N_i(x_j^{(e)}, y_j^{(e)}) = \delta_{ij}, \quad i,j = 1,2,3 \tag{10.96}$$

将式(10.95)代入上式,可得关于 9 个待定系数 $a_i, b_i, c_i (i=1,2,3)$的 9 个代数方程

$$\begin{cases} a_i + b_i x_i^{(e)} + c_i^{(e)} y_i^{(e)} = 1 \\ a_i + b_i x_j^{(e)} + c_i^{(e)} y_j^{(e)} = 0 \\ a_i + b_i x_k^{(e)} + c_i^{(e)} y_k^{(e)} = 0 \end{cases} \tag{10.97}$$

式中下标 i,j,k 按 1,2,3 顺序循环取值。求解上述封闭的方程组,可得

$$a_i = \frac{1}{2A_0^{(e)}} \begin{vmatrix} 1 & x_i^{(e)} & y_i^{(e)} \\ 0 & x_j^{(e)} & y_j^{(e)} \\ 0 & x_k^{(e)} & y_k^{(e)} \end{vmatrix} = \frac{1}{2A_0^{(e)}}(x_j^{(e)} y_k^{(e)} - x_k^{(e)} y_j^{(e)}) \tag{10.98a}$$

$$b_i = \frac{1}{2A_0^{(e)}} \begin{vmatrix} 1 & 1 & y_i^{(e)} \\ 1 & 0 & y_j^{(e)} \\ 1 & 0 & y_k^{(e)} \end{vmatrix} = \frac{1}{2A_0^{(e)}}(y_j^{(e)} - y_k^{(e)}) \tag{10.98b}$$

$$c_i = \frac{1}{2A_0^{(e)}} \begin{vmatrix} 1 & x_i^{(e)} & 1 \\ 1 & x_j^{(e)} & 0 \\ 1 & x_k^{(e)} & 0 \end{vmatrix} = \frac{1}{2A_0^{(e)}}(x_k^{(e)} - x_j^{(e)}) \tag{10.98c}$$

其中 $A_0^{(e)}$ 为 e 单元三角形的面积，

$$A_0^{(e)} = \frac{1}{2}\begin{vmatrix} 1 & x_i^{(e)} & y_i^{(e)} \\ 1 & x_j^{(e)} & y_j^{(e)} \\ 1 & x_k^{(e)} & y_k^{(e)} \end{vmatrix} \tag{10.99a}$$

即

$$A_0^{(e)} = \frac{1}{2}\left[(x_j^{(e)} - x_i^{(e)})(y_k^{(e)} - y_i^{(e)}) - (y_j^{(e)} - y_i^{(e)})(x_k^{(e)} - x_i^{(e)})\right] \tag{10.99b}$$

从而得到了系数 a_i, b_i, c_i，按照式(10.95)，就构造出了所要求的插值基函数 N_i。

为便于单元分析，引入三角形单元的无量纲面积坐标作为局部坐标。如图 10.5 所示的三角形单元中，任意一点 $P(x,y)$ 的面积坐标 ξ_i 定义为

$$\xi_i = \frac{A_i^{(e)}}{A_0^{(e)}}, \quad i = 1,2,3 \tag{10.100}$$

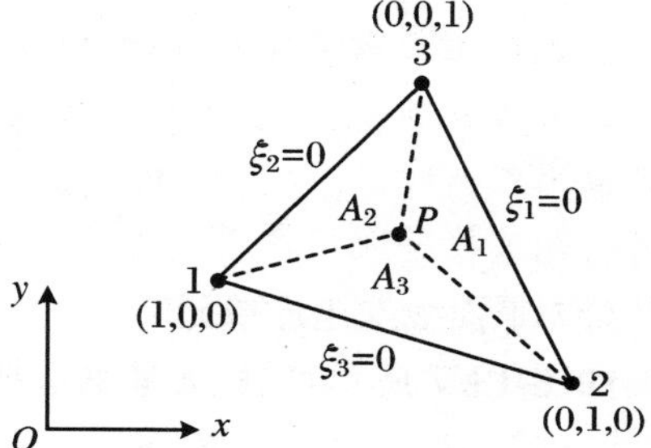

图 10.5　三角形单元的面积坐标

其中 $A_1^{(e)}, A_2^{(e)}, A_3^{(e)}$ 分别是 P 点和三角形三个顶点(即序号为 1,2,3 的三个单元节点)的连线将三角形划分的三个小三角形的面积。即 $A_1^{(e)}$ 由 P 点和节点 2,3 构成，$A_2^{(e)}$ 由 P 点和节点 3,1 构成，$A_3^{(e)}$ 由 P 点和节点 1,2 构成。由于 $A_1 + A_2 + A_3 = A$，因此有

$$\xi_1 + \xi_2 + \xi_3 = 1 \tag{10.101}$$

这说明三个面积坐标中只有两个是独立的。但为了使用方便，常常同时使用三个坐标。

我们还可看出，对三角形单元的任意顶点，都有

$$\xi_j(x_j, y_j) = \delta_{ij} \tag{10.102}$$

该式表明，三角坐标具有单元插值基函数所具有的性质。

依照计算三角形面积的公式(10.99a)，由点 $P(x,y)$ 和节点 j,k 构成的小三角形的面积 $A_i^{(e)}$ 为

$$A_i^{(e)} = \frac{1}{2}\begin{vmatrix} 1 & x^{(e)} & y^{(e)} \\ 1 & x_j^{(e)} & y_j^{(e)} \\ 1 & x_k^{(e)} & y_k^{(e)} \end{vmatrix} \tag{10.103}$$

同样，这里的下标按照 1,2,3 顺序循环取值。将式(10.103)代入式(10.100)，经过简单演算即可得到

$$\xi = a_i + b_i x + c_i y, \quad i = 1,2,3 \tag{10.104}$$

且式中系数 a_i, b_i, c_i 就是式(10.98a)～(10.98c)。再对照式(10.95)，可以看出三角形面积坐标 ξ_i 就是直角坐标系下所要构造的线性插值基函数 N_i。因此，三角形单元上的线性插值基函数都采用面积坐标来表示，即

$$N_i = \xi_i, \quad i = 1,2,3 \tag{10.105}$$

如把三角形单元内任意一点的坐标(x,y)作为函数，用三角形单元顶点的坐标(x_i, y_i)值来插值该函数，则依据面积坐标的插值基函数性质，整体坐标和局部面积坐标间的转换关系可以写成

$$\begin{cases} x = x_1\xi_1 + x_2\xi_2 + x_3\xi_3 \\ y = y_1\xi_1 + y_2\xi_2 + y_3\xi_3 \end{cases} \tag{10.106}$$

采用三角形面积坐标作为三角形单元的局部坐标，则整体坐标 xy 平面上的任意三角形单元(图 10.6(a))将变换到三角形面积坐标(ξ_1, ξ_2, ξ_3)下表示的边长为 1 的等边三角形标准单元(图 10.6(b))，或 $\xi_1\xi_2$ 平面上直角边长为 1 的等腰直角三角形标准单元(图 10.6(c))。

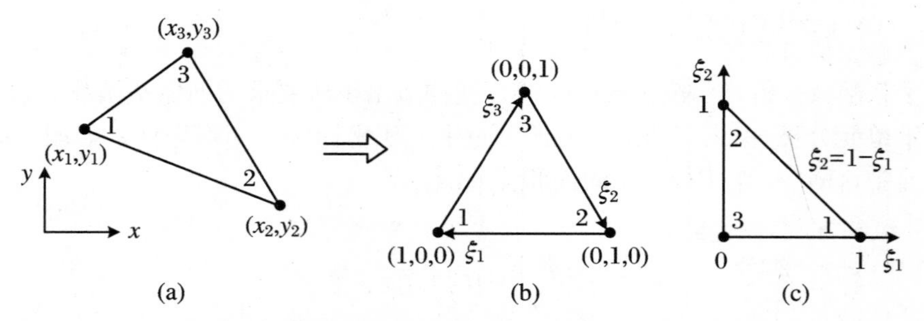

图 10.6　任意三角形单元变换为面积坐标下的标准单元

(3) 平面线性矩形单元

如图 10.7 所示，先做无量纲局部坐标转换

$$\begin{cases} \xi = \dfrac{1}{a}(x - x_c) \\ \eta = \dfrac{1}{b}(y - y_c) \end{cases} \tag{10.107}$$

其中 a, b 分别为矩形的长和宽的一半长度，(x_c, y_c)是矩形中心点的坐标。易见，式(10.107)将 xy 平面上 $2a \times 2b$ 的矩形单元变换为 $\xi\eta$ 平面上边长为 2 的正方形标准单元。

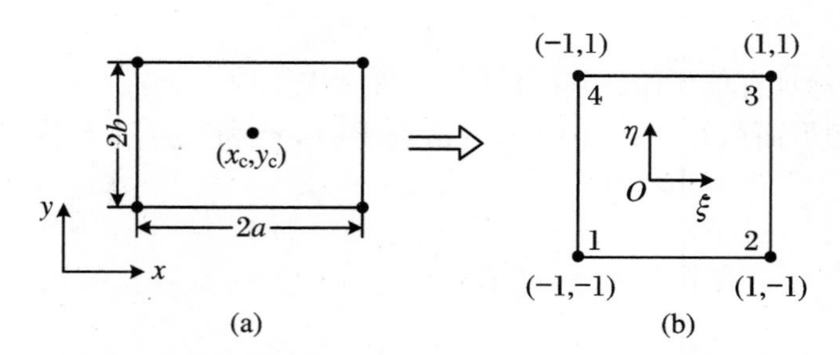

图 10.7　矩形单元转换为局部坐标下 2×2 的正方形标准单元

如果只取四个角点作为节点，则最简单的 Lagrange 线性插值基函数为

$$N_i = a_i + b_i\xi + c_i\eta + d_i\xi\eta, \quad i = 1,2,3,4 \tag{10.108}$$

注意，这里所说的线性是针对单个坐标而言的。依照插值基函数在节点上的基本性质

$$N_i(\xi_j^{(e)}, \eta_j^{(e)}) = \delta_{ij}, \quad i,j = 1,2,3,4 \tag{10.109}$$

将式(10.108)代入式(10.109)，得到关于系数 a_i, b_i, c_i, d_i 的代数方程组，解出后，即可得到插值基函数的表达式

$$\begin{cases} N_1 = \dfrac{1}{4}(1-\xi)(1-\eta), \quad N_2 = \dfrac{1}{4}(1+\xi)(1-\eta) \\ N_3 = \dfrac{1}{4}(1+\xi)(1+\eta), \quad N_4 = \dfrac{1}{4}(1-\xi)(1+\eta) \end{cases} \tag{10.110}$$

（4）高阶线性插值单元

采用多项式来构造插值基函数时，多项式可以是一次的，称为线性插值，如前面所讲；为了提高计算精度，也可以是二次或更高次的，此时，需在单元上增加一定数量的节点数，其基函数构造方式仍与一次多项式相同。如图 10.8 所示的平面三角形单元，为构造二次 Lagrange 插值基函数，通常把三条边的中点也取作节点，按照前面所讲的方法，将基函数表示为如下二次多项式函数：

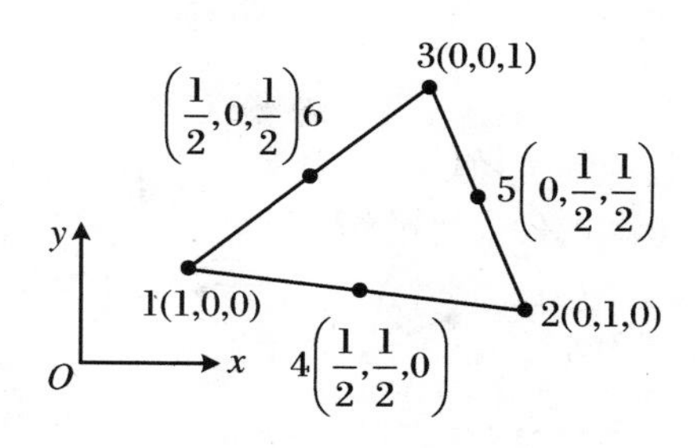

图 10.8　二次三角形单元

$$N_i = a_i + b_i\xi_1 + c_i\xi_2 + d_i\xi_1^2 + e_i\xi_1\xi_2 + f_i\xi_2^2,\quad i = 1,2,\cdots,6 \tag{10.111}$$

再依基函数的性质

$$N_i(\xi_{1j}^{(e)},\xi_{2j}^{(e)},\xi_{3j}^{(e)}) = \delta_{ij},\quad i,j = 1,2,\cdots,6 \tag{10.112}$$

将式(10.111)代入式(10.112)，构成关于系数 a_i,b_i,c_i,d_i,e_i,f_i 的方程，解出后回代到式(10.111)，即得到三角形单元的二次 Lagrange 插值基函数，为

$$\begin{cases} N_i = \xi_i(2\xi_i - 1), & i = 1,2,3 \\ N_4 = 4\xi_1\xi_2, \quad N_5 = 4\xi_2\xi_3, \quad N_6 = 4\xi_3\xi_1 \end{cases} \tag{10.113}$$

（5）曲边单元和等参单元

对于非直边的复杂边界情况，如果采用曲边组成的单元，显然可以更准确地描述和处理复杂边界。在二维问题中，常用的曲边单元有曲线三角形和曲线四边形单元，而任意直边三角形和任意直边四边形单元也都可作为曲线单元的特例。怎样才能将曲边单元变为标准的直边单元呢？只要采用插值函数展开形式的坐标变换关系，就可以达到这个目的。在曲边单元中，函数 $T^{(e)}$ 的近似解的插值展开形式可以用 Lagrange 插值，亦可用 Hermite 插值；可以用线性插值，也可用高阶插值。一般说来，并不要求函数的插值与坐标转换的插值相同。但是如果函数的插值形式与坐标的插值形式相同，即它们都具有相同的插值基函数，则这种单元称为等参单元，或等参元。这种单元的未知个数与节点个数相等，每个节点只有一个自由度，因此等参单元只能用于 Lagrange 插值。

对于线性等参三角形单元，插值基函数为式(10.105)，坐标转换关系是式(10.106)，它把任意直边三角形单元变为转换平面的标准单元；对于二次等参三角形单元，插值基函数为式(10.113)，坐标转换式可写成

$$x = \sum_{i=1}^{6} N_i x_i,\quad y = \sum_{i=1}^{6} N_i y_i \tag{10.114}$$

其中(x_i,y_i)为插值节点的坐标。该变换可以把 xy 平面上任一曲边三角形变为三角坐标下的标准单元，如图 10.9 所示。

基函数的选取和构造，是有限元法的重要内容。限于篇幅和本书对有限元法的启蒙性质，关于平面三角形单元的 Lagrange 三次插值基函数，矩形元的 Lagrange 二次、三次插值基函数，各类单元的 Hermite 插值基函数，以及三维问题通常采用的四面体单元或六面体单元，本书没有介绍，有兴趣的读者可参考相关的教材[1-6]。

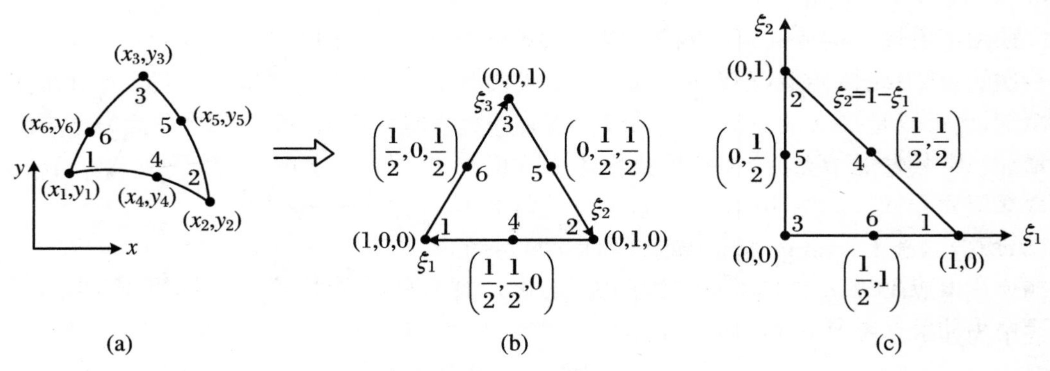

图 10.9　曲边三角形等参单元

10.5.3　写出单元的积分表达式

如何构造 Galerkin 法的积分表达式，已在 10.3.3 小节中详细讲过，这里不再赘述。在有限元法中，通常采用 Galerkin 法的弱解积分表达式。对于微分方程(10.82)，根据前面例 10.4 的分部积分推演和得到的弱解积分表达式(10.80)，相应本问题的单元弱解积分表达式为

$$\iint_{\Omega_e}\lambda\left[\frac{\partial T}{\partial x}\frac{\partial(\delta T)}{\partial x}+\frac{\partial T}{\partial y}\frac{\partial(\delta T)}{\partial y}\right]\mathrm{d}\Omega=\iint_{\Omega_e}\dot{Q}\delta T\mathrm{d}\Omega+\int_{S_{e2}}q_0\delta T\mathrm{d}s \qquad (10.115\mathrm{a})$$

10.5.4　单元分析

单元分析的任务是建立单元的有限元方程，也就是将单元近似解函数表达式代入单元积分表达式，进行积分，推导出单元有限元方程的影响系数矩阵 $\boldsymbol{K}^{(e)}$ 和输入矢量 $\boldsymbol{P}^{(e)}$ 的计算公式。不同类型的单元，如三角形单元和矩形单元，由于插值基函数不同，会有不同的计算公式。

令单元近似解为

$$T^{(e)}=T_j^{(e)}N_j \qquad (10.116)$$

用基函数 N_i 代替求解函数 T 的变分 δT，弱解积分表达式变为

$$\left[\iint_{\Omega^{(e)}}\lambda\left(\frac{\partial N_i}{\partial x}\frac{\partial N_j}{\partial x}+\frac{\partial N_i}{\partial y}\frac{\partial N_j}{\partial y}\right)\mathrm{d}\Omega\right]T_j^{(e)}=\iint_{\Omega^{(e)}}\dot{Q}N_i\mathrm{d}\Omega+\int_{S_2^{(e)}}q_0N_i\mathrm{d}s \qquad (10.115\mathrm{b})$$

将基函数在整体坐标下的表达式(10.95)或者在局部坐标下的表达式(10.105)代入以上积分式进行积分，即可得到单元关于节点函数 $T_j^{(e)}$ 的有限元方程。至于在整体坐标下或局部坐标下积分，取决于哪个坐标下积分比较容易。对现在的问题，积分式左端在基函数直接对 x 和 y 求导后，得到的是常数，因此在(x,y)坐标下积分很简单，不必转到局部坐标(ξ_1,ξ_2)下计算；但积分式的右端项在(x,y)坐标下计算相对于在(ξ_1,ξ_2)坐标下计算困难得多，因此，将它们安排在局部坐标下积分为好。

将式(10.95)代入式(10.116)左端，在整体坐标(x,y)下积分，得

$$K_{ij}^{(e)} = \iint_{\Omega^{(e)}} \lambda\left(\frac{\partial N_i}{\partial x}\frac{\partial N_j}{\partial x} + \frac{\partial N_i}{\partial y}\frac{\partial N_j}{\partial y}\right)\mathrm{d}\Omega = \lambda(b_i b_j + c_i c_j)\iint_{A^{(e)}} \mathrm{d}x\mathrm{d}y$$
$$= \lambda(b_i b_j + c_i c_j)A_0^{(e)}$$
$$= \lambda A_0^{(e)} \begin{pmatrix} b_1^2 + c_1^2 & b_1 b_2 + c_1 c_2 & b_1 b_3 + c_1 c_3 \\ b_2 b_1 + c_2 c_1 & b_2^2 + c_2^2 & b_2 b_3 + c_2 c_3 \\ b_3 b_1 + c_3 c_1 & b_3 b_2 + c_3 c_2 & b_3^2 + c_3^2 \end{pmatrix} \tag{10.117}$$

其中 $b_i, b_j, c_i, c_j, A_0^{(e)}$ 按照式(10.98b)、式(10.98c)和式(10.99b)计算。计算所需的各节点的坐标数据在区域剖分中都应准备好。这是一个 3×3 的系数矩阵。

为便于做局部坐标下的积分运算,先不加证明地给出几个有用的积分计算公式[7]:

(1) 对一维情况,定义 $\xi_1 = \dfrac{x_2^{(e)} - x}{x_2^{(e)} - x_1^{(e)}}$,$\xi_2 = 1 - \xi_1$ 作为线上某点 x 的局部坐标,则对长度为 L 的单元,有如下积分公式:

$$I_1 = \int_L \xi_1^\alpha \xi_2^\beta \mathrm{d}l = L\frac{\alpha!\beta!}{(\alpha + \beta + 1)!} \tag{10.118}$$

(2) 对二维情况,采用式(10.99)定义的三角形面积坐标 ξ_i,对面积为 $A_0^{(e)}$ 的单元,有如下积分公式:

$$I_2 = \iint_{A^{(e)}} \xi_1^\alpha \xi_2^\beta \xi_3^\gamma \mathrm{d}A = 2A_0^{(e)}\frac{\alpha!\beta!\gamma!}{(\alpha + \beta + \gamma + 2)!} \tag{10.119}$$

(3) 对三维情况,在四面体单元中引进和二维三角形面积坐标类似的体积坐标

$$\xi_i = \frac{V_i^{(e)}}{V_0^{(e)}}, \quad i = 1,2,3,4 \tag{10.120}$$

则相应该体积坐标有如下积分公式:

$$I_3 = \iiint_{V^{(e)}} \xi_1^\alpha \xi_2^\beta \xi_3^\gamma \xi_4^\delta \mathrm{d}V = 6V_0^{(e)}\frac{\alpha!\beta!\gamma!\delta!}{(\alpha + \beta + \gamma + \delta + 3)!} \tag{10.121}$$

对于更为一般的积分计算,通常采用 Gauss 数值积分公式,可参看相关的书籍[7]。

对于现在讨论的问题,积分式(10.116)右端第一项为面积分,因为三角形单元的线性插值基函数就是面积坐标,依公式(10.119),有

$$(P_1)_i^{(e)} = \iint_{\Omega^{(e)}} \dot{Q}N_i \mathrm{d}\Omega = \dot{Q}\iint_{A^{(e)}} \xi_i \mathrm{d}A = \dot{Q}\iint_{A^{(e)}} \begin{pmatrix} \xi_1 \\ \xi_2 \\ \xi_3 \end{pmatrix} \mathrm{d}A = \begin{pmatrix} A_0^{(e)}\dot{Q}/3 \\ A_0^{(e)}\dot{Q}/3 \\ A_0^{(e)}\dot{Q}/3 \end{pmatrix} \tag{10.122}$$

积分式(10.116)右端的第二项为线积分,只有当 e 单元的边线 $S_2^{(e)}$ 属于 S_2 时,也就是 e 单元有两个节点位于 S_2 上时,才需要积分。本例中,$e = 2,3,5,7$ 四个单元属于此种情况,其中单元 2 和 7 的边线端点对应的单元节点号为①和②,而单元 3 和 5 的边线端点对应的单元节点号为①和③。以单元 $e = 7$ 为例,令具有这种自然边界条件的单元 e 相应的边长为 $L_{12}^{(7)}$,显然,三角形单元插值基函数 N_i 在该边界的一维局部坐标下的表达式为 $\boldsymbol{N}_i = (\xi_1, 1 - \xi_1, 0)^{\mathrm{T}}$,于是,依积分公式(10.118),积分得

$$(P_2)_i^{(7)} = \int_{S_2^{(7)}} q_0 N_i \mathrm{d}s = q_0\int_{L_{12}^{(7)}} \begin{pmatrix} \xi_1 \\ 1 - \xi_1 \\ 0 \end{pmatrix} \mathrm{d}l = \begin{pmatrix} L_{12}^{(7)} q_0/2 \\ L_{12}^{(7)} q_0/2 \\ 0 \end{pmatrix} \tag{10.123}$$

而 $L_{12}^{(7)}$ 由单元节点坐标值来计算。相应 $L_{12}^{(7)}$ 的端点单元节点号 $i=1,2$,对应的总体节点号 $n=5,8$,因此

$$L_{12}^{(7)} = \sqrt{(x_2^{(7)} - x_1^{(7)})^2 + (y_2^{(7)} - y_1^{(7)})^2} = \sqrt{(x_8 - x_5)^2 + (y_8 - y_5)^2} \quad (10.124)$$

其他这类三角形单元的积分计算,均仿此进行。如果剖分的单元除了三角形单元外,还有矩形单元,则矩形单元应作为另一类型的单元,选择其不同于三角形单元的插值基函数,构成近似解,并进行相应的积分。

合并右端项积分,有

$$P_i^{(e)} = (P_1)_i^{(e)} + (P_2)_i^{(e)} \quad (10.125)$$

完成积分后,得到单元有限元方程为

$$K_{ij}^{(e)} T_j^{(e)} = P_i^{(e)} \quad (10.126)$$

其中系数矩阵 $\boldsymbol{K}^{(e)}=(K_{ij}^{(e)})$ 称为单元影响矩阵或单元刚度矩阵,我们这里求解量是温度,也可称为单元温度刚度矩阵;右端矢量 $\boldsymbol{P}^{(e)}=(P_i^{(e)})$ 称为单元输入矢量或单元载荷矢量,对我们的问题,也可称为热负荷矢量。

10.5.5 总体合成

总体合成就是把单元的系数矩阵 $\boldsymbol{K}^{(e)}$ 和输入向量 $\boldsymbol{P}^{(e)}$ 按照一定的法则分别累加,合成为总体系数矩阵 $\boldsymbol{K}$ 和输入向量 $\boldsymbol{P}$,形成总体的有限元方程 $\boldsymbol{KT}=\boldsymbol{P}$,即 $K_{nm}T_m = P_n$。

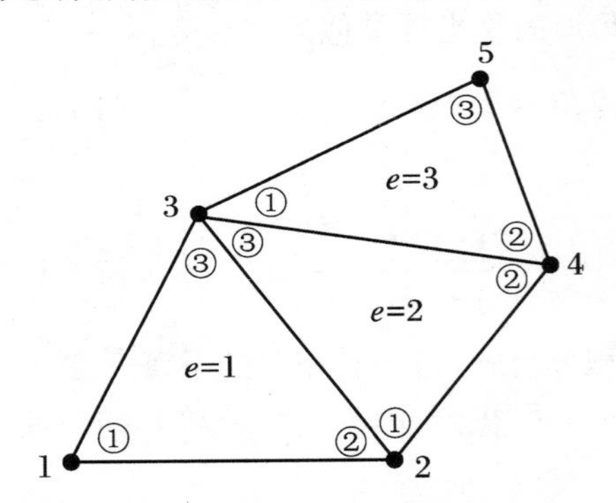

图 10.10 节点排序和总体合成示意图

总体合成常用的方法是:利用单元节点号 i 和总体节点号 n 之间关系的连缀表做查号置入。对单元 e,从连缀表中由单元号 i,查出总体对应的 n_i;由单元号 j,查出总体对应的 n_j,然后把单元子矩阵 $\boldsymbol{K}^{(e)}$ 中的元素 $K_{ij}^{(e)}$ 置于总体矩阵 $\boldsymbol{K}$ 中元素 $K_{n_i n_j}$ 的位置;把单元输入向量 $\boldsymbol{P}^{(e)}$ 中 $P_i^{(e)}$ 置于总体输入向量 $\boldsymbol{P}$ 中元素 P_{n_i} 的位置。

为对该方法有一个具体理解,下面仅以图 10.10 所示的只有三个单元的简单情况总体合成加以说明。

表 10.2 节点关系连缀表

i \ n \ e	1	2	3
1	1	2	3
2	2	4	4
3	3	3	5

由表 10.2 易见,$e=1$ 的单元节点号 $i=1,2,3$ 分别对应总体节点号 $n=1,2,3$;$e=2$ 的单元节点号 $i=1,2,3$ 分别对应总体节点号 $n=2,4,3$;$e=3$ 的单元节点号 $i=1,2,3$ 分别对应总体节点号 $n=3,4,5$。按照上面所讲的合成规则,有

$$
\boldsymbol{A}=\begin{pmatrix}
K_{11}^{(1)} & K_{12}^{(1)} & K_{13}^{(1)} & 0 & 0\\
K_{21}^{(1)} & K_{22}^{(1)}+K_{11}^{(2)} & K_{23}^{(1)}+K_{13}^{(2)} & K_{12}^{(2)} & 0\\
K_{31}^{(1)} & K_{32}^{(1)}+K_{31}^{(2)} & K_{33}^{(1)}+K_{33}^{(2)}+K_{11}^{(3)} & K_{32}^{(2)}+K_{12}^{(3)} & K_{13}^{(3)}\\
0 & K_{21}^{(2)} & K_{23}^{(2)}+K_{21}^{(3)} & K_{22}^{(2)}+K_{22}^{(3)} & K_{23}^{(3)}\\
0 & 0 & K_{31}^{(3)} & K_{32}^{(3)} & K_{33}^{(3)}
\end{pmatrix} \tag{10.127}
$$

$$
\boldsymbol{P}=\begin{pmatrix}
P_1^{(1)}\\
P_2^{(1)}+P_1^{(2)}\\
P_3^{(1)}+P_3^{(2)}+P_1^{(3)}\\
P_2^{(2)}+P_2^{(3)}\\
P_3^{(5)}
\end{pmatrix} \tag{10.128}
$$

对于图 10.3 所示的 7 个单元情况的总体合成，留给读者自己作为练习完成。

总体系数矩阵和输入矢量合成后，就构成了求解总体节点待求参数的总体有限元方程

$$
K_{nm}T_m = P_n,\quad n,m=1,2,\cdots,N \tag{10.129}
$$

10.5.6 边界条件处理

自然边界条件已在弱解积分表达式(10.115)中得到满足，因此由总体合成得到的总体有限元方程，只有代入本质边界条件，才能得到符合物理要求的解。边界条件处理，就是对总体有限元方程进行修正，使其本质边界条件得到满足。这种修正，实质上就是在总体基函数线性组合的近似解表达式中构造一个满足本质边界条件的特解。其修正方法常用的有两种：消行修正法和对角线项扩大修正法。以下分别予以介绍。

1. 消行修正法

假定总体编号为 r 的节点是本质边界节点，其边界值为$(T_0)_r$，修正方法如下：

(1) 将系数矩阵(K_{nm})中相应于 r 的对角线元素K_{rr}用 1 代替，并将第 r 行及第 r 列的其余元素全部置 0；

(2) 修正输入矢量(P_n)：将第 r 行元素P_r 改写成给定的在节点 r 上的函数值$(T_0)_r$，其余各元素 P_n 均减去$K_{nr}(T_0)_r$，即把 P_r 改写为

$$
P_r - K_{nr}(T_0)_r,\quad n=1,2,\cdots,r-1,r+1,\cdots,N
$$

令修正后的系数矩阵和输入矢量记为 $\boldsymbol{K}^*=(K_{nm}^*)$和 $\boldsymbol{P}^*=(P_n^*)$，则有

$$
\boldsymbol{K}^*=\begin{pmatrix}
K_{11} & K_{12} & \cdots & K_{1,r-1} & 0 & K_{1,r+1} & \cdots & K_{1N}\\
\vdots & \vdots & & \vdots & \vdots & \vdots & & \vdots\\
K_{r-1,1} & K_{r-1,2} & \cdots & K_{r-1,r-1} & 0 & K_{r-1,r+1} & \cdots & K_{r-1,N}\\
0 & 0 & & 0 & 1 & 0 & & 0\\
K_{r+1,1} & K_{r+1,2} & \cdots & K_{r+1,r-1} & 0 & K_{r+1,r+1} & \cdots & K_{r+1,N}\\
\vdots & \vdots & & \vdots & \vdots & \vdots & & \vdots\\
K_{N1} & K_{N2} & \cdots & K_{N,r-1} & 0 & K_{N,r+1} & \cdots & K_{NN}
\end{pmatrix} \tag{10.130}
$$

$$
\boldsymbol{P}^{*}=\begin{pmatrix} P_1-K_{1r}(T_0)_r \\ \vdots \\ P_{r-1}-K_{r-1,r}(T_0)_r \\ (T_0)_r \\ P_{r+1}-K_{r+1,r}(T_0)_r \\ \vdots \\ P_N-K_{Nr}(T_0)_r \end{pmatrix} \tag{10.131}
$$

如果本质边界上有多个节点,则按照以上方法逐个进行修正。

从以上过程我们可以清楚地看出,消行修正法就是强制本质边界上的函数值 T_r 等于给定的值 T_0,再在方程中做移项处理,以得到能够考虑本质边界条件影响的求解方程。

2. 对角线项扩大修正法

将系数矩阵 $\boldsymbol{K}=(K_{nm})$ 中与序号为 r 的本质边界节点相应的对角线元素 K_{rr} 乘以一个大数,如乘以 10^{20},并把输入向量 $\boldsymbol{P}=(P_n)$ 中相应本质边界节点 r 的元素 P_r 修改成 $10^{20}K_{rr}(T_0)_r$,其余元素均不变,即需要修正的只是

$$
K_{rr}^{*}=10^{20}K_{rr},\quad P_r^{*}=10^{20}K_{rr}(T_0)_r
$$

利用量级比较,易见这样做了以后,相应于第 r 行的代数方程,虽然仍包含 N 个未知数,但除了与大数相乘的那一项外,其余各项都可略去,剩下的就是 $T_r=(T_0)_r$,即给定的本质边界条件与消行修正法一样。该法不置对角元 K_{rr} 以外的第 r 行和第 r 列的元素为0,使每行的方程中保留一项 $K_{nr}(T_0)_r(n=1,2,\cdots,r-1,r+1,\cdots,N)$,如果移至方程右端,它就是消行修正法中输入向量的修正项。可见对角线项扩大法与消行修正法是完全等价的。

对于具有多个本质边界节点的总体有限元方程,可采用以上方法一并处理。

采用对角项扩大修正法,微分方程(10.82)在图10.3所示的剖分下代入本质边界条件后所形成的修正总体有限元方程为

$$
\begin{pmatrix}
10^{22}K_{11} & K_{12} & K_{13} & K_{14} & K_{15} & K_{16} & K_{17} & K_{18} \\
K_{21} & 10^{22}K_{22} & K_{23} & K_{24} & K_{25} & K_{26} & K_{27} & K_{28} \\
K_{31} & K_{32} & K_{33} & K_{34} & K_{35} & K_{36} & K_{37} & K_{38} \\
K_{41} & K_{42} & K_{43} & K_{44} & K_{45} & K_{46} & K_{47} & K_{48} \\
K_{51} & K_{52} & K_{53} & K_{54} & K_{55} & K_{56} & K_{57} & K_{58} \\
K_{61} & K_{62} & K_{63} & K_{64} & K_{65} & 10^{20}K_{66} & K_{67} & K_{68} \\
K_{71} & K_{72} & K_{73} & K_{74} & K_{75} & K_{76} & 10^{20}K_{77} & K_{78} \\
K_{81} & K_{82} & K_{83} & K_{84} & K_{85} & K_{86} & K_{87} & 10^{20}K_{88}
\end{pmatrix}
\begin{pmatrix} T_1 \\ T_2 \\ T_3 \\ T_4 \\ T_5 \\ T_6 \\ T_7 \\ T_8 \end{pmatrix}
=
\begin{pmatrix} 10^{22}K_{11}T_0 \\ 10^{22}K_{22}T_0 \\ P_3 \\ P_4 \\ P_5 \\ 10^{20}K_{66}T_0 \\ 10^{20}K_{77}T_0 \\ 10^{20}K_{88}T_0 \end{pmatrix}
\tag{10.132}
$$

10.5.7 解总体有限元方程

代入本质边界条件,经过修正的总体有限元方程,对稳态的线性问题是线性代数方程组,对稳态的非线性问题是非线性代数方程组,而对非稳态的问题则为以时间作为自变量的

常微分方程组，均需用数值方法求解。本书前面介绍的代数方程组的求解方法可用来解代数方程组。对常微分方程组，通常采用 Euler 方法和 Runge-Kutta 方法离散求解。

10.6　非稳态平面导热问题的有限元法

对于前节讨论的方程(10.82)，如果为非稳态问题，并假定自然边界条件为热传导的第三类边界条件，则相应的微分方程定解问题为

$$\begin{cases} \dfrac{\partial(\rho c_p T)}{\partial t} = \dfrac{\partial}{\partial x}\left(\lambda \dfrac{\partial T}{\partial x}\right) + \dfrac{\partial}{\partial y}\left(\lambda \dfrac{\partial T}{\partial y}\right) + \dot{Q}, \quad (x,y) \in \Omega \\ T\big|_{S_1} = T_0 \\ \lambda \dfrac{\partial T}{\partial n}\Big|_{S_2} = \alpha(T_f - T) \end{cases} \tag{10.133}$$

这里设 $\dot{Q}, T_0, T_f, \lambda, \rho, c_p, \alpha$ 均为给定的常值。该求解问题与方程(10.82)的差别，一是控制方程中多了一项非稳态项 $\partial(\rho c_p T)/\partial t$；二是自然边界条件的右端项不再是常数，而包含有求解函数 T。现讨论用有限元法求解这种第三类边界条件的非稳态问题与稳态问题有什么差别。取相同的解域剖分，如图 10.3 所示，对任意单元 e，类似于前面的推导，方程(10.133)的弱解积分表达式为

$$\iint_{\Omega_e}\left[\rho c_p \frac{\partial T}{\partial t}\delta T + \lambda\left(\frac{\partial T}{\partial x}\frac{\partial(\delta T)}{\partial x} + \frac{\partial T}{\partial y}\frac{\partial(\delta T)}{\partial y}\right)\right]\mathrm{d}\Omega = \iint_{\Omega_e}\dot{Q}\delta T \mathrm{d}\Omega + \int_{S_{e2}} \alpha(T_f - T)\delta T \mathrm{d}s \tag{10.134}$$

对于非稳态问题，单元中近似解函数通常可用两种形式：

一种是将插值基函数 N_j 作为空间坐标和时间坐标的函数，系数 $T_j^{(e)}$ 是节点上的函数值，为待定常数，即

$$T^{(e)} = T_j^{(e)} N_j(x,y,t) \tag{10.135}$$

另一种则是将插值基函数 N_j 仅作为空间坐标的函数，与稳态问题一样；系数 $T_j^{(e)}$ 是时间坐标的待求函数。即

$$T^{(e)} = T_j^{(e)}(t) N_j(x,y) \tag{10.136}$$

第一种形式会增加有限元解的计算维数。第二种形式中，时间变量被分离在近似解的系数中，使有限元方程成为以时间为自变量的常微分方程组。这种只对空间区域进行有限元离散，而把时间保留在系数中(求解参数中)的解法，称为半离散化方法，是目前求解非稳态问题的通用做法。

采用上述通用做法，将式(10.136)代入弱解积分表达式(10.134)，并用 N_i 替代 δT，得

$$\left[\iint_{\Omega^{(e)}} \rho c_p N_i N_j \mathrm{d}\Omega\right]\frac{\mathrm{d}T_j^{(e)}}{\mathrm{d}t} + \left[\iint_{\Omega^{(e)}} \lambda\left(\frac{\partial N_i}{\partial x}\frac{\partial N_j}{\partial x} + \frac{\partial N_i}{\partial y}\frac{\partial N_j}{\partial y}\right)\mathrm{d}\Omega\right]T_j^{(e)}$$

$$= \iint_{\Omega^{(e)}} \dot{Q} N_i \mathrm{d}\Omega + \int_{S_2^{(e)}} \alpha(T_f - T_j^{(e)} N_j) N_i \mathrm{d}s \tag{10.137}$$

相比前节所讲的自然边界条件为第二类边界的稳态情形，以上方程除了较前者多出了非稳态的积分项$\left[\iint_{\Omega^{(e)}}\rho c_p N_i N_j \mathrm{d}\Omega\right]\dfrac{\mathrm{d}T_j^{(e)}}{\mathrm{d}t}$外，第三类边界条件在自然边界的积分中有一个含有节点上求解函数$T_j^{(e)}$的积分项$\left[-\alpha\int_{S_2^{(e)}} N_i N_j \mathrm{d}s\right]T_j^{(e)}$，在构成单元有限元方程时，此项要移至方程左端，并与左端关于$T_j^{(e)}$的项合并，从而对前面所讲的单元系数矩阵$K_{ij}^{(e)}$进行相应修正。于是，我们最终得到如下的单元有限元方程：

$$M_{ij}^{(e)}\frac{\mathrm{d}T_j^{(e)}}{\mathrm{d}t}+K_{ij}^{(e)}T_j^{(e)}=P_i^{(e)},\quad i=1,2,3 \tag{10.138}$$

其中

$$M_{ij}^{(e)}=\iint_{\Omega^{(e)}}\rho c_p N_i N_j \mathrm{d}\Omega \tag{10.139a}$$

$$K_{ij}^{(e)}=\iint_{\Omega^{(e)}}\lambda\left(\frac{\partial N_i}{\partial x}\frac{\partial N_j}{\partial x}+\frac{\partial N_i}{\partial y}\frac{\partial N_j}{\partial y}\right)\mathrm{d}\Omega+\int_{S_2^{(e)}}\alpha N_i N_j \mathrm{d}s \tag{10.139b}$$

$$P_i^{(e)}=\iint_{\Omega^{(e)}}\dot{Q}N_i \mathrm{d}\Omega+\int_{S_2^{(e)}}\alpha T_f N_i \mathrm{d}s \tag{10.139c}$$

对线性三角形单元，式(10.139)中的积分计算，除式(10.139b)右端第一项在整体坐标(x,y)下进行之外，其余积分均在局部坐标下进行。

由二维积分公式(10.119)，对式(10.139a)积分，有

$$\begin{aligned}M_{ij}^{(e)}&=\iint_{\Omega^{(e)}}\rho c_p N_i N_j \mathrm{d}\Omega=\rho c_p\iint_{A^{(e)}}\xi_i\xi_j \mathrm{d}A\\&=\rho c_p\iint_{A^{(e)}}\begin{pmatrix}\xi_1\xi_1 & \xi_1\xi_2 & \xi_1\xi_3\\ \xi_2\xi_1 & \xi_2\xi_2 & \xi_2\xi_3\\ \xi_3\xi_1 & \xi_3\xi_2 & \xi_3\xi_3\end{pmatrix}\mathrm{d}A=\rho c_p A_0^{(e)}\begin{pmatrix}1/6 & 1/12 & 1/12\\ 1/12 & 1/6 & 1/12\\ 1/12 & 1/12 & 1/6\end{pmatrix}\end{aligned}$$

对式(10.139b)，其右端第一项的积分结果同式(10.116)，即

$$(K_1)_{ij}^{(e)}=\lambda A_0^{(e)}(b_i b_j+c_i c_j)$$

而第二项的线积分与前面讨论的类似，只有当e单元的边线$S_2^{(e)}$属于S_2时，也就是e单元有两个节点位于S_2上时，才需要积分。同样以单元$e=7$为例，具有这种自然边界条件的单元e相应的边长为$L_{12}^{(7)}$，三角形单元插值基函数N_i在该边界的一维局部坐标下的表达式为$\boldsymbol{N}_i=(\xi_1,1-\xi_1,0)^{\mathrm{T}}=(\xi_1,\xi_2,0)^{\mathrm{T}}$，于是，依积分公式(10.118)，得

$$\begin{aligned}(K_2)_{ij}^{(7)}&=\int_{S_2^{(7)}}\alpha\boldsymbol{N}_i\boldsymbol{N}_j \mathrm{d}s=\alpha\int_{S_2^{(7)}}\xi_i\xi_j \mathrm{d}l\\&=\alpha\int_{S_2^{(7)}}\begin{pmatrix}\xi_1\xi_1 & \xi_1\xi_2 & 0\\ \xi_2\xi_1 & \xi_2\xi_2 & 0\\ 0 & 0 & 0\end{pmatrix}\mathrm{d}l=\alpha L_{12}^{(7)}\begin{pmatrix}1/3 & 1/6 & 0\\ 1/6 & 1/3 & 0\\ 0 & 0 & 0\end{pmatrix}\end{aligned}$$

对其他有此类边界条件的单元$e=2,3,5$仿此做法积分，分别得到相应的$(K_2)_{ij}^{(e)}$。综合$(K_1)_{ij}^{(e)}$和$(K_2)_{ij}^{(e)}$这两项积分，即得到第三类边界条件下的影响系数矩阵

$$K_{ij}^{(e)}=(K_1)_{ij}^{(e)}+(K_2)_{ij}^{(e)}$$

式(10.139c)中的面积分处理同式(10.122)，其结果为

$$(P_1)_i^{(e)} = \iint_{\Omega^{(e)}} \dot{Q} N_i \mathrm{d}\Omega = \begin{pmatrix} A_0^{(e)} \dot{Q}/3 \\ A_0^{(e)} \dot{Q}/3 \\ A_0^{(e)} \dot{Q}/3 \end{pmatrix}$$

而式(10.139c)中的线积分处理同式(10.123),对于 $e=7$ 的单元,有

$$(P_2)_i^{(7)} = \int_{S_2^{(7)}} \alpha T_f N_i \mathrm{d}s = \alpha T_f \int_{L_{12}^{(7)}} \begin{pmatrix} \xi_1 \\ 1-\xi_1 \\ 0 \end{pmatrix} \mathrm{d}l = \begin{pmatrix} \alpha T_f L_{12}^{(7)}/2 \\ \alpha T_f L_{12}^{(7)}/2 \\ 0 \end{pmatrix}$$

对其他类似单元 $e=2,3,5$ 仿此做法积分,分别得到相应的 $(P_2)_i^{(e)}$。于是右端输入矢量为

$$P_i^{(e)} = (P_1)_i^{(e)} + (P_2)_i^{(e)}$$

完成了各积分计算,就得到了常微分方程形式的单元有限元方程;进而总体合成,得到常微分方程形式的总体有限元方程;再代入本质边界条件,构成最终求解的常微分方程组。总体合成和边界条件处理方法与前面一样。常微分方程组,通常采用显式或隐式的 Euler 法及不同精度的 Runge-Kutta 方法求解,这里不再详细讨论。

10.7　对流扩散方程的迎风有限元法

10.7.1　基本思想和一维迎风有限元法

采用前面所讲的基于 Galerkin 加权余量法的常规有限元法求解热物理中的对流扩散问题,与采用中心差分格式的有限差分法和有限容积法求解这些问题一样,会遇到解的失真振荡现象,尤其是对流效应较强,在 Peclet 数大的情况下,得不到收敛解。为了解决这个问题,在用有限元法求解对流扩散方程时,引入了迎风有限元的概念。以下以简单的稳态一维对流扩散问题为例来说明。其控制方程和定解条件为

$$\begin{cases} u \dfrac{\mathrm{d}\phi}{\mathrm{d}x} = \Gamma \dfrac{\mathrm{d}^2\phi}{\mathrm{d}x^2}, \quad 0 \leqslant x \leqslant L \\ \phi \big|_{x=0} = \phi_0 \\ \dfrac{\mathrm{d}\phi}{\mathrm{d}x}\Big|_{x=L} = 0 \end{cases} \tag{10.140}$$

其中 ϕ 为待求函数,Γ 为流体物性参数。如果 ϕ 为速度,则 Γ 为流体运动黏度 $\nu=\mu/\rho$;如果 ϕ 为温度,则 Γ 为流体导温系数 $a=\lambda/(\rho c_p)$。为集中讨论 ϕ 的求解,类似于前面第 5 章的做法,先讨论流场已知的情况,设方程中的速度 u 已知,且 $u>0$。

将解域 $0\leqslant x\leqslant L$ 剖分为 E 个线段单元,每个单元线段长度为 h,如用线性插值逼近,每个单元取 $I=2$ 个节点,总体节点数为 $N=E+1$。

对任意单元 e,取权函数为 $W(x)$,按加权余量法,有

$$\int_{\Omega_e} W\left[u\frac{\partial\phi}{\partial x} - \frac{\partial}{\partial x}\left(\Gamma\frac{\partial\phi}{\partial x}\right)\right]\mathrm{d}x = 0 \tag{10.141a}$$

对二阶导数进行分部积分,并利用齐次自然边界条件,得弱解积分表达式

$$\int_{\Omega_e}\left(Wu\frac{\partial\phi}{\partial x} + \Gamma\frac{\partial W}{\partial x}\frac{\partial\phi}{\partial x}\right)\mathrm{d}x = 0 \tag{10.141b}$$

前节讲过,引入局部坐标变换式(10.91),得到线段元为[0,1]范围的标准单元线性插值基函数为

$$N_1 = 1-\xi,\quad N_2 = \xi \tag{10.142a}$$

而引入局部坐标变换式(10.93),则得到线段元为[-1,1]范围的标准单元线性插值基函数为

$$N_1 = \frac{1}{2}(1-\xi),\quad N_2 = \frac{1}{2}(1+\xi) \tag{10.142b}$$

如果为常规的Galerkin有限元,则权函数 $W_i = N_i$。显然,Galerkin有限元的线性单元基函数和权函数所合成的总体基函数和权函数对于每个节点,在来流的上、下游是完全对称的,即所谓的屋顶形函数,如图10.11所示。

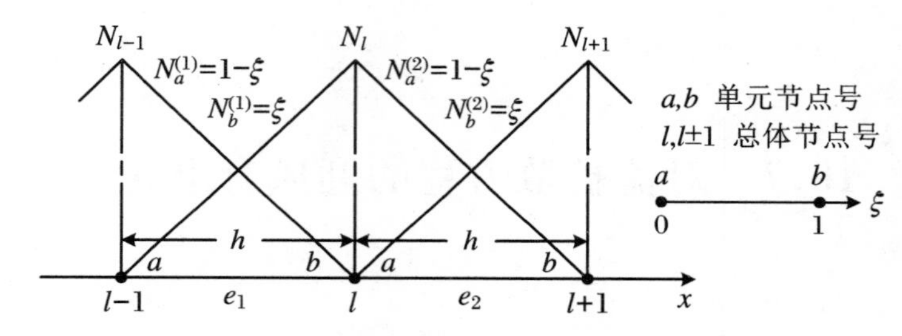

图10.11 一维单元及对称形屋顶插值基函数

设任一单元的近似解为

$$\phi^{(e)} = N_j\phi_j^{(e)},\quad j = 1,2 \tag{10.143}$$

代入弱解积分表达式,得单元有限元方程为

$$\left[\int_{\Omega_e}\left(uN_i\frac{\partial N_j}{\partial x} + \Gamma\frac{\partial N_i}{\partial x}\frac{\partial N_j}{\partial x}\right)\mathrm{d}x\right]\phi_j = 0 \tag{10.144a}$$

即

$$K_{ij}^{(e)}\phi_j^{(e)} = 0 \tag{10.144b}$$

其中系数矩阵

$$K_{ij}^{(e)} = \int_{\Omega_e}\left(uN_i\frac{\partial N_j}{\partial x} + \Gamma\frac{\partial N_i}{\partial x}\frac{\partial N_j}{\partial x}\right)\mathrm{d}x \tag{10.145}$$

定义单元的局部Peclet数为

$$Pe = \frac{uh}{\Gamma} \tag{10.146}$$

其中 h 为两节点间的距离。将系数矩阵的积分转化为在局部坐标 ξ 下进行,在基函数取式(10.142a)时,有

$$K_{ij}^{(e)} = \frac{\Gamma}{h}\int_0^1\left(Pe\cdot N_i\frac{\partial N_j}{\partial\xi} + \frac{\partial N_i}{\partial\xi}\frac{\partial N_j}{\partial\xi}\right)\mathrm{d}\xi \tag{10.147a}$$

在基函数取式(10.142b)时,有

$$K_{ij}^{(e)} = \frac{\Gamma}{h}\int_{-1}^{1}\left(Pe \cdot N_i \frac{\partial N_j}{\partial \xi} + 2\frac{\partial N_i}{\partial \xi}\frac{\partial N_j}{\partial \xi}\right)\mathrm{d}\xi \tag{10.147b}$$

将基函数表达式(10.142a)代入式(10.147a)积分或者将基函数表达式(10.142b)代入式(10.147b)积分,积分结果都是

$$K_{ij}^{(e)} = \frac{\Gamma}{h}\begin{pmatrix} 1-\frac{Pe}{2} & -1+\frac{Pe}{2} \\ -1-\frac{Pe}{2} & 1+\frac{Pe}{2} \end{pmatrix} \tag{10.148}$$

总体合成后,相应于节点 i 的总体有限元方程为

$$2\phi_i = \left(1+\frac{Pe}{2}\right)\phi_{i-1} + \left(1-\frac{Pe}{2}\right)_{i+1} \tag{10.149}$$

对照第 5 章式(5.6b)的系数表达式,该方程就是有限容积法用中心差分格式所得到的离散格式,且只有 $|Pe| \leqslant 2$ 时,才会有稳定的真实解,否则,解会振荡失真。有限元法现在也碰到了这样的问题,造成这一问题的根源与所采用的基函数和权函数的对称性相关。

为了求解具有较高 Peclet 数或者 Reynolds 数的对流扩散问题,参照有限差分和有限容积方法中“迎着来流获取信息来源”的迎风离散思想,提出了以下的改进方法:仍然采用对称屋顶形函数作为插值基函数,而将权函数改为非对称的屋顶形函数。这就是所谓的迎风有限元法。

按照这种思路,迎风有限元的函数 W_i 可取为

$$\begin{cases} W_1 = N_1 - \alpha F(\xi), \\ W_2 = N_2 + \alpha F(\xi), \end{cases} u > 0; \quad \begin{cases} W_1 = N_1 + \alpha F(\xi), \\ W_2 = N_2 - \alpha F(\xi), \end{cases} u < 0 \tag{10.150}$$

其中 $F(\xi)$是一个给定的正值修正函数,要求满足

$$F(\xi_i) = 0, \quad \int_0^1 F(\xi)\mathrm{d}\xi = 1$$

对一维问题,对式(10.142a)的基函数,采用的修正函数为

$$F(\xi) = 3N_1N_2 = 3\xi(1-\xi) \tag{10.151a}$$

而对式(10.142b)的基函数,采用的修正函数是

$$F(\xi) = 3N_1N_2 = \frac{3}{4}(1-\xi)(1+\xi) \tag{10.151b}$$

其中 α 是迎风因子,取值范围为[0,1]。

采用迎风有限元法,一维线性单元合成后总体编号为 l 的节点的上、下游单元上的基函数 $N_l(\xi)$、修正函数 $F_l(\xi)$和权函数 $W_l(\xi)$的曲线图形如图 10.12 所示。

对于迎风有限元,相应于式(10.144a)的弱解积分表达式为

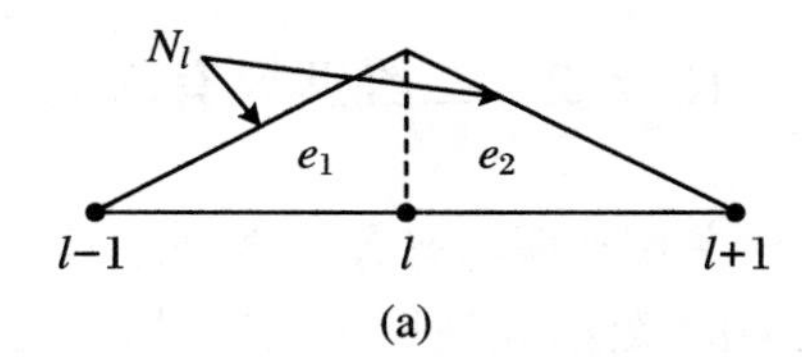

(a)

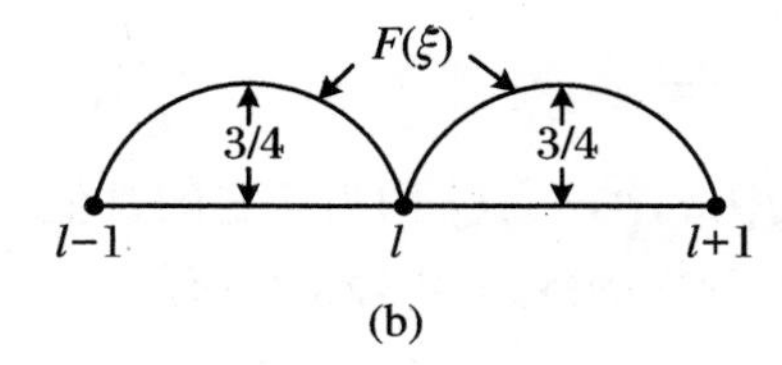

(b)

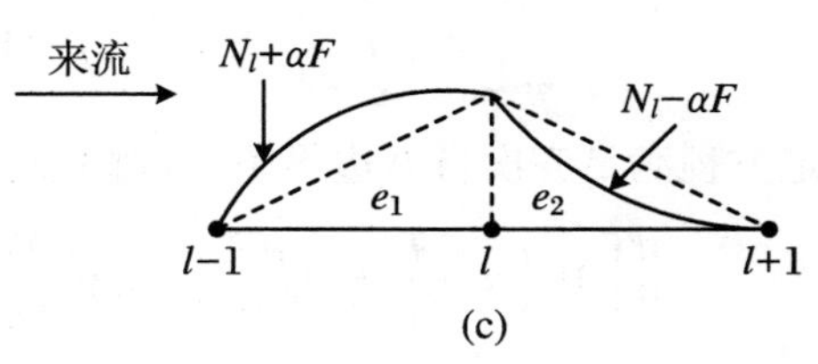

(c)

图 10.12　一维迎风有限元

$$\left[\int_{\Omega_e}\left(uW_i\frac{\partial N_j}{\partial x}+\Gamma\frac{\partial W_i}{\partial x}\frac{\partial N_j}{\partial x}\right)\mathrm{d}x\right]\phi_j=0 \tag{10.152}$$

对式(10.142a)的基函数,在局部坐标下单元有限元方程的系数矩阵是

$$K_{ij}^{(e)}=\frac{\Gamma}{h}\int_0^1\left(Pe\cdot W_i\frac{\partial N_j}{\partial \xi}+\frac{\partial W_i}{\partial \xi}\frac{\partial N_j}{\partial \xi}\right)\mathrm{d}\xi \tag{10.153a}$$

而对式(10.142b)的基函数,在局部坐标下单元有限元方程的系数矩阵是

$$K_{ij}^{(e)}=\frac{\Gamma}{h}\int_{-1}^1\left(Pe\cdot W_i\frac{\partial N_j}{\partial \xi}+2\frac{\partial W_i}{\partial \xi}\frac{\partial N_j}{\partial \xi}\right)\mathrm{d}\xi \tag{10.153b}$$

将式(10.142a)、式(10.150)、式(10.151a)代入式(10.153a)积分,或者将式(10.142b)、式(10.150)、式(10.151b)代入式(10.153b)积分,积分结果都是

$$K_{ij}^{(e)}=\frac{\Gamma}{h}\begin{pmatrix}1+\frac{Pe}{2}(\alpha-1) & -1-\frac{Pe}{2}(\alpha-1)\\ -1-\frac{Pe}{2}(\alpha+1) & 1+\frac{Pe}{2}(\alpha+1)\end{pmatrix} \tag{10.154}$$

合成后,相应于节点 i 的总体有限元方程为

$$(2+Pe\cdot\alpha)\varphi_i=\left[1+\frac{Pe}{2}(\alpha+1)\right]\phi_{i-1}+\left[1+\frac{Pe}{2}(\alpha-1)\right]\phi_{i+1} \tag{10.155}$$

易见,$\alpha=0$,权函数未修正,该方程就是式(10.149),等同于中心差分格式;而 $\alpha=1$,对照第5章式(5.9b)的系数表达式,该方程等同于一阶迎风格式。

保证解不振荡失真的临界迎风因子为

$$\alpha_c=1-\frac{2}{Pe} \tag{10.156a}$$

而最佳值为[8]

$$\alpha_{\mathrm{oqt}}=\mathrm{cth}\frac{Pe}{2}-\frac{2}{Pe} \tag{10.156b}$$

10.7.2 二维迎风有限元法

考察平面稳态有内热源且不计黏性耗散的不可压缩均质流体的对流换热问题。类似于前面的做法,设速度场已经得到,现用迎风有限元法求解温度场。其控制方程为

$$u\frac{\partial T}{\partial x}+v\frac{\partial T}{\partial y}=a\left(\frac{\partial^2 T}{\partial x^2}+\frac{\partial^2 T}{\partial y^2}\right)+\frac{\dot{Q}}{\rho c_p} \tag{10.157}$$

其中 $a,\rho,c_p,\dot{Q}$ 均为给定的常值。将解域剖分成一个个小单元后,在单元上取余量加权积分,令权函数为 $W(x,y)$,有

$$\iint_{\Omega_e}\left[W\left(u\frac{\partial T}{\partial x}+v\frac{\partial T}{\partial y}\right)-Wa\left(\frac{\partial^2 T}{\partial x^2}+\frac{\partial^2 T}{\partial y^2}\right)-W\frac{\dot{Q}}{\rho c_p}\right]\mathrm{d}\Omega=0 \tag{10.158}$$

假定方程满足齐次自然边界条件,对上式中的二阶导数做分部积分,得到

$$\iint_{\Omega_e}\left[W\left(u\frac{\partial T}{\partial x}+v\frac{\partial T}{\partial y}\right)+a\left(\frac{\partial W}{\partial x}\frac{\partial T}{\partial x}+\frac{\partial W}{\partial y}\frac{\partial T}{\partial y}\right)\right]\mathrm{d}\Omega=\iint_{\Omega_e}W\frac{\dot{Q}}{\rho c_p}\mathrm{d}\Omega \tag{10.159}$$

令单元近似解为

$$T^{(e)} = T_j^{(e)} N_j$$

单元中的权函数为 $W_i = W_i(x, y)$，则单元有限元方程为

$$K_{ij}^{(e)} T_j^{(e)} = P_i^{(e)} \tag{10.160}$$

其中

$$K_{ij}^{(e)} = \iint_{\Omega_e} \left[W_i \left(u \frac{\partial N_j}{\partial x} + v \frac{\partial N_j}{\partial y} \right) + a \left(\frac{\partial W_i}{\partial x} \frac{\partial N_j}{\partial x} + \frac{\partial W_i}{\partial y} \frac{\partial N_j}{\partial y} \right) \right] \mathrm{d}\Omega \tag{10.161a}$$

$$P_i^{(e)} = \iint_{\Omega_e} W_i \frac{\dot{Q}}{\rho c_p} \mathrm{d}\Omega \tag{10.161b}$$

如果取 $W_i = N_i$，即为常规的 Galerkin 有限元方法。二维迎风有限元则要对权函数进行修正。权函数的修正函数可在一维基础上构成。

如果对矩形单元，按照式(10.107)做坐标转换，则将 xy 平面上 $2a \times 2b$ 的矩形单元变换为 $\xi\eta$ 平面上边长为 2 的正方形标准单元。在局部坐标下相应各个节点的线性插值基函数为式(10.110)，该式也可写成

$$\begin{cases} N_1(\xi, \eta) = L_1(\xi) L_1(\eta), & N_2(\xi, \eta) = L_2(\xi) L_1(\eta) \\ N_3(\xi, \eta) = L_2(\xi) L_2(\eta), & N_4(\xi, \eta) = L_1(\xi) L_2(\eta) \end{cases} \tag{10.162}$$

其中

$$\begin{cases} L_1(\xi) = \dfrac{1}{2}(1 - \xi), & L_2(\xi) = \dfrac{1}{2}(1 + \xi) \\ L_1(\eta) = \dfrac{1}{2}(1 - \eta), & L_2(\eta) = \dfrac{1}{2}(1 + \eta) \end{cases} \tag{10.163}$$

它们分别是局部坐标(ξ, η)在 ξ 方向和 η 方向上$[-1,1]$范围的一维标准单元的节点插值基函数。而平面标准单元的线性插值基函数是一维情况下的乘积组合，迎风有限元的权函数也可由一维标准线性单元权函数的修正函数推广而来，取为

$$W_1(\xi, \eta) = [L_1(\xi) + \alpha_{12} F(\xi)][L_1(\eta) + \alpha_{14} F(\eta)] \tag{10.164a}$$

$$W_2(\xi, \eta) = [L_2(\xi) + \alpha_{21} F(\xi)][L_1(\eta) + \alpha_{23} F(\eta)] \tag{10.164b}$$

$$W_3(\xi, \eta) = [L_2(\xi) + \alpha_{34} F(\xi)][L_2(\eta) + \alpha_{32} F(\eta)] \tag{10.164c}$$

$$W_4(\xi, \eta) = [L_1(\xi) + \alpha_{43} F(\xi)][L_2(\eta) + \alpha_{41} F(\eta)] \tag{10.164d}$$

其中修正函数为

$$\begin{cases} F(\xi) = 3L_1(\xi) L_2(\xi) = \dfrac{3}{4}(1 - \xi)(1 + \xi) \\ F(\eta) = 3L_1(\eta) L_2(\eta) = \dfrac{3}{4}(1 - \eta)(1 + \eta) \end{cases} \tag{10.165}$$

α_{ij} 为迎风因子，下标 $i = 1,2,3,4$ 是局部坐标下标准单元的节点序号，j 为节点 i 的相邻节点序号，要求$|\alpha_{ij}| \leqslant 1$，其正负号取决于标准单元边线上的速度分量的方向：离开节点 i 的方向取负号，反之取正号。对如图 10.13 所示的速度分量，α_{ij} 取值如下：

$$\begin{cases} \alpha_{21} = -\alpha_{12} > 0, & \alpha_{34} = -\alpha_{43} > 0 \\ \alpha_{23} = -\alpha_{32} > 0, & \alpha_{14} = -\alpha_{41} > 0 \end{cases} \tag{10.166}$$

定义 ξ 和 η 两个方向的局部 Peclet 数

$$(Pe)^{(\varepsilon)} = \frac{\rho u h^{(\xi)}}{\lambda} = \frac{u h^{(\xi)}}{a c_p}, \quad (Pe)^{(\eta)} = \frac{\rho v h^{(\eta)}}{\lambda} = \frac{v h^{(\eta)}}{a c_p} \tag{10.167}$$

其中 $h^{(\xi)}$ 和 $h^{(\eta)}$ 分别为 xy 平面上相应于 ξ 和 η 坐标方向的单元的实际特征长度。则二维下临界迎风因子和最佳迎风因子可分别按照一维情形确定,即

$$(\alpha_{ij}^{(\xi)})_c = 1 - \frac{2}{(Pe)^{(\xi)}}, \quad (\alpha_{ij}^{(\eta)})_c = 1 - \frac{2}{(Pe)^{(\eta)}} \tag{10.168a}$$

$$(\alpha_{ij}^{(\xi)})_{opt} = \mathrm{cth}\frac{(Pe)^{(\xi)}}{2} - \frac{2}{(Pe)^{(\xi)}}, \quad (\alpha_{ij}^{(\eta)})_{opt} = \mathrm{cth}\frac{(Pe)^{(\eta)}}{2} - \frac{2}{(Pe)^{(\eta)}} \tag{10.168b}$$

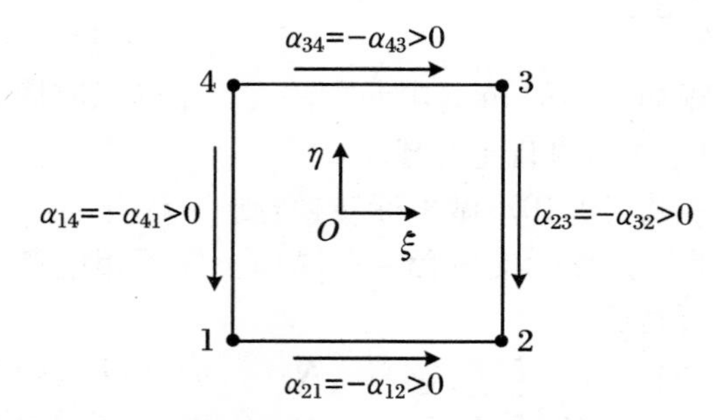

图 10.13 标准矩形单元中迎风因子与速度方向的关系

若为三角形单元,如图 10.14 所示,采用面积坐标(ξ_1,ξ_2,ξ_3)下的插值基函数为

$$N_i(\xi_1,\xi_2,\xi_3) = \xi, \quad i = 1,2,3 \tag{10.169}$$

其迎风有限元的权函数选为

$$W_i(\xi_1,\xi_2,\xi_3) = N_i + 3\xi_i(\alpha_{ik}\xi_k + \alpha_{ij}\xi_j) \tag{10.170}$$

其中 i,j,k 按照 1,2,3 的顺序循环取值;迎风因子 α_{ij} 由三角形单元边线 ij 上速度分量的方向与大小确定,要求 $|\alpha_{ij}| \leqslant 1$,且边线 ij 上速度分量向着 i 节点时,取 $\alpha_{ij} > 0$,反之,取 $\alpha_{ij} < 0$。对图 10.14 所示的速度方向,有

$$\alpha_{21} = -\alpha_{12} > 0, \quad \alpha_{23} = -\alpha_{32} > 0, \quad \alpha_{13} = -\alpha_{31} > 0 \tag{10.171}$$

α_{ij} 的临界值和最佳值,先通过计算边线 ij 上的 Pe 值,再按照式(10.168)确定。

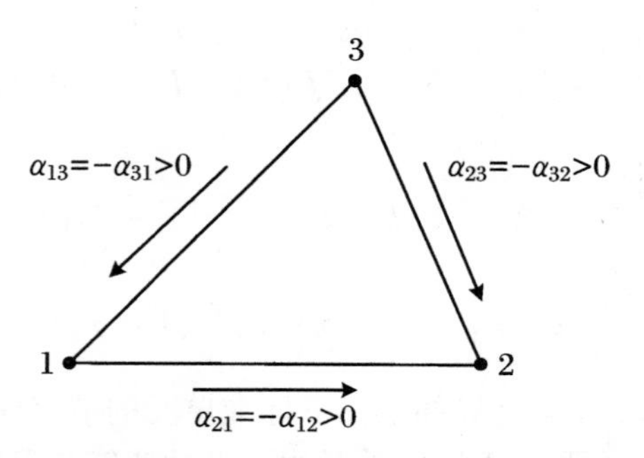

图 10.14 三角形单元迎风因子与速度方向的关系

两种不同形式单元上的具体积分计算及其他求解过程,就不再细讲了。

参 考 文 献

[1] Zienkiewicz O C,Taylor R L. 有限元法:第一卷:基础[M]. 5 版. 世界图书出版公司北京公司,2005.

[2]　Zienkiewicz O C, Taylor R L. 有限元法：第三卷：流体动力学[M]. 5 版. 世界图书出版公司北京公司，2005.

[3]　Chung T J. 流体动力学的有限元分析[M]. 张二骏，等译. 北京：电力工业出版社，1980.

[4]　孔祥谦. 有限单元法在传热学中的应用[M]. 3 版. 北京：科学出版社，1999.

[5]　章本照. 流体力学中的有限元方法[M]. 北京：机械工业出版社，1986.

[6]　陈材侃. 计算流体力学[M]. 重庆：重庆出版社，1992.

[7]　《数学手册》编写组. 数学手册[M]. 北京：人民教育出版社，1977.

[8]　Christie I, Griffiths D F, Mitchell A R. Finite element methods for second order differential equations with significant first derivations[J]. International Journal for Numerical Methods in Engineering, 1976, 10: 1389-1396.

习　题

10.1　最速下降线 $y(x)$ 两端的坐标分别为 $(0,0)$ 和 (a,b)，其泛函为

$$J[y(x)] = \int_0^a \frac{\sqrt{1+y'^2}}{2gy} dx$$

按照变分原理，所得到的极值曲线应满足 Euler 方程。试通过求解该变分问题的 Euler 方程以得到极值曲线形式。

（提示：将极值曲线的导数表示为 $\cot\dfrac{\theta}{2}$ 的函数，利用三角函数的参数方程求解相应的常微分方程。）

10.2　对于函数 T 为多自变量的变分问题，如 $T = T(x,y)$，其泛函为

$$J[T(x,y)] = \iint_D F(x,y,T,T_x,T_y) dxdy$$

则该泛函取极值必须满足 Euler 方程

$$F_T - \frac{\partial}{\partial x}F_{T_x} - \frac{\partial}{\partial y}F_{T_y} = 0$$

其中

$$T_x = \frac{\partial T}{\partial x},\quad T_y = \frac{\partial T}{\partial y},\quad F_T = \frac{\partial F}{\partial T},\quad F_{T_x} = \frac{\partial F}{\partial T_x},\quad F_{T_y} = \frac{\partial F}{\partial T_y}$$

$$\frac{\partial}{\partial x}F_{T_x} = F_{T_x x} + F_{T_x T}T_x + F_{T_x T_x}T_{xx} + F_{T_x T_y}T_{yx}$$

$$\frac{\partial}{\partial y}F_{T_y} = F_{T_y y} + F_{T_y T}T_y + F_{T_y T_x}T_{xy} + F_{T_y T_y}T_{yy}$$

按照上述 Euler 方程，并定义输入系统的热流为正，验证：

(1) 满足第一类边界条件 $T(x,y)|_\Gamma = f(x,y)$ 的平面稳态导热问题温度场的泛函是

$$J[T(x,y)] = \iint_D \frac{\lambda}{2}\left[\left(\frac{\partial T}{\partial x}\right)^2 + \left(\frac{\partial T}{\partial y}\right)^2\right]dxdy$$

(2) 满足第二类边界条件 $\lambda\dfrac{\partial T}{\partial n}\Big|_\Gamma = q$ 的平面稳态导热问题温度场的泛函是

$$J[T(x,y)] = \iint_D \frac{\lambda}{2}\left[\left(\frac{\partial T}{\partial x}\right)^2 + \left(\frac{\partial T}{\partial y}\right)^2\right]dxdy - \int_\Gamma qT ds$$

(3) 满足第三类边界条件 $\lambda\dfrac{\partial T}{\partial n}\Big|_\Gamma = \alpha(T_f - T)$ 的平面稳态导热问题温度场的泛函是

$$J[T(x,y)] = \iint_D \frac{\lambda}{2}\left[\left(\frac{\partial T}{\partial x}\right)^2 + \left(\frac{\partial T}{\partial y}\right)^2\right]dxdy + \int_\Gamma \alpha\left(\frac{T^2}{2} - T_f T\right)ds$$

10.3 写出下列平面非稳态无热源导热问题的 Galerkin 加权余量法的三种积分表达式(一般积分、弱解积分和强解积分),并对从这三种积分表达式构造近似解的特性做出评价:

$$\frac{\partial(\rho c T)}{\partial t}=\frac{\partial}{\partial x}\left(\lambda\frac{\partial T}{\partial x}\right)+\frac{\partial}{\partial y}\left(\lambda\frac{\partial T}{\partial y}\right),\quad (x,y)\in\Omega$$

$$T\big|_{s_1}=T_0,\quad \lambda\frac{\partial T}{\partial n}\bigg|_{s_2}=\alpha(T_f-T)$$

其中 $T_0,T_f,\lambda,\rho,c,\alpha$ 均设定为常数。

10.4 非稳态有热源轴对称导热问题的控制方程为

$$\rho c\frac{\partial T}{\partial t}=\lambda\left(\frac{\partial^2 T}{\partial x^2}+\frac{\partial^2 T}{\partial r^2}+\frac{1}{r}\frac{\partial T}{\partial r}\right)+q_v,\quad (x,r)\in\Omega$$

(1) 推导有限单元上 Galerkin 弱解积分表达式;

(2) 推导线性三角形单元的内部单元、绝热单元和第一类边值单元的单元计算公式和离散方程;

(3) 推导线性三角形单元的第二、三类边值单元的单元计算公式和离散方程。

10.5 如图(a)所示,无限大平板厚 0.2 m,导热系数 $\lambda=1\ \mathrm{W/(m\cdot ℃)}$,左壁面一侧介质温度 $T_{f_1}=100\ ℃$,右壁面一侧介质温度 $T_{f_2}=0\ ℃$。介质与平板间的换热系数 $\alpha=20\ \mathrm{W/(m^2\cdot ℃)}$。在图(b)所示的单元分割下,用有限元方法求平板两侧面温度和中心处温度(此问题是一个一维导热问题,可用二维有限元法求解。取平板厚度方向为 x,并剖分为 2 等份,单元长为板厚的一半;对 y 方向尺度无要求,为简单起见,与 x 方向单元边长相等)。

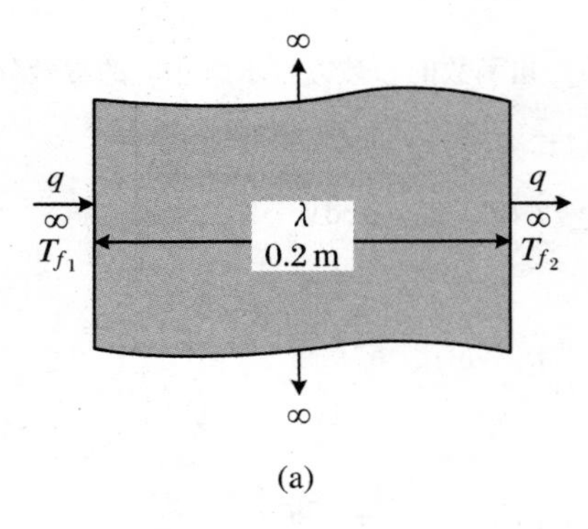

(a)

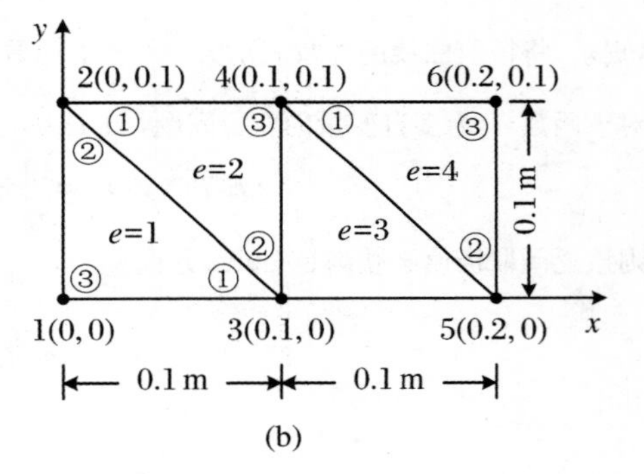

(b)

题 10.5 图

10.6 一维稳态对流导热定解问题如下:

$$\begin{cases} u\dfrac{\mathrm{d}T}{\mathrm{d}x}=a\dfrac{\mathrm{d}^2 T}{\mathrm{d}x^2},\quad 0\leqslant x\leqslant 1\\ T(0)=0\\ \dfrac{\mathrm{d}T}{\mathrm{d}x}\bigg|_{x=1}=1\end{cases}$$

将求解区域[0,1]均匀分割成 5 个单元,单元宽度 $h=0.2$,设定 $u=50$,$a=1$,则单元局部 Peclet 数 $Pe=uh/a=10$。试用常规有限元方法和迎风有限元法分别求解该问题,并将结果与精确解结果进行比较。迎风因子 α 取为 $\alpha=\coth\frac{Pe}{2}-\frac{2}{Pe}=0.8$。